E-Book inside.

Mit folgendem persönlichen Code
können Sie die E-Book-Ausgabe
dieses Buches downloaden.

```
4ziy6-p56r0-
18200-tu14a
```

Registrieren Sie sich unter
www.hanser-fachbuch.de/ebookinside
und nutzen Sie das E-Book
auf Ihrem Rechner*, Tablet-PC
und E-Book-Reader.

Gassmann / Sutter

Digitale Transformation gestalten

Oliver Gassmann
Philipp Sutter

Digitale Transformation gestalten

Geschäftsmodelle, Erfolgsfaktoren, Checklisten

2., überarbeitete und erweiterte Auflage

Die Herausgeber und Autoren:
Oliver Gassmann, St. Gallen
Philipp Sutter, Schlieren

Bibliografische Information der Deutschen Nationalbibliothek:

Die Deutsche Nationalbibliothek verzeichnet diese Publikation in der Deutschen Nationalbibliografie; detaillierte bibliografische Daten sind im Internet über <http://dnb.ddb.de> abrufbar.

Print-ISBN 978-3-446-45868-0
E-Book-ISBN 978-3-446-45963-2
ePub-ISBN 978-3-446-46026-3

© 2019 Carl Hanser Verlag GmbH & Co. KG, München
www.hanser-fachbuch.de
Lektorat: Lisa Hoffmann-Bäuml
Herstellung und Satz: le-tex publishing services GmbH
Coverrealisation: Stephan Rönigk
Druck und Bindung: Hubert & Co. GmbH & Co. KG BuchPartner, Göttingen
Printed in Germany

Vorwort

Das Gelingen der digitalen Transformation ist für die meisten Unternehmen zum Überlebensfaktor geworden. Die hohe Nachfrage nach diesem Buch sowie der rasante Wandel ließen rasch eine zweite Auflage notwendig werden. „Software eats the world", *Uber* ist ein Sinnbild dafür: Das Unternehmen hat die Taxibranche weltweit überrollt, ohne ein einziges Taxi zu besitzen und ohne einen einzigen Taxifahrer angestellt zu haben. Mit einer App und einer digitalen Plattform – beide haben sich exponentiell verbreitet – hat es *Uber* in kürzester Zeit geschafft, die 50-Milliarden-Dollar-Bewertung im Jahr 2015 zu überschreiten. Nicht einmal *Facebook* gelang das in so kurzer Zeit. Die „Ubernisierung" der Wirtschaft setzt sich in allen Branchen Stück für Stück durch: Handel, Telekommunikation, Logistik, Reisen, Automobilindustrie, Banken, Versicherungen, Maschinenbau. Einige Branchen werden langsamer von der Digitalisierung betroffen sein, andere schneller. Im Handel hat *Amazon* eine marktdominante Stellung und erzielt bereits die Hälfte aller Online-Umsätze der USA und Deutschland. Es stellt sich die Frage, wie man sich gegen die Plattformgiganten aufstellen soll.

Allen Branchen gemeinsam ist: Die Geschwindigkeit der Transformation ist deutlich höher, als die meisten Industrieexperten geschätzt haben. Dabei ist aber nicht immer klar, welche Digitalisierungstechnologie sich durchsetzen wird. Die Herausforderung ist nur in wenigen Fällen die Technologie, zum Beispiel IoT, Blockchain, 3-D-Druck. Weit wichtiger ist das richtige Geschäftsmodell dahinter. Der klassische Wettbewerb zwischen Produkten oder Unternehmen wird zunehmend ersetzt durch einen Wettbewerb zwischen Geschäftsmodellen.

Dank der Digitalisierung wissen die Unternehmen heute, wie ihre Produkte beim Kunden real-time im Einsatz funktionieren und benutzt werden. Dies ermöglicht eine Revolution beim Lernen vom Kunden in der Interaktion mit dem Kunden, was wiederum die Produktzyklen beschleunigt und den Wettbewerb schneller und härter macht. Einige B2B-Unternehmen werden so näher an den Endkunden gelangen und müssen in B2C umdenken. Der Wandel durch die Digitalisierung erfasst die Branchen in unterschiedlicher Geschwindigkeit, aber keine Industrie wird ausgelassen. Das Führen der digitalen Transformation darf nicht allein den IT-Verantwortlichen überlassen werden. Es ist eine Aufgabe, die das ganze Unternehmen fordert und in den meisten Fällen komplett transformiert. Empirische Studien zeigen, dass die Unternehmen erfolgreicher sind, welche mit der digitalen Transformation entlang der Customer Journey, nahe beim Kunden, begonnen haben anstatt mit der Fertigungsautomatisierung und Logistik. Am meisten wird die Kundenschnittstelle revolutioniert, der Kunde wird noch wichtiger und anspruchsvoller.

Zahlreiche Fragen beschäftigen die Entscheider in Unternehmen: Wie können digitale Geschäftsmodelle erfolgreich und nachhaltig entwickelt werden? Wie lassen sich datenbasierte Ecosystems aufbauen? Welche Potenziale bieten Methoden der AI (Artificial Intelligence)? Welche Plattformen lassen sich für Digitalisierungsstrategien sinnvoll nutzen? Welche Möglichkeiten eröffnen sich durch intelligente, vernetzte Produkte und IoT? Was bringt Industrie 4.0 für produzierende Unternehmen? Wie wird bei der Einführung vorgegangen? Wie lassen sich Daten im Unternehmen zur Wertschöpfung nutzen? Wie werden Big Data zu wertvollen Smart Data? Welche Fähigkeiten benötigt es im Bereich Analytics, um die Potenziale der Daten für das eigene Unternehmen zu nutzen? Wohin geht die Reise im 3-D-Druck? Welche Geschäftsmodelle funktionieren dort? Wie lassen sich digitale Dienstleistungen an den Endkunden bringen, vor allem wenn man noch ein B2B-Unternehmen ist? Wie werden Forschung und Entwicklung im digitalen Zeitalter aussehen? Welche rechtlichen Grenzen gibt es im Umgang mit Daten zu beachten? Was sind die Erfolgsfaktoren bei der Führung von Digitalisierungsprojekten? Letztlich muss sich jede Geschäftsleitung fragen: Wie muss unser Unternehmen aufgestellt sein, um die digitale Transformation zu meistern?

Für diese Fragen gibt es keine Standardrezepte, jedoch lässt sich von bewährten Mustern und erfolgreichen Beispielen lernen. Führende Autoren aus Wissenschaft und Unternehmenspraxis zeigen Wege auf, wie die digitale Transformation aktiv gestaltet, gewinnbringend genutzt und konkret umgesetzt werden kann.

Die zweite überarbeitete und erweiterte Auflage hat aktuelle Trends erfasst, alle Kapitel aktualisiert und überarbeitet sowie einige Akzente wie Ecosystems und AI gesetzt sowie neue Fallstudien ergänzt. Das Buch ist in zwei Teile gegliedert: einen konzeptionell-strategischen Teil mit Beiträgen zur digitalen Transformation in verschiedenen Bereichen und Industrien sowie einen Fallstudienteil mit Beiträgen zur praktischen Umsetzung in einem konkreten Fall in einem Unternehmen.

Teil 1 umfasst folgende Themen:

1. Software erobert die Welt
2. Das Geschäftsmodell: Gral der Digitalisierung
3. Digitale Servicesysteme
4. Management von AI-Initiativen in Unternehmen

In **Teil 2** des Buches werden folgende Fallstudien behandelt:

Die Beiträge verzichten auf ein Übermaß wissenschaftlicher Referenzen, um praxisnah und lesbar zu bleiben. Konkrete Handlungsanweisungen mit Fallbeispielen, Checklisten und Tipps, Darstellung der Erfolgsfaktoren, aber auch Hinweise auf mögliche Hürden und Fallstricke erleichtern den Transfer in die unternehmerische Praxis.

Mit dem Buch adressieren wir alle Führungskräfte, vom Geschäftsführer und Unternehmensleiter bis zur Führungskraft in Marketing, IT, F&E, Produktmanagement, Logistik, Projektmanagement und Unternehmensentwicklung. Das Buch soll anregen, hinterfragen, Tipps und Checklisten geben sowie erfolgreiche Beispiele für die Umsetzung der digitalen Transformation liefern. Wir danken den Autoren, die ihre wertvolle Zeit investiert haben, um ihre große Erfahrung in Forschung und vor allem Praxis zu teilen. Besonderer Dank gebührt Florian Huber und Marco

Feick für ihren großen Einsatz bei der professionellen redaktionellen Bearbeitung der zweiten, komplett überarbeiteten Auflage sowie Lisa Hoffmann-Bäuml vom Hanser Verlag für die gewohnt gute Zusammenarbeit. Allen Lesern wünschen wir viel Erfolg bei der Umsetzung der digitalen Transformation im eigenen Unternehmen.

St. Gallen/Schlieren, Dezember 2018

Oliver Gassmann
Philipp Sutter

Inhalt

TEIL 1

Konzeptionell-strategische Beiträge

1

Software
erobert die Welt

Oliver Gassmann, Philipp Sutter

■ 1.1 Die Ubernisierung der Wirtschaft

Software ist überall. Die Digitalisierung durchdringt unseren Alltag und die Wirtschaft. Wo Software heute noch nicht ist, gibt es ein Potenzial für morgen. Die Digitalisierung durchdringt eine Industrie nach der anderen. Digitalisierte Industrien haben häufig neue Wettbewerber, neue Wettbewerbsregeln, veränderte Margen, umverteilte Wertschöpfung. „Software erobert die Welt", wie das *Wall Street Journal* vor drei Jahren passend schrieb. Die reale, physische Welt wird dabei immer stärker in der virtuellen Datenwelt gespiegelt, um neue Wertschöpfung für die Kunden oder das eigene Unternehmen zu realisieren. Der Thinktank *W. I. R. E.* bringt es auf den Punkt: Es geht um Vermessen, Verknüpfen und Vorhersagen. Hierzu werden inzwischen drei bis vier Zettabyte Daten pro Jahr generiert; das neu geschaffene Datenvolumen wächst im nächsten Jahrzehnt jährlich um 40 Prozent. 90 Prozent der heute weltweit vorhandenen Daten wurden erst in den letzten zwei Jahren generiert.

Die digitale Welt erfasst:

- was wir denken – 2,9 Millionen E-Mails pro Sekunde und 660 000 neue *Facebook*-Einträge pro Minute,
- was wir fühlen – 35 000 individuelle Likes auf *Facebook* sowie unzählige Emoticons pro Minute,
- wo wir sind – GPS in Mobiltelefonen zeigen Bewegungsabläufe, 2100 Check-ins pro Minute alleine auf *Foursquare*,
- was wir einkaufen – Händler, *PayPal* und Kreditkartenhersteller speichern die Transaktionen, alleine bei *Apple* werden 47 000 Apps pro Minute heruntergeladen,
- was wir sehen – pro Minute werden 48 Stunden neue Videos auf *YouTube* geladen, 7000 Bilder auf *Flickr* und *Instagram*,
- was wir suchen – allein *Google* erhält pro Minute zwei Millionen Suchanfragen,
- wie unsere Wertschöpfung erfolgt – über das Internet der Dinge (IoT) werden bis 2020 über 50 Milliarden Dinge – Produkte, Maschinen, Prozesse – verbunden sein.

Die Daten sind jedoch in hohem Maße unstrukturiert. Nur 15 Prozent weisen eine höhere Struktur auf, zum Beispiel in Form von Tabellen. Die meisten Datensätze dürfen aus rechtlichen Gründen nicht miteinander verbunden werden. Intelligenz bei der Datenauswertung ist heute bereits im Alltag integriert. Big Data wird immer stärker durch Smart Data ersetzt: Es geht darum, Daten mit Relevanz für Kundenwert oder Wirtschaftlichkeit zu erfassen und zu analysieren.

Starke Treiber der Digitalisierung von Branchen sind IT-basierte Unternehmen. *Google* hat heute eine Banklizenz, ist mit *Nest* im intelligenten Gebäude aktiv und betreibt selbstfahrende Fahrzeuge. *WhatsApp*, gegründet 2009, betreibt heute über zehn Milliarden mehr Messages als das gesamte SMS-Text-Message-System weltweit. *Uber* revolutioniert die Taxibranche und -logistik; das Unternehmen ist bereits fünf Jahre nach der Gründung über 50 Milliarden US-Dollar wert. Das Smartphone ermöglicht neue Geschäftsmodelle. Laut *Boston Consulting Group* (2015) investierte die Mobilfunkindustrie zwischen 2009 und 2013 über 1,8 Billionen US-Dollar in neue Infrastruktur, viel davon auch in Entwicklungsländern. Während China, Korea und Japan die mobilen 5G-Mobilfunknetze rasch einführen wollen, scheint Europa am Mobile World Congress 2016 in Barcelona hinterherzuhinken. Dabei ist es die große Chance für alle Telekommunikationsanbieter, stärker als bisher an der Internetwertschöpfung zu partizipieren. *Korea Telecom* steht beim Rennen um die Mobilfunktechnik der fünften Generation ganz vorne; bereits heute liegt die Geschwindigkeit bei 1000 Mbit/s – doppelt so hoch wie bei den europäischen Wettbewerbern. Für 2018 strebt *Korea Telecom* sogar 20 000 Mbit/s an. Gleichzeitig sinken die Kosten gerade in Entwicklungsländern und treiben damit neue Innovation voran: Das indische *Micromax*-Handy wird heute für weniger als 40 US-Dollar angeboten und revolutioniert Kommunikation und Online-Services in weniger entwickelten Regionen. Mobile Banking wurde in Entwicklungsländern vorangebracht, da dort die IT-Infrastruktur fehlte. *Alibaba* expandiert nun systematisch in den europäischen Markt, wobei seine Bezahldienste wie „Smile to Pay" mit Gesichtserkennung in Restaurants (China 2018) aus Datenschutzgründen (noch?) nicht in Europa zulässig sind.

Internet Communities beginnen immer stärker zu werden: 2017 hatte *Facebook* 2,1 Milliarden User, *Twitter* – ursprünglich nur für Journalisten gedacht – 328 Millionen, *YouTube* über 1,9 Milliarden, *Instagram* 800 Millionen, und selbst die professionelle Plattform *LinkedIn* hatte 500 Millionen User. Das Wachstum der digitalen Plattformen scheint bisher keine Grenzen zu haben. Nun kommt ergänzend die Vernetzung der realen Welt hinzu. Durch das Internet der Dinge (IoT) werden bis 2020 über 50 Milliarden vernetzte physische Dinge erwartet. Bislang sind keine Grenzen für die weitere Entwicklung in Sicht.

Die Schnittstellen zum Kunden sind sophistizierter und direkter geworden, das Management der Kundenbeziehungen erhält neue Dimensionen. Die Wertschöpfungsketten werden zunehmend real-time vernetzt über mehrere Stufen. Die Produkte selbst beginnen intelligenter, vernetzter zu werden.

Die digitale Transformation beschleunigt den ohnehin schon starken Wandel in der Unternehmenswelt: Rund ein Drittel der *Forbes*-500-Unternehmen existieren schon zehn Jahre später nicht mehr. Von den 1000 größten Unternehmen aus 1962 gibt es heute nur noch 16 Prozent. Diese Entwicklung der Konzentration und Konsolidierung wird sich im Rahmen der nächsten Digitalisierungswelle, nach der Taxirevolution auch „*Uber*nisierung" der Volkswirtschaft genannt, noch verstärken. Gleichzeitig entstehen unzählige Start-ups mit Potenzial für rasches Wachstum. Rein digitale Firmen wie *Google* ermuntern ihre Mitarbeiter zu unternehmerischen Initiativen und belohnen auch fehlgeschlagene Ideen.

■ 1.2 Kundenerlebnis im Zentrum

Von zentraler Bedeutung bei allen Digitalisierungsprojekten ist der Kunde. User Experience wird zum schlagenden Wettbewerbsfaktor. *Google* schlug das dominante *Yahoo* als Suchalgorithmus, weil die Seite klarer und der Cursor bereits an der richtigen Stelle platziert war. Der amerikanische Finanzdienstleister *Fidelity Investments* baute eine eigene Forschungsabteilung in Boston auf, die sich vor allem mit Nutzerverhalten am Bildschirm beschäftigt. Der Grund ist einfach: Mehr Nutzerfreundlichkeit für die Analysten am Bildschirm generiert direkten Umsatz. Mit sophistizierten Experimenten und Eye Tracking werden Benutzer, unterteilt nach soziodemografischen Merkmalen, analysiert. Das Bildschirmdesign wird darauf angepasst. Diese Prinzipien der visuellen nutzenzentrierten Gestaltung lassen sich auf diverse Mensch-Maschine-Schnittstellen übertragen, so auch auf Erdbewegungsmaschinen von *Liebherr* oder Panels von *Bystronic*.

Nutzenzentriertes Design, das der Kern des Design-Thinking-Ansatzes ist, gewinnt damit bei der digitalen Transformation enorm an Wert. Der Endnutzer muss bei allen Aufgaben, Zielen und Eigenschaften ins Zentrum des Entwicklungsprozesses gestellt werden. Dabei geht der Ansatz weit über die reine Oberflächenkosmetik hinaus: Er umfasst die Art, wie das Unternehmen intern und extern mit seinen Kunden und Partnern zusammenarbeitet. Nutzerzentrierte Digitalisierungsprojekte adressieren dabei häufig komplexe Probleme beim Produkt oder im Wertschöpfungsprozess, bei dem der Hauptfokus und Aufschlagpunkt der Nutzer ist.

Sofern es noch eine Zukunft der klassischen Einkaufszentren gibt, werden auch neue Technologien eingreifen: Beim Flanieren ist es bereits heute schon möglich, dass innerhalb von Millisekunden durch 3-D-Kameras das Gesicht erfasst wird und damit Geschlecht (99,8 Prozent Wahrscheinlichkeit) und Alter (standardisierte Abweichung von 2,85 Jahren) identifiziert werden. Detailliert werden auch Kopfbewegungen analysiert. Das System – Kamera, Computer – weiß mittels Machine Learning, ob der Kunde eine Information gesehen hat. Das Schaufenster erkennt damit selbständig, ob es beachtet worden ist.

Kleine Vorteile in der Convenience bei der Nutzung des Produkts schlagen oft bestehende Wettbewerbsprodukte aus dem Markt. Daher ist es gefährlich, wenn die digitale Transformation nur aus der IT-Abteilung kommt. Oft geraten dabei die Endkunden – sie sind letztlich die Ursache für die Wertgenerierung durch Digitalisierung – aus dem Fokus.

■ 1.3 Fertigung revolutioniert mit Industrie 4.0

In B2B-Industrien wird im deutschsprachigen Raum unter „Industrie 4.0", im angelsächsischen bekannt unter „Industrial IoT", die nächste industrielle Revolution durch die Digitalisierung eingeleitet. Die Informatisierung von Fertigungstechnik und Logistik über Maschine-zu-Maschine-Kommunikation weist enorme Potenziale für die Steigerung der Produktivität auf. Cyber-physische Systeme sorgen für eine Automatisierung der Produktion und ihrer unterstützenden Prozesse auf einer völlig neuen Ebene. Die Basis sind Sensorik, Datenübertragung und Analyse mit selbstregelnden Wertschöpfungsprozessen.

In den 90er-Jahren wurde bei vielen Unternehmen vor allem der Backoffice-Bereich digitalisiert. Heute steht vor allem die Unterstützung der Servicetechniker vor Ort mit Field Wiki im Zentrum. Aber die Digitalisierung geht deutlich weiter: *Schindler* führt mehr als 30 000 Feldtechniker über ein voll integriertes Datenmanagement, das von der Entwicklung bis zum Verkauf alle Prozessschritte integriert. Das geht so weit, dass auch die Kunden vollständig über die Wartungsprozesse ihrer eigenen Anlagen informiert sind. Für diese voll integrierten IT-Prozesse, welche die globale Effizienz massiv erhöht haben, wurde *Schindler* vom *MIT* in Boston mit einem Award ausgezeichnet. Dabei durchlief *Schindler* die typischen Phasen:

1. IT-Rationalisierung: Systeme werden sicherer, zuverlässiger und kosteneffizienter.
2. Operational Excellence: Die Geschäfte werden optimiert, vereinfacht und global standardisiert.
3. Leading-Edge Digital Business: Überlegene Kundenerfahrungen durch neue Produkte und Dienstleistungen, aber auch durch neue Geschäftsmodelle.

Firmen wie *Siemens*, *Trumpf*, *Bosch* und *Bühler* ermöglichen bereits heute ihren Kunden eine Remote-Diagnostik und darauf aufbauend Fernwartung, Remote-Parametrisierung und -Systemoptimierung sowie aufbauende Service-Dienstleistungen. Dank Digitalisierung wissen heute die Unternehmen, wie ihre Produkte beim Kunden real-time im Einsatz funktionieren und genutzt werden. Einige B2B-Unternehmen werden somit näher an den Endkunden gelangen.

■ 1.4 Moores Gesetz als Treiber der Digitalisierung

Logische Grundlage der derzeitigen Digitalisierungswelle ist immer noch Moore's Law. Betrachtet man die Entwicklung der letzten 50 Jahre, muss man konstatieren: Die Prognose von *Intel*-Gründer Gordon Moore, die er am 19. April 1965 einer Fachzeitschrift abgegeben hat, gilt auch heute noch. Die Leistungsfähigkeit der Computer verdoppelte sich alle rund 18 Monate. Die ursprüngliche Prognose war ein Jahr, später wurde diese korrigiert. Das als Moore's Law bekannt gewordene „Gesetz" hat eine normative Funktion: Die ganze Halbleiterindustrie investiert enorm viel in Forschung und Entwicklung, um diese Prognose zu erfüllen. Seit 2003 findet eine leichte Abflachung des Verlaufs statt. Der Fortschritt ist beachtlich: Würde man den Mikroprozessor eines Smartphones mit der Technologie der 70er-Jahre herstellen, wäre er zwölf Quadratmeter groß. Wie *IBM* aufzeigt, waren neue Materialien in den letzten beiden Dekaden die Haupttreiber für die Miniaturisierung. Als wichtige Konsequenz wird die Rechenleistung immer günstiger: Der Preis für einen Transistor fiel von zehn US-Dollar im Jahr 1955 auf 0,000.000.001 US-Dollar im Jahr 2014 (IEEE 2014). Damit ist es erst heute möglich, alle Dinge und Prozesse zu enorm niedrigen Kosten zu computerisieren. Dafür verschwimmt die Grenze zwischen der physischen Welt und der Welt der Bits und Bytes immer stärker. Das „Internet der Dinge" (IoT) ist eine logische Konsequenz. Heute werden über zwei Exabyte (= 2 000 000 000 000 000 000 Byte) Daten pro Tag generiert – so viel wie die letzten 2000 Jahre zusammen.

Ein zentraler Treiber für die neuen Geschäftsmodelle: Die Kosten für die Digitalisierung sind dramatisch gesunken und werden weiter sinken. Als Folge sinken Transaktionskosten, damit werden unternehmensübergreifende Prozesse attraktiver, und Maschinen ersetzen Menschen.

■ 1.5 Angriff auf traditionelle Geschäftsmodelle

Die Digitalisierung ist nicht nur positiv, wie bei jeder Erneuerungswelle ist der Anteil der kreativen Zerstörung hoch. Die Folgen einer solchen Industrieumwälzung sind zunächst neue Technologien, die sich verbreiten. Ab einer gewissen Durchdringung der Industrie kommt es zu Abwehrkämpfen der Verlierer der neuen Technologie. So bedroht die Digitalisierung meist die Geschäftsmodelle der etablierten Unternehmen, wie das Beispiel der Musikindustrie zeigt:

Durch das Streamen werden Musikstücke entwertet; 1000 Vinyl-Singles aus dem Jahr 1988 haben gleich viele Einnahmen generiert wie 13 Millionen Streams im Jahr 2012. Was ist ein einzelnes Musikstück noch wert? Und dienen Musikverkäufe letztlich nur noch dazu, Liveauftritte zu promoten? Derzeit ist eine dramatische Wertverschiebung in der Musikindustrie im Gang: von den Musikern über die Labels zu den Intermediären (siehe Tabelle 1.1). Nur wenige Musikerinnen und Musiker wie *Adele* schaffen es, die dominanten Vertriebswege zu boykottieren und wieder einen stärkeren Wertbeitrag für sich zu sichern. Die meisten Musiker werden überrollt von den neuen digitalen Geschäftsmodellen, ähnlich wie die Journalisten, denen ein ähnliches Schicksal droht. Die Geschwindigkeit der Transformation ist hoch, und der Wertverfall für die bestehenden Akteure zulasten der neuen digitalen Plattformanbieter ist dramatisch.

Tabelle 1.1 Wertverfall für die bestehenden Akteure am Beispiel Musik, es profitieren die Intermediäre (*W. I. R. E.* 2015)

Format	Preis [in USD]	Einnahmen Label [pro Stück, in USD]	Einnahmen Musiker [pro Stück, in USD]
Selbst gebrannte CD	9,99	0	8
CD im Einzelhandel	9,99	1	1
Download Album (via *iTunes*)	9,99	5,35	0,94
Download MP3 (via *iTunes*)	0,99	0	0,74
Song anhören (via *Rhapsody*)	fix	0,009.1	0,002.2
Song anhören (via *Last.fm*)	fix	0,004	0,000.75
Song anhören (via *Spotify*)	fix	0,001.6	0,000.29

Jedes erfolgreiche Geschäftsmodell kreiert wieder Potenziale für ein Gegenmodell: Der Markt für mobile Werbung wird für 2016 auf 100 Milliarden US-Dollar weltweit geschätzt. Inzwischen gibt es aber Unternehmen wie die israelische *Shine*, die einen Algorithmus erfunden haben, der in den Datenzentren der Telekomfirmen laufen soll und diesen erlaubt, die Werbung auf den Smartphones der Kunden fast vollständig herauszufiltern. Das Geschäft mit Werbeblockern wächst: Laut *PageFair* (2015) nutzen derzeit bereits 200 Millionen Kunden Werbeblocker, die Zahlen sind stark wachsend, es ist ein großes Geschäft. Laut dem CEO von *Shine* macht der Werbeanteil je nach Land und Anwendung zwischen fünf und 50 Prozent des mobilen Datenvolumens aus.

▪ 1.6 Neue digitale Geschäftsmodelle entstehen

Digitale Geschäftsmodelle attackieren die traditionell produkt- und technologieorientierten Unternehmen. *Uber* revolutioniert ohne Taxis und Taxifahrer die Taxibranche, *Skype* ohne eigene Netzwerkinfrastruktur die Telekommunikationsindustrie. Von *Alibaba* bis *Zalando* kann man die digitalen Gewinner analysieren: Selten neue Technologien, meist unterscheidet das Geschäftsmodell die Gewinner von den Verlierern. In der digitalen Welt werden zahlreiche Geschäftsmodelle effektiv und effizienter als in der analogen Welt genutzt. So lassen sich zweiseitige Märkte fast perfekt auf digitalen Plattformen realisieren. Dabei ist es egal, ob es sich um den Verkauf von Produkten und Dienstleistungen, um die Vermittlung von Kompetenzen oder um den Abgleich von Stromnutzung und Stromverbrauch im privaten Umfeld dreht. Fast jedes Geschäft lässt sich zu mehr Transparenz, geringeren Transaktionskosten und damit mehr Wettbewerb transformieren. Die Verlierer dieses Trends sind die früheren Profiteure von „Heimatschutz", von Quasi-Monopolisten wie Energiekonzernen bis hin zu lokalen Akteuren wie Nachbarschaftsläden.

Betroffen ist auch die Kreativindustrie, die sich bislang nicht den globalen Effizienzbestrebungen stellen musste. Aber über Crowdsourcing-Plattformen wie *99designs.com* werden Werbeagenturen angegriffen, über *Innocentive* die technischen Dienstleister und über *Amazon Mechanical Turk* sogar die Niedriglohndienstleister. Outsourcing von einfacher Arbeit, zum Beispiel an Callcenter, hat bereits die letzten 15 Jahre enorm zugenommen. Nun folgt auch die Kreativindustrie. Der Effekt ist überall gleich: Die Welt wird flach, der indische Kollege aus Bangalore und der chinesische Freelancer aus Schanghai werden zu direkten Konkurrenten. Damit hat die Globalisierung eine nächste Ebene erreicht: Nach der Globalisierung der physischen Produktwelt erfolgt nun auch die Globalisierung der Dienstleistungsindustrie.

Cyberattacken als neue Bedrohung

Digitalisierte Unternehmen haben jedoch nicht nur Chancen, sondern auch zahlreiche neue Risiken. So sind in jüngerer Zeit häufiger Cyberattacken aufgetreten, das Schadenspotenzial steigert sich. Durch einen solchen Angriff auf *Sony* im Jahr 2014 wurden sensitive Daten auf das Netz freigegeben. Persönliche Daten von *Sony*-Mitarbeitern und ihren Familien, E-Mails zwischen Mitarbeitern, Managementgehälter und Kopien von noch nicht freigegebenen Filmen von *Sony Pictures Entertainment* waren verfügbar. 15 Millionen US-Dollar wurden für Schadensersatzklagen zurückgestellt, Co-CEO Amy Pascal trat zurück. Hinter der Attacke wird Nordkorea als Auftraggeber vermutet, es entstand eine internationale Krise mit politischen Folgen.

Im Rahmen des Stuxnet wurde eine iranische Nuklearanlage zerstört; *USB*-Sticks mit Malware wurden breit verteilt auf dem Betriebsgelände. Es war nur eine Frage der Zeit, bis ein Mitarbeiter einen solchen USB-Stick findet, diesen in ein Gerät stecken und damit die Malware aktivieren würde. In Genf gab es 2013 einen Abhörskandal während einer *UNO*-Verhandlung. Auch hier wurde über einen USB-Stick Malware heruntergeladen, mit der Telefone über IP abgehört werden konnten.

Das aktive Management von Zugriffsrechten für Daten gewinnt an Bedeutung. Illegale Datenverkäufe an Banken zur Steuerhinterziehung sind nur die medienwirksame Spitze des Eisberges. Die meisten Schäden in Unternehmen werden nicht bemerkt, da Daten in großen Mengen illegal zu Wettbewerbern diffundieren. Die Funktion des Information Security Officer wird daher nicht nur für Großkonzerne, sondern auch für mittelständische Unternehmen mit hoher Wissensintensität hoch relevant. Die Aufgabe von solchen Datensicherheitsverantwortlichen ist die Entwicklung einer sicheren Datenumgebung, die den zunehmend offenen Geschäftsprozessen gerecht wird, aber gleichzeitig nach außen sicher ist. Typische Probleme in Unternehmen sind das Management von Zutrittsrechten, Netzschwachstellen, physische Schwachstellen im Zugang zu IT-Centern und vor allem Schwachstellen in der User Awareness. Es wird immer üblicher, neben internen Audits Organisationen wie den *Chaos Computer Club* mit gezielten Hackerangriffen zu beauftragen, um die Schwachstellen eines Unternehmens aufzudecken.

Israelische Firmen, welche heute führend in Cybersecurity sind, arbeiten häufig mit sogenannten Purple Teams: Das rote Team hat die Aufgabe, ein System zu attackieren, das blaue Team, es zu verteidigen. Diese agile Arbeitsweise stammt aus dem israelischen Armeeprogramm 8200 und wurde für zahlreiche Start-ups in Cybersecurity übertragen.

Je höher der Grad der Digitalisierung von Fertigung und Logistik, auch über Unternehmensgrenzen hinweg, und je vernetzter und offener die Wertschöpfungskette, umso anfälliger ist diese für externe Attacken. Dabei gibt es mehrere Felder: 1. Datenverlust, zum Beispiel durch Malware, 2. Datendiebstahl, zum Beispiel Kundendaten von Banken oder Prozessdaten einer Maschine, 3. Fehlverhalten von vernetzten Anlagen oder Produkten, 4. Remote-Steuerung von Anlagen oder Produkten. Stellt man sich beim autonomen Fahren einen Hacker mit verbrecherischen Absichten vor, wird schnell klar, dass der Schaden unermesslich hoch werden kann. Diese Risiken sind in ihren unterschiedlichen Dimensionen zu erfassen und zu bewerten. Die Risikomatrix von Ereigniswahrscheinlichkeit und -ausmaß, ergänzt mit einem qualitativen Risikodialog, wird hier unerlässlich. Das Thema Sicherheit gewinnt bei der Digitalisierungsdebatte stark an Bedeutung.

■ 1.7 Segen und Fluch der Regulierung

Der Umfang der Daten wächst immens. Allein im *Audi A8* wurden im Jahr 2014 über 2000 Datenpunkte abgenommen. Doch was wird damit gemacht? Und noch wichtiger: Wem gehören die Daten? Dem Versicherungsunternehmen, das eine Prämienreduktion bei vorsichtiger Fahrweise anbietet? Dem Automobilhersteller *Audi*? Oder gar den Automobilzulieferern, die über die verschiedenen Marken hinweg eine auf ihr Subsystem konzentrierte Queranalyse durchführen könnten? Oder dem Endkunden, dem Autofahrer? Welche Daten sind in welcher Form verwendbar? Hier sind noch zahlreiche Themen offen.

Uber wird in einigen Ländern verboten, teils aus arbeitsrechtlichen Gründen, teils wegen der Versicherungen, teils als Antwort auf den gewerkschaftlichen Druck der Taxifahrer. Die Frage ist, wie lange sich Fortschritt aufhalten lässt und wo reguliert werden muss. In den Ländern, in denen *Uber* erlaubt ist, setzt sich das Unternehmen mit enormer Geschwindigkeit durch – ein untrügliches Zeichen für Mehrwert bei diesem zweiseitigen Markt. Der nächste Konflikt beim Fahren ist schon vorprogrammiert, wenn autonome Fahrzeuge zugelassen werden. Die Technologie ist auch hier weitgehend vorhanden. In *Stanford* beschäftigt man sich derzeit mit ethischen Fragen rund um autonomes Fahren: Auch wenn die absolute Zahl der Unfälle und Verkehrstoten mit hoher Wahrscheinlichkeit stark sinken wird, wird es ungeklärte Einzelfälle geben, und diese werden die öffentliche Diskussion bestimmen. Fährt das Fahrzeug nach einer unübersichtlichen Kurve eher in eine Gruppe Rollstuhlfahrer oder in Mutter und Kind, wenn sich der Unfall nicht vermeiden lässt? Solche Entscheidungen lassen sich schwierig programmieren. Menschliches Versagen wird akzeptiert, aber die Anforderungen an computerisierte Entscheidungen sind höher.

Machine Learning wird auch immer stärker eingesetzt, um Preise dynamisch festzulegen, zum Beispiel bei Airlines oder Auktionen. Dies führt jedoch dazu, dass sich Algorithmen abstimmen. Die *Universität Haifa* untersucht derzeitig im Center for Cyber Law, ob hier ein Verstoß gegen das Kartellrecht vorliegt. Selbstabstimmende Algorithmen in der Preisbildung können die gleichen Effekte haben wie persönliche Preisabsprachen. Auch hier ist die Technologie weiter als die Regulierung.

Die Regulierung wird früher oder später auch die Kreativindustrie betreffen. Heute wird in ganz Europa über Minimallohnforderungen diskutiert. Wie wird es in Zukunft sein, wenn über die Virtualisierung der Arbeit der indische Callcenter-Mitarbeiter aus Bangalore zum direkten Kollegen und Wettbewerber des Mitarbeiters in Zürich wird? Wie effektiv sind heutige Gesetze zur Verhinderung von Lohndumping, wenn über Internetplattformen wie *Amazon Mechanical Turk* oder *Clickworker.com* heute schon viel Arbeit von den entwickelten Ländern in Niedriglohnländer verlagert wird? Wie geht man in Europa mit dem Trend zum Freelancer in der digitalen Welt um, bei dem die Mitarbeiter immer stärker ausgelagert werden, zum Beispiel via Crowdsourcing, für Webdesign oder Programmierung? Gerade in der digitalen Wertschöpfung wird immer stärker virtuell gearbeitet. Wie können Urheberrechte und geistiges Eigentum in der neuen offenen Welt von *YouTube* und Sharing-Plattformen effektiv geschützt werden?

Zahlreiche Fragen sind hier noch offen, eines steht fest: Die Regulierung hinkt der technologischen Entwicklung hinterher. Es ist noch nicht abzusehen, wo es mehr und wo es weniger Regulierungen geben wird. Sicher ist nur, dass sich der Druck verstärken wird: mehr Regulationsforderungen von Gewerkschaften und etablierten Unternehmen, Deregulationsforderungen von den neuen Wettbewerbern.

■ 1.8 Der Mensch als Informationsverarbeitungsengpass

Der Umfang der verfügbaren Informationen ist exponentiell am Wachsen. Doch was tun wir mit den gigantischen Informationsmengen? Wir lernen noch auf die gleiche Art und Weise, wie unsere Generation vor uns gelernt hat. Unser menschliches Hirn ist nicht wirklich in der Lage, sich eine exponentielle Entwicklung vorzustellen. Dies hat bereits die Geschichte gezeigt: Die Verdoppelung eines Reiskorns auf jedem weiteren Feld eines Schachbretts, also 264, hat dazu geführt, dass der Erfinder des Schachspiels mehr Reiskörner versprochen bekam, als das gesamte Königreich hatte. Moores Gesetz lässt sich zwar anwenden, Prognosen zur Technologieentwicklung können erstellt werden. Aber die exponentielle Entwicklung der Computerisierung von Wirtschaft und Gesellschaft lässt sich vom Menschen kaum begreifen. Das Hirn ist darauf nicht vorbereitet. Unser Geist und unsere Psyche haben sich in der kurzen Zeitspanne der digitalen Revolution nicht wirklich verändert.

Auch die meisten Organisationen sind noch klassisch hierarchisch strukturiert, die Prozesse ähneln immer noch dem Zeitalter der industriellen Arbeitsteilung. Henry Ford und seine Organisationsprinzipien sind jedoch überholt in der neuen Welt. Die Führung der digitalen Transformation in den Unternehmen muss verbessert werden. Gelingt dies, können die Stärken und Werte der alten Welt in die digitale transformiert werden. Scheitert die digitale Transformation im Unternehmen, gehen immer größere Wertschöpfungsanteile an die neuen, digitalen Wettbewerber oder an die neu digitalisierten Unternehmen verloren. Auch hier gilt Darwins Theorie: Die Unternehmen werden überleben, die sich am schnellsten und besten an die neuen Umgebungen anpassen. Die Digitalisierung ist nicht eine Frage des „ob", sondern nur des „wo", „wie" und „mit wem".

■ 1.9 Erfolgsfaktoren der Führung der digitalen Transformation

 Die digitale Transformation durchläuft immer die gleiche Musterabfolge:

1. Daten generieren; der Anteil der Sensorik an der Datengenerierung nimmt dabei zu.
2. Daten vernetzen; der Anteil der vernetzten realen Produkte, Prozesse und Systeme wächst.
3. Daten analysieren und visualisieren, um daraus kundenrelevante Erkenntnisse zu gewinnen.
4. Mehrwert generieren aus den Daten, zum Beispiel über neue Dienstleistungen, verbesserte Prozesse oder neue Funktionalitäten von Produkten.

Einzelne Projekte können dabei an jedem der vier Schritte ansetzen, wichtig sind jedoch die Gesamtsicht und ein klares Geschäftsmodell, mit dem Werte geschaffen und gesichert werden können.

Um die Herausforderungen der digitalen Transformation erfolgreich meistern zu können, braucht es mehrere Elemente. Unsere Erfahrung hat gezeigt, dass die Transformation deutlich erfolgreicher verläuft, wenn folgende 14 Punkte berücksichtigt werden.

1. Kundenerkenntnisse im Kern

Start und Ende einer jeden Digitalisierungsinitiative muss die Wertschöpfung sein. Das wichtigste Element ist dabei der Kunde. Es braucht tiefer gehende Kenntnisse über die offenen und latenten Kundenbedürfnisse. Typischerweise lassen sich diese Erkenntnisse in drei Stufen gewinnen: Wer ist der Kunde? Was sind dessen Bedürfnisse? Welche tief gehenden Aha-Erkenntnisse über den Kunden sind zu gewinnen?

Dabei ist es gerade bei digitalen Leistungen wichtig, neue Wege zu gehen. Das klassische V-Modell von Bedarfserfassung über Marktforschung bis zum Spezifizieren und Umsetzen gerät meist an seine Grenzen. Heute sorgt der interaktive und agile Entwicklungsprozess dafür, dass rasche Feedbackschleifen zu unmittelbaren Aha-Erlebnissen bei den Entwicklungsteams führen. Es werden auch zunehmend latente Kundenbedürfnisse erfasst, die den Kunden zwar nicht bewusst sind, sie aber begeistern, wenn sie adressiert sind. Dies trifft nicht nur auf Steve Jobs' *Apple*-Produkte zu, auch digitale Druckermaschinen von *Landa Technologies* haben ein unglaubliches User Interface, das nur begeistert.

2. Starke Vision entwickeln

Als Mobilisierung hilft eine starke Vision, wo die Reise hingehen soll. Dies wirkt oft stärker auf die Ausrichtung von Teams als Detailpläne für die Umsetzung. Die Vision bündelt auch die Kräfte im Unternehmen und unternehmensübergreifend zu den Partnern. Visionen werden von Pragmatikern oft kleingeredet. Eine gute Vision ist jedoch gerade im dynamischen Umfeld mit unsicheren Planungsanforderungen und permanenten Neuorientierungen der Projekte sehr nützlich.

3. Digitale Geschäftsmodelle entwickeln

Geschäftsmodelle verändern sich stark. Es ist wichtig, die heutigen Geschäftsmodelle zu kennen und neue zu generieren. Im Zentrum gibt ein Geschäftsmodell integrativ Antworten auf folgende vier Fragen: Wer ist der Kunde? Was ist das Nutzenversprechen? Wie wird dieses umgesetzt? Warum ist das Geschäftsmodell profitabel? Dahinter liegen die Themen Markt, Value Proposition, Wertschöpfungskette und Ertragsmechanik. Ein Geschäftsmodell erklärt, warum ein Unternehmen Wert schafft und dabei Geld verdient.

Es gibt heute kaum mehr neue Geschäftsmodelle, welche nicht datengetrieben sind. Daten sind zu transformieren zu Wissen, Geschäftsmodelle stellen die Verbindung zu Wert her.

4. High Performance Teams fördern

Es ist selbstredend, dass Teams wichtig sind. Projekte sind immer nur so erfolgreich wie das Team. Bereits frühzeitig soll überlegt werden, wer im Kick-off-Team ist, welche Partner an Bord geholt werden müssen für komplementäre Kompetenzen, wer intern hinzugezogen werden soll. Gute Teams sind zielorientiert, weisen eine hohe Diversität auf und haben eine starke Konflikt- und Kommunikationskultur. Zum Team gehört indirekt auch der Sponsor und Unterstützer aus dem Topmanagement. Dieser stellt sicher, dass das Projekt auch in Krisenzeiten nicht unter den Tisch fällt und dass bei Widerständen die Projektinteressen durchgesetzt werden.

5. Permanentes Lernen forcieren

Lernen heißt auch Fehler machen. Dies ist kulturell eine enorme Herausforderung: Unternehmen müssen lernen, dass Fehler und Scheitern eine Quelle für rasches Lernen darstellen können. In einer Prototypenstrategie müssen möglichst rasch Unsicherheiten durch Erkenntnisse und Annahmen durch Fakten ersetzt werden. Das ist möglich, indem für jede Annahme ein Prototyp „gebaut" und getestet wird. Dieses Vorgehen hat Experimentalcharakter, wie wir es aus den Naturwissenschaften kennen. Letztlich ist der Prototyp die Materialisierung der Annahmen und dies führt zu raschen Erkenntnisfortschritten.

Mit der Zunahme von AI in Unternehmen werden die Mitarbeiter auch neue Anforderungen benötigen: Es wird mehr technologisches Grundwissen in allen Funktionen erwartet und mehr emotionale Intelligenz.

Faustregel: Bereits heute lassen sich alle kognitiven Tätigkeiten automatisieren, wenn eine Entscheidung innerhalb von einer Sekunde getroffen werden kann.

6. Agilität in der Entwicklung stärken

Rasche Sprints und iteratives Vorgehen mit engem Kundenkontakt ersetzen immer mehr das sequenzielle Wasserfallmodell. Insbesondere in einem dynamischen Umfeld mit unsicheren Benutzeranforderungen wird Agilität im Entwicklungsprozess relevant. Bei Digitalisierungsprojekten weiß der User häufig nicht, was er will; agiles Vorgehen hilft hier. Dies soll kein ideologischer Aufruf zu einem agilen Manifest sein, wie es immer wieder in Unternehmen beobachtet wird. Es gibt in stabilen Umgebungen wie der *NASA* oder in Teilen der Bauindustrie immer noch Gründe für ein phasengetriebenes, sequenzielles Vorgehen. Je höher jedoch die Dynamik in der Unternehmensumgebung und im Markt ist und je weniger über die Kundenanforderungen bekannt ist, desto agiler muss der Entwicklungsprozess sein. Agile Schnellboote eignen sich insbesondere als Start, um Erfolge zu erzielen.

7. Silos überwinden

Digitalisierungsinitiativen sind fast immer funktions-, bereichs- und oft unternehmensübergreifend. Es muss über die bestehenden Grenzen hinweg zusammengearbeitet werden. Ohne diese Überwindung der bestehenden Strukturen gelingen die wenigsten Transformationsprojekte. Dies ist jedoch oft nicht einfach, da die Prozesse, Anreizsysteme und Berichtsstrukturen meist noch funktional sind.

Das Denken in Geschäftsmodellen fördert die Überwindung von Silogrenzen, da ein Problem immer ganzheitlich angegangen werden muss.

8. Gesamte Organisation „energetisieren"

Oft reicht das Team nicht aus, die gesamte Organisation muss „energetisiert" werden, um eine Transformation erfolgreich durchzuführen. Hier helfen zwei Strategien nach Heike Bruch: „Winning the Princess" oder „Killing the Dragon". Bei der ersten Strategie wird aufgezeigt, wie sich beispielsweise das Kundenerlebnis durch die Digitalisierungsinitiative komplett neu definieren lässt, die Loyalität der Kunden zunimmt und das Unternehmen begeisterte Fans generiert. Bei der Drachenstrategie wird plastisch die Bedrohung aufgezeigt, zum Beispiel die neuen *Fintech*-Unternehmen in der Finanzindustrie, welche die Industrie revolutionieren. Gleichzeitig wird klargemacht, dass sich das eigene Unternehmen wehren und gewinnen kann, wenn alle Kräfte zusammen spannen. Beide Strategien erhöhen die positive organisationale Energie im Unternehmen und reduzieren interne Grabenkämpfe ohne Wertgenerierung.

Moderne Hirnforschung hat hier gezeigt: Eine positive Vision („Dienstleister Nr. 1 in der Wartung werden") wirkt nachhaltiger bei der Energetisierung einer Organisation als eine negative Vision („Chinesen verdrängen uns komplett aufgrund von Kostenvorteilen"). Schreckensbilder vermitteln zwar den Leidensdruck, wirken aber nur kurzfristig, flachen mittelfristig wieder ab.

9. Zelte statt Paläste aufbauen

Es ist besser, rasch Zelte auf- und bei Erfolglosigkeit auch wieder abzubauen, als einen perfekten Palast zu planen, der für die Ewigkeit hält. Langfristplanungen werden in der IT vor allem bei kundennahen Prozessen immer weniger sinnvoll. Agilität, Lernen und Flexibilität ersetzen Planung. Die Projektorganisation ist in den letzten Jahren immer wichtiger geworden. Im Unternehmen finden sich Experten verschiedener Disziplinen zu schlagkräftigen Projektteams zusammen, um konkrete Ziele der Digitalisierung anzugehen. So entstehen Innovationen auf Basis der gegebenen Expertenmittel in immer wieder neuen Anwendungsfeldern, die sich hierarchisch nicht starr vorgeben lassen.

10. Lean-Start-up-Mentalität fördern

Anstatt große langjährige Pläne zu entwickeln, ist gerade in der digitalen Welt eine stärkere Aktionsorientierung gefragt. Dabei bietet es sich an, wie ein junges Start-up zu handeln, das kein Budget für monatelange Planungen oder große Stabsabteilungen hat. Stattdessen gilt es, einen nächsten Schritt zu tun, rasches Kundenfeedback einzuholen und sich wieder anzupassen. Die Zyklen von Design – Build – Test sind rascher zu durchlaufen, damit die Lernfortschritte beschleunigt werden. Jedes Unternehmen muss sich fragen, ob es wirklich schneller lernt, als sich die Umgebung verändert. Start-ups haben keine Alternative, wenn sie überleben wollen.

11. Strategische Partnerschaften aufbauen

Die Digitalisierung zeigt immer wieder die Tendenz zur Konzentration. Das Prinzip „The winner takes it all" führt dazu, dass man gewinnen muss oder ganz verliert. Kuchen aufteilen ist in Märkten mit absoluter Transparenz schwierig. Daher ist es von großer Bedeutung, die richtigen Partner zu suchen und gemeinsam die Ziele anzugehen. In Phasen, wo Neues geschaffen werden soll, ist das Miteinander in vernetzten Welten wichtiger als das Gegeneinander.

Wichtig werden Partnerschaften in Ecosystems, welche sich entlang der Customer Journey entwickeln – zum Beispiel in den Bereichen Reisen, Gesundheit, Wohnen und Finanzen. Hier ist es wichtig, dem anspruchsvolleren Kunden alles aus einer Hand zu liefern. Dies ist möglich aufgrund der geringen Transaktionskosten, der gestiegenen Datenqualität und besserer Datenanalytik. Eine Reiserücktrittversicherung wird in der Regel heute online am Point of Sales im Reiseportal abgeschlossen: Ein kleines Kreuz reicht aus und klassische Versicherungen müssen hier neue Partnerschaften eingehen.

12. Kampf um die Talente gewinnen

Der Kampf um die besten Talente ist voll im Gang. In Hotspots wie Berlin, London oder Zürich ist der Kampf um die besten Talente für die Digitalisierung schon lange voll entbrannt. Dabei zeichnete sich bereits in den letzten zehn Jahren ab, dass immer mehr hoch qualifizierte IT-Experten und Programmierer nicht mehr bereit sind, die klassischen Wege von Großunternehmen zu gehen. Vielmehr suchen sie noch stärker die Erfüllung in der Aufgabe selbst. In den Metropolen besteht die starke Tendenz, zum digitalen Portfolioarbeiter zu werden. Nicht die Arbeitslosen, sondern die stark umkämpften Talente entscheiden sich für Portfoliojobs in Coworking Spaces.

13. Quick Wins realisieren

Es hat sich gezeigt, dass es gerade bei langfristigen Transformationen erforderlich ist, auch kurzfristige Fortschritte zu realisieren und zu kommunizieren. Diese greifbaren Fortschritte dienen dazu, die Initiative im Unternehmen weiter zu verankern, den Kritikern die Machbarkeit aufzuzeigen und in der Geschäftsleitung das Commitment zu verstärken.

Nichts motiviert mehr als Erfolg. Daher ist es sinnvoll, das Ganze zu sehen, aber machbare Projekte umzusetzen und zu zeigen.

14. Kommunizieren, kommunizieren, kommunizieren

Es reicht nicht aus, einmal die Reise in die digitale Welt anzukündigen. Führungskräfte müssen deutlich mehr kommunizieren. Dabei ist es wichtig, nicht nur zu sagen, „wie etwas gemacht werden muss" oder „was gemacht werden muss", sondern vor allem: „Warum ist die Reise wichtig?" Neudeutsch, der „Purpose" muss erklärt und kommuniziert werden. Führungskräfte erklären zu häufig das „Wie?", also die konkrete Umsetzung von Transformation. Weniger werden die Ziele erklärt („Was?"). Völlig vernachlässigt wird zumeist die Bedeutung der wichtigsten Frage „Warum?". Gerade die jüngeren Generation-Y-Mitarbeiter wollen jedoch vor allem wissen, warum ein Unternehmen tätig ist, was der tiefere Sinn einer Tätigkeit ist („Purpose"). Geld verdienen reicht dabei nicht aus. Fehlende Kommunikation ist einer der häufigsten Gründe für Flops bei Digitalisierungsprojekten.

Erfolgsfaktoren der digitalen Transformation aus Forschung und Praxis

- Kundenerkenntnisse im Kern: stark bei kundennahen Feldern.
- Starke Vision entwickeln: Wohin geht die Reise?
- Digitale Geschäftsmodelle entwickeln: „Create value, capture value".
- High Performance Teams fördern: die Besten an Bord – ergänzen durch Externe, wo notwendig.
- Permanentes Lernen forcieren: Fehler sind Lernquellen, Feedback ist wichtig.

- Agilität in der Entwicklung stärken: Geschwindigkeit und Iteration er-höhen.

- Silos überwinden: Nur funktions- und abteilungsübergreifende Zusammen-arbeit ist erfolgreich.

- Gesamte Organisation „energetisieren": Zielbilder schaffen positive Ener-gien.

- Zelte statt Paläste aufbauen: Jede Struktur muss leben und darf nur tem-porär sein.

- Lean-Start-up-Mentalität fördern: Denken in MVP.

- Strategische Partnerschaften aufbauen: Konzentration auf Kernkompeten-zen, langfristige Partner aufbauen.

- Kampf um die Talente gewinnen: Attraktive Projekte und „Purpose" helfen.

- Quick Wins realisieren: Erfolge generieren Zuversicht und überzeugen die skeptische Mehrheit.

- Kommunizieren, kommunizieren, kommunizieren: Wichtiger als das „Was digitalisieren?" und „Wie digitalisieren?" ist das „Warum digitalisieren?"

2 Das Geschäftsmodell: Gral der Digitalisierung

Roman Sauer, Martina Dopfer, Jessica Schmeiss, Oliver Gassmann

■ 2.1 Digitalisierung – mehr als Bits und Bytes

Die Digitalisierung verändert unser Kundenverhalten. Sie ist der Treiber der vierten industriellen Revolution und verändert, wie Menschen, Organisationen und Branchen agieren und funktionieren. Digitalisierung wird zum inneren Motor einer weitreichenden Transformation, deren Ausmaße man zwar technologisch prognostizieren kann, aber die sozial-systemischen Auswirkungen auf Wirtschaft und Gesellschaft sind nicht annähernd erfassbar.

Einige Industrien wie die Musikbranche durchliefen bereits eine digitale Revolution. Vielen Branchen wie der Medizintechnik sowie der Fertigungs- und Automobilindustrie steht ein solcher Durchbruch noch bevor. Es stellt sich die Frage, warum gerade jetzt in so vielen Industrien der Zeitpunkt der Digitalisierung gekommen ist.

Die Zahl an Internetnutzern und internetfähigen Geräten pro Privathaushalt wächst überproportional. Letztlich werden mobile Endgeräte sowie die damit nutzbaren Vernetzungstechnologien wie Bluetooth, NFC oder QR-Codes im privaten Umfeld immer mehr zum Standard. Die Lebenswelten der Kunden sind weitreichend digitalisiert, und vor allem auf Endkundenseite (B2C) zeichnet sich der Wunsch nach mehr Digitalisierung beispielsweise im Bereich der Dienstleistungen ab (Deloitte 2013).

Dieser Trend ist auch in Unternehmensbeziehungen (B2B) zu beobachten. Nach anfänglichem Zögern steigt hier die digitale Affinität deutlich (Roland Berger, BDI 2015). Dies eröffnet vor allem für die exponentiell verlaufende Leistungsentwicklung von Technologien bei gleichzeitiger Kostenreduktion völlig neue Anwendungsfelder. Sensoren werden kleiner, kostengünstiger, integrierter, multifunktional und können miteinander kommunizieren. Gleichzeitig werden eine kontinuierliche und extrem schnelle Analyse großer Datenvolumen sowie der günstige, bedarfsorientierte Zugriff auf Rechenleistung, -speicher oder -anwendung möglich. Physische Objekte jeglicher Art werden in ihrem Materialfluss erkenn- und lokalisierbar. Mehr noch, fest installierte Maschinen und Anlagen erlangen die Fähigkeit zur dezentralen Steuerung.

Für viele Unternehmen stellt sich im Zuge der Digitalisierung daher nicht die Frage des Warum, sondern des Wie. Wie trage ich der Digitalisierung in meinem Unternehmen Rechnung? Wie gehe ich die Digitalisierung an? Aufgrund der steigenden Standards und Reife „digitaler Technologien" besteht die Herausforderung nicht in deren Adaption. Im Zentrum steht vielmehr die Entwicklung des richtigen Geschäftsmodells. Obwohl immer mehr Unternehmen Technologien und neue Produkte anbieten können, sind die großen Gewinner oft nicht die Produkt-, sondern die Geschäftsmodellinnovatoren: *Apple* wurde zum größten Musikvertrieb, ohne eine einzige CD zu verkaufen. *Airbnb* ist das größte Hotel, ohne eigene Gebäude zu besitzen. *Uber* revolutionierte die Taxibranche, ohne ein Taxi zu besitzen oder einen Taxifahrer angestellt zu haben. *Skype* wurde zum größten länderübergreifenden Kommunikationsanbieter ohne eine eigene Netzwerkinfrastruktur. *eBay*, *Amazon* und nun *Alibaba* revolutionierten den Handel. Allen gemeinsam ist der Fokus auf neue Geschäftsmodelle, getrieben durch die Digitalisierung.

 Wir sind im Zeitalter des Geschäftsmodellwettbewerbs angekommen, und der Erfolg eines Unternehmens ist von dessen Fähigkeit, das Geschäftsmodell zu digitalisieren oder gar „digital" zu innovieren, abhängig.

So wollten laut *Ernst & Young* Unternehmen im Jahr 2015 durchschnittlich etwa 29 Millionen Euro – ein Prozent ihres Umsatzes – in die Digitalisierung ihres Geschäftsmodells investieren. Solche Unternehmen bauen jedoch oft seit Jahren auf bestehende Geschäftsmodelle. Sie besitzen etablierte Beziehungen zu Zulieferern und Vertriebspartnern, die auf eingespielten logistischen Prozessketten beruhen. Ähnliche routinierte Prozesse spiegelt auch das Geschäftsmodell innerhalb eines Unternehmens wider: Mitarbeiter haben sich in entsprechenden Strukturen entwickelt, Manager ihre Führungsstile entsprechend angepasst. So ist über die Zeit ein stillschweigendes Verständnis über das Geschäftsmodell entstanden.

Doch was ist ein Geschäftsmodell? Verkürzt erklärt, ist es die Strategie, die ein Unternehmen fährt, um Wert zu generieren und dabei Geld zu verdienen. Nach Gassmann, Frankenberger und Csik (2014) ist ein Geschäftsmodell die integrale Antwort auf vier Fragen (vgl. Bild 2.1):

- Wer sind unsere Zielkunden? Der Kunde steht in jedem Geschäftsmodell im Zentrum – immer und ausnahmslos. Das Geschäftsmodell beschreibt so Kundensegmente, Wünsche und Bedürfnisse sowie durch welche Kanäle diese etabliert werden. (Dimension: Wer?)

- Was bieten wir den Kunden an? Das Nutzenversprechen knüpft nahtlos an die erste Dimension an und definiert primär, wie ein Unternehmen dem Kunden Mehrwert und Nutzen stiftet. Erforderliche Produkte und Dienstleistungen sind sekundär und Mittel zum Zweck. (Dimension: Was?)

- Wie erbringen wir die Leistung und wie stellen wir diese her? Die Wertschöpfungskette ist das Rückgrat eines Geschäftsmodells und bildet die Prozesse und Aktivitäten ab, die auf Basis involvierter Ressourcen, Fähigkeiten und Partner erforderlich sind, um das Nutzenversprechen zu erbringen. (Dimension: Wie?)

- Wie wird Wert erzielt? Jede Geschäftsmodelllogik beinhaltet die Frage nach der Ertragsmechanik und wie Wert für das Unternehmen erzielt wird. Aspekte der Kostenstruktur und der Erlösmechanik müssen die zentrale Frage, wie Profit erzielt wird, beantworten. (Dimension: Wert?)

Bild 2.1 Grundlogik eines Geschäftsmodells (Quelle: Gassmann, Frankenberger, Csik 2014, 2016)

Verändern sich mindestens zwei Dimensionen eines Geschäftsmodells signifikant, spricht man von einer Geschäftsmodellinnovation (Gassmann, Frankenberger, Csik 2014). Um nun die Chancen des digitalen Wandels zu nutzen, müssen alle Stakeholder ein Verständnis darüber entwickeln, was Digitalisierung und was Geschäftsmodell in ihrem Kontext bedeutet. Dahin gehend zielt der Artikel auf folgende Leitfragen: Was zeichnet ein digitalisiertes Geschäftsmodell aus? Und: Was ändert sich im Übergang von „analogen" zu digitalen Modellen?

■ 2.2 Vier Formen der Digitalisierung

Digitalisierung umfasst heute fast alles und basiert auf vier Grundelementen (Bild 2.2):

- E-Business,
- internetbasierte Wertversprechen,
- intelligente Wertkette,
- digitales Geschäftsmodell.

Der Beginn jeglicher Digitalisierungsaktivität war und ist das E-Business (1). Das E-Business ist Kernvoraussetzung eines weitreichenderen digitalen Wandels. In vielen Unternehmen ist die IT jedoch schon weit mehr als das unterstützende Element E-Business. Die beiden Stoßrichtungen internetbasierte Wertversprechen (2) und intelligente Wertkette (3) zeigen, wie die Digitalisierung auf der einen Seite die Produkt-/Servicelogik (2) und auf der anderen Seite die Prozesslogik von Unternehmen (3) radikal verändert. Internetbasierte Wertversprechen implizieren dabei tief greifende Veränderungen zum Kunden hin. Die intelligente Wertkette hingegen umfasst die Informatisierung von Fertigung und Logistik durch Maschine-zu-Maschine-Kommunikation, auf die sich die Wertschöpfungskette konzentriert und mit der weitreichende Veränderungen im inter- und intraorganisationalen Kontext einhergehen. Im deutschsprachigen Raum ist dies vor allem unter „Industrie 4.0", im angelsächsischen Raum unter „Industrial IoT" bekannt. Das vierte Element integriert E-Business, internetbasierte Wertversprechen und intelligente Wertketten im digitalen Geschäftsmodell.

1. E-Business steigert Effizienz

Unternehmen sind informationsverarbeitende Entitäten. Der Einsatz von IT ist eine logische Folge. In der Vergangenheit war die Anwendung von IT eher unterstützend, was man gerade in den Anfängen der Digitalisierung – dem sogenannten „E-Business" – beobachten kann. Im E-Business werden sämtliche bestehenden Prozesse und Produkte in elektronischer Form abgebildet. Durch E-Business entsteht somit die Chance einer kompletten Reflexion entlang der Wertschöpfungskette zur Effizienzsteigerung des gesamten Unternehmens. Dieses Thema hat vor allem Anfang der 90er-Jahre viele Praktiker zur Analyse neuer Geschäftspraktiken mithilfe des Internets geführt:

Der Einsatz von E-Technologien im R&D (CAD-Tools, globale Vernetzung von virtuellen Teams) ermöglichte eine elektronische, internetbasierte Koordination und einen Austausch von Informationen weltweit. E-Business bewirkte so bereits eine Straffung von Prozessketten und veränderte Innovationsstrukturen sowie Prozesse innerhalb der Unternehmen. Das deutsche Mittelstandsunternehmen *Elabo GmbH* hat beispielsweise ein modulares Informationsmanagementsystem entwickelt, das jeden Arbeitsplatz vernetzt und in Echtzeit virtuelles Datenmanagement ermöglicht. Entwicklungsabteilungen sparen sich mühselige Papierdokumentation und Redundanzen in der Entwicklung. Gleichzeitig werden Mitarbeiter flexibler, können von überall arbeiten und erhalten schnelleres Kundenfeedback zu Produktiterationen.

Auch die sogenannte E-Supply Chain erschafft durch den Einsatz von E-Technologien die Optimierung bestehender Strukturen mittels elektronischer Kommunikationsmedien. E-Commerce legt hingegen den Fokus auf die Übertragung kaufmännischer Prozesse in die Online-Welt. So konnten durch Marketingkanäle wie *Google AdWords*, *YouTube* und Blogs digitale Vertriebskanäle beworben und Kunden schneller erreicht werden. Marketing wird erstens günstiger, zweitens kann die Kundenansprache gezielter über Analytics-Systeme, E-Pricing und E-Payment ausgesteuert werden und drittens sind Bestellungen durch elektronische Standardisierung schneller bearbeitbar.

2008 in Berlin gegründet, ist *Zalando* ein klassisches E-Commerce-Unternehmen, das entlang der gesamten Wertschöpfungskette erfolgreich digitale Technologien einsetzt. Basierend auf der Hypothese, dass Kunden ihre Schuhe/Kleidung auch im Internet bestellen würden, um so Zeit zu sparen, hat sich *Zalando* als größter Kleidungshändler online entwickelt. 2015 wurde das einstige Start-up im MDAX gelistet. Mittlerweile wird *Zalandos* Geschäftsmodell weltweit angewandt beziehungsweise repetiert (zum Beispiel *Dafiti*, Brasilien).

 Der wesentliche Gewinn durch E-Business besteht demnach in der Optimierung der (1) Kosten (Reduzierung der Prozesskosten durch elektronische Unterstützung), (2) Zeit (Reduzierung von Prozesszeiten) und (3) Qualität (Aktualität von Daten, globale Reichweite, verbesserte Kollaborationsbedingungen). Diese Optimierungen basieren auf dem Einsatz von E-Technologien in weitestgehend bestehenden Prozessen und Strukturen.

Aber längst nicht alle Unternehmen schaffen die elektronische Abbildung des Geschäftsmodells – die Grundvoraussetzung der Digitalisierung. Dies gilt insbesondere für den Mittelstand – dem Rückgrat der deutschen Wirtschaft. Betrachtet man führende Studien zum digitalen Wandel, zeigt sich, dass sich nur 39 Prozent der deutschen Mittelstandsunternehmen der Bedeutung von Digitalisierung bewusst sind. Es besitzen sogar nur 85 Prozent der deutschen Mittelständler eine Website (Eurostat 2014). Auch erachten lediglich 43 Prozent dieser Unternehmen den Mangel digitaler Marketing- und Vertriebskenntnisse als ein Hindernis (IW Zukunftspanel 2013). Im europäischen Gesamtkontext hingegen sehen 64 Prozent der gesamtwirtschaftlichen Entscheider ICT als potenzielle Basis digitaler Geschäftsmodelle (Google Befragung ICT-Entscheider 2015).

2. Internetbasierte Wertversprechen verändern die Produktlogik

Die Grundmotivation digitalisierter Produkte ist nicht neu: Sie basiert auf zunehmender Dienstleistungsorientierung und Verbraucherfreundlichkeit. Mit dem Aufkommen der Social-, Mobile-, Analytics- und Cloud-Technologien bekommt dieses Thema einen weiteren Schub, denn durch sie ergibt sich neues Potenzial, die Logik des Wertversprechens radikal zu verändern.

Hier ist ein wiederkehrendes, einfaches Muster zu beobachten (Fleisch et al. 2014). Zunächst steht die eigentliche Hardware im Fokus. Diese wird mit erweiterter Sensorik und Aktorik ummantelt, die, verbunden mit dem Internet, Konnektivität erhält. Intelligenz wird nun ermöglicht, indem Datenströme des vernetzten Produkts analytisch ausgewertet werden. Dieses Wissen ist für die erweiterten, internetbasierten Dienstleistungen notwendig. Dadurch wird nicht nur direkter Kundennutzen geschaffen, auch die Unternehmen lernen, wie ihre Produkte unter realen Bedingungen in Echtzeit genutzt (oder Funktionalitäten auch nicht genutzt) werden. Dies führt dazu, dass zahlreiche B2B-Unternehmen Chancen auf direkten Endkundenkontakt erhalten und sich damit neue Geschäftsmodelle im Bereich B2B2C eröffnen können.

Die Erweiterung von Produkten ist jedoch nicht nur auf Hardware beschränkt. Auch bei Softwareprodukten ist im Zuge der Digitalisierung eine zunehmende Dienstleistungsorientierung zu beobachten. Die Nutzung von Software-as-a-Service (SaaS) im Umfeld von Cloud-Computing nimmt besonders in dem umsatzstarken Markt des Mittelstands stark zu (2013: plus 30 Prozent im Vergleich zu 2012). Statista prognostiziert die Verfünffachung des Marktvolumens von SaaS-Lösungen in Deutschland auf knapp acht Milliarden Euro im Jahr 2017. Des Weiteren wächst der Software-as-a-Service-Markt im Vergleich zum Gesamtmarkt für Software sechsmal schneller, da die angebotenen Produkte Kundenbedürfnisse viel direkter abdecken.

Aus Endkundensicht wird die digitale Kundennähe und -beratung beispielsweise über Videochats oder Buchungsportale zunehmend wichtiger. Insbesondere die viel zitierte, mit digitalen Medien aufgewachsene Generation Y möchte vom Sofa aus zu jeder Zeit über sämtliche internetfähige Geräte beraten werden. Der Dienstleister von heute – beispielsweise die Versicherung, die Bank und das Fitnesscenter – muss diese digitale Allzeit-bereit-Beratung leisten können.

Das 2004 gegründete, deutsche Start-up *purpleview* agiert in diesem Markt. Es bietet eine White-Label-Lösung zur Videoberatung an, auf die bereits am Markt etablierte Banken zurückgreifen. Besonders wichtig beim Angebot einer entsprechenden Lösung ist neben der einfachen Nutzung für den Kunden, beispielsweise in allen gängigen Browsern, auch eine Garantie der sicheren verschlüsselten Online-Kommunikation. Ist das gegeben, kann eine SaaS-Lösung für den Online-Kundenservice gewinnbringend die Offline-Beratungen wie die am Tresen der Bank ergänzen, die Kundennähe erhöhen und zu ganz neuen Peer-to-Peer-Netzwerk-strukturen führen.

 Internetbasierte und digitale Wertversprechen ermöglichen eine weitrei-chende Dienstleistungsorientierung von Produkten, Dienstleistungen und Geschäftsproprozessen. Daraus ergeben sich Nutzenstifter wie mehr Trans-parenz und direktere Kundeninteraktion und -integration.

Social: Soziale Plattformen wie *Facebook, Instagram, Twitter* oder *LinkedIn* bieten vielfältige Chancen zur Erleichterung der Kommunikation und zum Aufbau von Netzwerken. Aufwärts der Wertkette bieten geschlossene soziale Netzwerke die Möglichkeit, Mitarbeiter und Teams über Zeitzonen und Standorte hinweg zu ver-netzen. Ein gut funktionierendes, internes, soziales Netzwerk (Intranet) kann da-bei gleichzeitig als Wissensmanagementsystem und Innovationsquelle dienen, da Informationen zentral und intuitiv gesammelt werden. Abwärts der Wertkette bie-ten soziale Netzwerke vielfältige Marketing- und Vertriebsmöglichkeiten, um mit Kunden in direkten Kontakt zu treten und eine Community um ein bestimmtes Produkt oder eine Dienstleistung zu bilden. Hierbei ist zu unterscheiden zwischen (1) Paid Social Media beispielsweise bezahlte Anzeigen auf *Facebook* oder *Twitter*, die eine bestimmte Zielgruppe mit einer kontrollierten Nachricht erreichen, und (2) aktiver Kundenkommunikation, beispielsweise im Beschwerdemanagement. Ein gelungener sozialer Marketingauftritt – wertkettenaufwärts und -abwärts – sollte zu einem zentralen Bestandteil jeglicher Digitalisierungsstrategie werden.

Mobile: Insbesondere für den B2C-Bereich sind mobile Apps durch den Erfolg von Plattformen wie *iTunes* oder den *Google Play Store* schon lange von großer Bedeu-tung. Bis Ende 2017 wird sich die weltweite Zahl von App-Downloads mehr als verdoppeln (Statista 2015). Im E-Business, insbesondere im E-Commerce, ist Mar-keting die vorrangige Rolle der mobilen App. Denn durch eine eigene App binden viele Anbieter Kunden nachhaltig an sich. Amazon beispielsweise hilft seinen Kunden, per App einfach und schnell Produkte zu finden und per 1-Click an die im Profil hinterlegte Adresse zu schicken. Allein in den letzten drei Jahren ist der Kon-sum von In-App-Produkten und -Services um 30 Prozent gestiegen (Statista 2015). Mobile Apps sind darüber hinaus vielfältig und für alle Möglichkeiten der Digitali-sierung entlang der gesamten Wertschöpfungskette einsetzbar, beispielsweise in der Industrie 4.0 zur Steuerung von Logistik- oder Produktionsketten.

Analytics: Durch digitale Technologien zur Datenanalyse können insbesondere Vertriebs- und Marketingprozesse ausgesteuert und optimiert werden. Verankert sind diese Technologien im Bereich B2C, wo durch direkte Kundenansprache Um-sätze erzielt werden. Vermehrt werden Datenanalysewerkzeuge aber auch im B2B-Bereich zur Recherche und Analyse von Verhandlungsprozessen angewandt. Durch das Sammeln, Aggregieren, Strukturieren und Auswerten von Daten über Kunden-verhalten, Kaufprofile, Kontakthistorien etc. lassen sich detaillierte Kundenprofile erstellen sowie die Effektivität von Vertrieb und Marketing messen. *Google Analytics* ist ein Beispiel für eine effektive Technologie zur Marketingoptimierung, womit sich Abverkäufe und Conversions auf Webseiten analysieren und mit spezifischen Marketingmaßnahmen verknüpfen lassen. Ein Beispiel für die Vertriebsoptimierung ist *Salesforce*, eine internetbasierte Software, die digitale Customer-Relationship-Systeme (Kundenbeziehungssysteme) individualisierbar für das jeweilige Unternehmen anbietet. Dadurch können detaillierte Kundeninformationen gesammelt und zur effektiven Steuerung von Vertriebsteams genutzt werden.

Cloud Services: Cloud Services stellen unter anderem internetbasierte Software (SaaS), Infrastrukturen (IaaS) und Plattformen (PaaS) über technische Schnittstellen zwischen verschiedenen Datenquellen und Plattformen zur Verfügung. So können Prozesse zur Datenverarbeitung und -speicherung entlang der gesamten Wertschöpfungskette beschleunigt und häufig hohe Kosten für lokale IT-Lösungen gesenkt werden. Zentraler Faktor für die erfolgreiche Umsetzung eines Cloud Service ist hierbei immer die Sicherheit von Daten und Datenschnittstellen. Im IaaS-Bereich ist *Amazon Web Services* ein führender Anbieter von Computing-, Datenbank- und Analyseservices. Im SaaS-Bereich ermöglichen Lösungen wie *Microsoft Office 365* eine direkte Kommunikation und Kollaboration über Teams, Standorte und Zeitzonen hinweg.

3. Intelligente Wertkette führt zu neuer Prozesslogik

Richtet man den Fokus der Digitalisierung auf Unternehmen, stellt sich die Frage, inwiefern sich im Zuge der Digitalisierung auch Prozesse der Forschung, Entwicklung und Produktion innerhalb der Unternehmen grundlegend verändern und nicht lediglich digital abgebildet werden. Die Industrie 4.0 ist hier zu einem Schlagwort geworden, das sich nicht nur große Unternehmen wie *Cisco*, sondern auch die deutsche Bundesregierung und die EU auf die Agenda geschrieben haben. Demzufolge soll die selbststeuernde Fabrik schon bald Wirklichkeit werden. Dies bedeutet jedoch, dass bestehende Prozesse innerhalb einer Unternehmensstruktur radikal neu aufzusetzen sind. Nur dann können Arbeitsabläufe – beispielsweise in der Produktion – durch Robotik oder durch Produkte, die ihre Herstellung selbst steuern, dezentralisiert und optimiert werden.

Das Maschinenbauunternehmen *Trumpf GmbH* aus Ditzingen hat sich dieser Herausforderung angenommen. Der zentrale Gedanke intelligenter Wertketten – die übergreifende Vernetzung von Anlagen – war bislang aufgrund unterschiedlichster Standards und Systeme in der Produktion nicht möglich. *Trumpf*s Lösungsansatz war hier, ein standardisiertes, offenes Betriebssystem zum Zwecke intelligenter Wertketten, ähnlich Android von *Google*, aufzubauen. Mittelpunkt der Aktivitäten von Trumpf ist daher das neu gegründete Unternehmen *Axoom GmbH* geworden, welches als Geschäftsmodellinnovation des Jahres ausgezeichnet wurde. Die Softwarelösung, die einem Betriebssystem für Industrie 4.0 ähnelt, ermöglicht eine durchgängige Auftragsbearbeitung im Produktionsbetrieb, den Datentransport sowie die Speicherung und Analyse von Daten bis in die Tiefen einzelner Produktionsanwendungen. Gleichzeitig bietet *Axoom* eine offene Plattform, ähnlich einem App-Store, für die Fertigungswelt (beispielsweise Applikationen für die Auswertung von Sensordaten zur Prozessverbesserung). Somit wird auch Softwareanbietern und App-Entwicklern ein Verkaufskanal geboten.

 Das vernetzte Unternehmen der Zukunft kann durch Lösungen der intelligenten Wertkette nicht nur interne, sondern auch intraorganisationale Prozesse flexibler, dezentraler und effizienter steuern. Durch die Schaffung von Modellen wie dem *Axoom*-Betriebssystem für intelligente Wertketten entstehen radikal neue Entwicklungsumgebungen sowie innovative Innovationsstrukturen und -prozesse.

4. Das digitale Geschäftsmodell als logische Vernetzung

Die Ausführungen zeigen, dass durch digitalisierte Geschäftsprozesse Präsenz und Bindung eines Unternehmens nach außen verstärkt werden. Durch die Anwendung digitaler Technologien kann das Unternehmen aber auch intern und intraorganisational schneller agieren, kooperieren und reagieren. Wird eine vollständige Digitalisierung des Geschäftsmodells angestrebt, sind Wertversprechen und -kette zu gleichen Teilen digital anzupassen, zu durchdringen oder gar zu revolutionieren. Erst wenn die Digitalisierung wertkettenaufwärts und -abwärts radikal erfolgt, kann von einer digitalen Geschäftsmodellinnovation gesprochen werden, welche folgende zentralen Charakteristika aufweist:

- **Convenience**, das zentrale Schlagwort der Digitalisierung, weist auf eine hohe **Dienstleistungsorientierung** innerhalb digitaler Geschäftsmodelle hin. Dienstleistungen hängen stärker von der Integration eines externen Faktors (beispielsweise des Kunden) ab und variieren dadurch stärker hinsichtlich ihrer Qualität (Heterogenität). Produktion und Konsumption fallen zeitlich zusammen, da eine engere Verzahnung der Leistung in die Wertschöpfungskette des Kunden entsteht. Ferner ist die Intangibilität von Dienstleistungen, das heißt die „Nichtgreifbarkeit" der Leistung, wesensbestimmend für digitalisierte Geschäftsmodelle.

- Die hohe Kundenorientierung digitaler Geschäftsmodelle erlaubt auch eine deutlich schnellere und kostengünstigere **Messbarkeit** als viele „analoge" Geschäftsmodelle. Während der gesamten Interaktion mit dem Kunden (vor, während und nach dem Kauf) lassen sich Datenpunkte erheben, die Aufschluss über die Nachfrage, die Qualität und die Effektivität des Produkts zulassen. So können Innovationen schnell und häufig ohne große Investitionen getestet und optimiert werden.

- Der **gezielte Einsatz** von **Technologien** über jegliche Wertschöpfungsstufe erlaubt einen nachhaltigen Wandel und übergreifende Integration der Geschäftsprozesse, sowohl auf externer – beispielsweise Kundeninteraktion – als auch auf interner Ebene – beispielsweise Mitarbeiterkommunikation. Treiber sind SMAC- und IoT-Technologien; die Anwendungsfelder variieren hierbei je nach Tiefe der Digitalisierung.

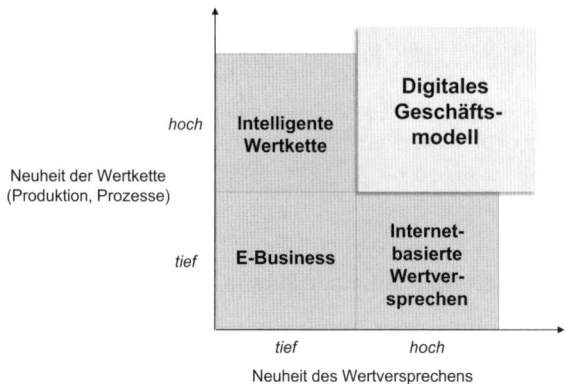

Bild 2.2 Vier Formen der Digitalisierung

■ 2.3 Der Weg zum digitalen Geschäftsmodell

Ob Geschäftsmodelldigitalisierung oder die radikal digitale Geschäftsmodellinnovation, beides adressiert sämtliche vier Fragen eines Geschäftsmodells: Wer? Was? Wie? Wert? Es erfasst damit den Kunden, das Nutzenversprechen, das Produkt, die Zulieferer, die Mitarbeiter, das Management und die Unternehmensumwelt. Bild 2.3 stellt darauf aufbauend zusammenfassend die Potenziale der beiden Digitalisierungsfokusse wertkettenaufwärts und -abwärts dar. Dabei umfasst eine digitale Geschäftsmodellinnovation die Vorteile beider Stoßrichtungen.

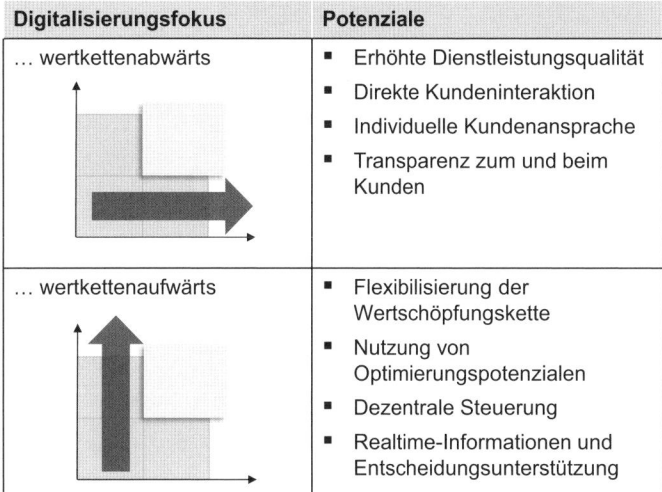

Digitalisierungsfokus	Potenziale
… wertkettenabwärts	▪ Erhöhte Dienstleistungsqualität ▪ Direkte Kundeninteraktion ▪ Individuelle Kundenansprache ▪ Transparenz zum und beim Kunden
… wertkettenaufwärts	▪ Flexibilisierung der Wertschöpfungskette ▪ Nutzung von Optimierungspotenzialen ▪ Dezentrale Steuerung ▪ Realtime-Informationen und Entscheidungsunterstützung

Bild 2.3 Potenziale durch internen und externen Digitalisierungsfokus

Schon aufgrund der gesteigerten Messbarkeit und Dienstleistungsorientierung sind wettbewerbsentscheidende Ressourcen im digitalen Geschäftsmodell andersartig gelagert (siehe Bild 2.4). Im Zuge der Digitalisierung ist daher die Fähigkeit, bestehende Ressourcen wie beispielsweise Prozesse, Mitarbeiter oder Produkte in digitale Welten zu übersetzen, von zentraler Bedeutung. Die Identifizierung relevanter Ressourcen für den digitalen Wandel und die Erkenntnis darüber, wie bestehende Ressourcen von der Digitalisierung betroffen sind, entscheiden schließlich über den Erfolg oder Misserfolg einer digitalen Geschäftsmodellinnovation.

Die Fähigkeit eines Unternehmens, sich zu verändern und so auf den digitalen Wandel zu antworten, rückt in den Vordergrund. Mehr noch, eine digitale Geschäftsmodellinnovation erfordert es, dass Unternehmen die Fähigkeit entwickeln, intern zu erkennen, welche strategischen Ressourcen im bisherigen Tätigkeitsfeld relevant sind und wie sich diese im digitalen Umfeld ändern müssen. Ferner ist der Blick nach außen auf die Bedürfnisse des Kunden zentral. Er zeigt, welche Ressourcen fehlen und wie mit ihnen umzugehen ist. Eine Reaktion auf den Blick nach außen wie nach innen wird das Gewichtsverhältnis der zentralen Ressourcen hin zum digitalen Geschäftsmodell fundamental ändern. Infolgedessen wird ein Unternehmen seine Wandlungsfähigkeit unter Beweis stellen müssen, indem es die erlangten Erkenntnisse unternehmensweit durchdekliniert, das heißt, Ressourcen werden geändert, neu hinzugezogen oder abgestoßen, was bis zum Verkauf ganzer Geschäftsbereiche reichen kann.

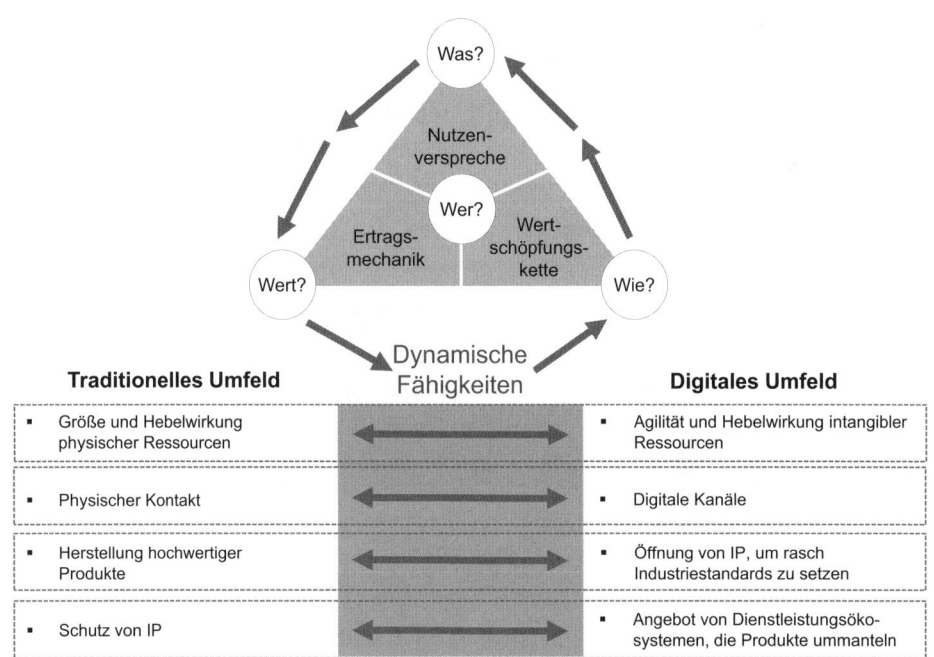

Bild 2.4 Dynamische Fähigkeiten als Basis für digitale Geschäftsmodelle

Bild 2.4 greift charakteristische Beispiele des Paradigmenwechsels von analog zu digital auf. Die Abbildung geht insbesondere auf die wettbewerbsentscheidende Veränderung der Ressourcenbasis ein. Das bedeutet konkret:

Das Spannungsfeld zwischen Größe und Agilität beschäftigt Unternehmen im digitalen Zeitalter zunehmend. Denn durch die Innovationskraft von neuen, agilen Playern stehen etablierte Unternehmen vor der Herausforderung, Kunden einen Mehrwert in radikal neuer Form anzubieten. Oft mangelt es jedoch an Veränderungsbereitschaft. Auch wenn Wettbewerbsvorteile wie Größe und Ressourcenbasis noch immer zentral für Investitionsvorhaben sind, stellt sich doch die Frage, wie Unternehmen diese Ressourcen besser nutzen können.

Kontaktmanagement zum Kunden in physischer Form bleibt branchenunabhängig eine zentrale Ressource. Im Zuge der Digitalisierung werden aber auch mal Kundenkanäle kannibalisiert. Die *Deutsche Bank* meldete beispielsweise die Schließung Hunderter Filialen und im gleichen Atemzug die Lancierung ihrer Smart Banking App für die *Apple* Watch.

Das Hervorbringen exzellenter technologischer Lösungen und Produkte ist nicht länger ausreichend für nachhaltigen Erfolg. *Apple* zeigt, dass hochwertige Produkte zentral bleiben, jedoch der Wettbewerb auf Basis von Serviceökosystemen stattfindet. *Apples* Umsatz ist noch immer vom Geschäft mit Hardware (geringe Wertschöpfungstiefe und Premium-Preispositionierung) geprägt (87 Prozent des

Umsatzes, 96 Prozent der EBITDA), die Attraktivität der *Apple*-Produkte entsteht jedoch erst über das Ökosystem aus Services und Applikationen mitsamt Gerätesynchronisation (13 Prozent des Umsatzes, vier Prozent EBITDA).

In der Vergangenheit konzentrierten sich Unternehmen auf technologisch überlegene Produkte, die als zentrale Ressource geschützt worden sind. Am Beispiel von Plattformmodellen wie *Google* Android zeigt sich jedoch, dass Schnittstellen bewusst offen gehalten werden. Dadurch können neue Anwendungen programmiert und externe Innovatoren integriert werden. Der Umgang mit der zentralen Ressource „Technologie" ändert sich fundamental.

■ 2.4 Das Geschäftsmodell als digitaler Gral

Die digitale Geschäftsmodellinnovation stellt das moderne Unternehmen vor die Herausforderung, alle Geschäftsmodelldimensionen entlang der gesamten Wertschöpfungskette zu innovieren. Das Unternehmen muss daher die Fähigkeit zur digitalen Geschäftsmodellinnovation entwickeln. Dabei beginnt die Entwicklung eines digitalisierten Geschäftsmodells minimal im E-Business. Hier werden E-Technologien (E-Sourcing, E-Commerce etc.) entlang der Wertschöpfungskette adaptiert. Die zugrunde liegende Geschäftslogik bleibt aber erhalten. E-Business kann somit auch als grundlegende Voraussetzung weitreichender Digitalisierung erachtet werden.

Ein höherer Digitalisierungsgrad wird durch die Anwendung von SMAC- und IoT-Technologien wertkettenaufwärts und -abwärts erreicht. In der intelligenten Wertkette werden diese Technologien vor allem für die Produktion und Logistik gespielt. Entscheidungszyklen werden auf Basis von Echtzeitdaten beschleunigt und Produktionssysteme dezentraler und vernetzter, also flexibler. Im Gegensatz dazu wenden internetbasierte Services Technologien auf Kundenseite an. In der Folge entstehen innovative und direkte Interaktionsmöglichkeiten mit dem Kunden. Beide Stoßrichtungen haben das Potenzial, die Geschäftslogik grundlegend zu ändern.

Radikal wird eine digitale Geschäftsmodelltransformation erst, wenn alle Geschäftsmodelldimensionen miteinander verzahnt agieren und in unternehmerische Betrachtungen mit einbezogen werden. Dadurch ergeben sich die vier zentralen Charakteristika eines digitalen Geschäftsmodells:

- **Das Was und das Wie des Geschäftsmodells werden grundlegend verändert.** Denn meist erfordert die Digitalisierung eine Anpassung der Vertriebs- und Marketingkanäle sowie der Produktionsprozesse.
- **Eine hohe Dienstleistungsorientierung** ergibt sich als Konsequenz der stärkeren Einbindung des direkten Kundenkontakts in die Wertschöpfungskette.

- **Die durchgängige Messbarkeit aller vier Dimensionen** ermöglicht Realtime-Anpassungen von erfolgsrelevanten Prozessen.
- **SMAC- und IoT-Technologien werden gezielt angewandt**, um den internen und externen digitalen Wandel zu unterstützen.

Die Reise zur digitalen Geschäftsmodellinnovation erfolgt typischerweise in drei Schritten (Bild 2.5).

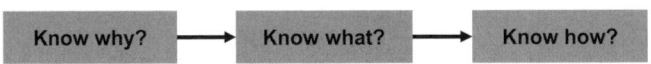

Bild 2.5 Das „know why/what/how" der Digitalisierung

Zu Beginn eines digitalen Wandels steht das „Know why?": Digitalisierung erfordert ein Bewusstsein über aktuelle Umfeldveränderungen sowie ein tief greifendes Verständnis der Digital Natives und interorganisationaler Wertketten. Anschließend entscheidet das „Know what?" über die Problemlösung unter gezieltem Einsatz digitaler Technologien. Das „Know how?" beantwortet die alles entscheidende Frage nach dem richtigen Ansatz unter Berücksichtigung der vier Digitalisierungsdimensionen – E-Business, internetbasierte Wertversprechen, intelligente Wertketten und digitales Geschäftsmodell.

Erfolgsfaktoren

- Empirische Studien zeigen, dass Digitalisierungsinitiativen durchschnittlich erfolgreicher sind, wenn Kundenfokus im Zentrum steht (wertketten-abwärts).
- Wir werden zum „Kundenversteher" und entwickeln ein detailliertes Verständnis über das digitale Verhalten unserer Kunden und Stakeholder.
- Wir erkennen im Wer, Was, Wie und Wert unseres Geschäftsmodells das digitale Potenzial und wissen genau, welche Technologien uns dabei unterstützen.
- Wir setzen Budgets auf die wichtigsten, digitalen Kanäle mit dem Bewusstsein, dass ein digitales Geschäftsmodell auch von gezielter finanzieller Re-Allokation lebt.
- Wir testen, testen, testen. Denn durch die hohe Messbarkeit digitaler Aktivitäten kann das digitale Geschäftsmodell im Innovationsprozess schnell iteriert und so noch besser auf konkrete Kundengruppen ausgerichtet werden.

3 Digitale Servicesysteme

Mahei Li, Christoph Peters, Jan Marco Leimeister, Naim Zierau

Der klassische Red Queen Effect sagt aus, dass Unternehmen, die in einem kompetitiven Umfeld überleben wollen, mindestens so schnell wie ihre Konkurrenten voranschreiten müssen. Wie in einem Wettrennen muss man schneller und härter rennen als der Rest, um nach ganz vorne zu kommen oder seine Spitzenposition zu behalten (Voelpel et al. 2005). In einem Unternehmen entstehen Wettbewerbsvorteile durch die richtige Förderung und Nutzung der eigenen Kompetenzen und Ressourcen. Darin besteht die Aufgabe von Servicesystemen. Die Innovation von digitalen Servicesystemen beinhaltet als Kernkomponenten, neben Humankompetenzen und weiteren Ressourcen, immer auch eine technische Komponente als Kernressource. Da im Zeitalter disruptiver Technologien immerzu die Gefahr besteht, von Innovatoren überholt zu werden, sind systemische, holistische Ansätze unabdingbar, um neue Innovationsmöglichkeiten auszuschöpfen. Dies trifft ebenfalls auf das Potenzial einzelner, innovativer Dienstleistungen zu, denn Dienstleistungen (oder auch Services genannt) und deren Wertschöpfung tragen zu knapp 74 Prozent der Erwerbstätigkeiten in Deutschland bei. Sie erstrecken sich über alle Industrien hinweg und schließen die Gastronomie, das Transport- und Gesundheitswesen und die Finanz- und Beratungsdienstleistungsindustrie mit ein. Die Relevanz, gerade auch für klassisch-produktorientierte Unternehmen, ist enorm hoch.

Neue Dienstleistungen sind ein wesentlicher Bestandteil der heutigen Entwicklung der Digitalisierung. Eine der ersten Erfolgsgeschichten stammt aus dem Einzelhandel und ist die des Unternehmens *Amazon*. *Amazon* macht sich auch heute noch dadurch bemerkbar, dass es sich in die Gewinnmargen von Unternehmen aus den unterschiedlichsten Branchen schneidet. Ein weiteres Beispiel wäre *Uber*, welches sich das Konzept der Share Economy zunutze macht und mit seiner Plattform innovative Dienstleistungen anbietet. Nicht nur offensichtliche Konkurrenten von *Uber* wie Taxigesellschaften spüren dessen Erfolg. Große Automobilhersteller, wie zum Beispiel *BMW*, erkennen das Potenzial neuer Dienstleistungen und stellen sich immerzu die Frage, wie sie neue Technologien sinnvoll einsetzen können. *BMW* hat zum Beispiel gemeinsam mit dem Mietwagenunternehmen *Sixt* das Unternehmen *DriveNow* gegründet (BMW Group 2011), das die kurzfristige Nutzung von Autos als Mobility-as-a-Service anbietet. In der Telekommunikationsbranche wurde *Skype* von *Microsoft* für 8,5 Milliarden US-Dollar aufgekauft. *Skypes* Servicesystem ist für ein Drittel der internationalen Anrufe verantwortlich (Bright 2011).

Im nächsten Unterkapitel diskutieren wir, wie moderne Technologien neue Innovationspotenziale für Dienstleistungssysteme darstellen. Die Innovationskraft von Dienstleistungen und Dienstleistungssystemen spielt im Zeitalter der Digitalisierung eine immer entscheidendere Rolle. Um jedoch die Digitalisierung besser zu verstehen, bedarf es eines Grundverständnisses über die derzeitigen technologischen Trends und wie sie Potenzial für die Dienstleistungsinnovation darstellen.

◼ 3.1 Serviceinnovationen zu Zeiten der Digitalisierung

Die Kundenerwartung ist in den letzten Jahren drastisch gestiegen. Konsumenten wollen mehr und mehr integriert werden und erwarten Serviceangebote, die auf ihre individuellen Bedürfnisse zugeschnitten sind. „One size fits all"-Lösungen können heute nicht mehr mit dem Bedarf an Personalisierung und heterogenen Vorlieben mithalten (Tajani, Hahn 2012). Gerade die Jugend sehnt sich danach, sich von der Masse abzuheben. Auch die konservativen Autohersteller reagieren auf diesen Trend und bieten beim Kauf eines Neuwagens immer mehr Konfigurationsmöglichkeiten. Hierbei handelt es sich zum Beispiel um die Auswahl an Lackfarben oder Reifengrößen, aber auch um zusätzliche, digitale Dienstleistungen, wie „Real-Time Traffic"-Daten für das Navigationssystem oder Zugang zu Online-Musik-Streaming-Diensten.

Nur Servicesysteme, die die richtigen Daten für die richtigen Dienstleistungen zusammenbringen, können Wert für bestimmte Kunden generieren. Die von Daten angereicherten Dienstleistungen sind oftmals auch unter dem Begriff „Smart Services" bekannt (BMWi 2014). Sie bilden den Kern der Serviceinnovation im Zeitalter der Digitalisierung. Die Erbringung geschieht jedoch in einem übergreifenden Servicesystem.

Servicesysteme müssen jedoch nicht komplett von null auf neu entwickelt werden, denn sie sind meistens im Unternehmen in der einen oder anderen Form bereits vorhanden. Sie werden oftmals nur nicht als solche verstanden. Es fehlt meist die systemisch ganzheitliche Dienstleistungsperspektive, die die Wertschöpfung aus der Koordination und Konfiguration verschiedener Ressourcen ermöglicht. Um auf

Basis von Dienstleistungssystemen zu innovieren, müssen Unternehmen entweder neue Servicesysteme erkennen und konfigurieren oder aber innovative Dienstleistungen in ein bestehendes Servicesystem integrieren (Böhmann, Leimeister, Möslein 2014).

 Unternehmen sind sich ihrer eigenen Servicesysteme oftmals nicht bewusst. Es gilt also, diese zu identifizieren, um entsprechende Dienstleistungen daraus entwickeln zu können.

Unternehmen können daher innovative Servicesysteme entwickeln oder nutzen, um innovative Dienstleistungen anzubieten, welche es ermöglichen, neue Geschäftsmodelle und neue Wertschöpfungsmöglichkeiten zu erkunden. Wie kurz erläutert, befinden sich Unternehmen in einer vernetzten und datengetriebenen digitalen Welt. Innovative Servicesysteme bringen demzufolge die richtigen Ressourcen zusammen, um daraus ein Wertversprechen an den Kunden zu bringen. Das Zusammenbringen der Ressourcen durch neuartige Servicesysteme kann jedoch auch über die eigenen Unternehmensgrenzen hinweg geschehen.

Das daraus resultierende Ökosystem bildet neue Kunde-Anbieter-Beziehungen, durch die gemeinsame Innovationsmöglichkeiten entstehen können. Man braucht nicht nur Plattformanbieter, sondern man muss auch geeignete Kooperationspartner mit dem nötigen Expertenwissen ausfindig machen. Es werden daher verschiedene Experten gesucht, wie zum Beispiel Datenexperten, die auf Basis statistischer Analytics-Methoden geschäftsrelevante Erkenntnisse gewinnen können, oder Softwareentwickler, die die zu innovierende digitale Dienstleistung entwickeln. Innovationen müssen somit organisationsübergreifend stattfinden.

Die Service Dominant Logic, also die Grundidee, Aspekte aus der Serviceperspektive zu betrachten, trifft auf alle Industrien zu und wir erörtern dessen Anwendung in den folgenden zwei Unterkapiteln weiter. Wir betrachten zum einen, wie in der Gesundheitsindustrie digitale Dienstleistungen das klassische Produktportfolio ergänzen, und zum anderen, wie in der traditionellen Fertigung digitale Servicesysteme Unternehmen zu Mehrwert verhelfen können.

■ 3.2 Use Case aus dem Gesundheitswesen

In den letzten zehn Jahren hat auch das Gesundheitswesen große Fortschritte im Bereich der innovativen Dienstleistungen vorweisen können. Wir betrachten beispielhaft den Fall der Telemedizin (Erbringung von medizinischen Dienstleistungen über geografische Entfernungen hinweg durch den Einsatz von Informations-

und Kommunikationstechnik), um aufzuzeigen, wie die Kunden von den technischen Entwicklungen und Dienstleistungsinnovationen profitieren können. Telemedizinische Dienstleistungen können enorme Wachstumsraten aufweisen. Für den europäischen Markt allein wurden für das Jahr 2015 Wachstumsraten in Höhe von fünf Milliarden US-Dollar (European Commission 2014) prognostiziert. Weltweit wird prophezeit, dass der Telemedizinmarkt bis 2019 auf 43,5 Milliarden US-Dollar wächst (BCC Research 2014), und der Markt für Mobile Health, der starken Bezug zur Telemedizin hat, soll von 1,4 Milliarden US-Dollar bereits im Jahr 2019 auf 1,5 Billionen US-Dollar steigen.

Das daraus resultierende Marktpotenzial bringt auch diverse Herausforderungen mit sich, denn um adäquate Dienstleistungen für das Gesundheitswesen anbieten zu können, müssen Unternehmen auch hier lernen, dass auf Basis der Service Dominant Logic die Wertschöpfung nur gemeinsam mit dem Endkunden geschehen kann. Ferner können mit der Entstehung neuartiger Informations- und Kommunikationsmöglichkeiten komplett neue Dienstleistungen angeboten werden, die aber gleichzeitig bestehende Dienstleistungen unterstützen müssen. Für eine ganzheitliche Gestaltung des Servicesystems müssen die verschiedenen Stakeholder aus dem Ökosystem ebenfalls in Betracht gezogen werden, damit die Dienstleistungen, und die daraus resultierenden Prozesse, systematisch entstehen können. Der Markt der telemedizinischen Dienstleistungen wird durch ihre Heterogenität gekennzeichnet und umfasst beispielsweise Telemonitoringdienstleistungen (wie zum Beispiel Defibrillatoren, die die Herzrhythmusdaten der Patienten sammeln und verschicken, damit Ärzte das Herz der Patienten auch aus der Ferne überwachen können und durch automatisch ausgelöste Alarmfunktionen unterstützt werden) und Teleberatungsdienstleistungen, die es ermöglichen, dass Experten anderen Ärzten bei komplizierten medizinischen Prozeduren in Echtzeit unterstützend zur Seite stehen können, wie zum Beispiel Telestroke-Einheiten.

Die Dienstleistungen können auch auf unterschiedliche Örtlichkeiten angewandt werden, sodass unterschiedliches Fachwissen auch aus der Ferne gebündelt zugreifbar wird (Miscione 2007). Dem Mangel an medizinischem Fachwissen kann damit entgegengewirkt werden, denn in manchen Entwicklungsländern existieren verhältnismäßig zu der Einwohnerzahl zu wenig professionell ausgebildete Ärzte. Es müssen gegebenenfalls auch unterschiedliche Ansätze für die unterschiedlichen Endanwender entwickelt werden. Telemedizinische Dienstleistungen betreffen verschiedenste Altersgruppen, die unterschiedliche Konzepte und Behandlungsweisen bedingen (McColl-Kennedy et al. 2012). Das Wertversprechen und der gemeinsame Wertschöpfungsprozess unterscheiden sich beispielsweise besonders bei der älteren Bevölkerung.

Telemedizinische Dienstleistungen kombinieren sowohl IT- als auch Nicht-IT-unterstützte Dienstleistungen mit stark personenorientierten Dienstleistungen. Erst in Wechselwirkung mit dem Kunden können sie das ursprünglich versprochene

Wertversprechen realisieren. Die IT-gestützte Dienstleistung kann zum Beispiel den Transfer der Daten des telemedizinischen Endgeräts (cyberphysischen Systems) zur Überwachungsinstanz ausführen. Wegen existierender Industriestandards und Anforderungen an Schnittstellen bedarf es gleichzeitig hoher Standardisierung. Nicht-IT-Ressourcen können wissensintensive oder personenorientierte Dienstleistungen umfassen, also beispielsweise Interaktionen zwischen Arzt und Patient. Die ärztliche Beratung kann stark von der individuellen Situation des Patienten abhängen.

Damit ein nützliches Servicesystem angeboten werden kann, müssen verschiedene Akteure je nach Expertise aus dem Ökosystem zusammengebracht werden. Dies veranschaulichen wir am Beispiel des telemedizinischen Felds des Blutdruckmanagements. Der Dienstleistungsanbieter bekommt in diesem Fall die Daten vom Hersteller des Blutdruckmessgeräts und steht selbst in direktem Kontakt mit dem Dienstleistungskonsumenten. Die Zahlungsdienstleistung wird wiederum von einem weiteren Anbieter, den Krankenversicherungen, abgewickelt. Peters (2016) hat die gesamte Dienstleistung in sieben Hauptschritte geteilt: Patientenaufklärung, Vorbereiten der Geräte, Messung und Senden der Daten, Datenanalyse und Anpassungsentscheidung, Patientenkontakt und eigentliche Anpassung, Behandlungsabschluss und endgültige Inrechnungstellung.

Die Digitalisierung von telemedizinischen Servicesystemen kann somit die Lebensqualität der Patienten erhöhen und gleichzeitig Kosteneinsparungen und Effektivitätssteigerungen im Gesundheitswesen ermöglichen. Obwohl telemedizinische Dienstleistungen und Servicesysteme im Rahmen der heutigen Digitalisierung möglich wären, finden sich noch relativ wenig telemedizinische Dienstleistungsinnovationen in der Praxis, allerdings lassen sich erfolgreiche Geschäftsmodelle in verschiedene Typen unterteilen (Peters, Blohm, Leimeister 2016), deren weitere Untersuchung und Verfeinerung für alle Stakeholder im Dienstleistungssystem Telemedizin von Nutzen wäre.

■ 3.3 Chancen und Herausforderungen

Damit Unternehmen nicht dem *Red Queen Effect* zum Opfer fallen und auf der Strecke bleiben, müssen sie sich des Potenzials der Dienstleistungsperspektive bewusst werden. Dienstleistungen umfassen mehr als nur neben dem zu verkaufenden Produkt die angebotenen „Extraleistungen". Es gilt, die richtigen Wertversprechen potenzieller Kunden zu identifizieren und zu verstehen, was der eigentliche Wert ist, der dem Kunden mit dem Handelsgeschäft versprochen wird. Innovative digitale Dienstleistungen können an dieser Stelle zur wesentlichen

Triebkraft und zum Alleinstellungsmerkmal von Unternehmen werden. In digitalen Dienstleistungen verbergen sich daher zwei vielversprechende Potenziale. Sie ermöglichen zum einen, sich von der Konkurrenz abzuheben, und stellen somit einen wesentlichen Bestandteil des Alleinstellungsmerkmals von Unternehmen dar. Zum anderen ermöglichen Dienstleistungssysteme neue Möglichkeiten, Wertversprechen aus einem Wertschöpfungsnetzwerk heraus zu entwickeln. Damit öffnen sich neue Türen zu Kooperationspartnern über Business Units hinweg und über Unternehmensgrenzen hinaus.

Um zu erkennen, wo potenzielle Kooperationsmöglichkeiten für ein Servicesystem bestehen, greifen wir an dieser Stelle noch mal auf: Die Welt vernetzt sich immer stärker, sei es durch personenspezifische Daten oder Daten von Gegenständen. Unternehmen müssen sich im Klaren sein, wo sie sich in dem heutigen digitalen Serviceökosystem positionieren.

Daten alleine versprechen noch keinen Erfolg. Viele Unternehmen können heutzutage mithilfe von Sensoren riesige Datenmengen über ihre eigene Produktion oder über ihre Produkte gewinnen (Rinn 2015). Als klassisch produktorientiertes Unternehmen können sie zwar Rohdaten aus ihrer eigenen Produktion gewinnen, generieren damit aber noch keinen Nutzen. Besitzen Unternehmen eine hohe Anzahl an Daten, aus denen sie direkt unternehmensrelevante Information generieren können, so können sie darauf basierend selbst Dienstleistungen anbieten. Sie müssen erkennen, wie sie ihr bestehendes Angebot ergänzen können, und auf Basis der Service Dominant Logic passende Dienstleistungen anbieten. Dienstleistungen können sowohl intern als auch extern angeboten werden. Mit dem Fokus auf unternehmensinterne Dienstleistungsnehmer konnte *Mercedes-AMG* mit der Anwendung innovativer Technologien die Prozesse bei der Produktion von Motoren verbessern und mit den gewonnenen Ressourcen sich von den Wettbewerbern abheben. Ähnliche Ansätze können jedoch auch extern als nutzenorientierte PPS (Produktplanung und -steuerung) angeboten werden. *Rolls-Royce* hat schon vor über zehn Jahren das Geschäftsmodell entsprechend angepasst und die Dienstleistung gemeinsam mit den Motoren den Kunden angeboten. Mit dem von *Rolls-Royce* identifizierten wichtigsten Wertversprechen an die Kunden, nämlich dass Motoren möglichst lange laufen, konnte sich das Unternehmen frühzeitig im After-Sales-Markt gut positionieren. Unternehmen lernen also, aus Daten geschäftsrelevante Information zu gewinnen und selbst Dienstleistungen zu entwickeln.

Profitable und somit erfolgreiche Unternehmensmodelle werden jedoch erst durch erfolgreiche Servicesysteme ermöglicht, und ein erfolgreiches Servicesystem zeichnet sich durch das richtige Zusammenbringen der benötigten Ressourcen aus. Es müssen daher die richtigen Ressourcen zusammengebracht werden, damit dem Kunden nützliche Dienstleistungsbündel angeboten werden können (Böhmann, Leimeister, Möslein 2014). Mit den richtigen Kooperationspartnern können bessere Dienstleistungen angeboten werden, wie unser Fallbeispiel aus der Telemedizin exemplarisch aufweist. Alleine für das blutdruckmanagementrelevante Dienstleistungssystem müssen verschiedene Akteure mit unterschiedlichen Ressourcen (Fachärzte, Gerätehersteller, Softwareentwickler und automatisierte Systeme) zusammengebracht werden, damit dem Dienstleistungsnehmer (Patient) bessere Behandlung versprochen werden kann. Wie die Beispiele des Predictive Maintenance zeigen, können jedoch auch durch die richtige Identifizierung von Ressourcen innerhalb des eigenen Unternehmens Innovationspotenziale aus dem bestehenden Servicesystem aufgedeckt werden.

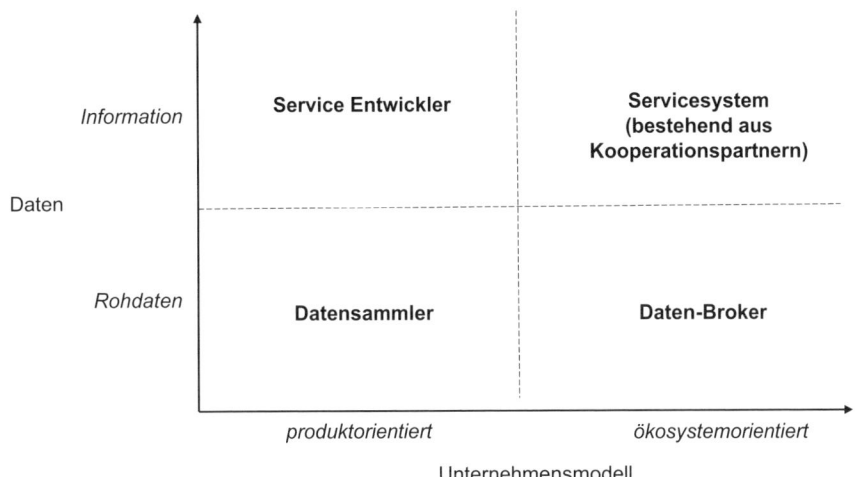

Bild 3.1 Innovationsmöglichkeiten für Dienstleistungssysteme im Zeitalter der Digitalisierung, Quelle: angepasst aus (Rinn 2015)

Bild 3.1 fasst zusammen, wo sich Unternehmen positionieren und in welche Richtung sich die möglichen Innovationsansätze von digitalen Dienstleistungen entwickeln können. Ist ein Unternehmen ökosystemorientiert und hat Zugang zu vielen Daten, besteht die Möglichkeit, darin Plattformanbieter zu werden oder gar als Daten-Broker zu fungieren, also als Schnittstelle, um aggregierte Daten so aufzubereiten und den interessierten Parteien bereitzustellen, die daraus Wert generieren können.

Besonders aufpassen müssen jedoch produktorientierte Unternehmen, die zwar Zugang zu Daten haben, aber keine Kompetenzen in deren Anwendung besitzen. Um weiterhin wettbewerbsfähig zu bleiben, müssen Unternehmen sich auf Basis der Service Dominant Logic Kooperationsmöglichkeiten suchen, um neue Servicesysteme anbieten zu können. Sie stehen also vor der Herausforderung, neue Dienstleistungen zu entwickeln, indem sie ihre Ressourcen mit denen von anderen Organisationen vereinen.

Produktorientierte Unternehmen stehen vor dem Problem, dass sie Zugang zu Daten haben, oft jedoch nicht die Kompetenzen besitzen, um diese auszuwerten. Um weiterhin wettbewerbsfähig zu bleiben, müssen sie bereit sein, mit Partnern Servicesysteme zu etablieren.

Eine Kernherausforderung für Unternehmen besteht darin, neue Servicesysteme in vorhandene Strukturen einzugliedern, denn um dem Red Queen Effect gerecht zu werden, bedarf es kontinuierlich an Innovationen. Da Servicesysteme und deren Dienstleistungen per Definition die Fähigkeiten und das Wissen der eigenen Mitarbeiter umfassen und potenziell unternehmensübergreifend aufgestellt sind, bringen sie auch entsprechenden organisatorischen Wandel mit sich (Böhmann, Leimeister, Möslein 2014).

■ 3.4 Systematische Entwicklung von Servicesystemen

Damit Unternehmen im Zeitalter der Digitalisierung langfristig ihre Wettbewerbsfähigkeit behalten können, müssen sie lernen, innovativ zu sein. Anhand unseres Beitrags wurde aufgezeigt, dass sich dafür insbesondere Dienstleistungen eignen, um zum Beispiel durch die Entwicklung von Servicesystemen und datengetriebenen Dienstleistungen Kunden neue Wertversprechen anbieten zu können. Die systemische Dienstleistungsperspektive in Form von Servicesystemen deckt bestehende Servicesysteme im Unternehmen auf. Auf diesen Erkenntnissen können Unternehmen ihre derzeitigen Ressourcen in ihr Servicesystem und den Dienstleistungen einordnen. Oftmals werden dadurch neue Konfigurationsmöglichkeiten aufgedeckt, aus denen es dann gilt, neue Dienstleistungen in das existierende Servicesystem zu integrieren.

 Oftmals kann ein Unternehmen durch die systemische Betrachtung seiner vorhandenen Servicesysteme neue Innovationsmöglichkeiten aufdecken.

Grundbaustein dafür ist die Service Dominant Logic. Sie stellt einen Paradigmenwechsel aus der klassischen Güterlogik dar. Dienstleistungen und Dienstleistungsangebote können sowohl internen als auch externen Kunden angeboten werden. Die Werterealisierung geschieht jedoch immer gemeinsam mit dem Kunden. Wir haben anhand verschiedener Fallbeispiele aufgezeigt, wie Unternehmen sich im Ökosystem der Dienstleistungen positionieren können. Die konkrete Umsetzung ist jedoch immer abhängig von dem eigentlichen Wert, den man dem Kunden versprechen kann.

In der Forschung steht jedoch noch offen, wie das Wissen der Mitarbeiter in kontinuierliche Innovationsprozesse integriert werden kann und wie ein Einführungsmechanismus und Change Management aussehen könnten, um mit kontinuierlich entwickelten innovativen Dienstleistungen umzugehen. In der Wirtschaftsinformatik existieren in der Literatur verschiedene Ansätze, die sich mit der technikgetriebenen Transformation von Unternehmen beschäftigen. Ein möglicher Ansatz wäre die Entwicklung von ganzheitlichen, nutzergetriebenen Dienstleistungen aus einem Servicesystem mit dem Ziel, die einzelnen Akteure direkt zu involvieren.

Zusammenfassend haben wir in unserem Beitrag aufgezeigt, wie Unternehmen auf Basis der Service Dominant Logic aus der Servicesystemperspektive neue Dienstleistungen im Zeitalter der Digitalisierung aufdecken können. Dies wird teilweise schon viele Jahre praktiziert (*Rolls-Royce*) und umfasst sowohl unternehmensinterne Dienstleistungen anhand selbst produzierter Daten (*Mercedes-AMG*) als auch unternehmensübergreifende Dienstleistungen (Blutdruckmessung). Alle bieten ihren Kunden Wertversprechen mithilfe eines ressourcenverbindenden Servicesystems an.

 Erfolgsfaktoren

SYSTEMATISCHE ENTWICKLUNG VON SERVICESYSTEMEN

- Schritt 1: Problemstellung erkennen und eingrenzen, dabei Akteure und weitere Ressourcen des Servicesystems im Unternehmen identifizieren.
- Schritt 2: Fehlende Kompetenzen identifizieren (→ Istanalyse mithilfe eines Service-Blueprints).
- Schritt 3: Eigenes Servicesystem im Unternehmen durch Ressourcenteilung und -verschiebung oder Einbindung externer Ressourcen „konfigurieren" (→ auf Basis einer Stakeholder-Map).
- Schritt 4: Maßnahmen zur Integration der neu konfigurierten Ressourcen im Unternehmen erstellen (Change-Management- und IT-Management-Maßnahmen).

NUTZER INTEGRIEREN

Erfolgsentscheidend ist die starke Integration der Nutzer besonders während, aber auch unmittelbar nach der eigentlichen Einführung neuer Technologien (zum Beispiel durch Anreizmaßnahmen und bewusstes Engineering der Interaktion zwischen den Akteuren).

Nur so kann das Wertepotenzial von digitalen Systemen realisiert werden.

4 Management von AI-Initiativen in Unternehmen

Naomi Häfner, Philipp Morf

Das Thema Artificial Intelligence (AI) – Methoden, die es einem Computer ermöglichen, Aufgaben zu lösen, die, wenn sie vom Menschen gelöst werden, Intelligenz erfordern – ist in aller Munde. Dabei ist AI kein neues Thema. Bereits in den 50er-Jahren begann eine Gruppe von Forschern, sich mit AI auseinanderzusetzen. Im sogenannten Dartmouth Workshop, der im US-Gliedstaat New Hampshire stattfand, versuchten die Forscher, eine erste „denkende Maschine" zu entwickeln. Dieses Ziel sowie andere erste Vorhaben im Bereich AI stellten sich allerdings als zu ambitioniert heraus, und mit dem Erlöschen der ersten Begeisterung für das Thema begann der erste AI-Winter. Während mehrerer Jahre wurden kaum Erkenntnissprünge verzeichnet, bis in den 80er-Jahren AI wieder vermehrt aktuell wurde. Der Aufschwung an Interesse wurde dieses Mal durch Expertensysteme getrieben. Diese waren in der Lage, spezifische Aspekte der menschlichen Entscheidungsfindung abzubilden. Dennoch waren sie sehr limitiert, und ihre mangelnde Generalisierbarkeit führte dazu, dass Forschung in diese Richtung erneut stockte und zum zweiten AI-Winter führte.

Nun sind wir in einer dritten Phase der AI-Begeisterung angelangt. Einer der Auslöser für die erneute Popularität des Themas war *IBMs* Supercomputer Deep Blue, der 1997 den Schachweltmeister Garri Kasparow bezwang. In der Zwischenzeit haben kontinuierliche Verbesserungen in der Technologie zu weiteren Erfolgen geführt – Computer spielen heute nicht nur besser Schach als Menschen, sondern auch Jeopardy, Go und klassische Videospiele von *Atari* wie Ms. Pac-Man oder Pong. Bild 4.1 zeigt den Wandel der Popularität von AI über die Zeit.

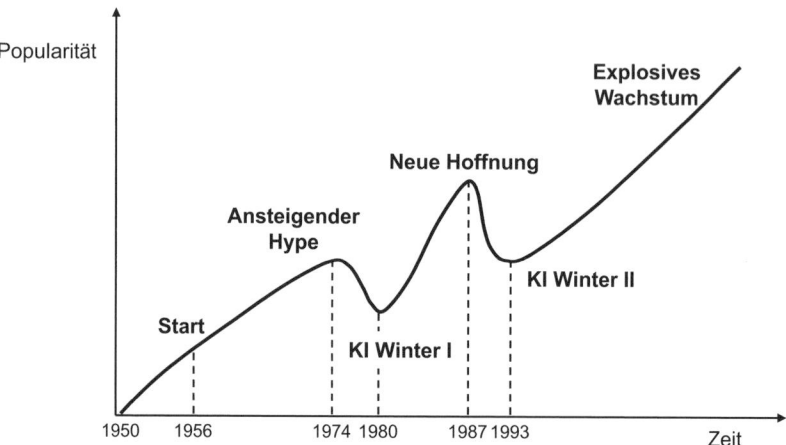

Bild 4.1 Artificial-Intelligence-Hype-Zyklus (Tse, Russo, Chan 2017)

 Begriffsklärung

Die Begriffe Artificial Intelligence, Machine Learning, Deep Learning etc. werden heute in der Managementliteratur als Schlagworte und oft synonym verwendet. Die nachfolgende Darstellung gibt eine Übersicht über die Bedeutung und Unterscheidung dieser Technologien und Methoden.

ARTIFICIAL INTELLIGENCE (ZU DEUTSCH KÜNSTLICHE INTELLIGENZ)

Der Begriff Artificial Intelligence umfasst alle Methoden, welche eingesetzt werden, um „intelligentes menschliches Verhalten" durch Computer abzubilden und einzusetzen. Dabei sollten unbedingt die beiden Ziele der starken und der schwachen künstlichen Intelligenz unterschieden werden: Die Forschung im Bereich der starken künstlichen Intelligenz (englisch General Artificial Intelligence) setzt sich zum Ziel, menschliches Handeln komplett mit Maschinen abzubilden. Dies bedeutet, dass eine Maschine Gelerntes abstrahieren und in neuen Situationen zielführend einsetzen kann; dies impliziert auch, dass sich Maschinen selber Ziele setzen und diese verfolgen können sollen. Die starke künstliche Intelligenz ist seit Jahrzehnten Gegenstand der Forschung und von einer praktischen Anwendung wohl noch weit entfernt.

Demgegenüber nutzen wir bereits täglich Anwendungen der sogenannten schwachen künstlichen Intelligenz (wobei der entsprechende englische Begriff Narrow Artificial Intelligence weitaus aussagekräftiger ist). Bei diesen Anwendungen geht es darum, dass der Computer konkrete Aufgaben des Menschen übernehmen kann. In vielen dieser eng definierten Anwendungsfälle (Schach, Go spielen …) ist der Rechner dem Menschen bereits überlegen, hingegen sind die entsprechenden Algorithmen außerhalb ihres Anwendungsfeldes unbrauchbar – ihre „Intelligenz" ist auf einen sehr engen Bereich eingeschränkt.

Der Begriff AI sagt noch nichts darüber aus, wie diese Intelligenz erzielt wird: Es kommen sowohl regelbasierte Systeme (die Maschine reagiert aufgrund von fest vorgegebenen, logischen Regelsätzen) als auch Systeme, welche auf den Methoden des → maschinellen Lernens basieren, sowie Mischformen, zum Einsatz.

MACHINE LEARNING

Die Methoden des maschinellen Lernens beruhen auf statistischen Techniken, die eingesetzt werden, um Computersysteme aus Daten „lernen" zu lassen. Dabei unterscheidet man überwachtes und unüberwachtes Lernen: Beim überwachten Lernen werden den lernenden Algorithmen eine Vielzahl von Inputdaten und ihre entsprechenden „richtigen" Antworten (labeled data) gezeigt – man spricht auch von einem Modell, das trainiert wird –, und die Algorithmen lernen das gewünschte Antwortverhalten. Beim unüberwachten Lernen werden dem Algorithmus keine Labels gezeigt – dieser sucht sich selber in den Daten vorhandene Strukturen und Muster.

Eine aktuell stark aufkommende Methode des maschinellen Lernens ist das Reinforcement Learning. Hier lernt der Algorithmus das optimale Verhalten in einer Anwendung, indem er in einem interaktiven Setting die Trial-and-Error-Methode anwendet und dabei für günstiges oder ungünstiges Verhalten „belohnt" beziehungsweise „bestraft" wird.

Deep Learning ist ebenfalls eine hochaktuelle, spezielle Form des maschinellen Lernens. Die bei dieser Methode verwendeten neuronalen Netzwerke mit vielen Schichten erlauben es, Bilder, Texte oder Audiodateien mit einer Treffgenauigkeit zu klassifizieren, welche die entsprechenden Fähigkeiten des Menschen meist weit übertrifft. Die Erfolge von diesen Anwendungen sind wohl ebenfalls ein Grund für den aktuellen Hype um AI, und in vielen zeitgenössischen Berichten wird Deep Learning mit AI gleichgesetzt, was jedoch wissenschaftlich nicht korrekt ist. Der Begriff „deep" bezieht sich auf die Anzahl der Schichten im neuronalen Netz; während bisherige neuronale Netze mit zwei bis drei Schichten auskamen, können die hier verwendeten Netze Hunderte von Schichten aufweisen. Diese vielschichtigen Netzarchitekturen ermöglichen die beeindruckenden Leistungen dieser Methoden, sind aber auch der Grund für die enormen Datensets und Rechenleistungen, die erforderlich sind, um solche Netze zu trainieren. Modernste Spracherkennungsalgorithmen brauchen beispielsweise über 50 000 Stunden Audiodaten – das sind mehr als fünf Jahre lang Ton – inklusive der dazugehörigen Transkripte (Ng 2017). Damit sind wir beim Begriff „Big Data" angelangt.

BIG DATA

Der Begriff im engeren Sinne umschreibt Daten, welche durch die drei V charakterisiert werden können, das bedeutet, dass die Verarbeitung und Auswertung dieser Daten sowohl bezüglich „Volume" (sehr große Datensets), bezüglich „Velocity" (Geschwindigkeit der Datengenerierung und -erfassung) als auch bezüglich „Variety" (unterschiedliche Datentypen, zum Beispiel strukturierte und unstrukturierte Daten wie Bilder, Texte, Audio- und Videodateien etc.) eine technische Herausforderung darstellen. Damit sind mit Big Data im weiteren Sinne auch die Technologien gemeint, welche es erlauben, diese Datensets zu speichern und zu verarbeiten. Somit wird auch klar, dass Big-Data-Technologien die real gewordenen Voraussetzungen zur Anwendung von Deep-Learning-Methoden geworden sind.

4.1 Treiber des AI-Booms

Der neuerliche AI-Boom wird insbesondere durch drei Faktoren getrieben: (1) exponentiell wachsende Datenmengen – insbesondere auch die im Internet frei verfügbaren und klassifizierten Daten (labeled data) –, (2) enorme Steigerungen in der Rechenleistung sowie (3) verbesserte Algorithmen. Seit der Einführung des Internets, von Mobile Computing und dem Internet der Dinge produzieren sowohl Menschen als auch Maschinen immer mehr Daten. Genauer gesagt werden exponentiell mehr Daten produziert. Diese Entwicklung ist ein maßgeblicher Treiber des AI-Booms, da moderne AI-Methoden wie Machine Learning riesige Datenmengen benötigen, um „intelligente" Lösungen bereitzustellen. Deshalb ist die Fähigkeit, eine Vielzahl an Daten zu sammeln und zu klassifizieren, einer der wichtigsten Grundsteine zu Entwicklung von AI-Applikationen. Bei der Datenaufbereitung und -bereinigung kommen die Entwicklungen in der Rechenleistung sowie in den Speichertechnologien zum Tragen. Technologische Fortschritte ermöglichen eine höhere Effizienz in puncto Datenspeicherung, -zugriff und -bearbeitung. Ein entscheidender Vorsprung konnte hier durch die Verwendung von Grafikprozessoren (GPUs) gewonnen werden. Diese Art von Prozessoren eignet sich für AI-Anwendungen, weil sie auf multiple parallele Rechenprozesse spezialisiert sind. Im Bereich Rechenleistung können weitere Fortschritte antizipiert werden, da immer effizientere Technologien wie Tensor Processing Units (TPUs) und Quantencomputer (weiter)entwickelt werden. Schließlich gab es seit der ursprünglichen Entwicklung der ersten AI-Methoden Mitte des 20. Jahrhunderts auch im Rahmen der Algorithmen einige Fortschritte. Die im obigen Kasten beschriebenen Deep-Learning-Algorithmen sind mitunter die wichtigsten Treiber des derzeitigen AI-Booms.

4.2 AI als Schlüsseltechnologie

Artificial Intelligence gilt als Querschnitts- oder Schlüsseltechnologie (Teece 2018). Diese können wie folgt charakterisiert werden: Schlüsseltechnologien sind weitverbreitet, können kontinuierlich verbessert werden und ermöglichen komplementäre Innovationen mit verschiedensten Applikationen. Da es für Unternehmen mitunter schwierig sein kann, sich den aus Schlüsseltechnologien generierten Mehrwert anzueignen, können solche Technologien im Verlauf auch eine Neugestaltung von Geschäftsmodellen erfordern. Bei herkömmlichen technologischen Entwicklungen wird nicht zwangsweise eine Geschäftsmodellinnovation benötigt, denn inkrementelle Verbesserungen im Herstellungsprozess, selbst wenn sie in der Summe große Auswirkungen haben, können oft problemlos in bestehende Geschäftsmodelle integriert werden. Anders sieht dies bei Schlüsseltechnologien aus: Je einflussreicher die Technologie und je schwieriger gestaltbar die Ertragsmechanismen, desto wichtiger ist eine Anpassung des Geschäftsmodells an die neuen Umstände (Teece 2010).

Nun stellt sich die Frage, welche Eigenschaft Artificial Intelligence zur Schlüsseltechnologie werden lässt. Aus einer ökonomischen Perspektive birgt AI ein spezielles Potenzial: AI ermöglicht eine dramatische Reduktion der Kosten von „Vorhersagen" (Agrawal, Gans, Goldfarb 2018). Mit Vorhersagen wird der Prozess beschrieben, anhand dessen mit vorhandenen Informationen und Daten Aussagen über nicht vorhandene Informationen generiert werden können. Als fast schon klassisches Beispiel kann man hier die Berechnung von Kreditausfallsraten basierend auf unterschiedlichsten Informationen über Bankkunden nennen. AI-Applikationen erlauben bei derartigen Berechnungen eine bislang unerreichte Genauigkeit, die für viele Unternehmen einen entscheidenden Mehrwert darstellt. Der folgende Kasten liefert eine Übersicht über die Grundfunktionen von AI-Algorithmen und präsentiert ein paar interessante Fallbeispiele.

 Grundfunktionen von AI-Algorithmen

Welche prinzipiellen Möglichkeiten eröffnen AI-Algorithmen? Obwohl im Laufe der AI-Forschung unzählige Algorithmen entwickelt wurden, lassen sie sich hinsichtlich ihrer Grundfunktionen in ein paar wenige Klassen unterteilen, deren Kenntnis zur Entwicklung von konkreten AI-Anwendungsfällen sehr hilfreich ist. Die folgende Liste liefert eine Übersicht über die wichtigsten Klassen von Algorithmen (nach Provost, Fawcett 2013):

- *Klassifikation*: Vorhersage für jedes Individuum einer Population, welcher Subklasse dieser Population es angehört. Beispielhafte Fragestellung, welche die Klassifikation beantworten soll: „Welche Kunden der Firma XY werden wahrscheinlich auf ein bestimmtes Angebot reagieren?" Eine mit der Klassifikation eng verwandte Funktion ist das Scoring. Es beantwortet im obigen Szenario die Frage „Wie wahrscheinlich ist es, dass Kunde Nr. 147 auf das Angebot reagiert?".

- *Regression (Werteschätzung)*: Quantitative Schätzung oder Vorhersage des Werts einer bestimmten Variablen eines Individuums. Beispielhafte Fragestellung: „Wie oft wird ein bestimmter Kunde die Dienstleistung in Anspruch nehmen?"

- *Ähnlichkeitsprüfung (similarity matching)*: Identifikation von ähnlichen Individuen aufgrund von Daten über diese Individuen: Beispielhafte Fragestellung: „Welche Kunden sind ähnlich zu meinen besten bestehenden Kunden?"

- *Clustering*: Clustering gruppiert Individuen einer Population aufgrund deren Ähnlichkeit, wobei aber kein bestimmtes Gruppierungsziel vorgegeben wird. Beispielhafte Fragestellung: „Gibt es unter unseren Kunden natürliche Gruppen oder Segmente?"

- *Co-occurrence grouping (auch bekannt als Warenkorbanalyse)*: Diese Algorithmen finden Zusammenhänge zwischen Einheiten, die in Transaktionen vorkommen. Beispielhafte Fragestellung: „Welche Artikel werden üblicherweise zusammen gekauft?" Einige Vorschlagssysteme beruhen auf diesen Algorithmen („Leute, welche dieses Buch gekauft haben, haben auch Bücher X und Y gekauft").

- *Profiling (auch bekannt als Verhaltensbeschreibung)* versucht, das typische Verhalten eines Individuums, einer Gruppe oder einer Population zu charakterisieren. Beispielhafte Fragestellung: „Wie ist die typische Handynutzung dieses Kundensegments?" Damit ist Profiling oft auch die Basis, um Anomalien zu identifizieren, zum Beispiel in Anwendungen zur Betrugserkennung.

- *Link prediction (Zusammenhangsprognose)*: Diese Algorithmen versuchen, Verbindungen zwischen Datenelementen zu prognostizieren. Sie werden zum Beispiel für Empfehlungen in sozialen Netzwerken eingesetzt: „Da Sie und Anna dieselben zehn Freunde haben, möchten Sie vielleicht auch Annas Freund werden?"

Viele AI-Anwendungen bestehen aus Kombinationen dieser Algorithmen, teilweise auch ergänzt mit regelbasierten Algorithmen. Folgende konkrete Anwendungsfälle von AI werden in verschiedenen Branchen eingesetzt:

- *Predictive Maintenance*: Das Ziel dieses Anwendungsfalles ist es, den ungeplanten Stillstand einer Anlage oder eines Gerätes zu vermeiden. Eine entsprechende Lösung beinhaltet daher einen Algorithmus, welcher aufgrund der kontinuierlichen Auswertung von Zustandsdaten dem Nutzer eine Prognose liefert, ob das betrachtete System in einer bestimmten Zeitspanne ausfallen wird oder nicht (Klassifikation „Ausfall"/„kein Ausfall").

Predictive Maintenance kann überall dort nutzbringend eingesetzt werden, wo ein ungeplanter Ausfall von Anlagen, Geräten oder Infrastrukturen Folgen nach sich zieht, die aus verschiedenen Gründen absolut zu vermeiden sind, so beispielsweise in der industriellen Produktion (→ kostspielige Produktionsausfälle), im öffentlichen Verkehr (→ sich fortpflanzende Verspätungen auf dem gesamten Schienennetz) oder in Anlagen, welche durch Privatpersonen genutzt werden (zum Beispiel Aufzüge, hier gilt es, das äußerst negative Kundenerlebnis einer stecken gebliebenen Aufzugskabine zu vermeiden).

■ *Kundencenter-Prozessunterstützung durch Natural Language Processing (NLP)*: Durch Einsatz von Methoden der Verarbeitung natürlicher Sprache werden Prozesse in Kundencentern maßgeblich unterstützt beziehungsweise automatisiert. Eine einfache erste Stufe stellt die automatische Triage von E-Mails dar: Ein Algorithmus analysiert den Freitext eingehender E-Mails an das Kundencenter und leitet die Mails automatisch an die passenden menschlichen Bearbeiter weiter (Email Dispatching). Weitergehende Applikationen erlauben es, die unstrukturierten Daten im Freitext automatisch in strukturierte Daten zu überführen, welche zum Beispiel dann von domänenspezifischen Unternehmenssystemen weiterverarbeitet werden können. So können beispielsweise Privatkunden von Versicherungen ihre Schadensfälle in natürlicher Sprache via Chatbot bei den Versicherungen melden, und die zugrunde liegenden Algorithmen fragen die fehlenden Informationen nach, bis der Fall intern bearbeitet werden kann.

Diese AI-Anwendungsfälle im Bereich der Kundeninteraktion haben meist Nutzen sowohl auf der Kunden- als auch auf der Unternehmensseite: Der Kunde hat ein besseres Kundenerlebnis (schnellere Reaktion des Kundencenters, kein mühsames Ausfüllen von Formularen mehr etc.), das Unternehmen hingegen profitiert von den gesunkenen menschlichen Aufwänden für Routineaufgaben.

■ 4.3 Erfolgsfaktoren für die Anwendung von AI im Unternehmen

Eine wichtige Basis für die Entwicklung von erfolgreichen AI-Anwendungen in und für Unternehmen ist die Verfolgung eines holistischen Ansatzes. Dabei sollte sich das verantwortliche Management in jedem Stadium der Initiative die Frage stellen, ob die aktuellen Lieferobjekte des Projekts sowohl unter der unternehmerischen (Business) Perspektive als auch unter technologischen und unter Gesichtspunkten des Kundennutzens und -erlebnisses die gewünschte Qualität beziehungsweise den gewünschten Zustand haben.

Wir beobachten in der Praxis oft eine Fokussierung auf technologische Fragestellungen, während der geschäftliche Nutzen oder die Kundenakzeptanz einer angestrebten AI-Lösung nicht hinreichend geprüft oder hinterfragt wird.

Folgende konkrete Punkte verdienen eine eingehende Betrachtung:

- **„Business Pull" oder „Technology Push"?**

  Der Treiber vieler heutiger Projekte der Digitalisierung ist die Technologie: Ausgehend von den Möglichkeiten, die ein aktueller Technologietrend bietet, versuchen manche Unternehmen, passende Anwendungsfälle zu konstruieren – ein Vorgehen, das mit „Technology Push" bezeichnet werden kann. Dieses Vorgehen mag sehr nützliche AI-Anwendungen hervorbringen, nur ist hierbei die Gefahr relativ groß, dass man von den technischen Trends und Potenzialen regelrecht geblendet wird und deshalb nur einen scheinbaren Nutzen für das Unternehmen anstrebt oder erzielt. Wir empfehlen deshalb grundsätzlich den umgekehrten Ansatz – „Business Pull": Nach einer Identifikation und Priorisierung von bestehenden Herausforderungen eines Unternehmens oder der Kunden des Unternehmens werden verschiedene technische Lösungsansätze für das definierte Problemfeld entworfen und gegeneinander evaluiert. Basiert die vielversprechendste Lösung auf AI, so kann eine entsprechende Initiative für die Umsetzung ausgearbeitet werden.

- **Ist der entwickelte Algorithmus „gut"?**

  Auch bei der Beurteilung, ob ein entwickelter AI-Algorithmus die an ihn gestellten Leistungsanforderungen erfüllt, ist eine ganzheitliche Sicht im Sinne der drei erwähnten Perspektiven (Business, Technologie und Kundensicht) zu empfehlen. Es lohnt sich insbesondere, den entwickelten Algorithmus hinsichtlich der betriebswirtschaftlichen Auswirkungen seines Einsatzes in der Praxis zu untersuchen.

  Nehmen wir als veranschaulichendes Beispiel einen Algorithmus, der für eine „Predictive Maintenance"-Lösung entwickelt wurde. Er liefert eine Prognose, die zwei mögliche Fälle umfasst: Die Anlage fällt aus oder sie fällt nicht aus. Nun müssen sich Manager einer AI-Initiative stets bewusst sein, dass der Algorithmus auch Prognosefehler macht. Im Falle von Predictive Maintenance bedeutet dies, dass er Anlagenausfälle voraussagt, die in Realität nie stattfinden würden, oder aber er sagt keinen Ausfall voraus, die Anlage fällt aber trotzdem aus. Im vorliegenden Fall sollten deshalb die Nutzen-/Kostenfolgen dieser vier möglichen Prognosefälle, nämlich die Nutzen der erwünschten „richtigen" Prognosen (True Positives und True Negatives) als auch die Kosten der auftretenden Fehlprognosen (False Positives, False Negatives) geschätzt werden. Diese Schätzungen der Nutzen-/Kostenfolgen können zusammen mit den jeweiligen Wahrscheinlichkeiten der vier Fälle zu einem Erwartungswert aggregiert werden, der eine Beurteilung zur Güte des Algorithmus aus wirtschaftlich-technischer Sicht erlaubt.

Neben der rein wirtschaftlich-monetären Beurteilung sollte auch die Perspektive des Kunden eingenommen werden: Wie wirken sich Fehler der Algorithmen auf die Kundenzufriedenheit und eventuell auch auf den Ruf des Unternehmens aus?

- **Passt das herkömmliche Geschäftsmodell noch?**

Die Bedeutung des Einsatzes von AI auf bestehende Geschäftsmodelle wird oft unterschätzt; wie bereits ausgeführt, muss beim Einsatz von AI oftmals das Geschäftsmodell grundlegend geändert werden, damit der mit AI erzeugte Mehrwert durch das Unternehmen profitabel genutzt werden kann. Ein Beispiel hierfür ist wiederum Predictive Maintenance: Viele Anbieter von Produktionsanlagen möchten solche Lösungen entwickeln. Sie müssen sich bewusst sein, dass diese Lösungen herkömmliche Geschäftsmodelle kannibalisieren können: Der Umsatz mit Servicedienstleistungen mit Verrechnung nach Aufwand muss mit diesen Lösungen zwangsweise abnehmen, da Aufwände für die Fehlersuche nach plötzlich auftretenden Störungen durch die neue Lösung massiv reduziert werden.

Da der Nutzen in der Planbarkeit von Maintenance-Einsätzen liegt, besteht ein neues, passendes Geschäftsmodell darin, dass der Anlagenanbieter seine Anlagen nicht mehr verkauft, sondern diese inklusive Wartung selber betreibt und neu nur noch Betriebsstunden (ohne Unterbruch) anbietet.

- **Verfügen wir über die notwendigen Daten?**

Basiert eine angestrebte AI-Lösung auf den Methoden des maschinellen Lernens, so benötigt man zur Entwicklung der Algorithmen geeignete Daten. Auch in diesem Falle zeigt das Beispiel Predictive Maintenance eine hiermit verknüpfte Herausforderung: Um einen Ausfall voraussagen zu können, muss der Algorithmus Daten „sehen", die einem solchen Ausfall vorausgegangen sind. Da solche Ausfälle absolut zu vermeiden und damit bei qualitativ hochstehenden Systemen sehr selten sind, ist die Wahrscheinlichkeit groß, dass die Datenlage bezüglich des unerwünschten Ereignisses noch zu gering ist.

Eine etwas andere Ausprägung dieser Herausforderung zeigt das zweite genannte Anwendungsbeispiel Kundencenter-Prozessunterstützung durch Email Dispatching: Um den Dispatch-Algorithmus trainieren zu können, brauchen wir nebst den unstrukturierten Daten in Form von E-Mails mit Kundenanfragen auch deren korrekte Klassifikation. Das bedeutet, dass man jede E-Mail auch mit dem korrekten entsprechenden Label (zum Beispiel „Technische Unterstützung", „Reklamation" etc.) versehen muss, damit der Algorithmus das richtige Klassifikationsverhalten erlernen kann. Einen weiteren Blick auf Herausforderungen im Zusammenhang mit der Datenverfügbarkeit liefert das nachfolgende Raster.

Einfluss von Datenbekanntheit und -vorhandensein auf die Zuverlässigkeit von AI-Applikationen

Tabelle 4.1 zeigt die vier Situationen, in denen sich Unternehmen basierend auf der Bekanntheit und dem Vorhandensein der für eine AI-Applikation benötigten Daten befinden können.

Tabelle 4.1 Implikationen von Datenvorhandensein und -bekanntheit für AI-Applikationen

		Daten	
		Vorhanden	Nicht vorhanden
Daten	Bekannt	I Reichhaltige Datenbasis Vorhersage möglich	II Ungenügende Datenbasis Oft wegen seltener Ereignisse Schwierig Vorhersagen zu treffen Maschinen geben an, dass Vorhersagen nicht zuverlässig sind Menschen können eingreifen
	Unbekannt	III Ungenügende Datenbasis Probleme mit Kausalschlüssen durch: a) ausgelassene Variablen b) umgekehrte Kausalität Maschinen geben an, zuverlässig Vorhersagen treffen zu können, oft stimmen diese aber nicht!	IV Schwarze Schwäne Nicht beobachtbare Ereignisse Vorhersagen sind schwer zu treffen, und dies ist uns nicht unbewusst Sowohl Mensch als auch Maschine greifen zu kurz

Der Quadrant I der Tabelle beschreibt die AI-Komfortzone: Hier ist bekannt, welche Daten für die AI-Lösung gebraucht werden, und diese sind im Unternehmen auch vorhanden. Mit einer solch reichhaltigen Datenbasis lassen sich zuverlässige Vorhersagen machen und die Erkenntnisse, die durch die richtige Anwendung von AI-Algorithmen gewonnen werden können, stellen für Unternehmen einen konkreten Mehrwert dar. Dies ist dementsprechend der anzustrebende Quadrant.

Schwieriger sind Situationen, in denen die Datenbasis ungenügend ist. Diese Situation trifft in allen drei anderen Quadranten zu, allerdings zu unterschiedlichen Graden. Der Quadrant IV (in der Tabelle unten rechts) beschreibt im Wesentlichen die Situation mit der schlechtesten Datenbasis. Dem Unternehmen ist weder bekannt, welche Daten für die Beantwortung eines konkreten Problems benötigt werden, noch sind diese Daten im Unternehmen vorhanden. Diese Situation wird in der Regel mit dem Phänomen „schwarze Schwäne" beschrieben. Bevor man schwarze Schwäne im 19. Jahrhundert per Zufall in Australien entdeckte, hätten die meisten Europäer, die bislang nur weiße Schwäne kannten, weder einen schwarzen Schwan sehen noch die Existenz eines solchen Schwans erraten können. Solche nicht beobachtbaren Datenpunkte oder Ereignisse bedeuten, dass es fast unmöglich ist, Vorhersagen zu treffen. Erschwert wird die Situation dadurch, dass uns nicht bewusst ist, dass unerwartete Ereignisse existieren könnten. Deshalb sind im Quadranten IV sowohl Menschen als auch AI-Algorithmen nicht in der Lage, gute Vorhersagen zu treffen. Etwaige nicht AI-basierte Lösungsvorschläge für die in Quadrant IV beschriebene Situation werden an dieser Stelle nicht erläutert, mitunter wird aber die Notwendigkeit von einem gewissen Überschuss an Kapazität im Unternehmen genannt, wodurch es Unternehmen gelingen kann, im Fall eines schwarzen Schwans umgehend Ressourcen, die das Problem adressieren können, zu mobilisieren (Conerly 2013).

Der Quadrant II der Tabelle (oben rechts) beleuchtet folgende Situation: Die benötigten Daten sind dem Unternehmen zwar bekannt, diese sind aber gleichzeitig im Unternehmen nicht vorhanden. In dieser Situation können AI-Algorithmen keine zuverlässigen Vorhersagen treffen, weil ihnen eine reliable Datenbasis fehlt. Oft passiert dies, wenn ein Algorithmus dafür verwendet werden soll, über seltene Ereignisse Vorhersagen zu treffen. Genau in einer solchen Situation befinden wir uns, wenn wir beispielsweise versuchen, die Resultate einer Präsidentschaftswahl vorherzusagen. Solche Wahlen finden nur sehr selten statt, und es stehen dem Algorithmus somit nur sehr wenige Informationen über mögliche Zusammenhänge in vergangenen Wahlen zur Verfügung. Dies reicht in der Regel nicht für eine zuverlässige Vorhersage aus. Wichtig zu wissen ist allerdings, dass die Algorithmen in solchen Situationen meist „wissen", dass ihre Vorhersagen nicht zuverlässig sind, und dies in einer für den spezifischen Algorithmus relevanten Kennzahl den Anwendern ersichtlich machen. Dementsprechend besteht hier die Möglichkeit, wenn nötig einzugreifen. Menschen verfügen in solchen Situationen über den entscheidenden Vorteil, dass ihnen auch andere Entscheidungsfindungsprozesse zur Verfügung stehen. In unsicheren Situationen, in denen ein AI-Algorithmus keine zureichenden Vorhersagen treffen kann, steht es den Managern und anderen Mitarbeitern frei, auf andere Optionen wie Entscheidungsheuristiken oder ihr „Bauchgefühl" zurückzugreifen. Diese Methoden bergen ebenfalls Risiken, aber sie können in entsprechenden Situationen erfolgreich eingesetzt werden.

Der Quadrant III (unten links der Tabelle 4.1) beschreibt ebenfalls eine Situation, in der man sich mit einer ungenügenden Datenbasis konfrontiert sieht. In dieser Situation sind viele Daten im Unternehmen vorhanden, die zur Analyse verwendet werden können. Das Problem ist allerdings, dass die vorhandenen Daten für die zu lösende Fragestellung nicht die richtigen sind. Folglich sind die tatsächlich benötigten Daten dem Unternehmen nicht bekannt. Insbesondere gibt es zwei Umstände, die zu Problemen führen: Erstens besteht die Möglichkeit, dass die Berechnungen mithilfe eines AI-Algorithmus wichtige erklärende Variablen auslassen. Das Resultat ist, dass anderen Variablen mehr Erklärungskraft zugeschrieben wird, als ihnen eigentlich gebührt. Wenn in der Folge basierend auf diesen Analysen Entscheidungen getroffen werden, stützen sich die Entscheidungsträger auf die aus der Analyse hervorgehenden, vermeintlich wichtigen Faktoren für die Zielerreichung ab und werden somit ungewollt die falschen Faktoren ins Visier nehmen. Der zweite Umstand, der im Quadranten III Probleme verursacht, ist die umgekehrte Kausalität. Je nach Datenbasis und Analysemethode ist es mitunter nicht möglich, festzustellen, ob zwischen zwei Faktoren tatsächlich eine kausale Beziehung besteht und welcher Faktor den anderen verursacht. Viele der heute populären AI-Methoden stellen einzig und allein einen Zusammenhang zwischen unterschiedlichen Variablen fest. Dessen sollten sich Manager auf jeden Fall bewusst sein, denn obschon solche Analysen in ganz vielen Fällen sehr hilfreich sein können, greifen sie in anderen doch wesentlich zu kurz. Da Korrelationen zwischen Variablen nicht gleich Kausalität sind, kann es mitunter schwierig sein, zu verstehen, welchen der beiden zusammenhängenden Faktoren das Management versuchen sollte, zu beeinflussen, um ein gewünschtes Ziel zu erreichen. Diese beiden Umstände – ausgelassene Variablen und umgekehrte Kausalität – erklären mitunter, warum Kausalschlüsse für Manager schwierig zu treffen sind. Die Situation wird dahin gehend erschwert, dass Maschinen sich ihrer mangelnden Reliabilität nicht „bewusst" sind. Konkret heißt das, dass Maschinen in diesen Situationen in ihren Auswertungen angeben, gute Vorhersagen treffen zu können, obwohl das nicht der Realität entspricht. Um diesem Problem entgegenzuwirken, müssen sich Manager in einem ersten Schritt bewusst sein, dass AI-Algorithmen in der Lage sind, inkorrekte Einschätzungen der Reliabilität ihrer Kapazität, Vorhersagen zu treffen, widerzugeben. Diese Erkenntnis sollte Manager dahin gehend sensibilisieren, dass die Vorhersagen eines AI-Algorithmus immer zu hinterfragen sind. Wichtig ist, sowohl zu verstehen, ob der Output eine gewisse Sinnhaftigkeit vorweist, als auch, ob die im Modell inkludierten Variablen – im Bereich AI werden diese auch Features genannt – tatsächlich plausible Ursachen der Zielgröße sind.

 Um erfolgreiche AI-Algorithmen im Unternehmen zu implementieren, wird ein Team mit unterschiedlichen Kompetenzen benötigt.

Neben Individuen mit den nötigen Methodenkompetenzen sollten unbedingt Fachexperten hinzugezogen werden, denn deren fachspezifisches Wissen kann für ein besseres Verständnis der möglichen Heimtücken in AI-Modellen essenziell sein (Accenture 2017; Mohr, Hürtgen 2018).

Stellhebel fürs Management

Um AI-Algorithmen im Unternehmen erfolgreich einsetzen zu können, sollten im Unternehmen Mitarbeiter mit den nötigen Methodenkompetenzen vorhanden sein. Gleichwohl sind auch fachliche Fähigkeiten von großer Relevanz, denn nur anhand dieser können übergeordnete Zusammenhänge vernünftig berücksichtigt werden. Zudem werden für die erfolgreiche Umsetzung von AI-Lösungen interdisziplinär zusammengesetzte Teams erfolgreicher sein als solche, die beispielsweise nur aus absoluten AI-Methodenexperten bestehen. Schließlich sollte der organisationale Kontext darauf abgestimmt sein, flexibel verschiedene Lösungsansätze ausprobieren zu können.

Stellhebel auf Mitarbeiterebene

Bezüglich individueller Kompetenzen wird der vermehrte Einsatz von AI in Unternehmen zu neuen Anforderungen führen. Zum einen geht man davon aus, dass technologiebasierte Fähigkeiten an Relevanz gewinnen werden, weil diese die bislang besonders wichtigen physischen und manuellen Arbeiten ablösen werden können. Der Grad der erforderlichen AI-Expertise hängt von der Kritikalität der zu entwickelnden Lösung und von deren geforderter Zuverlässigkeit ab. Das heißt, dass für die Entwicklung von Lösungen je nach Bedarf nicht unbedingt nur promovierte AI-Experten benötigt werden, sondern dass auch Mitarbeitende mit angewandter AI-Expertise eingesetzt werden können.

 Wichtig ist eine saubere Validierung der entwickelten Modelle, die eine quantitative Aussage über die Genauigkeit beziehungsweise Exaktheit (accuracy) der Algorithmen liefert.

Grundsätzlich sollte das Ziel sein, den richtigen Grad an technischer Expertise für das zu lösende Problem im Unternehmen bereitstellen zu können (Kozyrkov 2018). Das heißt auch, dass es eventuell notwendig werden könnte, dass alle Mitarbeitenden mindestens ein Basisverständnis davon haben, was es bedeutet, AI anzuwenden (Cornelissen 2018). Mitarbeitende mit speziellen Fachkenntnissen können unter Umständen die bislang verborgenen potenziellen Applikationen von AI-Algorithmen leichter entdecken und somit zu neuen kreativen Einsatzmöglichkeiten für AI-Methoden verhelfen.

Nebst den technischen Fähigkeiten werden soziale und interpersonelle Fähigkeiten gleichzeitig wichtiger werden. Wenn AI-Applikationen monotone und repetitive Aufgaben übernehmen, können sich Mitarbeitende stattdessen auf das Zwischenmenschliche fokussieren (Bughin et al. 2018; Daugherty, Wilson 2018). Durch Robotic Process Automation (RPA) werden bereits jetzt viele Routineaufgaben von Maschinen erledigt (Berruti et al. 2017). Dies wird sich in Zukunft in vielen Unternehmen weiter durchsetzen und Mitarbeitenden ermöglichen, sich zum Beispiel auf den Aufbau und das Führen von besseren Kundenbeziehungen fokussieren zu können. Ein weiterer wichtiger Aspekt ist die Fähigkeit von einzelnen Mitarbeitenden, die Erkenntnisse aus AI-basierten Analysen richtig zu kommunizieren, damit der Business Case und das Resultat von komplexen AI-Modellen auch für Nicht-Experten klar verständlich sind (Bowne-Anderson 2018).

Um die genannten, benötigten Kompetenzen ins Unternehmen zu integrieren, können entsprechende Fachleute rekrutiert werden. Aufgrund des derzeit herrschenden Fachkräftemangels im Bereich AI wird es aber vermutlich für viele Unternehmen auch wichtig sein, in die Entwicklung der eigenen Mitarbeitenden zu investieren, um die richtigen Kompetenzen im Unternehmen aufzubauen. Selbst

Technologiegiganten folgen dieser Strategie. Mithilfe des „Learn with Google AI"-Programms hat beispielsweise *Google* den Sprung zur AI-First-Strategie umgesetzt. Das Unternehmen bietet das Programm seit Kurzem auch anderen Unternehmen an, damit diese ihre AI-Kompetenzen ebenfalls ausbauen können (Kemp 2018).

Stellhebel auf Team- und organisationaler Ebene

Wenn im Unternehmen Mitarbeitende mit den benötigten technischen Fähigkeiten und sozialen Kompetenzen präsent sind, stehen dem Management weitere Stellhebel zur Unterstützung einer erfolgreichen Implementierung von AI-Applikationen zur Verfügung (Bughin et al. 2018). Für den erfolgreichen Einsatz von AI im Unternehmen muss je nach Projekt die richtige Kombination an lösungsrelevanten Kompetenzen (Methoden-, Fach- und Übersetzungskompetenz) zusammengebracht werden. Insbesondere die Übersetzungskompetenz erlaubt es gewissen Mitarbeitenden, die Brücke zwischen Methodenexperten und dem Rest des Unternehmens schlagen zu können (Hanifan, Timmermans 2018).

Eine essenzielle unterstützende Funktion liefern bei der Umsetzung von AI-Initiativen die organisationalen Gegebenheiten. Wenn diese richtig ausgerichtet sind, kann das Potenzial von AI-Lösungen optimal abgeschöpft werden. Konkret geht man davon aus, dass funktionsübergreifende Teams und agile, teambasierte Arbeit insgesamt für den erfolgreichen Einsatz von AI im Unternehmen in Zukunft relevanter werden (Bughin et al. 2018). Agilere Arbeitsweisen, die in flacheren Hierarchien fungieren, ermöglichen es den Unternehmen, konkrete AI-Fragestellungen mit einer flexiblen Teamzusammenstellung zu bearbeiten. Anfangs kann es für Unternehmen auch von Vorteil sein, neue Geschäftseinheiten einzurichten, um die AI-Kompetenzen in einer Querschnittsfunktion verschiedensten anderen Bereichen des Unternehmens bereitzustellen (Ng 2017).

 Erfolgsfaktoren

Das Thema Artificial Intelligence ist derzeit hochaktuell. Die Technologie erlebt einen neuerlichen Aufschwung, weil die heutigen technologischen Grundlagen die Wirtschaftlichkeit der Technologie zum ersten Mal ermöglichen. Wir verfügen nun über ausreichende Datenmengen, über leistungsstarke Prozessoren und ausgefeilte Algorithmen, welche es erlauben, mit AI-Applikationen Wert in Unternehmen zu erzeugen.

Als Schlüsseltechnologie, die insbesondere die Kosten von „Vorhersagen" dramatisch mindert, eröffnet AI zahlreichen potenziellen Applikationen die Pforten.

Um diese Potenziale im Unternehmen erfolgreich abzuschöpfen, müssen Manager es insbesondere verstehen, die AI-Methoden so einzusetzen, dass sie damit bestehende Problemstellungen, Herausforderungen oder bislang ungenutzte Potenziale adressieren.

Darüber hinaus sollten sie stets überprüfen, dass die entwickelten Algorithmen tatsächlich „gute" Resultate liefern und dass ein passendes Geschäftsmodell es dem Unternehmen auch erlaubt, etwaige Gewinne abzuschöpfen.

Schließlich müssen die entsprechenden Daten im Unternehmen vorhanden und sich Manager der unterschiedlichen möglichen Heimtücken des Vorhersagens bewusst sein, die sich aus der Kreuzung von Datenbekanntheit und -vorhandensein ableiten lassen.

Dem Management stehen mehrere Stellhebel zur Verfügung, um die Erfolgschancen von AI-Applikationen im Unternehmen zu steigern. Grundsätzlich sollten die nötigen technischen wie auch sozialen und interpersonellen Kompetenzen in einzelnen Mitarbeitenden gefördert werden. Durch die Kombination von Kompetenzen aus den Bereichen Business und Technologien und durch den Einbezug der Kundenperspektive kann unternehmensintern der Nutzen einer AI-Lösung transparent gemacht, die Umsetzung effektiv angegangen und die Überführung der Lösung in den produktiven Betrieb erfolgreich gemeistert werden.

Um unternehmensinterne AI-Projekte optimal zu organisieren, kann es von Vorteil sein, auf agile, funktionsübergreifende Teamarbeit abzustützen oder die neuen Projekte in eigens kreierten Geschäftseinheiten zu fördern, bevor sie wieder in den Gesamtbetrieb überführt werden.

Die Möglichkeiten, die sich durch diese Schlüsseltechnologie Unternehmen öffnen, sind äußerst vielfältig. Die in diesem Kapitel vorgestellten Praxisbeispiele werden in nächster Zukunft durch weitere kreative Applikationen dieser sich stetig weiterentwickelnden Technologie ergänzt.

5 Industrie 4.0: Wege für produzierende Unternehmen

Felix Jordan, Christian Maasem, Violett Zeller, Günther Schuh

Viele produzierende Unternehmen verbinden Industrie 4.0 mit großen Herausforderungen, wobei die sich ergebenden Chancen in den Hintergrund rücken. Es muss daher das Bewusstsein geschaffen werden, dass Industrie 4.0 schrittweise und je nach unternehmensindividuellem Nutzen erreicht werden kann. Die im Folgenden vorgestellte grundlegende Strukturierung von Industrie 4.0 in aufeinander aufbauende Stufen wurde entwickelt, um produzierenden Unternehmen einen Überblick über die notwendigen Aktivitäten zur Nutzung der vernetzten Digitalisierung aufzuzeigen. Die Unterteilung und Erläuterung der einzelnen Stufen sowie der erforderlichen Maßnahmen unterstützt Unternehmen, den bevorstehenden Umbruch besser in den eigenen Unternehmenskontext einordnen zu können. Praxisnahe Beispiele schaffen ein Bewusstsein für mögliche Potenziale. Anhand der vorgestellten Nutzenstufen können Unternehmen ihre eigene Industrie-4.0-Entwicklung besser einschätzen und eigenständig die nächste zu erreichende Stufe festlegen.

■ 5.1 Bedeutung von Industrie 4.0 für produzierende Unternehmen

Digitale Technologien sind zu einem wesentlichen Bestandteil der Wertschöpfungskette in der industriellen Praxis geworden. Die Digitalisierung hat die Produktion und den modernen Arbeitsplatz in den vergangenen Jahrzehnten auf eine Art beeinflusst, die mit keiner anderen technischen Entwicklung vergleichbar ist und die nun der vierten industriellen Revolution den Weg ebnet. Die Essenz von Industrie 4.0 ist die Vernetzung von Produktionssystemen mithilfe von IT und dem Internet der Dinge, um prognosefähig zu sein und die Produktion effizienter und flexibler zu gestalten. Wesentliche Treiber, um dieser Vision näher zu kommen, sind Daten aus Prozessen, von Anlagen und Ressourcen, aus denen für das Unternehmen entscheidungskritische Informationen gewonnen werden. Hieraus lassen sich Erkenntnisse ableiten, die bisher verborgene Wirkungszusammenhänge zutage fördern. Prognosemodelle errechnen auf der Basis dieser Erkenntnisse mögliche Zukunftsszenarien und belegen sie mit Wahrscheinlichkeitswerten bezüglich ihres Eintritts.

 Durch die Vernetzung der Informationen unterschiedlicher Aufgaben, Funktionen und Domänen lassen sich Handlungsempfehlungen fundieren, wobei eine unüberschaubare Anzahl relevanter Parameter berücksichtigt wird. Der Produktion wird ähnlich dem Rennsport eine Ideallinie aufgezeigt, an der sie sich orientieren kann, um in kürzester Zeit optimierte Ergebnisse zu erzielen.

Von der Produktionsplanung zur Produktionsregelung

Industrie 4.0 kann für Unternehmen unter anderem die Abkehr von bis heute etablierten Industrie-2.0-Zielen bedeuten: Mit der Einführung der Arbeitsteilung war die Koordination mindestens zweier in der Wertschöpfung involvierter Akteure notwendig. Dieser Herausforderung wurde bislang mit dem Aufstellen von Produktionsplänen begegnet, die aufgrund unzureichender Prognosen im fortschreitenden zeitlichen Verlauf an Genauigkeit einbüßten. Durch neu gewonnene Industrie-4.0-Fähigkeiten können Unternehmen ihre Prognosen deutlich verbessern und sind zudem in der Lage, ihre Technologien so einzusetzen, dass sie zeitnah in die Prozesse eingreifen und diese in Sollzustände überführen können. Dies mündet in robustere Planungsergebnisse für die Produktion aufgrund zuverlässigerer Prognosen und in weniger granular ausfallende Pläne dank der Möglichkeit, bei kurzfristigen Planabweichungen den Prozess einzuregeln.

Die Verschmelzung der physischen mit der digitalen Welt

Es erschließt sich schnell, dass die vierte industrielle Revolution eine technologiegetriebene Revolution ist. Integrierte, netzwerkfähige Kleinstcomputer, sogenannte eingebettete Systeme, werden mit Sensorik und Aktorik ausgestattet und zu cyberphysischen Systemen (CPS) weiterentwickelt, die miteinander kommunizieren und entweder durch den Menschen oder (teil)autonom koordiniert und gesteuert werden (Geisberger, Broy 2012). Die Integration von Informationstechnologien induziert die erforderliche Intelligenz in die Produktionssysteme und in deren Umgebung. Dabei profitieren Unternehmen von der rasanten Technologieentwicklung. Abnehmende Baugrößen bei gleichzeitiger Zunahme der Leistungsfähigkeit der Komponenten ermöglichen durch neue Technologiekombinationen neue Anwendungsfälle in der Produktion. Parallel eröffnet sich Unternehmen der Zugang zu neuen Technologien dank sinkender Hardwarepreise, die vormals unwirtschaftlichen Technologiekonzepten plötzlich einen positiven Return on Investment (ROI) verschaffen.

Um die Aktivitäten der Produktionssysteme abzubilden, kommen Sensoren zum Einsatz, die anhand verschiedener Parameter die Zustände der Produktion digitalisieren und den digitalen Schatten mit den benötigten Daten versorgen. Neben den Technologien zur Datenerhebung sind dazu Schnittstellen und Kommunikationskanäle vonnöten, die ebenfalls durch IT-Systeme, wie das Manufacturing Execution System (MES), bereitgestellt werden. Das Einbinden neuer Technologien in das Unternehmen verfolgt keinen Selbstzweck. Vielmehr sollen dadurch im Unternehmen erkannte Schwachstellen be- und ungenutzte Potenziale gehoben werden. Die zum Einsatz kommenden Technologien erzeugen die dazu notwendige Datengrundlage.

Industrie-4.0-Paten müssen aufgebaut werden

Die Etablierung einer Industrie-4.0-fähigen technischen Infrastruktur erfordert das Einbinden und Integrieren neuer Technologien in das Unternehmen. Hierbei verschwimmen die Grenzen zwischen IT und Produktionstechnologien schnell, sodass in Zukunft immer mehr Mitarbeiter eine fundierte IT-Kompetenz, gepaart mit einem differenzierten technischen Verständnis für eine zielgerichtete Einführung der Technologien, aufweisen müssen. Der Chief Information Officer (CIO) kann die Rolle des Paten bei der Realisierung von Industrie 4.0 auf Geschäftsführungsebene einnehmen, um zwischen den Fachabteilungen und der betrieblichen IT zu vermitteln und die Einführung neuer Technologien zu koordinieren. Es etabliert sich zurzeit eine neue Führungsrolle, diejenige des Chief Digital Officers (CDO). Ihm wird in kontroversen Diskussionen die Rolle zugeschrieben, die digitale Transformation des Unternehmens voranzutreiben. Zu dieser Führungsaufgabe gehört, neben dem Verständnis für das Unternehmensgeschäft und für die abgeleitete Strategie, auch die notwendige informationstechnische Kompetenz, um nicht nur bei der Einführung einer Industrie-4.0-orientierten Strategie zu unterstützen, sondern auch, um datenbasierte Innovationen mitzugestalten.

Potenziale von datenbasierten Dienstleistungen

Nützliche Erkenntnisse lassen sich nicht nur aus unternehmensinternen Daten schließen. Der Kundenstamm eines Unternehmens erzeugt eine nicht zu vernachlässigende Menge an Daten, welche die Erwartungshaltung der Kunden dem Produkt gegenüber offenbaren. Die Herausforderung besteht darin, aus diesen Daten einen Mehrwert für den Kunden zu erkennen und zu generieren. Beispielsweise bietet ein etablierter Anbieter von Reinigungsgeräten und -systemen eine mobile App an, durch deren Nutzung der Kunde den Wartungsprozess der Geräte optimieren kann. Über die App wird dazu die Maschinen-ID samt Fehlerinformationen und gewünschtem Wartungstermin an den Hersteller gemeldet. Der Hersteller nutzt die bereitgestellten Informationen, um den Wartungsvorgang zu planen: Dieser kann den Kundenwunsch hinsichtlich des Termins berücksichtigen und den ausgesendeten Mechaniker dank der Maschineninformationen und dem Schadensbild auf die Wartung optimal vorbereiten. Beides erhöht die Kundenzufriedenheit, da der Kunde die Wartung planen kann und diese zielorientiert schneller als bisher durchgeführt wird. Es liegt an den Unternehmen, diese Angebote frühzeitig zu entwickeln, vorhandene Potenziale zu erkennen und zu nutzen, bevor es andere Wettbewerber tun. Potenziell wertvolle Daten sind mittlerweile in jedem Unternehmen vorhanden, werden aber häufig nicht genutzt oder sammeln sich isoliert von der restlichen Informationsverarbeitung des Unternehmens an. Eine umfassende Vernetzung dieser Daten kann dem Unternehmen bei der Identifikation und Schaffung neuer Potenziale helfen.

Digitalisierung als notwendige Rahmenbedingung für Industrie 4.0

Die Vergangenheit hat gezeigt, dass Revolutionen nicht an einem Tag geschehen, sondern einen kontinuierlichen Prozess darstellen. Gerade bei dem Umfang, den Industrie 4.0 mit sich bringt, ist auszuschließen, dass Unternehmen per Knopfdruck Industrie-4.0-fähig sein werden. Stattdessen müssen sie einen kontinuierlichen Weg beschreiten, um sich weiterzuentwickeln. Für derart große Vorhaben sind Leitplanken und Ziele von Bedeutung, um nicht vom Weg abzukommen. Im Folgenden soll der Industrie-4.0-Weg mit seinen Etappenzielen beschrieben werden. Neben den Teilzielen und den damit verbundenen Nutzeneffekten werden auch die lauernden Herausforderungen und der Umgang mit diesen erläutert.

Entsprechend den beschriebenen Mehrwerten für Kunden und Unternehmen verspricht sich die Wirtschaft ein großes Potenzial von Industrie 4.0. Erwartet wird die Reduzierung der Produktionskosten durch Einsparungen oder Effizienzsteigerungen in kostenrelevanten Bereichen der Herstellung und damit die Möglichkeit, dem Kostendruck zu begegnen, der durch die Globalisierung und die zunehmende Transparenz der Anbietermärkte stetig steigt. Des Weiteren erhofft man sich die Erschließung neuer Umsatzpotenziale über die Individualisierung der Produkte und eine Verkürzung der Time-to-Market (Bischoff et al. 2015).

Von der Digitalisierung zur Industrie 4.0

Zunächst wird die Ausgangslage vorgestellt, die den Startpunkt für die Industrie-4.0-Transformation darstellt: die Digitalisierung der Unternehmen. Entgegen verschiedener Meinungen ist Industrie 4.0 nicht mit Digitalisierung gleichzusetzen. Die Digitalisierung und mit ihr einhergehend die Konnektivität und die Computerisierung im Unternehmen sind der notwendige Ausgangspunkt für die Industrie-4.0-Transformation.

Erst unter der Prämisse, dass die Digitalisierung im Unternehmen zu einem hohen Grad vorangeschritten beziehungsweise kontinuierlich fortgeführt wird, muss ein Unternehmen mehrere Etappen durchlaufen, die sich aus den von Etappe zu Etappe zunehmenden Fähigkeiten des Unternehmens bei der Erfassung und Nutzung von Daten im Sinne des digitalen Schattens ableiten. Das erste Teilziel, das ein Unternehmen erreichen muss, ist es, erfolgskritische Informationen in seinem Unternehmen sichtbar zu machen. Erst wenn die Sichtbarkeit dieser notwendigen und relevanten Informationen in einer richtigen Granularität zur Entscheidungsfindung sichergestellt wird, gilt es im nächsten Schritt, Transparenz zu schaffen, das heißt, Gründe für die Vorgänge im Unternehmen zu finden. Wenn das Unternehmen in der Lage ist, diese Antworten bereitzustellen, wird es in die Lage versetzt, robustere Prognosen zu erstellen, um zukünftig proaktiv beispielsweise auf die Änderung von Auftrags- und Produktionsprozessen reagieren zu können.

Die Prognosefähigkeit ist das Gesamtziel der Transformation zu Industrie 4.0. Je nach Ausprägung kann optional die Fähigkeit erlangt werden, durch „Selbstoptimierung" autonom auf Rahmenbedingungen zu reagieren, die sich für das Unternehmen geändert haben (siehe Bild 5.1).

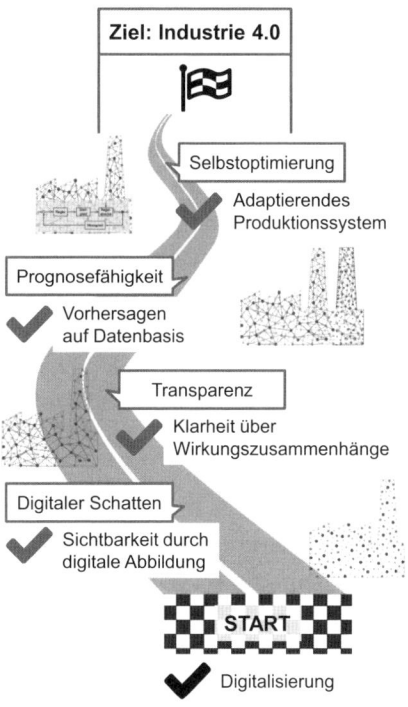

Bild 5.1 Der Weg der Industrie-4.0-Transformation und seine Etappenziele

Wie bei Etappen üblich, ist es nicht möglich, eine Stufe zu überspringen. Es besteht aber die Möglichkeit, dass nicht das gesamte Unternehmen den gesamten Weg beschreiten muss. Dies muss für die einzelnen Unternehmensbereiche untersucht werden. Was unter den jeweiligen Etappenzielen konkret verstanden wird, welchen Nutzen sie im Unternehmen stiften und welche Herausforderungen mit ihnen verbunden sind, wird als Nächstes beschrieben.

■ 5.2 Etappe 1: Etablierung des digitalen Schattens

Die Erfassung der anfallenden Daten in der Produktion und deren Nutzung haben eine zentrale Bedeutung bei der Erreichung der Industrie-4.0-Fähigkeit. Daten dienen nicht nur der Auskunftsfähigkeit über den aktuellen Zustand des Unternehmens, sondern bilden das Fundament für Analysen, um Aussagen über vergangene und Prognosen über zukünftige Ereignisse in der Produktion zu treffen. So haben Unternehmen die Möglichkeit, nicht nur bei neu eintretenden Ereignissen in der Fertigung mit den richtigen Maßnahmen schnell, effizient und effektiv zu reagieren, sondern auch die Anzahl von unerwarteten Vorkommnissen zu minimieren.

Das erste Etappenziel, das ein Unternehmen auf dem Weg zu Industrie 4.0 erreichen muss, ist die Fähigkeit, die Vorgänge im Unternehmen digital abzubilden und einen digitalen Schatten aufzubauen, um die Frage „Was passiert im Unternehmen?" beantworten zu können. Diese Form der Sichtbarkeit durch die Gewinnung der umfassenden Datenhoheit ist für viele Unternehmen eine große Herausforderung. Zum einen liegen auf Basis der Unternehmenshistorie viele dezentrale und zum Teil „unsichtbare" Datenschätze vor, die isoliert im Unternehmen Verwendung finden. Zum anderen scheitert die Sichtbarkeit wegen der mangelnden Datenerfassung in der Produktion, die es Unternehmen beispielsweise erschwert, einen genauen Materialbestand abzufragen. Umgekehrt bei einer Existenz von Massendaten – sprich Big Data – besteht die große Herausforderung darin, relevante Informationen zu extrahieren beziehungsweise den Granularitätsgrad der Datenstrukturen zu bestimmen. Dieser ist ein wichtiges Kriterium, um fundierte Entscheidungen über die Bereitstellung von großen, komplexen und sich dynamisch verändernden Datentöpfen zu treffen.

Der digitale Schatten ist das Abbild erfolgskritischer Daten

Das Ziel, Sichtbarkeit über die relevanten Informationen im Geschäftsbetrieb zu erhalten, kann durch den Aufbau eines digitalen Schattens im Unternehmen erreicht werden. Dieser umfasst genau die Daten, die im Geschäftsbetrieb generiert werden (unter anderem Lifecycle-Daten von Produkten, Maschinendaten, Auftragsdaten, Produktionsdaten, Logistikdaten oder Materialflüsse), um über den aktuellen Produktionsstatus auskunftsfähig zu sein (Bild 5.2). Die Erreichung dieses Etappenziels erfordert eine unternehmensweite und umfassende Datenerfassung über alle Management-, Geschäfts- und Unterstützungsprozesse (in Anlehnung an das St. Galler Management-Modell), um das hinreichend genaue digitale Abbild des Unternehmens beschreiben zu können. Dabei ist zu berücksichtigen, dass sich der digitale Schatten dynamisch verändert. Die gewonnenen Erkenntnisse aus den Analysen zur Erreichung der Transparenz über Ursache-Wirkungs-Effekte und Prognosefähigkeit werden für die Gestaltung des digitalen Schattens kontinuierlich verwendet, um sich ändernden Rahmenbedingungen gerecht zu werden.

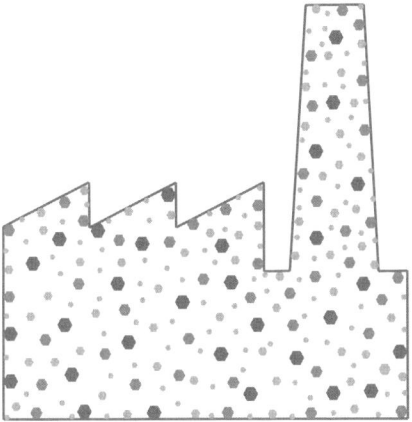

Bild 5.2 Gezielt identifizierte Datenpunkte formen den digitalen Schatten

 Das Milchflaschenkonzept

Wie der digitale Schatten umgesetzt werden kann, zeigt ein Beispiel eines bekannten Antriebsherstellers. Das Milkrun-Konzept, oder auch Milchflaschenkonzept genannt, ist ein Konzept der Beschaffungs- und Distributionslogistik innerhalb eines Unternehmens. Als Vorbild dient der traditionelle Milchjunge, der nur dann eine frische Milchflasche bereitstellt, wenn er auch eine leere mitnehmen kann. Nach diesem Konzept fährt seit geraumer Zeit ein Mitarbeiter in unserem Beispielunternehmen jede Stunde die gesamte Fabrik ab, um Material bedarfsgerecht innerbetrieblich bereitzustellen und abzuholen. Durch Integration eines Systems zur Verfolgung des Materials mit QR-Codes, das Ausstatten der Mitarbeiter mit Tablets und QR-Scannern und die Kombination der erfassten Daten mit dem Produktionsplanungs- und Unternehmensleitsystem kann ein exaktes Abbild des erforderlichen Materialflusses in der Fabrik generiert werden. Dadurch ist man in der Lage, die Abläufe der Produktion besser aufeinander abzustimmen und mit einem intelligenten Planungsalgorithmus die optimale Abfahrtszeit und die kürzeste Route für den nächsten Milkrun zu berechnen.

Dieses Beispiel zeigt, dass durch den Einsatz von Auto-ID-Technologien die Datengenerierung von Objekten und Prozessinformationen ermöglicht werden kann, um durch die Datenverarbeitung einen Mehrwert für die Fertigung zu erzielen.

Ansätze zur Gestaltung des digitalen Schattens

Zur Gestaltung des digitalen Schattens müssen Maßnahmen zur Datenerfassung und Datenverarbeitung getroffen werden. Ziel der Datenerfassung ist, vollständige und genaue Daten zu gewinnen. Dies beinhaltet zunächst die Identifikation relevanter Datenpunkte entlang der Geschäftsprozesse. Es ist oftmals hilfreich, zunächst die akuten, meist lokalen Schwachstellen oder Potenziale im Unternehmen zur Datengenerierung zu identifizieren. Daran lassen sich die Einsatzmöglichkeiten zur Generierung der Daten ablesen, um sie an den identifizierten Datenpunkten bezüglich des Kosten-Nutzen-Verhältnisses zu evaluieren (zum Beispiel Auswahl von Auto-ID-Technologien). Dabei sollte sichergestellt werden, dass keine Insellösungen entstehen, die durch zusätzlichen Aufwand miteinander verbunden werden müssen. Stattdessen empfiehlt es sich, von vornherein einen Ansatz zu wählen, der dazu beiträgt, eine Durchgängigkeit für die Gestaltung des digitalen Schattens zu realisieren. Es gibt auf dem IT-Markt eine Vielfalt von Produkten, die für gängige Schnittstellenstandards Lösungskonzepte bieten. Alternativ kann über Middleware-Lösungen oder Webservice-Konzepte ein Workaround gefunden werden, dessen Umsetzung in Relation zum Aufwand bewertet werden muss. Die Datenverarbeitung und letztlich die systembasierte Darstellung des digitalen Schattens erfordert eine strukturierte Vorgehensweise, um aus verschiedenen Datenquellen die mehrwertgenerierende Aggregation zu ermöglichen. Notwendig sind hier die Beschreibung von Datenmodellen sowie einheitliche Datenstrukturen, ähnlich einer spezifischen Materialliste eines Fertigungsauftrags, für welche die jeweiligen Merkmalsparameter einheitlich beschrieben sind.

 Durch eine einheitliche Beschreibung und Strukturierung der Daten kann eine hohe Datenqualität gewährleistet werden, die zuverlässig genug ist, um Datenanalysen für historische Auswertungen und Prognosen durchzuführen.

Granularität des digitalen Schattens identifizieren

Eine der großen Herausforderungen bei der Gestaltung des digitalen Schattens ist die Bestimmung des richtigen Granularitätsgrads, der sich in der Auswahl der relevanten Daten widerspiegelt. Der digitale Schatten beinhaltet nicht jede Datengranularität, jedoch muss diese, wie eingangs erwähnt, vollständig im Sinne der Entscheidungsfindung sein. Die hierfür relevanten Daten lassen sich unter anderem in Auftragsdaten (Auftrags-ID, Arbeitsgang, Geoposition etc.), Maschinendaten (Maschinen-ID, Störung, Bearbeitungszeiten, Rüstzeiten etc.), Bestandsdaten (verfügbarer Bestand, Lagerreichweite etc.) sowie soziotechnische Faktoren (Mitarbeiter-ID, Mitarbeiterbelegung etc.) einteilen (Schuh et al. 2016). Dabei ist eine redundante Erfassung von Daten durch unterschiedliche Systeme nicht untypisch. Bei Abweichungen von Datenparametern muss jedoch den Ursachen für die Abweichung nachgegangen werden und diese müssen behoben werden.

Im Wesentlichen muss die Frage beantwortet werden, welche Informationen im Unternehmen in welchen Bereichen zur Entscheidungsfindung benötigt werden. Daraus lässt sich Handlungsbedarf für die Erweiterung der Datengenerierung, Datenerfassung und Datenverarbeitung ableiten. Diese Antwort kann durch die Zielstellung des Unternehmens und folglich der Geschäftsprozesse abgeleitet werden. Wenn wir auf unser Beispielunternehmen zurückkommen, das den digitalen Schatten für die Bestimmung der Materialposition benötigt: Basierend auf dieser Zielsetzung wurden die notwendigen Maßnahmen zur Datengenerierung und Datenverarbeitung evaluiert, konzeptioniert und umgesetzt; in diesem Fall mithilfe von QR-Technologie, um die notwendigen Daten zur Errechnung der kürzesten Route für den nächsten Milkrun zu erhalten.

Digitalen Schatten strategisch angehen

Nun haben wir in der Fertigung mehrere Zielstellungen, die in großen Zielsystemen münden können, und es besteht die Gefahr, beim Aufbau des digitalen Schattens den Überblick über die zahlreichen Möglichkeiten der relevanten Datenpunkte zu verlieren. Es empfiehlt sich, hier strategisch vorzugehen und diese Aufgabenstellung beispielsweise in einer Transformationsstrategie zu verorten. Dazu werden aus der Unternehmensstrategie und den verbundenen Teilstrategien die erforderlichen technischen Veränderungen für die Einführung neuer IT- und cyber-physischer Systeme im Unternehmen abgeleitet, die erforderlichen Komponenten bestimmt, wird deren Kompatibilität sichergestellt und eine Einführung im Unternehmen geplant. Diese vorab angestellten Planungen, beispielsweise operationalisiert durch eine Roadmap, sollen sicherstellen, dass sich eine harmonisierte IT-Systemlandschaft in einer für das Unternehmen optimalen Konfiguration ergibt, sodass die erzeugten Daten dem strukturierten Aufbau des digitalen Schattens dienen.

Bedarf zur Digitalisierung erkennen

Vor dem Festlegen der Transformationsstrategie ist der Digitalisierungsbedarf der Unternehmensteile erforderlich. Dazu eignet sich der Einsatz der Informationsflusslandkarte. Wie der Name vermuten lässt, bildet die Landkarte Informationsflüsse im Unternehmen ab. Diese kommen durch Daten- und Informationsangebote, deren Speicherort sowie Daten- und Informationsbedarf innerhalb und außerhalb des Unternehmens zustande. Über die Informationsflusslandkarte lassen sich Erkenntnisse über die eingesetzten und genutzten IT-Systeme erlangen.

So ist es beispielsweise möglich, aus dem Einsatz von Excel-Lösungen abzuleiten, dass die durch das Unternehmen angebotenen Systeme den Anforderungen der Mitarbeiter nicht gerecht werden, andernfalls würden diese durch die Mitarbeiter der Fachbereiche eingesetzt. Zudem lässt sich nicht gestillter Informationsbedarf identifizieren, dem durch den Einsatz von IT-Systemen und Sensorik begegnet werden kann. Insbesondere die Abkehr vom papierbasierten Unternehmen und die Reduzierung bis hin zur Eliminierung des Excel-Einsatzes als Speicherort für unternehmensrelevante Daten sollten als wesentliche Schritte zur Steigerung der Sichtbarkeit und Erweiterung des digitalen Schattens im Unternehmen verfolgt werden.

Unterstützung zur Investitionsentscheidung

Eine weitere große Herausforderung bei der Einführung neuer Technologien stellt die Kosten-Nutzen-Analyse dar. Besonders Informationstechnologien werden ambivalent wahrgenommen: Durch die große Durchdringung von IT im Berufsalltag werden sie zwar als Commodity wahrgenommen und müssen kosteneffizient sein. Generell umfasst das IT-Budget in produzierenden Unternehmen ein bis vier Prozent des Gesamtumsatzes. In der Praxis überschreiten viele IT-Einführungsprojekte die ursprünglich veranschlagten Kosten und gelten als schwer planbar. Dieser Umstand ist unter anderem auf die zunehmende Komplexität der IT-Landschaft im Unternehmen und die Abhängigkeiten der Systeme und Datentöpfe untereinander zurückzuführen.

Gleichzeitig fällt es schwer, den Nutzen eines IT-Systems zu quantifizieren, sodass den entstehenden Kosten ein unklarer monetärer Nutzen gegenübersteht. Daher ist es wichtig, hier den Business Case strukturiert zu beschreiben, mehrere Lösungsszenarien zu entwickeln und diese gegenüberzustellen, um einen Vergleich des Nutzenpotenzials und der entstehenden Kosten ziehen zu können. Bei der Auswahl der technologischen Lösungen ist es ratsam, strukturiert und transparent vorzugehen, da der IT-Markt ein sehr großes Angebot an Lösungen bietet. Es gibt hierzu zahlreiche Konzepte, wie zum Beispiel das 3-Phasen-Konzept, um den Lösungsraum der Angebote auf Basis der Anforderungen zu reduzieren und eine passende IT-Lösung zu identifizieren.

Der Aufbau des digitalen Schattens ist ein iterativer Prozess

Zusammengefasst erfordert der Aufbau des digitalen Schattens die Kombination der vorhandenen und zu implementierenden Datenquellen, um die Sichtbarkeit der Vorgänge im Unternehmen zu erhöhen und die digitale Abbildung zu komplettieren. Wichtig ist dabei, zu berücksichtigen, dass es sich beim digitalen Schatten um einen dynamischen Schatten handelt, der sich auf Basis neu gewonnener Erkenntnisse aus der Analyse historischer Daten erweitern lässt.

Das Streben nach einer möglichst effizienten und damit kosteneffektiven Produktion ist das ultimative Ziel für Produktionsleiter. Um den optimalen Betrieb eines Produktionsunternehmens zu identifizieren, sind Analysen der Unternehmensdaten notwendig. Es ist naheliegend, dass die Analyseergebnisse mit der Datenmenge und deren Qualität korrelieren. Erst ein hinreichend vollständiger digitaler Schatten schafft die Grundlage, um ein Verständnis über die unternehmensinternen Abläufe und deren Zusammenhänge aufbauen zu können und gezielt Optimierungen im Unternehmen durchzuführen. Die Qualität und Aktualität des digitalen Schattens müssen dementsprechend einen kontinuierlichen Verbesserungsprozess durchlaufen.

■ 5.3 Etappe 2: Wirkungszusammenhänge verstehen

 Die Analyse des digitalen Schattens ist der erste Schritt zur Transparenz.

Durch die Analyse des digitalen Schattens im produzierenden Unternehmen lassen sich konkrete Rückschlüsse und Erkenntnisse über die tatsächlich ablaufenden Vorgänge und auftretenden Störungen mit hoher zeitlicher und inhaltlicher Transparenz gewinnen. Die Fragestellung des Unternehmens auf dieser Etappe richtet sich auf das „Warum passiert es?". Sobald ein Unternehmen für seine Geschäftsaktivitäten diese Frage hinreichend beantworten kann, hat es das Ziel der Transparenz erreicht und kann Entscheidungsprozesse konkreter fundieren und somit deren Qualität verbessern. So ergibt beispielsweise die Analyse von geeigneten Produktionsparametern Korrelationen zu bestimmten Qualitätsmängeln am Produkt, deren Ausprägungsmuster fortan bei der Qualitätssicherung festgestellt werden können. Korrelationen können in Form von Datenmustern erfasst werden, wie sie in Bild 5.3 verdeutlicht werden. Zum Teil lässt sich aus den gewonnenen Daten auch direkt das notwendige Wissen zur Behebung des Mangels extrahieren. Dazu setzt das Etappenziel „Transparenz" eine möglichst vollständige Sichtbarkeit im Unternehmen voraus; der digitale Schatten des Unternehmens bildet demnach die essenzielle Datengrundlage, die für Analyseaktivitäten genutzt wird. Je weiter die Sichtbarkeit im Unternehmen gediehen ist, desto größer ist die Transparenz, die erreicht werden kann. Sofern erkannt wird, dass die Datenpunkte des digitalen Schattens nicht ausreichend sind, um im Rahmen der Analysen qualifizierte Aussagen zu treffen, müssen fehlende Datenpunkte identifiziert und in den digitalen Schatten eingepflegt werden.

Transparenz in der Agrarwirtschaft

Die Transparenz über Abhängigkeiten und Wirkungszusammenhänge wird beispielsweise in der Agrarwirtschaft genutzt, um Felder produktiver und umweltschonender zu bewirtschaften. Cloud-basierte Agrarmanagement- software und Cloud-basierte Ausbringkarten auf Basis von Satellitendaten sorgen dafür, dass das Saatgut für ein bestmögliches Wachstum der Pflanzen ausgebracht wird. Beim Düngevorgang ermittelt ein Pflanzensen- sor den Stickstoffbedarf der Pflanzen, sodass die Düngermenge errechnet und der Dünger kostensparend und umweltschonend ausgebracht wird. Dieses Beispiel zeigt, wie Informationen in ganz unterschiedlichen Firmen- bereichen einen deutlichen Mehrwert für ein Unternehmen bringen können.

Bild 5.3 Datenanalysen eröffnen Wirkungszusammenhänge

Big-Data-Anwendungen und CEP

Um Transparenz, also die Erkenntnis über bestehende Wirkungszusammenhänge, im Unternehmen zu erzeugen, ist es notwendig, die im Rahmen von Geschäfts- aktivitäten entstehenden Daten im jeweiligen Kontext zu analysieren, um sie kor- rekt interpretieren zu können.

Erst die semantische Verknüpfung oder Aggregation von Daten zu Informationen und die zugehörige kontextuelle Einordnung erzeugen das Prozesswissen, das für die Entscheidungsunterstützung gebraucht wird. Wesentliche Hilfestellungen leis- ten hier Daten beziehungsweise Big Data.

Unter dem Sammelbegriff „Big Data" werden Massendaten verstanden, die mit den klassischen Analyseverfahren nicht mehr verarbeitet und analysiert werden können. Daher existieren aktuelle Technologien und Anwendungen, welche die Verarbeitung und Verknüpfung dieser sehr großen, teilweise heterogenen Datenmengen ermöglichen.

In der Regel werden Big-Data-Anwendungen parallel zu den betrieblichen Anwendungssystemen wie Enterprise-Resource-Planning-Systemen (ERP-Systemen) oder Manufacturing-Execution-Systemen (MES) eingesetzt oder diese werden untereinander verknüpft. So bilden Big-Data-Anwendungen die gemeinsame Plattform, mit deren Hilfe umfangreiche stochastische Datenanalysen durchgeführt werden, um unbekannte Wirkungszusammenhänge im digitalen Schatten aufzudecken. Die gefundenen Datenmuster können dann wiederum als Eingangsparameter verschiedenen IT-Systemen zur Verarbeitung zugeführt werden.

Dieser Aspekt von Big-Data-Anwendungen zur gefilterten Bereitstellung von Informationen ist auch als Complex Event Processing (CEP) bekannt. Es handelt sich hierbei um eine ereignisorientierte Form der Datenaufbereitung in Echtzeit, die Muster in beobachteten Datenströmen nach bestimmten Regeln zu höherwertigen Ereignisinformationen in Echtzeit verarbeitet. Die Regeln des CEPs sind strukturierte Verarbeitungsmuster, die schon zu Beginn festgelegt sein müssen, um gewünschte Ereignisse korrekt erkennen, aggregieren und weiterleiten zu können. Ein koordiniertes Zusammenspiel mit den anderen Big-Data-Anwendungen und den übrigen betrieblichen Anwendungssystemen ist daher für die Qualität der Erkennung und Verarbeitung von Ereignissen entscheidend.

Durch CEP ist das Unternehmen in der Lage, Informationen zielgerichtet direkt dem oder den zuständigen IT-Systemen zur Verarbeitung zu übergeben. Wahlweise kann die Weitergabe auch der bedarfsgerechten Anzeige für einen menschlichen Nutzer dienen. Dadurch wird sichergestellt, dass die richtigen Informationen zur richtigen Zeit in der richtigen Qualität und Granularität den richtigen Empfänger beziehungsweise das richtige IT-System erreichen.

Bedarfsgerechte Bereitstellung

Die „Richtigkeit" einer Information ist zumeist von den Anforderungen der Nutzer oder Systeme abhängig, deren Informationsbedarfe durch die unterschiedlichen Betrachtungshorizonte stark voneinander abweichen können. Je höher zum Beispiel ein Nutzer in der Unternehmenshierarchie eingegliedert ist, desto weiter fallen sein Betrachtungshorizont und damit sein Bedarf an geeigneter Datenaggregation aus. Während für den Mitarbeiter auf dem Shopfloor detaillierte Maschinendaten und deren direkte Auswertung relevant sind, genügt dem Produktionsleiter bereits die Information, dass alle Maschinen ordnungsgemäß in Betrieb sind.

Durch den Einsatz von Big-Data-Anwendungen wird das Unternehmen befähigt, eine große Menge an Daten in Echtzeit zu verarbeiten und gezielt im
Unternehmen zu verteilen.

Apps eignen sich dank ihrer Flexibilität im besonderen Maße für die adressatenge-
rechte, reduzierte Darstellung von Inhalten und unterscheiden sich in den Punkten
wesentlich von klassischen betrieblichen Anwendungssystemen. Apps erlauben
maßgeschneiderte Übersichten über den aktuellen Stand der Produktion oder können als Steuerungswerkzeuge von Geschäftsprozessen eingesetzt werden. Das Ziel
für Unternehmen sollte lauten, dass jeder Mitarbeiter die Möglichkeit erhält, die
für ihn relevanten Informationen im erforderlichen Detailgrad einzusehen, ohne
mit irrelevanten, für ihn belanglosen Informationen überfordert oder abgelenkt zu
werden. Um durch die Funktionalität von Datenbanktechnologien eine „Selekti-
onssicht" der Daten zu ermöglichen, sind diese Filter von großer Bedeutung. Sie
sollen vermeiden, dass Mitarbeiter unter einer Informationsflut die wesentlichen
Informationen aus den Augen verlieren.

Die mobile Bereitstellung der Apps ermöglicht die einfache unternehmensweite
Realisierung der Informationsversorgung. Sie können dazu beitragen, die meist
noch Papier- oder Excel-basierten Arbeitsabläufe im Unternehmen zu digitalisieren und somit die Grundlage für die vernetzte Entscheidungsunterstützung zu eb-
nen.

Transparenz in Kundennutzen umwandeln

Mit der gewonnenen Transparenz im Unternehmen wird also primär das Ziel verfolgt, Mitarbeiter reaktionsfähiger zu machen und ihre Entscheidungen durch si-
tuationsbedingte Belieferung von Informationen zu unterstützen. Grundlage hierfür ist die Sichtbarkeit beziehungsweise der digitale Schatten der ersten Etappe.
Die umfassende Verfügbarkeit von relevanten Daten und Informationen aus allen
Unternehmensbereichen ermöglicht es, Optima auf unternehmensglobaler statt
unternehmenslokaler Ebene zu erkennen und durch entsprechende Informations-
steuerung umzusetzen. Durch die Verfügbarkeit von Daten und das Wissen über
deren Zusammenhänge können neue, durch Daten angereicherte Produkte entwickelt oder neue datenbasierte Dienstleistungen und Geschäftsmodelle am Markt
platziert werden. Zumeist erwachsen diese Potenziale aus individuellen Kundenanforderungen, deren Erfüllung sorgsam geprüft und gegebenenfalls verfolgt werden sollte.

Informationsqualität als entscheidender Faktor

Die Qualität der datenbasierten Transparenz hängt entscheidend von der Verfügbarkeit der Informationen und deren Qualität ab. Der für die Transparenz notwen-

dige Kontext muss zunächst durch Expertenwissen initiiert werden. Dazu müssen verschiedene involvierte Personenkreise Informationen bereitstellen. Analog zur Sichtbarkeit ist dies keine leichte Aufgabe, da es durch unterschiedliche Zielsysteme der Personen zu Interessenkonflikten und in der Folge zu unzureichender Informations- und Wissensbereitstellung kommen kann. Diese Problemstellung bezieht sich gleichermaßen auf interne wie auch auf externe Wissensträger. Im weiteren Verlauf der Datenauswertungen werden auch unbekannte Wirkungszusammenhänge der Datensammlung offenbar, die durch bisheriges Expertenwissen nicht abgebildet werden. Im Sinn des iterativen Lernens müssen Auswerte- und Prognosemodelle kontinuierlich verbessert werden.

Analog zur ersten Etappe ist die kontinuierliche und iterative Analyse und Aufbereitung der Daten erforderlich, um den sich ändernden Bedingungen des Unternehmensumfelds und des Unternehmens selbst gerecht zu werden und die Informationsqualität stetig auszubauen und hochzuhalten. Die aus den Daten beziehungsweise dem digitalen Schatten gewonnene Transparenz ist die Grundlage, um die nächste Etappe auf dem Weg zu Industrie 4.0 erfolgreich beschreiten zu können.

■ 5.4 Etappe 3: Vorausschauen können

 Anstehende Ereignisse prognostizieren.

Aufbauend auf der erreichten Sichtbarkeit und der geschaffenen Transparenz über Geschehnisse im Unternehmensumfeld sind die nächsten und entscheidenden Etappenziele der Aufbau und die Verbesserung der Prognosefähigkeit des Unternehmens. Die dabei im Vordergrund stehende Leitfrage lautet: „Was wird passieren?" Die Prognosefähigkeit soll sicherstellen, dass das Unternehmen auf die anstehenden Ereignisse vorbereitet ist und mit den resultierenden Auswirkungen umgehen kann. Dazu werden mögliche Zustände in die Zukunft projiziert und wird ihre jeweilige Eintrittswahrscheinlichkeit bewertet. In der Folge sind Unternehmen in der Lage, bevorstehende Ereignisse zu erkennen und rechtzeitig notwendige Reaktionsmaßnahmen einzuleiten (Bild 5.4).

Die Prognosefähigkeit ist die hohe Kunst der Unternehmensführung. Die Reduktion von unerwarteten Ereignissen, zum Beispiel durch Störungen oder Planabweichungen, ermöglicht einen robusteren Betriebsablauf im Unternehmen. Gute Prognosen haben auch einen positiven Effekt auf die Planungen, die im Unternehmen angestellt werden: Je besser die Prognoseergebnisse, desto genauer treffen die angestellten Planungen der Fertigung zu. Eine weitere Korrelation herrscht zwischen der Prognosegüte und der Datenqualität, die als Basis für die Prognose dienen: Je besser die Datengrundlage und je vollständiger der digitale Schatten ist, desto höher fällt die Prognosequalität aus.

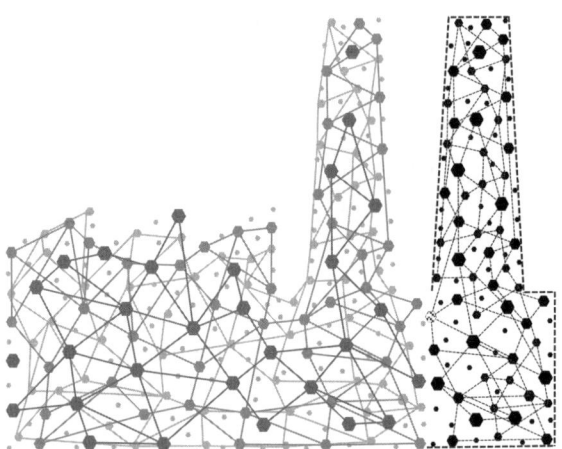

Bild 5.4 Prognosen zeigen Erweiterungsbedarf der Produktion auf

Prognosefähigkeit in der Praxis

„Predictive Maintenance", als etabliertes Beispiel in produzierenden Unternehmen für eine solche Prognosefähigkeit, basiert zunächst auf der laufenden Analyse und der Auswertung von störungsrelevanten Ausprägungen von Maschinenparametern. Die erkannten Wirkungszusammenhänge der Sichtbarkeit werden hier dazu genutzt, Aussagen über das zukünftige Ausfallverhalten von Bauteilen zu treffen. Die genaue Erfassung der relevanten Maschinen- oder Prozessparameter und deren echtzeitnahe Auswertung ermöglichen somit eine kontinuierliche Erfassung des aktuellen Maschinenzustands in Verbindung mit einem prognostizierten Zustandsverlauf. Dieses Wissen erlaubt es, individuelle Wartungspläne für den Maschinenpark unter Berücksichtigung sich verändernder Produktionszustände zu generieren und so unter anderem Wartungsmaßnahmen in günstige Betriebszeiträume zu verschieben. Zur Festlegung der Störungsmuster wird initial auf Expertenwissen zurückgegriffen. Bei einem unvorhergesehenen Störungsfall werden die festgehaltenen Ausprägungsmuster der kontinuierlichen Messung für die Prognose künftiger Ereignisse genutzt und mit Ausfallwahrscheinlichkeiten ergänzt, die iterativ angepasst werden. Werden zukünftig im laufenden Betrieb Parameterausprägungen bekannter Störungen erkannt, wird direkt und vorgreifend ein Wartungsauftrag, optional unter Hinweis auf die mögliche Fehlerursache, eingeleitet.

So können Ausfallzeiten besser in den betrieblichen Ablauf eingeplant und Wartungsintervalle optimal an die tatsächliche Maschinennutzung angepasst werden.

Die Prognosefähigkeit eines Unternehmens hängt im entscheidenden Maß von der geleisteten Vorarbeit in den beiden vorherigen Etappen ab. Ein hinreichend ausgebildeter digitaler Schatten in Verbindung mit bekannten Wirkungszusammenhängen legt den Grundstein für eine hohe Güte der Prognosen und der abgeleiteten Handlungsempfehlungen. Die zugrunde liegende Informationsqualität hat also einen großen Einfluss auf die Belastbarkeit der Prognosen. Oft nicht vermeidbare Schwankungen der Informationsqualität und deren Auswirkungen auf die Verlässlichkeit generierter Empfehlungen werden in der Regel durch Ermittlung und Bereitstellung der Eintrittswahrscheinlichkeit kompensiert. Die notwendige Quantifizierung der Informationsqualität, um eine Aussage über den entsprechenden Korrelationskoeffizienten zur Eintrittswahrscheinlichkeit zu tätigen, ist jedoch noch häufig eine Herausforderung. Hier ist vor allem Erfahrungs- und Expertenwissen erforderlich, um belastbare Annahmen zu formalisieren.

Das Ergebnis der Prognose entscheidet über die Akzeptanz

Eng verknüpft mit der Gewährleistung der Informationsqualität ist die Sicherstellung einer hohen Prognosequalität selbst. Sie bildet die notwendige Grundlage, um Vertrauen bei den Nutzern der jeweiligen Prognosen aufzubauen. Sollte man nicht in der Lage sein, Ereignisse zuverlässig zu prognostizieren, sinkt die Akzeptanz des Systems und somit auch dessen Einbezug in die Entscheidungsfindung. Es ist also wichtig, schon bei Abweichungen der Prognosegüte die zugrunde liegenden Ursachen schnellstmöglich zu identifizieren und zu beheben, um das Nutzervertrauen in die bereitgestellten Informationen zu erhalten.

Bedeutend ist in dem Zusammenhang auch die geeignete Definition des Betrachtungsrahmens für die Prognose. Wetterprognosen sind ein anschauliches Beispiel für zunehmende oder abnehmende Prognosequalität mit Veränderung des Betrachtungsrahmens. Auch wenn verschiedene Anbieter Wetterprognosen Wochen im Voraus anbieten, weiß der geneigte Nutzer, dass sich aus der Prognose maximal eine Tendenz ableiten lässt, die aufgrund der Komplexität des Wettersystems und der schlechten Informationsqualität jedoch nur einen vagen Ansatzpunkt für wetterabhängige Entscheidungen darstellen kann. Hingegen sind Wetterprognosen für den nächsten Tag um ein Vielfaches verlässlicher, da das Verhalten vieler Systemkomponenten durch den eingeschränkten Betrachtungszeitraum besser abschätzbar und die Informationsqualität entsprechend hoch ist. Durch zusätzliche Datenquellen ist es möglich, den Betrachtungsraum wieder zu erweitern, da das Gesamtsystem und seine Varianzen besser abgebildet werden können. Jedoch ist für die Anbindung und Verarbeitung der zusätzlichen Daten weitere Rechenleistung erforderlich, die wiederum zusätzliche Kosten verursacht.

Prognosen auf Basis von Datenmustern

Aus den beschriebenen Herausforderungen lässt sich ableiten, dass der Aufbau von Prognosefähigkeiten keine triviale Aufgabe ist. Dennoch existieren Ansätze, mit denen Unternehmen diese gezielt erweitern können. Der erste fußt auf der Verfügbarkeit zuvor beschriebener Sichtbarkeit und Transparenz und bedient sich des Big-Data-Werkzeugkastens. Hierbei ist es erforderlich, einen möglichst umfangreichen Datentopf aufzubauen. Datenflüsse werden kontinuierlich bezüglich Unregelmäßigkeiten überwacht. Treten bestimmte Datenkonstellationen im Fall von Störungen regelmäßig auf, lässt sich daraus ein Datenmuster ableiten, das der jeweiligen Störung zugeordnet und als Ereignis definiert wird. So ist beispielsweise ein CEP-System in der Lage, den Echtzeitdatenstrom nach diesem bekannten Datenmuster zu untersuchen und bei Erkennen der gleichen oder einer ähnlichen Datenkonstellation eine Warnung auszugeben, dass sich mit einer gewissen Wahrscheinlichkeit eine baldige Störung anbahnt. Es ist darüber hinaus denkbar, der jeweiligen Störung eine oder mehrere Gegenmaßnahmen zuzuordnen, die entweder automatisch eingeleitet oder dem Mitarbeiter als Vorschlag dargestellt werden. Dadurch besteht die Möglichkeit, eine Störung abzuwenden, bevor sie eintritt.

Prognosen auf Basis von Simulationen

Alternativ beziehungsweise zusätzlich können Entscheidungsszenarien mitlaufend simuliert und dadurch in die Zukunft projiziert werden, um Handlungsempfehlungen mit deren möglichen Auswirkungen darzustellen. Da auf dem Shopfloor viele diskrete Parameter vorhanden sind, gibt es bereits zahlreiche Ansätze, die Produktionsplanung durch entsprechende Verfahren zu unterstützen und die Auswirkung von unterschiedlichen Losgrößen, Einsteuerungsreihenfolgen und Förderfahrzeugen auf die Produktionsleistung zu bewerten. Durch die maßgeschneiderte Bereitstellung relevanter Informationen wird das Abwägen des jeweiligen Entscheiders signifikant erleichtert. Fragen wie „Welche Auswirkung hat ein Chefauftrag auf das Produktionssystem?" oder „Lohnt sich die Umplanung oder übersteigen die dadurch entstehenden Kosten den resultierenden Nutzen?" können so auf fundierter Datengrundlage schnell und zuverlässig beantwortet werden.

Letztlich erlaubt die hohe Prognosefähigkeit also, die eigenen Prozesse effektiver zu gestalten, indem Ausfälle reduziert werden und dadurch die Kundenzufriedenheit gesteigert wird. Bei der Schaffung von Sichtbarkeit und Transparenz, wie im Beispielfall von Predictive Maintenance, muss darauf geachtet werden, dass Daten und Informationen in einer möglichst hohen Qualität gesammelt oder entsprechend aufbereitet werden, um ausreichende Prognosequalität und damit verbunden auch Nutzerakzeptanz sicherzustellen. Durch eine kontinuierliche Verbesserung der Datengrundlage und Mustererkennung kann auch die Prognosequalität gesteigert werden, um so den Prognosehorizont zur optimalen Steuerung der eigenen Prozesse weiter auszudehnen.

■ 5.5 Etappe 4: Selbstoptimierung

Durch das Erreichen der Fähigkeit, als produzierendes Unternehmen auf Basis der Auswertung hinreichender Daten Abhängigkeiten, Wirkungszusammenhänge und Prognosen zu erkennen, ergibt sich die Möglichkeit, eine Selbstoptimierung durch eine kontinuierliche Adaptierung der Erkenntnisse durch die Transparenz und die Prognosen anzustreben. Ziel der Adaptierbarkeit ist, die Antwort auf die folgende Frage zu finden: „Wie kann autonom reagiert und geregelt werden?" Die Adaptierbarkeit ermöglicht dem Unternehmen zudem, bei Erreichen der Stufe ein selbstoptimierendes System zur Regelung der Fertigung zu betreiben. Dieses System umfasst alle für den Geschäftserfolg erforderlichen, das heißt zur Produktionsplanung, -steuerung und -regelung benötigten Instanzen. Dadurch ist es in der Lage, sich autonom und in Echtzeit entsprechend den veränderten Rahmenbedingungen im Geschäftsumfeld neu auszurichten. Der Grad der Autonomie des selbstoptimierenden Systems ist eine Frage des Kosten-Nutzen-Verhältnisses. Das Ziel der Selbstoptimierung ist erreicht, wenn es dem Unternehmen gelingt, die Daten des digitalen Schattens so einzusetzen, dass das System in der Lage ist, Entscheidungen mit den größten positiven Auswirkungen in kürzester Zeit zu treffen und die daraus resultierenden Maßnahmen umzusetzen (Bild 5.5).

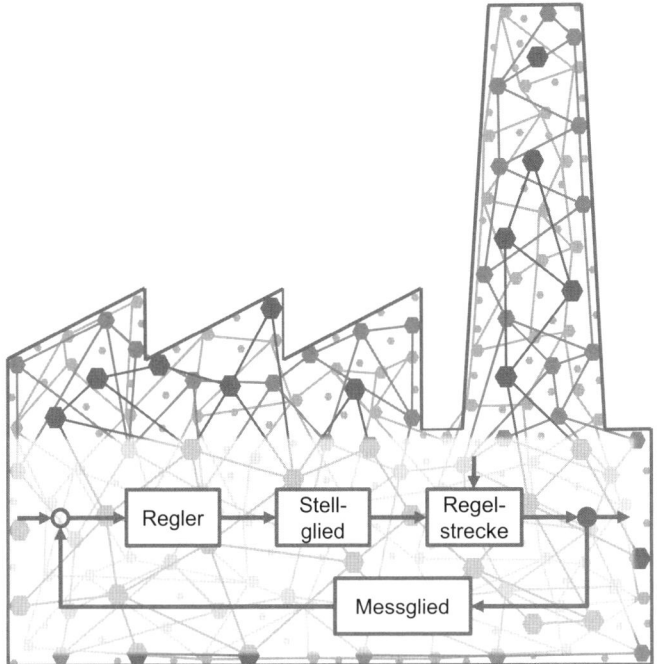

Bild 5.5 Das Produktionssystem wird adaptiv

Der Anforderung an die Losgröße-1-Fertigung kann mit einem hochmodularen und automatisierten System begegnet werden. Werkstückträger speichern die Konfiguration und den Fertigungsfortschritt des Produkts dezentral auf einem Ladungsträger und kommunizieren mit dem Werkstück-Transfersystem, damit sie optimal dem nächsten Arbeitsschritt zugeführt werden. Ist der Mensch oder die Maschine an der nächsten Arbeitsstation beschäftigt, wartet der Werkstückträger in der Warteschleife oder fährt zu einer anderen Arbeitsstation, um dort weiterverarbeitet zu werden. An der Arbeitsstation angekommen, wird der erforderliche Arbeitsschritt am Werkstück ausgelesen und die Maschine entsprechend den Anforderungen des Produkts automatisch eingestellt. Dann wird der Arbeitsschritt ausgeführt und automatisch im System quittiert.

Selbstoptimierung durch prozessuale, organisatorische und technische Flexibilität

Der Aufbau von Adaptierbarkeitsfähigkeiten ist ein mehrdimensionales Problem. Daraus ergeben sich Anforderungen an die Infrastruktur des Unternehmens, die prozessualer, organisatorischer und technischer Natur sind. Ein Unternehmen kann nur adaptiv sein, wenn es in der Lage ist, seine Prozesse flexibel zu gestalten und mit notwendigen Änderungen umzugehen. Diese Änderungen müssen auch in der Organisation verankert sein, damit Verantwortlichkeiten jederzeit eindeutig sind und das System beherrsch- und steuerbar bleibt. Aus technischer Sicht erfordert die Adaptierbarkeit eine tiefe Integration der vorhandenen Technologien: Die Teilsysteme müssen kompatibel sein, um miteinander kommunizieren sowie automatisch und autonom auf Änderungen reagieren zu können.

Entsprechend empfindlich reagiert das System auf Anpassungen der technischen Infrastruktur. Die resultierenden Auswirkungen auf das adaptive Gesamtsystem müssen stets transparent und absehbar sein, damit entsprechende Eingriffe gezielt vorgenommen werden können und die Systemstabilität nicht gefährdet wird. Vor diesem Hintergrund ist die Entwicklung einer Technologie-Roadmap von großer Bedeutung. Bei der Erstellung der Roadmap wird die technische Infrastruktur analysiert und deren Weiterentwicklung geplant, wobei ein besonderes Augenmerk auf die technologischen Auswirkungen einzelner Systemänderungen gelegt wird.

Zusätzliche Komplexität entsteht, wenn man nicht bloß das eigene Unternehmen in die Systembetrachtung einbezieht, sondern die Systemgrenzen um Kunden- und Lieferantensysteme oder um Systeme von Partnern erweitert.

Das übergeordnete Ziel der Selbstoptimierung ist ein stabiles System. Übertragen auf ein Unternehmen bedeutet das, dass es dem Unternehmen möglich ist, Störungen, wie zum Beispiel Stillstandszeiten, durch schnelle Reaktionsfähigkeit zu vermeiden. Selbst wenn das System beispielsweise durch die Einlastung eines kurzfristigen Auftrags aus der Balance gebracht wird, ist es durch die Fähigkeit der autonomen Selbstregelung schnell in der Lage, zum stabilen Betriebspunkt zurückzukehren. Diese Fähigkeit kann entscheidend sein, wenn sich ein Unternehmen in Richtung der Losgröße-1-Fertigung weiterentwickeln will. Ein Ziel, das mitunter mit sich ständig ändernden Anforderungen an das Produkt und das Produktionssystem einhergeht.

 Auf dem Weg zur Selbstoptimierung müssen zielweisende Entscheidungen getroffen werden. Für die Einführung von selbstoptimierenden, adaptiven Systemen sollte zunächst geklärt werden, welche Prozesse neu gestaltet werden sollen und zu welchem Grad die eigenständige Optimierung der Systeme verfolgt werden soll. Im Unternehmen muss darüber entschieden werden, welche Geschäftsprozesse in eine autonome Regelung überführt werden können. Anhaltspunkte können ein hoher Standardisierungsgrad, eine beherrschbare Prozesskomplexität und eine hohe Wiederholhäufigkeit sein, die durch eine autonome Regelung begünstigt werden. Bei der Einführung von autonomen Systemen gilt es, zunächst die Verantwortlichkeiten zu klären, die für Ergebnisse der selbstoptimierenden Systeme herangezogen werden, um möglicherweise damit verbundenen Rechtsfragen, zum Beispiel Prokura-Fragestellungen, zu begegnen. Zudem sollte die Steuerung der Autonomie über Verantwortliche geschehen, um durch dieses System den Unternehmenszielen gerecht zu werden.

Wie erwähnt, ist die selbstoptimierende Produktion nicht notwendigerweise das Ziel der Industrie-4.0-Transformation, sie kann aber ein Nebenprodukt der Bestrebungen sein. Dies ist abhängig von den jeweils im Unternehmen herrschenden Anforderungen sowie der System- und Prozesseignung und mündet in eine positive Kosten-Nutzen-Gegenüberstellung.

■ 5.6 Industrie 4.0 als Transformation

Industrie 4.0 bedeutet für Unternehmen eine Transformation: Neue Technologien werden eingeführt, um Prozesse wertschöpfend durch Daten weiterzuentwickeln, die Verschmelzung von der physischen mit der virtuellen Welt anzustreben, die Vernetzung über die Unternehmensgrenzen hinweg zu realisieren und neue datenbasierte Geschäftsmodelle auf bestehenden und neuen Märkten anzubieten. Was sich zunächst als ein sehr hoher Aufwand anhört, ermöglicht produzierenden Unternehmen insbesondere durch Daten die Entwicklung zu einer ressourceneffizienteren, produktiveren und flexibleren Fertigung.

Es handelt sich folglich um eine datengetriebene Transformation, die inkrementell in mehreren Zwischenetappen ausgeführt werden kann und bei der jede Ausgestaltung und Anpassung der Etappe iterativ erfolgen muss. Der Weg, der für die

Industrie-4.0-orientierte Weiterentwicklung des Unternehmens eingeschlagen werden muss, wurde skizziert. Es darf dabei nicht außer Acht gelassen werden, dass die Konnektivität und Computerisierung der Fertigung gegeben sein müssen, um wesentliche Ansätze von Industrie 4.0, sprich revolutionäre Ansätze, umsetzen zu können.

Zurzeit werden in produzierenden Unternehmen eher punktuell evolutionäre anstatt revolutionäre Ansätze gewählt. Viel zu häufig werden lokale Optimierungen durch Fachabteilungen gefordert oder extrinsisch gefördert, die allerdings bei unternehmensglobaler Betrachtung kein Optimum darstellen. Durch die zunehmende Vernetzung und Abhängigkeit von Unternehmen von ihren Lieferanten und Kunden ist auch an diesen Schnittstellen ein Informationsaustausch erforderlich, um einen zuverlässigen digitalen Schatten zu gestalten.

 Selbstbewusst die Produktion regeln!

Den eigentlichen Nutzen, den Produktionsunternehmen aus der Transformation ziehen, ist die Fähigkeit, die flexible Regelung ihrer Produktion vollends zu beherrschen und sich somit mehr und mehr von dem starken Abhängigkeitsverhältnis zur Planung zu lösen. Anders gesagt ist es die Fähigkeit, standfest, schnell und effektiv auf neue Ereignisse reagieren zu können. Dies wird durch eine tief greifende Integration der involvierten technischen Informations- und Produktionssysteme erreicht. Dadurch stehen den wertschöpfenden Systemen die benötigten Daten zur Verfügung, um robuste Entscheidungen zur Optimierung der Produktion zu treffen, die gegebenenfalls durch Autonomieansätze realisiert werden können. Die Anbindung von Aktorik-Elementen, sowohl hard- als auch softwareseitig, befähigt die Systeme, die für die Steuerung der Produktion erforderlichen Maßnahmen selbständig einzuleiten und durchzuführen. So lässt sich beispielsweise aus der Strategie oder den Zielen des Unternehmens ableiten, welche Fähigkeiten im Unternehmen benötigt werden und welche gezielt ausgebaut werden sollten. Ebenso wichtig wie die Zielsetzung ist die Analyse der bereits im Unternehmen bestehenden Fähigkeiten. Aus der Gegenüberstellung der Analyseergebnisse und der gesteckten Ziele ergibt sich der erforderliche Handlungsbedarf. Daraus lassen sich Implikationen für die gezielte Industrie-4.0-Transformation ableiten.

 Wichtig ist: Jedes Unternehmen muss für sich selbst entscheiden, welchen vorgestellten Weg zu Industrie 4.0 es einschlagen möchte. Diese müssen im richtigen Nutzen-Aufwand-Verhältnis stehen. Eine aggressive Industrie-4.0-Strategie anzuvisieren, die bis zur autonomen Selbstoptimierung reicht, ist nicht tragend, wenn der Nutzen für das produzierende Unternehmen nicht dargestellt werden kann.

Besonders im Mittelstand, aber auch in Konzernen, sind die notwendigen Mittel zur Unternehmensentwicklung begrenzt und müssen mit Weitsicht investiert werden. Die in dem Zusammenhang getroffenen Entscheidungen müssen daher intensiven Kosten-Nutzen-Betrachtungen standhalten. Anhand der Analysen hinsichtlich der vorhandenen und der benötigten Fähigkeiten lässt sich der erforderliche Aufwand zur Weiterentwicklung des Unternehmens ableiten. Dieser Aufwand kann dem Nutzen, den die nächste Entwicklungsstufe dem Unternehmen stiftet, gegenübergestellt werden. Auf Basis der Gegenüberstellung kann eine belastbare Investitionsentscheidung getroffen werden.

Fazit: Der vorliegende Beitrag zeigt Unternehmen den Umgang mit der vierten industriellen Revolution aus einer technologischen Perspektive. Motiviert durch einen informationsbasierten Entwicklungsansatz wurde dargestellt, dass Daten eine, wenn nicht die zentrale Rolle für Industrie 4.0 spielen. Aufgeteilt in die vier Nutzenstufen Sichtbarkeit, Transparenz, Prognosefähigkeit und Selbstoptimierung wurde dargelegt, wie und aus welchem Grund Daten im Unternehmenskontext erzeugt, gesammelt und analysiert werden. Außerdem wird die Frage geklärt, für welche Zwecke die Daten im Anschluss verarbeitet werden können. Der vorgestellte Aachener Denkrahmen zur Industrie 4.0 soll Unternehmen befähigen, ihre eigene Industrie-4.0-Zielsetzung festzulegen, in dem sie für sich entscheiden, welche Nutzenstufe sie im Unternehmen und in den jeweiligen Unternehmensteilen erreichen wollen und müssen.

 Erfolgsfaktoren: Schritte zu Industrie 4.0

- Etappe 1: Digitalen Schatten etablieren
- Etappe 2: Wirkungszusammenhänge verstehen
- Etappe 3: Vorausschauen können
- Etappe 4: Sich selbst optimieren

6 Digitalisierung in der Logistik: Auf dem Weg zu Logistik 4.0

Wolfgang Stölzle, Julia Burkhardt, Victor Wildhaber

Industrie 4.0 steht für die digitale Transformation industrieller Prozesse. Hier spielt die Logistik eine zentrale Rolle, denn sie verbindet die verschiedenen Akteure in Wertschöpfungsnetzwerken über Material- und Informationsflüsse. Die Etablierung einer Logistik 4.0 ist daher entscheidend für eine funktionsfähige und erfolgreiche Industrie 4.0.

Logistik 4.0 kann als vierte Entwicklungsstufe der Logistik verstanden werden: (1) funktionale Spezialisierung („TUL" – Transport, Umschlag, Lagerung), (2) Logistik als Gestaltung von Material- und Informationsflüssen[1] innerhalb von Unternehmen und Unternehmensbereichen (Logistikmanagement), (3) Logistik als kundenorientierte Koordination der Wertschöpfung innerhalb und zwischen Unternehmen (Supply Chain Management), (4) Logistik als digital-basierte Vernetzung der Wertschöpfung innerhalb und zwischen Unternehmen (Logistik 4.0).Unterstützt durch die Nutzung von Echtzeitdaten und den Einsatz cyber-physischer Systeme ermöglicht Logistik 4.0 eine schnittstellenfreie, vernetzte Kommunikation innerhalb von Material- und Warenflüssen. Damit wird in und zwischen Unternehmen die Koordination im Wertschöpfungsnetzwerk vereinfacht. Die intelligente Aufbereitung, Verknüpfung, Auswertung und Nutzung von unternehmensbezogenen und -übergreifenden Daten für logistische Entscheidungen gilt als Enabler von Logistik 4.0.

 Merkmale von Logistik 4.0

- Vernetzte Wertschöpfungsketten erfordern neue Wege in der Logistik.
- Intra- und interbetriebliche Logistikprozesse beschleunigen sich und weisen durch Automatisierung gleichzeitig geringere Fehlerraten auf.
- Berufsbilder in der Logistik verändern sich stark.
- Chancen für neue Geschäftsmodelle entstehen.

---

[1] Unter „Materialflüsse" werden hier „Güter- beziehungsweise Warenflüsse" gefasst.

Die Gestaltung der Material- und Warenflüsse richtet sich an den bekannten Charakteristika der Industrie 4.0 aus. Diese Charakteristika sind: Dezentralisierung, Stabilität, Flexibilität, Intelligenz, Vernetzung, Selbststeuerung und Autarkie. Am Beispiel des Einsatzes von Drohnen für den Pakettransport bedeutet dies: Die Drohnen sind mit einer zentralen Leitstelle des Logistikdienstleisters verbunden und erhalten von dort ihre Aufträge. Diese erledigen die Drohnen jede für sich selbst, also dezentral und autark. Die Koordination von Zustellort und -zeitpunkt übernimmt jede Drohne selbst (Selbststeuerung). Durch die Vernetzung untereinander lernen die Drohnen voneinander (Schwarmintelligenz). Die Drohnen sind damit flexibel im Paketversand einsetzbar. Somit lassen sich Schwankungen in der Auftragslage besser ausgleichen. Dies gewährleistet eine hohe Stabilität in der Feinverteilung der Pakete.

 „Transportdrohne" der *Schweizerischen Post AG*

Die *Schweizerische Post AG* ist eine führende Schweizer Logistikdienstleisterin und bietet ein breites Leistungsspektrum von KEP (Kurier-, Express- und Paketdienste) über Teil- und Komplettladungen bis hin zu Mehrwertdiensten.

Sie setzt mit Partnern aus dem Gesundheitsbereich Drohnen für den Transport von speziellen Sendungen wie Laborproben ein. Zu Beginn des Projekts galt es, die regulatorischen Bedingungen des Gesetzgebers zu klären und die Technik eingehend zu prüfen. Die Drohne und ihre Sicherheitskomponenten wurden durch das *Bundesamt für Zivilluftfahrt (BAZL)* abgenommen, und der *Post* und dem Hersteller *Matternet* wurde eine Bewilligung (BVLOS – Beyond Visual Line of Sight) erteilt. Diese Bewilligung beinhaltet die Erlaubnis, Drohnenflüge autonom (ohne manuelle Steuerung und Überwachung) über besiedeltes Gebiet durchzuführen. Die einzelnen Routen werden ebenfalls gemeinsam mit dem *BAZL* festgelegt und durch es bewilligt.

Verbunden wurden bisher jeweils zwei Standorte. Die Technologie erlaubt das Zurücklegen von 20 Kilometern Distanz. Technisch wäre es daher möglich, zusätzliche Standorte innerhalb dieses Radius miteinander zu vernetzen.

Die Post ist mit der autonomen und kommerziellen Drohnenlogistik eine Pionierin in der Schweiz.

Die Digitalisierung in der Logistik 4.0 betrifft Menschen (zum Beispiel Fahrer, Disponenten, Logistikführungskräfte), Logistikobjekte (zum Beispiel Güter und Waren, Behälter, Verpackungen, Paletten, Container), Logistikprozesse (zum Beispiel Transport, Umschlag, Lagerung, Kommissionierung) und Logistikanlagen (zum Beispiel Fahrzeuge, Terminals, Hubs).

Nachfolgend wird anhand von Thesen ein Überblick über den aktuellen Stand der Digitalisierung der Logistik gegeben. Dabei wird zunächst auf ausgewählte Auswirkungen der Digitalisierung auf die Logistik eingegangen. Im Anschluss richtet sich der Blick auf die langfristige Perspektive von Logistik 4.0, bevor bereits erkennbare Erfolgsfaktoren für Logistik 4.0 den Beitrag abschließen.

■ 6.1 Auswirkungen von Logistik 4.0

 Logistik 4.0 erleichtert die Arbeitsabläufe und erhöht die Effizienz in der Intralogistik

In der Intralogistik kommen fahrerlose Transportsysteme zum Einsatz, die innerbetrieblich Transport-, Lagerungs- und Umschlagsaufgaben übernehmen und damit ohne manuelle Eingriffe für einen stetigen und zuverlässigen Materialfluss sorgen.

Die fahrerlosen Transportsysteme erhalten ihre Aufträge ohne Einwirkung von Mitarbeitern aus den Systemen der Informations- und Kommunikationstechnologie (IKT). Die Fahrzeuge folgen bislang meist festgelegten innerbetrieblichen Touren, um ihre Aufträge zu erfüllen. Mit neuen Technologien können die Fahrzeuge sensorgestützt frei ihre innerbetrieblichen Strecken wählen. Zudem können sich künftig die Transportsysteme im Unternehmen autonom untereinander abstimmen, voneinander lernen und die Aufträge selbständig untereinander koordinieren. Dadurch erhöhen sich Flexibilität und Effizienz des Einsatzes dieser Systeme.

Logistik 4.0 kommt auch bei der Kommissionierung von kleinteiligen Gütern, wie zum Beispiel Arzneimittelverpackungen, zum Einsatz. Pick-and-Place-Systeme werden mit 3-D-Kameras ausgerüstet. Diese scannen Produkte und nehmen deren Form sowie Größe auf. Dadurch wird das Bin-Picking, trotz hoher Artikelvielfalt in einem Bin, möglich. Bei Kommissionierprozessen für größere Produkte, zum Beispiel im Bereich der frischen Lebensmittel wie Obst und Gemüse, ermöglichen Roboter eine vollautomatische, filialgerechte Kommissionierung bis zum Verpacken der Ware. Die Roboter erhalten ihre Aufträge aus dem Data-Warehouse-System des Unternehmens. Dieses übernimmt auch die Steuerung der Leerpalettenversorgung. Das System kann Aufträge in Echtzeit verarbeiten und ist in der Lage, Aufträge im Bedarfsfall zur manuellen Kommissionierung „auszulagern". Dadurch beschleunigen sich innerbetriebliche Logistikprozesse („Roboter brauchen keine Pause") bei reduzierten Fehlerraten („Roboter ermüden nicht") erheblich.

„Intelligente Behälter" der *Modum.io AG*

Die *Modum.io AG* ist einer der führenden Anbieter von Zustandsüberwachung von Sendungen mithilfe von Sensorik und Blockchain, die unter anderem bei intelligenten Behältern zum Einsatz kommen.

Die *Modum.io AG* bietet Sensorikbausteine zur Zustandsüberwachung vor allem „Distribution Practice"-konform an. Obwohl intelligente Behälter im innerbetrieblichen Einsatz großes Potenzial hätten, wird Letztes bislang noch nicht gehoben.

Die Anwendungen intelligenter Behälter reichen von der Lokalisation von Containern bis zur Erhöhung der Transparenz von Transportprozessen bei sinkenden Kosten.

Die Integration von Datenerfassung, -speicherung, -verarbeitung und -übermittlung in die Objekte des logistischen Prozesses ist IoT in Reinform. Die Ausstattung eines Ladungsträgers mit Sensoren und die Speicherung der Messdaten zur Nachweisführung vernetzen die ruhende oder bewegte Ware mit vor- und nachgelagerten Prozessen.

Logistik 4.0 ermöglicht einen schnittstellenfreien Daten- und Informationsaustausch der Logistik mit anderen unternehmensbezogenen und -übergreifenden Funktionsbereichen. Material- und Informationsflüsse werden dadurch stabiler und effizienter.

Damit ein schnittstellenfreier Daten- und Informationsaustausch stattfinden kann, wird ein IKT-System benötigt, dessen Standards in allen relevanten Unternehmensbereichen Anwendung finden. Dies gilt insbesondere für die Einbeziehung der Geschäftspartner im Wertschöpfungsnetzwerk.

Technologische Entwicklungen, wie der Ultra High Frequency-Rapid Identification (UHF-RFID) Chip ermöglichen es beispielsweise, Informationen zwischen Versender, Logistikdienstleister und Empfänger auszutauschen. Transponder in Gestalt sogenannter Smart Labels, sind kostengünstig und universell einsetzbar. Bei Nutzung der Cloud können alle Akteure eines Wertschöpfungsnetzwerks simultan auf die Daten des Smart Labels zugreifen. Einzelne Sendungen lassen sich direkt identifizieren und im Bedarfsfall nachverfolgen.

Smart Labels werden auf Verpackungen und Produkte aufgebracht, sodass daraus „Smart Objects" entstehen. Smart Labels tragen auf dem Chip für die Logistik relevante Informationen. Diese beziehen sich beispielsweise auf Produktion und Qualitätszustand, Versand- und Empfangsort oder Gewicht und Abmessungen. Sie ermöglichen es, allen Akteuren des Wertschöpfungsnetzwerks, Prozessstatus wie etwa Standort oder Temperatur der Ware in Echtzeit zu überprüfen und zurückzuverfolgen. Statusinformationen erleichtern die Feststellung des Gefahrenübergangs und können damit auch für das Auslösen von automatisch generierten Rechnungen genutzt werden.

Ein weiteres Beispiel für die unternehmensübergreifende Vernetzung ist der „intelligente" Güterwagen für den Schienenverkehr, der mit verschiedenen Sensoren und GPS ausgestattet ist. Der „intelligente" Güterwagen ermöglicht es, Temperatur, Feuchtigkeit, Position und Erschütterungen der Sendung an die Leitstelle zu übermitteln. Deren Zustand kann so jederzeit abgerufen und an die Kunden weitergegeben werden. Zusätzlich übermitteln Sensoren am Rollmaterial technische Informationen wie beispielsweise den Zustand von Bremsen an eine Leitstelle. So lassen sich ungeplante Ausfallzeiten vermeiden. Reparaturen und Wartungsarbeiten lassen sich planen und dann durchführen, wenn sie technisch erforderlich sind.

 „Predictive Analytics" der *GROUP7 AG*

Die *GROUP7 AG* ist ein internationales Logistikunternehmen mit Hauptsitz in München und beschäftigt über 500 Mitarbeiter. Intelligente Logistiklösungen für die Bereiche Luftfracht, Seefracht, Sea-, Air-, Lkw- und Bahnverkehre sowie individuelle und maßgeschneiderte Dienstleistungen im Bereich Kontraktlogistik und Fulfillment Services mit höchster Flexibilität stellen kurz und prägnant das Leistungsspektrum der *GROUP7 AG* dar.

Die *GROUP7 AG* nutzt Predictive-Analytics-Ansätze, um frühzeitig und bedarfsgerecht Bestände in (Lager-)Standorten sowie Ressourcen wie beispielsweise Personal- oder Lkw-Kapazitäten zu planen.

Predictive Analytics verarbeitet Daten zur Generierung einer möglichst präzisen Prognose. Die technischen Lösungen zur Erfassung und Speicherung von Verlaufsdaten haben sich merklich verbessert, mithin auch die Grundlagen für die Bildung von Modellen zur Prognose. Die bessere Zugänglichkeit und die stärkere Vernetzung verschiedenster Datenquellen sind der maßgebliche Treiber für die Nutzung von Predictive Analytics.

Aufgrund des nicht unerheblichen Risikos für Fehlprognosen wegen mangelhafter Datenqualität und -konsistenz ist eine enge Abstimmung mit allen involvierten Akteuren (Versender und Empfänger sowie insbesondere operativen Logistikverantwortlichen) notwendig, um die nötigen Daten zu generieren und deren Veränderungen interpretieren zu können.

Autonom fahrende, innerbetriebliche Transportsysteme übernehmen die Produktionsversorgung, Kommissionierungsaufträge werden nach der Auslagerung automatisiert Verpackungsrobotern und anschließend dem Versand mit automatisierter Lkw-Beladung zugeführt. Logistik 4.0 ermöglicht so eine Entlastung der

Mitarbeitenden von körperlich stark beanspruchenden Arbeiten. Letzteren kommen somit künftig verstärkt überwachende Aufgaben zu.

 Logistik 4.0 verändert Qualifikationsanforderungen und Berufsbilder sowohl in operativen als auch in Managementbereichen der Logistik.

Auch das Arbeitsumfeld der Führungskräfte wird sich durch den Einsatz von Logistik 4.0 stark wandeln. Viele Entscheidungen, wie zum Beispiel die Priorisierung von Produktionsaufträgen oder Tourenplanungen in der Lkw-Disposition, werden in Zukunft durch geeignete IKT-Lösungen getroffen. Führungskräfte können sich damit auf Entscheidungen konzentrieren, die außerhalb von Routineprozessen zu treffen sind, beispielsweise im Zusammenhang mit dem Störfallmanagement bei Lieferausfällen oder Qualitätsproblemen.

Der Mensch wird auch zur Fehlerbehebung bei der Programmierung intelligenter Anlagen in der Logistik benötigt. Daher müssen Logistikführungskräfte in der Lage sein, die Architekturen der IKT zu verstehen, Problemlösungsmechanismen anzuwenden und gezielt in die Steuerung der Anlagen einzugreifen.

Roboter werden in Lagerhäusern bereits für Führungsfunktionen eingesetzt. So obliegt ihnen etwa die Aufgabe, die Arbeitsschritte der Mitarbeiter zu analysieren. Wenn der Roboter bei einzelnen Mitarbeitenden Effizienzsteigerungen beim Arbeitsablauf beobachtet, wird dieser Arbeitsablauf durch den Roboter auf andere Mitarbeitende übertragen und für diese obligatorisch.

■ 6.2 Langfristige Perspektiven von Logistik 4.0

 (Teil)autonom fahrende Lkws werden zum wesentlichen Bestandteil der Logistik 4.0. Der Einsatz von autonom fahrenden Lkws kann die Sicherheit im Straßenverkehr zukünftig steigern.

Mit dem Einsatz von Spurwechsel-, Lenk- und Bremsassistenten ist ein Plus an Verkehrssicherheit verbunden. Die schrittweise Ergänzung um weitere Assistenzsysteme in nachfolgenden Lkw-Generationen ebnet den Weg zum teilautonomen Fahren.

Ein teilautonom fahrender Lkw kann sich prinzipiell ohne Eingriffe des Fahrers im Verkehr fortbewegen, wird jedoch vom Fahrer aktiv gesteuert respektive überwacht, der bei Bedarf eingreifen kann. Der Lkw sendet optische und akustische Signale, wenn der Fahrer eingreifen muss. Der Lkw kommuniziert mit anderen Fahrzeugen in Echtzeit über Vehicle-to-Vehicle(V2V)-Kommunikation. Dabei tauscht er über die Telematik-Systeme nicht nur Fahrzeugdaten, sondern auch Verkehrsinformationen aus. Dies dient dazu, möglichst flexibel auf Verkehrsereignisse wie beispielsweise Staus zu reagieren. Zudem lernen die (teilweise) computergesteuerten Lkws via künstliche Intelligenz, sich neuen Verkehrssituationen anzupassen.

Visionär werden Fahrer in der Zukunft stark vom Fahren entlastet. Fahrerkabinen bekommen die Gestalt von mobilen Büros. Die Fahrer werden Aufgaben wie Tourenplanung oder Disposition während der Fahrt übernehmen und sich somit dem Berufsbild des Disponenten nähern. Die Einhaltung von Lenk- und Ruhezeiten gehört bald schon der Vergangenheit an („Computer müssen sich nicht ausruhen"), sodass beachtliche Effizienzsteigerungen sowie eine verbesserte Verkehrssicherheit zu erwarten sind.

Autonom fahrende Lkws werden logistische Abläufe verändern. Klärungsbedürftig sind allerdings noch viele Fragen des Verkehrs-, insbesondere des Haftungsrechts.

 „Autonomes außerbetriebliches Fahren" der *Einride AB*

Einride AB ist ein aufstrebendes Start-up, welches neben der Lkw-Entwicklung auch die physische Prozesskette zwischen Versender, Logistikdienstleister und Empfänger analysiert und auf Möglichkeiten der Automatisierung untersucht sowie Datenschnittstellen digitalisiert.

Einride AB befindet sich bei der Entwicklung seiner elektrischen und selbstfahrenden Lkws in der Testphase auf dem Werksgelände von Kunden. Es werden dabei auch wichtige Schnittstellen zu den Logistiksystemen der Kunden ausgearbeitet, um eine direkte Anbindung an die Transportausführung zu ermöglichen. Die Weiterentwicklung der Technologie und die Überwindung rechtlicher Hürden stellen große Herausforderungen dar.

Das (voll)autonome Fahren hat das Potenzial, verschiedene Herausforderungen besonders im Straßengüterverkehr zu überwinden. Die Automatisierung der bisher personalintensiven Transportprozesse würde diesen Ressourcen während der Fahrt Zeit für weitere Tätigkeiten schaffen und den Personalmangel lindern. Zudem kann das autonome Fahren dazu beitragen, das Servicelevel durch zuverlässige und zeitgenaue autonome Transporte, welche unabhängig von Fahrern sind, zu erhöhen und im gleichen Schritt die Kosten für die Kunden durch Bündelungen und Optimierung der Fahrzeugflotte noch weiter zu senken.

Das (teil)autonome Fahren wird durch wesentliche Fortschritte in der Entwicklung der Bild- und Umgebungssensorik und Datenverarbeitung ermöglicht. Das Interagieren des Lkw mit den ihn umgebenden Fahrzeugen kann in einem weiteren Entwicklungsschritt um die V2V- und V2I-Kommunikation erweitert werden.

Logistik 4.0 verändert bestehende Geschäftsmodelle, gibt Impulse für neue Geschäftsmodelle, beeinflusst Design sowie Ausführung logistischer Prozesse und führt zu neuen Formen der Arbeitsteilung zwischen den Akteuren in logistischen Prozessketten.

In der Logistik 4.0 werden beachtliche Datenmengen, zum Beispiel von Standorten, Aufträgen, Beständen und Fahrzeugen, verarbeitet. Hier besteht Potenzial für neue Geschäftsmodelle. Unternehmen, die sich auf neue Formen der Datenanalyse spezialisieren, können dazu beitragen, Logistikprozesse zu optimieren.

Beispielsweise steht die Idee im Raum, dass bislang gescheiterte Konzepte der urbanen Logistik zum Erfolg geführt werden können. Denn mit einer kombinierten Auswertung der aktuellen Abverkaufszahlen der Händler, der Bestandsdaten in den Distributionszentren und der Daten über Lkws sowie deren Frachtkapazitäten kann eine gezielte Nachbelieferung des Handels in Verbindung mit einer optimierten, Logistikdienstleister-übergreifenden Fahrzeugnutzung organisiert werden. Dies setzt allerdings voraus, dass die Akteure bereit sind, ihre Daten an einen spezifischen Provider zu übertragen. Die Entscheidungen über Sendungsbündelung, Fahrzeugeinsatz und Touren obliegen dann dem neutralen Plattform Provider. Im Ergebnis lassen sich so bei den Akteuren der urbanen Logistik nicht nur Logistikkosten einsparen, sondern auch Out-of-Stock-Situationen reduzieren.

 Der Einsatz von Logistik 4.0 erhöht durch den vernetzten Austausch von Echtzeitdaten die Transparenz in logistischen Prozessketten. Dies wirkt sich positiv auf deren Koordination, Flexibilität und Stabilität aus.

Langfristig soll durch Logistik 4.0 ein kontinuierlicher und verlässlicher Daten- und Informationsaustausch in und zwischen Unternehmen ermöglicht werden. Visionär sollte der Material- und Informationsfluss in Wertschöpfungsnetzwerken von den Konsumenten bis zu den Rohstofflieferanten in Echtzeit abgebildet werden können.

Mitarbeitende könnten so jederzeit Prozessstatus in Wertschöpfungsnetzwerken abrufen. Dadurch lassen sich Störungen frühzeitig erkennen, interpretieren und begegnen. Dies wirkt Aktionismus entgegen und erhöht die Stabilität der Prozesse.

Weiter erfordern die zentral verfügbaren Daten klare und verbindliche Standards zu Erfassung und Austausch der Daten, zu Rechten und Pflichten der Akteure beim Datenaustausch sowie zur Datensicherheit. So gehen Transparenz und Optimierung logistischer Prozesse einerseits einher mit Compliance und andererseits Datenschutz.

Erfolgsfaktoren für Logistik 4.0

Zusammenfassend können aus den Thesen zu Logistik 4.0 einige Faktoren als wesentlich für den Erfolg von Logistik 4.0 abgeleitet werden. Dabei existieren gewisse Ähnlichkeiten zu den Erfolgsfaktoren von Industrie 4.0, insbesondere bezüglich der Digitalisierung in und zwischen Unternehmen.

Zunächst ist der Reifegrad der IKT-Systeme innerhalb des Unternehmens – speziell mit Bezug auf logistische Prozesse – maßgeblich. Denn eine wesentliche Voraussetzung für weitergehende Automatisierungsprozesse in der Logistik sind leistungsstarke IKT-Lösungen in der Intralogistik, im Order Management oder in der Transportdisposition. Zusätzlich wird eine hohe Innovationsbereitschaft benötigt, in der Logistik neue Wege zu gehen. Exemplarisch seien Versuche der Auslieferung mit Drohnen ebenso genannt wie das Experimentieren mit autonomen Flurförderzeugen im Lagerhausbereich.

Für den unternehmensübergreifenden Datenaustausch zwingend ist die Entwicklung und Anwendung einheitlicher Datenformate für den Informationsfluss in der Logistik. Die Diskussion um Auto-Identification(AutoID)-Lösungen bei Behältern zeigt, dass hier noch erhebliche Barrieren vorhanden sind.

Zudem wird zumindest bei der Digitalisierung der Logistik die Bedeutung von IKT-Sicherheitsanforderungen im Datenaustausch oftmals unterschätzt. Ohne die Schaffung von neuen Gesetzesgrundlagen, welche IKT-Sicherheitsstandards vorauszusetzen sind, wird ein Datenaustausch zwischen Unternehmen nur schwer umsetzbar sein. So scheuen sich immer noch viele Entscheidungsträger davor, Datenbestände in eine Cloud zu geben, auf die auch andere Akteure zugreifen können. Zudem gilt bei allen datengestützten Anwendungen, Gefahren des Missbrauchs und der Manipulierbarkeit im Auge zu behalten.

Ein wesentlicher Erfolgsfaktor für die Logistik 4.0 liegt in der Weiterbildung der Mitarbeiter und der Führungskräfte im Umgang mit der Architektur, Einführung und dem Betrieb neuer IKT-Systeme im Unternehmen. Oftmals dominieren – durch Standardlösungen geprägt – Routinen, die als Barriere für Innovationen wahrgenommen werden. Der Kenntnisstand der Mitarbeitenden im Hinblick auf IKT sowie die Offenheit für neue Lösungen gelten als „Conditio sine qua non". Denn die Digitalisierung bringt in der Regel bedeutende Änderungen der Arbeitsabläufe in der Logistik mit sich. Hier ist nicht nur Akzeptanz, sondern mehr, nämlich Neugier nach Innovationen, gefragt.

Gemäß der Erkenntnis, dass Logistik das Herzstück von Wirtschaftskreisläufen bildet, wird Industrie 4.0 nur dann funktionieren, wenn die Logistik im gleichen Maß an der digitalen Entwicklung partizipiert.

7 20 Linsen auf digitale Geschäftsmodelle

Markus Weinberger, Felix Wortmann, Dominik Bilgeri, Elgar Fleisch

In der bestehenden Geschäftsmodellliteratur werden verschiedene Darstellungsschemata zur Illustration und Analyse von Geschäftsmodellen beschrieben (vgl. Osterwalder, Pigneur 2010). Diese eignen sich mit ihren unterschiedlichen Ausprägungen und visuellen Designelementen besonders zur Verwendung in Workshops und zur Erarbeitung neuer Geschäftsmodelle in interdisziplinären Gruppen. Für neue Geschäftsmodelltypen wie beispielsweise digitale Geschäftsmodelle sind jedoch oft spezifische Analyseperspektiven außerhalb bestehender Konzepte von zentraler Bedeutung. In diesem Beitrag soll daher eine alternative Analyseform vorgestellt werden, welcher die Annahme unterliegt, dass sich jedes Geschäftsmodell aus unterschiedlichen Blickwinkeln und durch unterschiedliche Linsen betrachten lässt. Die Frage nach der Ertragsmechanik liefert beispielsweise andere Erkenntnisse als die Untersuchung des zur Ausführung des Geschäftsmodells nötigen Geschäftsnetzwerks.

Digitale Geschäftsmodelle

Als „digitale Geschäftsmodelle" seien hier jene Geschäftsmodelle bezeichnet, in denen die Digitalisierung als technische Entwicklung eine entscheidende Rolle spielt (Bild 7.1). Die Digitalisierung beeinflusst dabei verschiedene Elemente tradi-

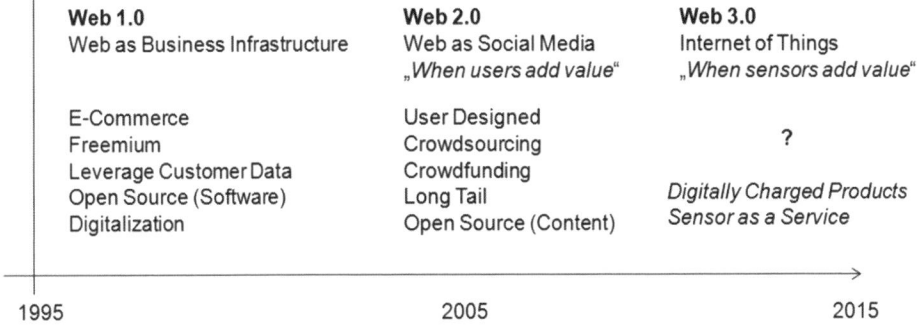

Bild 7.1 Internetwellen und dadurch neu ermöglichte digitale Geschäftsmodellmuster
(Fleisch et al. 2015)

tioneller Geschäftsmodelle wie die Value Proposition, die Kundenkanäle, die Wertschöpfungskette oder auch die Ertragsmechanik. Außerdem zeigt eine Analyse der von Gassmann et al. (2013) identifizierten 55 Geschäftsmodellmuster auf, dass die Entwicklung des Internets, die eng mit der Digitalisierung verknüpft ist, viele attraktive Geschäftsmodelle überhaupt erst ermöglicht hat (Fleisch et al. 2015).

20 Analyse-Linsen: Eine neue analytische Perspektive

Um den Besonderheiten, die sich bei der Analyse digitaler Geschäftsmodelle ergeben, adäquat Rechnung zu tragen, werden anstelle eines ganzheitlichen Darstellungsschemas 20 Analyselinsen präsentiert, die im Einzelfall unterschiedlich priorisiert werden müssen. Generell lassen sich diese 20 Linsen – die bewusst nicht überschneidungsfrei gehalten sind – in zwei grobe Kategorien unterteilen. Zum einen liefern Linsen, die auch bei konventionellen Geschäftsmodellen Anwendung finden können, plötzlich neue und relevante Erkenntnisse; dies könnte beispielsweise für die Themen „Value Proposition" oder „Ertragsmechanik" zutreffen. Zum anderen kommen für digitale Geschäftsmodelle neue Linsen hinzu, die bei konventionellen Geschäftsmodellen nur eine geringe oder keine Rolle spielen; zum Beispiel die Datensicht oder Netzwerkeffekte. Erst die Betrachtung eines digitalen Geschäftsmodells durch mehrere relevante Linsen ermöglicht ein umfassendes Verständnis. Wir schlagen dafür die in Bild 7.2 dargestellten 20 Linsen vor.

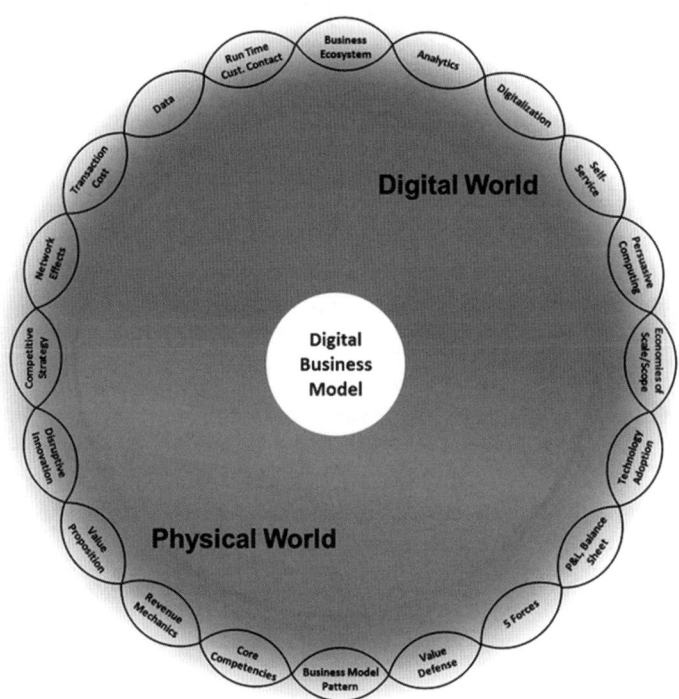

Bild 7.2 20 Linsen für die Analyse digitaler Geschäftsmodelle

Im Folgenden werden die 20 Linsen benannt und einzelne, besonders interessante Linsen jeweils kurz erläutert. Die Reihenfolge orientiert sich dabei an der Bedeutung der Linsen für digitale Geschäftsmodelle – beginnend mit jenen Linsen, die auch bei konventionellen Geschäftsmodellen relevant sind, hin zu solchen, die insbesondere bei digitalen Geschäftsmodellen eine bedeutende Rolle einnehmen.

Das Wert- oder Nutzenversprechen – im Englischen als Value Proposition betitelt – ist eines der zentralen Elemente eines Geschäftsmodells (Gassmann et al. 2014, 2016). Bei digitalen Geschäftsmodellen kommt neben dem Wertversprechen für den Kunden auch dem Wertversprechen für die Partner eine zentrale Bedeutung zu. Neben der Value Proposition werden in vielen Darstellungsschemata (vgl. Osterwalder, Pigneur 2010) weitere bekannte Linsen wie zum Beispiel Kundensegmente, Verkaufskanäle, Kundenbeziehungen, Schlüsselaktivitäten und -ressourcen, Kostenstruktur und Einnahmeströme sowie die Auswirkungen auf die Bilanz und Erfolgsrechnung als wesentliche Perspektiven für die Analyse von Geschäftsmodellen empfohlen (vgl. Wortmann et al. 2017).

Darüber hinaus kann die Linse „Business Model Pattern" bedeutende Erkenntnisse liefern. Geschäftsmodellmuster beschreiben einzelne Geschäftsmodellelemente oder eine Kombination aus mehreren Elementen, die in der Praxis von verschiedenen Unternehmen immer wieder kopiert, transformiert oder kombiniert werden (Gassmann et al. 2014). Diese Linse ermöglicht die Analyse von Geschäftsmodellen anhand von Referenzpunkten – das heißt anhand anderer Unternehmen, die das gleiche Muster oder eine ähnliche Kombination mehrerer Muster anwenden. Gassmann et al. (2014) haben – basierend auf einer empirischen Studie mit über 300 Firmen – einen Katalog von 55 Geschäftsmodellmustern vorgelegt. Ergänzend zu den gewählten Geschäftsmodellmustern steht eine andere Linse, die Wettbewerbsstrategie (Porter 1980) eines Unternehmens. Diese steht in direktem Zusammenhang mit den Kernelementen eines Geschäftsmodells. Die Schlüsselressourcen ebenso wie die umgesetzten Muster beeinflussen die Fähigkeit eines Unternehmens, sich beispielsweise durch besondere Qualität zu differenzieren oder eine Kostenführerschaft anzustreben.

Im Gegensatz zu konventionellen Geschäftsmodellen mit bidirektionaler Unternehmen-Kunden-Beziehung und linear verlaufenden Lieferketten vereinen digitale Geschäftsmodelle in der Regel eine Vielzahl unterschiedlicher Stakeholder und erfordern somit das erfolgreiche Orchestrieren komplexer Business-Netzwerke und Ökosysteme. Bild 7.3 zeigt exemplarisch ein solches Netzwerk für das Beispiel eines vernetzten E-Bikes.

Auf Anbieterseite ermöglichen positive Skaleneffekte und Verbundeffekte auch bei konventionellen Geschäftsmodellen, Kostenstrukturen zu reduzieren. In digitalen Geschäftsmodellen tritt die Besonderheit der vernachlässigbaren Grenzkosten auf, was diese Effekte noch verstärkt (Rifkin 2014). Auf Nachfrageseite können Netzwerkeffekte also eine große Rolle spielen. Es besteht ein positiver Zusammenhang

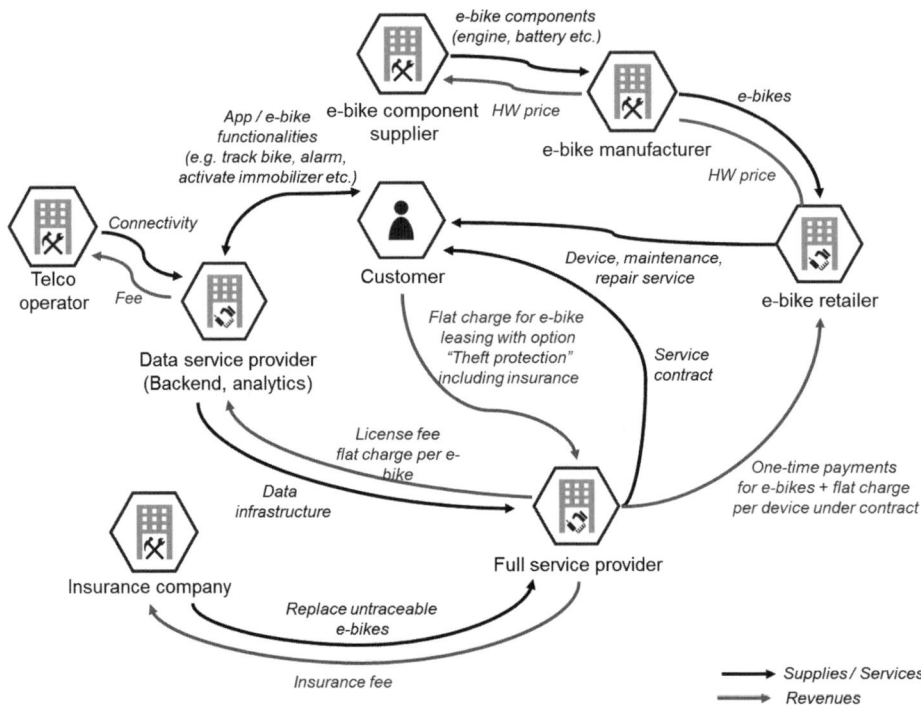

Bild 7.3 Netzwerkdiagramm für ein Beispiel eines vernetzten E-Bikes (Bilgeri et al. 2015)

zwischen der Anzahl der Nutzer eines Produkts oder Teilnehmer in einem System und dem Nutzen für jeden einzelnen Teilnehmer sowohl in konventionellen als auch in digitalen Geschäftsmodellen. In Anbetracht des grundsätzlich globalen Charakters von Internetangeboten wird Netzwerkeffekten in digitalen Geschäftsmodellen eine völlig neue Bedeutung zuteil.

Zwei weitere Linsen befassen sich mit der Bedeutung disruptiver Innovationen und sinkender Transaktionskosten. Nicht nur Technologien, sondern auch Geschäftsmodelle können disruptiven Charakter haben und damit disruptive Innovationen (Christensen 2011) darstellen. Die Digitalisierung bietet dafür in vielen Branchen und Domänen hohes Potenzial. Ähnlich wie beim Thema „Disruptive Innovation" haben auch (sinkende) Transaktionskosten (Barua et al. 2000) einen großen Einfluss auf digitale Geschäftsmodelle. So bietet die Digitalisierung, die einen starken Einfluss auf die stetige Reduktion der Transaktionskosten hat, großes Veränderungspotenzial für gewisse Geschäftsmodelle.

Ein weiterer Trend der Digitalisierung, der sich in vielen Geschäftsmodellen erkennen lässt, ist die Etablierung von Selbstbedienung oder Selfservice. Im Zuge dieser Entwicklung übertragen Unternehmen immer mehr Aufgaben an ihre Kunden, lassen Wert von ihren Kunden mit generieren (value co-creation) und sparen letztendlich Ressourcen bei der Erbringung des Leistungsversprechens. Die Grundlage dafür bieten häufig IT-Systeme (Hwang et al. 2007). Zudem bieten das Internet und auch das Internet der Dinge die Möglichkeit, auch während der Lebensdauer eines Produkts oder während der Inanspruchnahme eines Services, in Kontakt mit den Kunden zu bleiben (Kundenkontakt zur Laufzeit), Feedback zu erhalten oder zusätzliche Services anzubieten. Auf diese Weise lassen sich sowohl neue Einnahmequellen erschließen als auch wichtige Erkenntnisse zur Verbesserung des eigenen Angebots ableiten (Fleisch et al. 2015).

Gerade die zwei zuletzt aufgeführten Perspektiven zeigen eine weitere Linse auf: Daten. Die Betrachtung des Datenflusses innerhalb eines Geschäftsmodells oder eines Business-Ökosystems ist bei digitalen Geschäftsmodellen häufig von zentraler Bedeutung. Der Wert von Daten spielt in vielen digitalen Geschäftsmodellen eine große Rolle, da deren Kenntnis für das Verständnis des Geschäftsmodells entscheidend ist. Ein wichtiger Aspekt eines Geschäftsmodells, bei dem Nutzen aus den generierten Daten gezogen werden soll, ist die Fähigkeit, die gesammelten Daten zu analysieren. Auch in anderen Beispielen stellen entsprechende Data-Analytics-Fähigkeiten eine wesentliche Voraussetzung für eine erfolgreiche Wertschöpfung dar. Ein Beispiel ist die Linse Economies of Scale/Scope. Basierend auf umfangreichen Kundendaten, generiert durch den Einsatz von verschiedenen Sensoren, sind Unternehmen in der Lage, das Verhalten ihrer Kunden positiv zu beeinflussen. Ob mit dem Ziel, Energie- oder Wasserverbrauch zu reduzieren (Tiefenbeck et al. 2013) oder als zusätzlicher Informationsservice und damit Teil der Value Proposition: Richtig aufbereitete Daten können die Grundlage neuer Geschäftsmodelle bilden.

Schließlich kann die Linse Digitalisierung auch per se zu einem besseren Verständnis eines Geschäftsmodells beitragen. Die Erkenntnis darüber, welche der früher in konventioneller Form angebotenen Güter oder Dienstleistungen heute neu digitalisiert werden, hilft, ein entsprechendes Geschäftsmodell besser zu verstehen. Dabei gilt es zu überlegen, welche Auswirkungen es hat, wenn eine Dienstleistung – zum Beispiel einen Schriftsatz zu übermitteln – heute mit E-Mails und Scans digital erbracht wird.

 Erfolgsfaktoren

Die vorliegende Liste mit 20 nicht überschneidungsfreien verschiedenen Linsen, durch die Geschäftsmodelle betrachtet und analysiert werden können, ist als Sammlung von häufig relevanten Themen zu verstehen. Diese Auflistung erhebt dabei keinesfalls Anspruch auf Vollständigkeit. Vielmehr werden interessante Linsen aufgeführt, die im Vergleich zur Analyse konventioneller Geschäftsmodelle zusätzliche Erkenntnisse zu digitalen Geschäftsmodellen liefern.

Digitale Geschäftsmodelle sind definiert als Geschäftsmodelle, in denen die Digitalisierung eine entscheidende Rolle spielt.

Die 20 hier präsentierten Analyselinsen können Innovationsteams dabei unterstützen, relevante Themen zu diskutieren, welche von klassischen Geschäftsmodellschemata nicht erfasst oder nur am Rande berücksichtigt werden.

Allgemein können zwei Typen von Linsen unterschieden werden: traditionelle Linsen neu gedacht (zum Beispiel Value Proposition oder Ertragsmechanik) und neue Linsen (zum Beispiel Datensicht oder Netzwerkeffekte).

Erst die Betrachtung eines digitalen Geschäftsmodells durch mehrere relevante Linsen ermöglicht ein umfassendes Verständnis.

8 Digitale Plattformen als Geschäftsmodell

Daniel Moser, Christoph H. Wecht, Oliver Gassmann

■ 8.1 Treiber zur (R)evolution von Industrien

Immer mehr Unternehmen sind Teil einer jungen, digital geprägten Firmengeneration. Angespornt von den Vorbildern im Silicon Valley revolutionieren sie mit innovativen Technologien und ausgefeilten Geschäftsmodellen gesamte Industrien. Während *Google* und Co. bereits zu den etablierten Konzernen zählen, arbeiten sich Start-ups wie der Lieferservice *Delivery Hero*, die Onlinebank *N26*, der Mobilitätsanbieter *LimeBike* oder der Carsharing-Provider *Turo* mit ähnlichen Strategien an die Spitze ihren Industrien.

Ermöglicht wird diese Entwicklung durch drei wesentliche Treiber: (1) eine zunehmende Digitalisierung von Produkten, Prozessen und Dienstleistungen; (2) das Emporkommen von Plattformen; (3) die beschleunigte Innovation von Geschäftsmodellen (Bild 8.1). Sensoren und die wachsende Vernetzung von Pro-

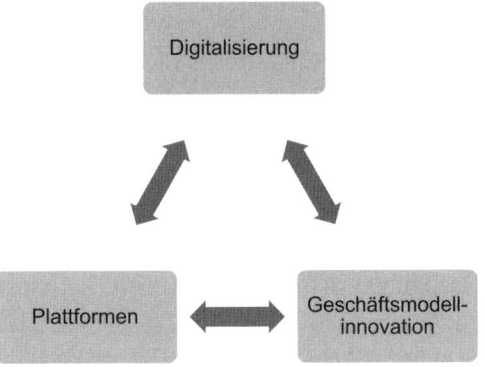

Bild 8.1 Drei Treiber zur (R)evolution von Industrien

dukten, Dienstleistungen und Prozessen tragen einen wesentlichen Teil zur Digitalisierung bei. Daraus resultieren einerseits neue Funktionsumfänge von Produkten und fortschrittliche Dienstleistungen, andererseits die komplette Virtualisierung von Lieferketten. In einer zunehmenden Zahl der Fälle sind diese digitalisierten Produkte, Prozesse und Dienstleistungen mit Plattformen verbunden, welche die durch die Digitalisierung erzeugten Daten sammeln, speichern und auswerten. Basierend auf diesen Daten ermöglichen sich komplett neue Geschäftsmodelle, durch die Kundenwünsche immer besser adressiert und umgesetzt werden können. Diese oftmals digitalen Geschäftsmodelle fördern ihrerseits die wachsende Digitalisierung und bringen neue Generationen von Plattformen hervor.

Als zentrales Bindeglied zwischen digitalen Daten und innovativen Geschäftsmodellen haben sich Plattformen ihren festen Platz erkämpft. So wird heute die größte Zahl der Leistungen im Internet über Plattformen an den Kunden herangetragen. Diese sind aber noch viel mehr als nur ein digitaler Betriebskanal. In der Regel verbinden Plattformen in Kombination mit innovativen Geschäftsmodellen bis zu Hunderte Millionen von Menschen. Plattformen ermöglichen außerdem den Austausch von Informationen oder wirtschaftlichen Leistungen und produzieren dabei eine enorme Menge von Daten.

 Menschen und Firmen, die mit einer Plattform interagieren, bilden ein Ökosystem, ähnlich dem Vorbild aus der Natur. Durch den konstanten Austausch und die Interaktionen zwischen den Akteuren entwickelt sich das Ökosystem, aber auch die Plattform, weiter.

Googles Android-Plattformnutzer generieren beispielsweise eine Unmenge von Daten durch den Gebrauch ihrer Smartphones. Die erzeugten Daten verschwinden aber nicht im „Nirgendwo", sondern werden gezielt über die Plattform gesammelt und ausgewertet. *Google* nutzt die Informationen, die aus den Daten gewonnen werden. Einerseits wird damit die Plattform verbessert, andererseits werden sie unabhängigen Entwicklern zur Verfügung gestellt, die dadurch fortschrittlichere Applikationen für *Android* programmieren können. Die neuen Möglichkeiten, die sich durch die Nutzung der Plattform mit diesen Anwendungen ergeben, locken neue Plattformnutzer an und tragen somit zum Wachstum und zur Weiterentwicklung der Plattform und dessen Ökosystems bei.

Was in einer zumeist digitalen, virtuellen Welt seinen Ursprung genommen hat, findet sukzessive den Weg in traditionelle Industrien, wo physische Produkte vernetzt und zu Plattformen ausgebaut werden. Der deutsche Maschinenhersteller *Trumpf* hat mit *Axoom* ein Tochterunternehmen gegründet, welches die Vernetzung von Industrieanlagen mit einer proprietären IoT-Plattform vorantreibt. Die

Plattform ist dabei modular aufgebaut und verfügt über offene Schnittstellen, so-dass die gesamte Produktionsanlage und nicht nur Maschinen von einzelnen, aus-gewählten Herstellern eingebunden werden können. Einmal installiert, informiert die Plattform über den Zustand der Anlage und lässt über Predictive Maintenance längere und überraschend auftretende Produktionsausfälle verhindern. Daneben kann man die Leistung und Produktion der einzelnen Maschinen genau beobach-ten und können somit Produktionsketten, bis hin zu den Lieferanten und Abneh-mern, optimiert werden.

Neben *Axoom* versuchen auch unterschiedliche andere Firmen, die nächste füh-rende Plattform für produzierende Unternehmen zu entwickeln. So investiert beispielsweise *Siemens* in die firmeneigene Mindsphere-Plattform, *General Elect-ric* tritt mit *Predix* an den Markt und die deutsche *Kampf-Gruppe*, welche welt-weit führend im Bereich der Schneid- und Wickeltechnik für Folien ist, versucht seit 2017, mit der Plattform *the@vanced* eine Revolution in der Industrie herbei-zuführen.

Nachdem die großen Silicon-Valley-Firmen mit ihren Plattformen um die Gunst der Endkonsumenten kämpfen, scheint sich in einem nächsten Schritt ein „Platform War" um die Industrie zu entfachen. Neben intelligenten Produktionsmaschinen spielen auch vernetzte Traktoren und Landmaschinen oder Datenplattformen in der Pharmaforschung eine immer wichtigere Rolle.

Plattformen im industriellen Kontext stecken heute noch in den Kinderschuhen, und Lösungen, welche eine oder mehrere Industrien dominieren, haben sich noch nicht abgezeichnet. Hinzu kommt, dass die Spielregeln für ein erfolgreiches Platt-formmanagement für den B2B-Sektor teilweise neu geschrieben werden müssen, da die Skaleneffekte nicht mit denen von Plattformen im B2C-Bereich mit ihren vielen Nutzern verglichen werden können.

Neben der Wirtschaft nehmen Plattformen auch eine immer größere Rolle auf der politischen Bühne ein. Für das deutsche *Bundeswirtschaftsministerium (BMWi)* tragen Plattformen einen wichtigen Teil zur Digitalisierung des Landes bei und müssen in der digitalen Ordnungspolitik dementsprechend beachtet werden. Daneben standen Plattformen bereits mehrmals auf der Agenda des World Economic Forum, wo führende Köpfe einmal jährlich über die größten politischen, wirtschaftlichen und gesellschaftlichen Herausforderungen dis-kutieren. Schlussendlich adressiert die Europäische Union digitale Geschäfts-modelle und Plattformen aus unterschiedlichen Blickwinkeln, wie dem Daten-schutz, der Verhinderung von Verbreitung von illegalen Inhalten oder der Transparenz von Algorithmen bezüglich deren Sortierung, Aufbereitung und Verbreitung von Informationen.

Fest steht, dass Wertschöpfung zunehmend über digitale oder semi-digitale Geschäftsmodelle betrieben wird. Plattformen bieten dafür die nötigen Strukturen und bilden die Infrastruktur, um solche Geschäftsmodelle umzusetzen. Dass diese die Grenzen zwischen einer rein digitalen und physischen Welt verschwinden lassen, zeigt sich in verschiedenen Industrien. Das Rennen um die besten Plattformen hat längst begonnen. Führende Firmen von morgen können auf eine lange Industrieerfahrung zurückgreifen und dieses Wissen mit digitalen Plattformen verbinden. Damit verändern und revolutionieren sie ganze Märkte.

Spannend wird sein, wie sich die heutigen Industrie-Leader positionieren und die Herausforderungen der Digitalisierung und des Plattformbusiness meistern. Ein erster Schritt dazu ist ein breiteres Verständnis von Plattformen, wo sie herkommen und auf welche Komponenten man bei deren Aufbau und Management besonders zu achten hat.

■ 8.2 Gestaltung von Plattformen

Um zu verstehen, wie Plattformen funktionieren und was hinter dem Konzept steckt, lohnt sich ein Exkurs in die Anfänge des Plattformkonzepts. Die Entstehungsgeschichte von Plattformen macht deutlich, wie physische Produkte und Technologien mit der wachsenden Digitalisierung verbunden werden können. Ursprünglich fokussierte sich der Plattformbegriff auf die Erstellung von Produktfamiliendesigns, was zur effizienteren Entwicklung und Produktion von Produktvarianten führte (Wheelwright, Clark 1992). Die Implikationen daraus, Produktlinien auf Plattformen aufzubauen, ist sehr stark in den Ingenieurwissenschaften verankert.

 Erfolgreiche Plattformumsetzung

Sony war mit der Einführung des Walkmans 1979 eine der Firmen, die dieses Plattformverständnis konsequent und erfolgreich umsetzte. Teile der Plattform waren der sehr kleine, flache Motor zum Abspielen der Kassetten und die innovative, kleine Batterie. Um diese beiden konstanten Kernkomponenten wurden verschiedene modulare Innovationen entwickelt, die das endgültige Aussehen und den Funktionsumfang des portablen Musikspielers bestimmten. So schaffte es *Sony*, in sehr kurzen Zyklen neue Produkte im Markt einzuführen und innerhalb kürzester Zeit die Marktführerschaft zu übernehmen, obwohl bereits andere portable Musikspieler im Handel waren. Das gelang vor allem dadurch, dass bei jeder neuen Produktvariante auf die bewährte Plattform zurückgegriffen und das finale Produkt günstig und schnell entwickelt werden konnte. Weiterhin schaffte *Sony* durch den modularen Aufbau die Möglichkeit, auf Produktanforderungen in verschiedenen Märkten flexibel zu reagieren (Sanderson, Uzumeri 1995).

Dem ingenieurwissenschaftlichen Plattformbegriff steht der ökonomisch geprägte Begriff gegenüber. Demgemäß besitzen Plattformen marktbildende Eigenschaften, indem zwei zuvor unabhängige Gruppen von Akteuren miteinander verbunden werden und ein effizienter Austausch zwischen diesen ermöglicht wird (Eisenmann, Parker, Van Alstyne 2006). Darunter fallen beispielsweise auch Kreditkarten, die einen effizienten Zahlungsverkehr zwischen Kunden und Verkäufern ermöglichen und somit eine Zahlungsplattform darstellen.

 Bei Two-Sided-Market-Plattformen stehen auftretende Netzwerkeffekte und preisbildende Maßnahmen im Vordergrund. Fragen, wie Akteure durch die Plattform für deren Nutzung incentiviert oder möglichst viele Nutzer akquiriert werden können, entscheiden dort über Erfolg oder Niederlage.

Aus der Herleitung des Plattformbegriffs über seine Geschichte sowie bei der Betrachtung der modernen Plattformtypologien lassen sich zusammenfassend folgende Schlüsse für den Aufbau und die Architektur von Plattformen ziehen: Plattformen folgen immer einer modularen Architektur (Bild 8.2). Sie bestehen aus einem Plattformkern, der von der Plattformfirma hergestellt wird. Komplementäre Module, welche zusätzliche Anwendungen und Komponenten der Plattform umfassen, werden zunehmend von externen Innovatoren gestellt. Diese sind Teil eines Innovationsökosystems und somit Teil der Plattform. Ihre Ideen und Innovationen sind maßgebend für die Weiterentwicklung und das Fortbestehen der Plattform.

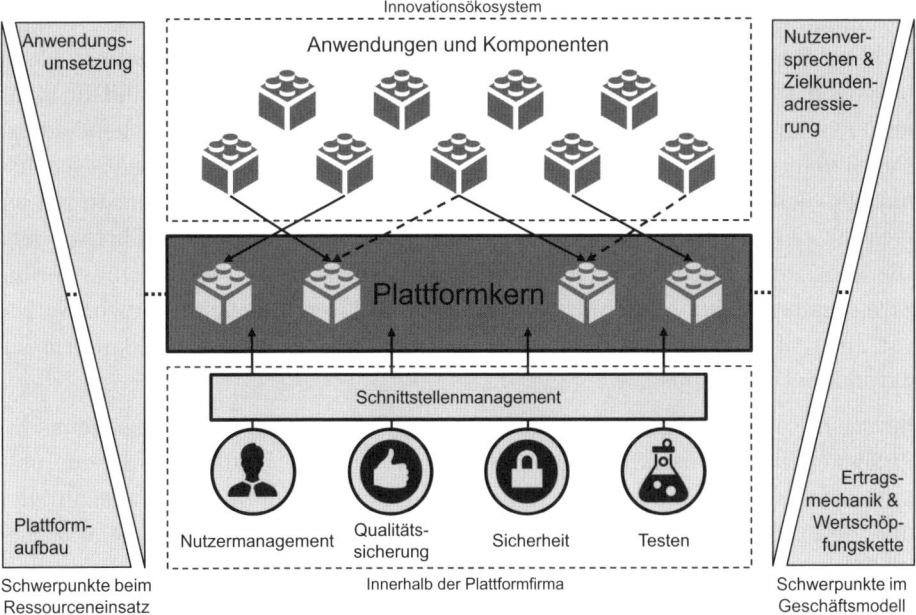

Bild 8.2 Gestaltungssphären zum Plattformmanagement

Die Plattformarchitektur ist zunächst aber nur ein leeres Gerüst, das mit Leben gefüllt und aktiv gestaltet werden muss. Abhängig von der eigenen Ressourcenausstattung, zu der auch Wissen, Fähigkeiten und technische Möglichkeiten im Unternehmen zählen, muss festgelegt werden, welchen Plattformkern die Firma selbst innovieren kann und was besser von externen Komplementoren in Form von Plattformanwendungen und Komponenten beigesteuert wird. Die Motivation, eigene Ideen beizutragen und einem Innovationsökosystem beizutreten, haben die wenigsten externen Innovatoren jedoch aus Eigenantrieb. Stattdessen bedarf es einem geeigneten Geschäftsmodell, das den richtigen Weg findet, ein Ökosystem aufzubauen, Incentives zu setzen und die Plattform wirtschaftlich zu betreiben. Schließlich entwickelt sich die Plattform fortlaufend weiter, weshalb ein aktives Management durch die Plattformfirma sicherstellen muss, dass die Architektur den zeitgemäßen Anforderungen entspricht und dass das Ökosystem die erforderlichen Freiheiten besitzt, um innovative Ideen zu realisieren und nachhaltigen Wert zu generieren.

■ 8.3 Das Geschäftsmodell als Motor der Plattform

Um trotz der asymmetrischen Ressourcenverteilung eine erfolgreiche Plattform betreiben zu können, braucht sie ein passendes Geschäftsmodell. Externe Anbieter von Programmen und Dienstleistungen werden sich ohne die richtigen Anreize nicht an der Plattform und dem dazugehörenden Ökosystem mit kreativen Ideen beteiligen. Ohne ansprechende Inhalte bleiben jedoch die Nutzer aus und die Plattform liegt brach. Konsequenterweise müssen beide Gruppen entsprechend adressiert und incentiviert werden. Diese Situation ist vom Two-Sided-Market-Geschäftsmodell bekannt. Dieses beschreibt, wie zwei unabhängige Nutzergruppen mit oft nicht gleichgerichteten Interessen auf einer Plattform zusammengeführt werden. Die Kunst einer erfolgreichen Plattformstrategie liegt darin, zwischen diesen Nutzern sogenannte indirekte Netzwerkeffekte auszulösen. Das heißt, je mehr Nutzer von einer Gruppe auf der Plattform sind, desto attraktiver wird die Plattform für die andere Usergruppe.

Bevor ein solcher Mechanismus aber eintreten kann, muss zuerst das Henne-Ei-Problem gelöst werden. Denn ist eine Gruppe nicht im Plattformökosystem präsent, besteht auch für die zweite Gruppe kein Anreiz, dem Ökosystem beizutreten und die Plattform zu nutzen. Dies ist ein Dilemma, das bei Two-Sided-Market-Geschäftsmodellen so gut wie immer auftritt.

In der Praxis zeigt sich, dass viele Plattformbetreiber sich dazu motiviert sehen, eine breite Nutzerbasis aufzubauen, um über dritte Parteien indirekte Netzwerkeffekte zu initiieren.

 Indirekte Netzwerkeffekte

Spotify, die schwedische Musikstreaming-Plattform, unterhält Lizenzverträge mit den führenden Plattenfirmen, um den Usern ein breites Musikangebot zur Verfügung zu stellen. Gleichzeitig kann die Musik mit einem Benutzeraccount kostenlos konsumiert werden. Das bringt *Spotify* bis dato monatlich 170 Millionen Nutzer. Um die Plattform zu monetarisieren, schaltet *Spotify* Werbung zwischen den Liedern. Werbeagenturen sehen den Vorteil, viele Millionen von Nutzern direkt adressieren zu können, weshalb sie zu *Spotify* kommen. Je mehr Nutzer sie so erreichen können, desto mehr Werbung werden sie veröffentlichen. Neben diesem indirekten Netzwerkeffekt hat es *Spotify* geschafft, auch Netzwerkeffekte mit Künstlern zu kreieren. So können diese über *Spotify* ihre Musik oder Podcasts veröffentlichen und haben so schnell ein Millionenpublikum für ihre Werke. Diese exklusiven Inhalte, die oft nur auf *Spotify* gefunden werden können, überzeugen dann ihrerseits wieder neue User, einen Account zu eröffnen, und verstärken somit weiterhin die indirekten Netzwerkeffekte.

Oft wird eine Plattform zusätzlich mit Lock-in-Effekten ausgestattet. Das soll verhindern, dass ein einfacher und unkomplizierter Wechsel zu einer anderen Plattform vollzogen werden kann. Denn das würde die Zyklen der sich selbst verstärkenden Netzwerkeffekte zum Erliegen bringen. Ein möglicher Lock-in-Effekt wird beispielsweise durch die Schaffung von künstlichen Medienbrüchen erzielt. Applikationen, die auf einer Plattform funktionieren, sind mit der Konkurrenzplattform in quasi sämtlichen Fällen inkompatibel. Ein Wechsel würde also zwangsweise den Verlust der bereits in Komponenten und Anwendungen getätigten Investitionen bedeuten. So überlegt sich eine Firma, die mit der *SAP*-Plattform arbeitet und dort sämtliche, teils sehr teure Applikationen verwaltet, genau, ob sie zum Beispiel zur *Salesforce*-Plattform wechseln soll, da dies neben Umschulungen von Mitarbeitern auch den Kauf und die Installation von allen Anwendungen bedeuten würde. Das erhöht die Wechselkosten für die Nutzer enorm und sichert den Plattformbetreiber, vor allem bei angebotenen Gratisleistungen, gegen einen plötzlichen Wegfall von Nutzern ab.

Bei der Monetarisierung der Plattformen ergeben sich wiederum unterschiedliche Optionen. So können Entwickler, Innovatoren oder Komplementäre, die Inhalte für die Plattform zur Verfügung stellen, für den Marktzugang belangt werden. Das ist beispielsweise bei den meisten „App Stores" der Fall, wo nicht selten bis zu 30 Prozent des Verkaufspreises von der Plattform einbehalten werden.

Aber auch *eBay* verlangt von den Verkäufern, welche mit ihren Verkaufsartikeln den kompletten Inhalt der Plattform kreieren, eine Gebühr für jeden Verkauf als Gegenleistung für den Marktzugang. Andere Plattformbetreiber entscheiden sich dafür, den Zugang grundsätzlich kostenlos anzubieten, dafür aber Werbeeinblendungen zu schalten. Das ist bei vielen Social-Media-Plattformen wie *Facebook, Instagram, Snapchat* oder *YouTube* der Fall. Letztendlich können aber auch die normalen Nutzer einer Plattform zur Kasse gebeten werden. Meist geschieht das über ein Freemium-Modell, bei dem ein Basisangebot kostenlos bleibt, während für Premiumfunktionen eine Gebühr verlangt wird, wie bei *Spotify, LinkedIn, Amazon* oder *N26*. Egal welche Option gezogen wird, wichtig ist, dass durch eine übermäßige oder falsch gewählte Monetarisierung nicht die Netzwerkeffekte abgewürgt werden. Daher setzen auch viele Plattformen zuerst auf Wachstum und starke Netzwerkeffekte, bevor die Wirtschaftlichkeit in den Vordergrund rückt.

Betrachtet man nun das Gesamtgeschäftsmodell einer Plattform, ergeben sich für den Betreiber folgende Implikationen für die vier Gestaltungssphären „Nutzenversprechen" (Was?), „Zielkunden" (Wer?), „Wertschöpfungskette" (Wie?) und „Ertragsmechanik" (Wert?). Beim Nutzenversprechen und der Zielkundenadressierung ist der Plattformbetreiber demnach wesentlich auf die externen Komplementoren angewiesen (Bild 8.3). Während die Plattform einen grundlegenden Nutzen stiftet und ein möglichst breites Publikum adressiert, sind es vor allem diese unabhängigen Innovatoren, die mit ihren spezifischen Lösungen ganz gezielt kleinere Nutzergruppen ansprechen und somit einen individuellen Mehrwert durch die Plattform generieren. Dagegen ist der Einfluss auf das Gesamtsystem durch den Plattformbetreiber bei der Ertragsmechanik und der Wertschöpfungskette ungleich größer. Die Ertragsmechanik muss so ausgestaltet werden, dass die Komplementoren genug vom Kuchen abbekommen und die Entwicklung von Anwendungen und Komponenten für die Plattform finanziell attraktiv ist.

Gleichzeitig muss der Plattformbetreiber genügend profitabel sein, um das Grundangebot und die Infrastruktur der Plattform am Leben zu erhalten und auszubauen. Dies können einerseits neue Hardwaremodelle des iPhones oder gratis nutzbare Innovationen von *Google* sein. Zusätzlich muss der Plattformbetreiber sicherstellen, dass die Innovatoren genug Freiheiten und technische Möglichkeiten besitzen, ihre Ideen auf der Plattform umzusetzen. Im Sinn einer funktionierenden Wertschöpfungskette muss der Plattformbetreiber ausreichend Schnittstellen zur Verfügung stellen und diese laufend aktualisieren, um den Innovatoren Umsetzungen zu erlauben, die den aktuellen Kunden und technischen Ansprüchen genügen. Außerdem muss sichergestellt werden, dass die unabhängig entwickelten Komplemente von den Kunden bezogen und genutzt werden können.

Bild 8.3 Schwerpunkte der Geschäftsmodellgestaltung für eine Plattform

■ 8.4 Plattformpflege und -optimierung

Nachdem die optimale Aufgabenverteilung basierend auf der Ressourcenausstattung zwischen Plattformfirma und Komplementoren sowie ein passendes Geschäftsmodell gefunden wurden, gilt es, in der dritten Gestaltungssphäre die Elemente Nutzermanagement, Schnittstellemanagement sowie Applikationstestverfahren für die Plattformqualität und -sicherheit zu definieren. Diese Elemente unterliegen einem fortlaufenden Wandel, weshalb sie ständig beobachtet und bei Bedarf von der Plattformfirma optimiert werden müssen.

Damit neue Nutzer dem Ökosystem beitreten, muss der Zugang zur Plattform jederzeit einfach gewährleistet werden. Das kann über eine intuitiv gestaltete Benutzeroberfläche erreicht werden. *Apple* und *Google* unternehmen große Bemühungen, das Design und die Bedienbarkeit ihrer Plattform laufend zu optimieren und zeitgemäßen Anforderungen anzupassen. Plattformfirmen greifen teilweise aber auch zu extremen Mitteln, um Nutzern den Zugang zu ihren Plattformen zu ermöglichen. So experimentiert *Google* mit Ballonen, die mit Antennen ausgestattet sind; *Facebook* mit Drohnen und Satelliten; *Microsoft* mit ungenutzten Fernsehfrequenzen, um Menschen in entlegenen Gebieten Zugang zum Internet und somit auch zu ihren Plattformen zu bieten. Gleichzeitig müssen aber auch die latenten Bedürfnisse, welche die Nutzer an die Plattform stellen, beobachtet, erkannt und interpretiert werden. Gewisse zentrale Funktionen, welche die Weiterentwicklung des Plattformkerns betreffen, müssen von der Plattformfirma initiiert werden und können somit nicht den externen Komplementoren überlassen werden. *Apple* und *Google* tun dies, indem dem Plattformkern neue Innovationen wie die Bezahlfunktion mit dem Handy über NFC (Near Field Communication) oder eine Assistenz wie Siri oder *Google* Now hinzugefügt werden.

Damit externe Entwickler aber überhaupt an der Plattform andocken können, müssen entsprechende Schnittstellen geschaffen und definiert werden. Diese sollten an der Stelle eingerichtet werden, wo die Ressourcenausstattung, um eine Frage oder ein Problem zu lösen, schwerpunktmäßig von der Plattformfirma zum externen Innovator übergeht.

Bei den meisten Plattformen geschieht dies durch elektronische Verbindungen zu Softwaremodulen. Dabei wird mit einer sogenannten API (Application Programming Interface) festgelegt, welche Dinge eine Applikation auf der Plattform ausführen kann. Gleichzeitig legt diese Programmierschnittstelle auch fest, welche Daten von der Plattform bezogen und welche Hardwarekomponenten angesteuert werden können. Somit werden die Rahmenbedingungen für die externen Innovationen, die mit der Plattform interagieren, festgelegt. Wird eine Funktion durch die API nicht erlaubt, findet sie auch keine Anwendung auf der Plattform.

Facebook bietet beispielsweise eine API zur Nutzung der grundlegenden Profilinformationen der User an. Will ein unabhängiger Entwickler Informationen wie Namen, E-Mail-Adresse, Freundeslisten und persönliche Präferenzen in seine Applikation einbinden, kann er auf die API der *Facebook*-Plattform zurückgreifen. Willigt der Nutzer der Weitergabe dieser Informationen zu, stehen diese dem Entwickler schnell und unkompliziert zur Verfügung.

Die Verwendung von APIs kann aber auch weiter als über den bloßen Austausch von Daten gehen. Über die *Android*-Plattform wird beispielsweise festgelegt, welche Hardwarekomponenten in einem Smartphone angesteuert werden können. Ohne die Kamera-API könnten unabhängige Entwickler nicht auf die Kamerafunktionen zugreifen und Applikationen wie *Instagram* wären nicht möglich, da damit keine Fotos gemacht werden könnten.

Darüber hinaus sind viele Plattformanbieter dazu übergegangen, externen Entwicklern eine „Werkzeugkiste" zur Verfügung zu stellen, um Applikationen zu programmieren, sogenannte Software Developer Kits.

 Die Punkte Sicherheit, Testen und Qualität gehen beim Betreiben einer Plattform Hand in Hand. Sollten die von Externen angebotenen Applikationen auf der Plattform mehr Schaden als Nutzen anrichten, fällt dies umgehend auf den Plattformbetreiber zurück.

In wissenschaftlichen Studien wurde demnach auch eine starke Verbindung zwischen Plattform- und Applikationsqualität bewiesen (Zhu, Iansiti 2012). Da außerdem in vielen Fällen hochsensible Daten übermittelt und ausgewertet werden, gilt es, Lücken an dieser Stelle auf das Dringlichste zu vermeiden. Daher unternehmen Firmen wie *Apple* und *Google* zunehmend Bemühungen, um einen hohen Sicherheits- und Qualitätsstandard beim Plattformgebrauch für ihre User sicherzustellen. Dafür werden unterschiedliche Mechanismen eingesetzt. *Apple* überprüft alle eingesendeten Applikationen auf Sicherheitsmängel und testet die Funktionalität. Werden Datenlecks oder bösartige Machenschaften hinter der Applikation vermutet, werden diese nicht für die Nutzer zugänglich gemacht. Wird außerdem kein zusätzlicher Wert, beispielsweise gegenüber anderen bereits veröffentlichten Applikationen, angeboten, kann das als Ausschlusskriterium gelten. Nur wenn alle Kriterien erfüllt werden, wird eine neue Anwendung im *Apple* App Store gelistet.

Im Fall von *Google* werden neue Applikationen zwar schneller in den *Google* Play Store aufgenommen, sie werden im Hintergrund aber dennoch auf etwaige schädliche Mechanismen getestet. Will ein User eine solche Anwendung installieren, bekommt er über den *Android*-Plattformservice „Verify Apps" eine Warnmeldung über Risiken nach der Installation. Dies gilt nicht nur für im *Google* Play Store gelistete *Android*-Applikationen, sondern auch für viele im Web frei verfügbare Anwendungen.

Gleichzeitig setzen sowohl *Apple* als auch *Google* beim Qualitätsmanagement auf die große Anzahl ihrer Plattformnutzer. Durch die Bewertungs- und Weiterempfehlungsfunktionen werden automatisch diejenigen Applikationen gefördert und besser positioniert, die von einer Vielzahl von Menschen als nützlich erachtet werden. Das heißt, Mechanismen, die zum Testen der Qualität und Sicherheit von Applikationen eingesetzt werden können, hängen auch von der Nutzerzahl ab. Sind viele User im Ökosystem, bieten sich Crowd-basierende Lösungen an. Gibt es nur wenige Plattformnutzer und/oder handelt es sich um Applikationen, die mit einem erhöhten Sicherheitsrisiko behaftet sind, empfiehlt es sich, als Plattformfirma selbst einen Blick darauf zu werfen, bevor die Applikationen von Nutzern gebraucht werden können.

Letztendlich stellt sich auch die Frage, wer für eine Fehlfunktion bei einer Applikation haftet. Die Rechtsprechung in diesem Bereich entwickelt sich erst allmählich. Grundlegende Urteile wurden im deutschsprachigen Raum bisher noch nicht gesprochen, die wichtige Haftungsfrage ist somit noch nicht abschließend geklärt.

■ 8.5 Checkpunkte für Plattformen

Plattformen bieten die Möglichkeit, die Digitalisierung des eigenen Geschäfts voranzutreiben und sich dennoch auf die Erfahrungen und die Fähigkeiten des traditionellen Kerngeschäftes berufen zu können. Gleichzeitig lassen sich neue Geschäftsmodelle entwickeln und neue Kunden gewinnen.

Sind eine konsistente Plattformarchitektur und die Gestaltungssphären des Plattformmanagements definiert, ist ein wichtiger Schritt in Richtung Digitalisierung

erfolgt. Der Umbruch zur Neugestaltung der Wirtschaft wurde durch Technologiegiganten bereits eingeläutet, aber auch junge aufstrebende Firmen werden ihre
Chancen in einer zunehmend digitalen Welt finden. Plattformen gewinnen überall
an Bedeutung, vom Maschinenbau über Automotive bis zu Health Care. Es geht
nur um die Fragen, wie viel Wertschöpfung über Plattformen geschaffen wird, wer
daran partizipiert und welche Plattformen sich am Markt durchsetzen werden.

**Erfolgsfaktoren und Checkliste für die Gestaltung digitaler
Plattformen**

- Welche zentralen Kundenbedürfnisse werden mit der Plattform abge-
deckt?

- Ist sichergestellt, dass die Plattform vom Markt her gestaltet ist und keine
technologieaffine Totgeburt entsteht?

- Welche Ressourcen stehen zur Verfügung, um einen Plattformkern zu gestalten, auf dem externe Innovatoren mit ihrem spezifischen Anwendungs-
wissen eigene Lösungen entwickeln können?

- An welchem Punkt kann die Plattform von der überlegenen Ressourcenausstattung von externen Komplementoren profitieren?

- Wie wird das Geschäftsmodell aufgebaut, um einerseits die solide Finanzierung der Plattform sicherzustellen, andererseits aber genug Anreize zu
setzen, damit unabhängige Innovatoren ihre Ideen auf der Plattform ver-
wirklichen und anbieten?

- Wie wird sichergestellt, dass diese Innovationen bestmöglich an die Nutzer herangetragen werden?

- Wie wird eine möglichst große Plattformnutzerzahl unterhalten?

- Wie werden die technischen Schnittstellen der Plattform gestaltet?

- Wie werden neue Applikationen getestet, um die Qualität und die Sicherheit der Plattform sicherzustellen?

- Wie werden Lock-in-Effekte erzeugt, ohne dass die Nutzerattraktivität eingeschränkt wird?

- Wie wird nachhaltige Loyalität beim User generiert?

- Wie lassen sich Volumeneffekte über die Plattform realisieren?

9 3-D-Druck: Neue Geschäftsmodelle mit additiver Fertigung

Stephan Winterhalter, Christoph H. Wecht, Oliver Gassmann

■ 9.1 Mehr als nur ein Hype – 3-D Printing

Von Bits und Bytes zu physischen Produkten in Losgröße eins: 3-D Printing ist keine neue Technologie. Seit der ersten Präsentation in den frühen 1980ern wurde sie stetig weiterentwickelt. Das Grundprinzip ist einfach: Anstatt physische Gegenstände aus einzelnen Bauelementen oder Teilen zusammenzubauen, wird die Form eines Objekts schichtweise und am Stück erstellt. Daher auch der Name „Additive Manufacturing", oft auch als „dreidimensionales Drucken" oder „3-D Printing" bezeichnet.

Schon mehrmals wurde die nächste, durch 3-D Printing befeuerte Revolution angekündigt, blieb dann aber aus – bis heute. Nun sprechen viele von einem Hype, der so schnell verschwinden wird, wie er aufpoppte. In Wahrheit aber führen einige dieser Technologien bereits ein jahrelanges Schattendasein für spezielle Industrieprodukte und im Prototyping. Mittlerweile sind die hergestellten Teile aber so gut, dass sie immer mehr in Endprodukten verbaut werden. Im *Boeing* 787 Dreamliner sind bereits heute 32 gedruckte Teile verbaut, die den traditionell gefertigten Komponenten konstruktiv überlegen sind. Weitere hochinnovative Anwendungen der Technologie lassen sich im medizinischen Umfeld finden. Unter dem Begriff „Bio-Printing" werden unterschiedliche Gewebe, Knochenstücke und sogar ganze Organe gedruckt. Zwar werden noch Jahre vergehen, bis funktionierende Organe in einem aufbauenden Druckverfahren entstehen, einfachere Anwendungen sind aber in absehbarer Zeit realisierbar. In wenigen Jahren soll die erste, aus Kollagen gedruckte Ohrprothese implantiert werden, und die schweizerische Biotech-Firma *regenHU* plant, den ersten gedruckten, künstlichen Knochen auf den Markt zu bringen.

Diese Entwicklung ist typisch für radikale Innovationen: In der Frühphase zu teuer und technisch den etablierten Methoden in den meisten Anwendungen unterlegen, werden neue Technologien nur von Spezialanwendern nachgefragt. Über kurz oder lang wird die Technologie technisch verbessert, kostengünstiger sowie vielfältiger in der Anwendung und verdrängt mittel- bis langfristig bestehende Verfahren. Vielfach scheitern radikale Innovationen aber daran, dass sie ihrer Zeit voraus sind und das Umfeld noch nicht bereit ist. Der Tablet-Computer zum Beispiel wurde bereits 1999 von *Microsoft* vorgestellt. Der Durchbruch erfolgte aber erst 2010 in Form des iPads, eingebettet im Ecosystem iTunes plus App Store. Eine Vielzahl von rasanten Entwicklungen der letzten Jahre begünstigt das Umfeld für 3-D Printing aber so stark, dass wir einem Durchbruch noch nie so nahe standen.

 Additive Manufacturing bei Flugzeugturbinen

Das Paradebeispiel für das Potenzial von Additive Manufacturing zeigt ein aktuelles Projekt von *General Electric* (*GE*) im Bereich von Flugzeugturbinen. *GE* hat eine neue Einspritzdüse für Flugzeugturbinen entwickelt, die in einem einzigen Druckverfahren hergestellt wird – anstatt wie bisher aus 20 separaten Teilen, die anschließend zusammengeschweißt wurden. Die neue Düse ist nicht nur 25 Prozent leichter als bisherige Modelle, sondern reduziert durch ein neues, nur durch 3-D Printing produzierbares Design, den Treibstoffverbrauch signifikant. Das eigentlich Sensationelle am neuen Design ist im Innenleben der Düse zu finden. Es ermöglicht, dass das Kerosin durch die Leitungen und Hohlräume nicht nur effizienter in die Brennkammer geleitet wird, sondern durch eine neuartige Führung auch gleichzeitig eine Kühlfunktion für die Düse wahrnimmt. Dadurch kann sie bei bis zu 20 Prozent höheren Temperaturen betrieben werden und die Haltbarkeit ist fünfmal höher als bei bisherigen Einspritzdüsen.

GE hat bereits Bestellungen von über 78 Milliarden US-Dollar für das mit den neuen Düsen ausgerüstete Triebwerk (Erstinbetriebnahme im neuen *A320neo*). Nebst der Einspritzdüse rechnet *GE* damit, unzählige weitere Komponenten in der Turbine mit 3-D Printing zu fertigen und dadurch bis zu 500 Kilogramm Gewichtseinsparung pro Triebwerk bei signifikanter Leistungssteigerung zu erreichen. Für die Flugzeugindustrie ist das nichts weniger als eine Revolution.

Ein weiteres Beispiel ist *Urban Alps*, ein Spin-off der *ETH Zürich*: Das Unternehmen bietet einen 3-D gedruckten Hausschlüssel aus Titan an, der nicht kopierbar und dessen Schloss nicht knackbar ist (urbanalps.com).

 Derzeit liegt der Fokus in der Diskussion um 3-D-Druck immer noch auf Losgröße eins und B2C-Anwendungen. Das große Potenzial liegt jedoch in geometrischen Revolutionen.

■ 9.2 Entwicklung des 3-D-Printing-Umfelds

Der massive technologische Fortschritt und Preisrückgang bei 3-D-Druckern in den letzten Jahren führt bei sinkenden Preisen zu immer besserer Qualität. 3-D Printer für den Heimgebrauch können heute ab gut 1000 Euro erworben werden und haben sich bei regelmäßiger Benutzung bereits nach einem Jahr amortisiert. Die Anstrengungen in die Erforschung der 3-D-Printing-Technologien erweitern darüber hinaus stetig deren Einsatzbereiche und die verwendbaren Materialien. Außerdem machen Informations- und Kommunikationstechnologien rund um das Internet elektronische Daten überall und jederzeit verfügbar. Die elektronischen Daten entwickeln sich in Form von Software, Information, Musik und Literatur zum Handelsgut des 21. Jahrhunderts. Ein wesentliches Element ist schließlich das Auslaufen wichtiger Patente, 20 Jahre nachdem sie in den 1990er-Jahren erteilt wurden. Dies wird ein zentraler Baustein zur Kostenreduktion und damit zur weiteren Verbreitung sein.

Neben wirtschaftlichen Treibern wie dem verstärkten globalen Wettbewerb, sich verkürzenden Lebenszyklen neuer Technologien und Produkte und den dadurch kürzer anhaltenden Wettbewerbsvorteilen sind vor allem im B2C-Bereich auch soziale Treiber für 3-D Printing relevant.

Aufgrund der Polarisierung zwischen sehr billig und sehr teuer und des damit einhergehenden Eklektizismus wird es immer schwerer, Kunden einzuschätzen. Kunden geben nur für diejenigen Produkte mehr Geld aus, die ihnen einen hohen Wert stiften. Weiter findet eine Abkehr vom Standard statt. Das selbst designte T-Shirt, angepasste Sportschuhe oder das individuell gemixte Müsli sind hierfür Beispiele. Die aufstrebende Makers-Bewegung geht noch weiter und gibt sich nicht mehr nur mit dem Designen von Produkten zufrieden (zum Beispiel durch Crowdsourcing), sondern druckt sich die Eigenkreationen gleich selber mit 3-D Printern aus. In vielen Bereichen wird außerdem der Faktor Zeit zur kritischen Größe: Produkte werden dort gekauft, wo sie am schnellsten verfügbar sind, Versand- oder Transportkosten werden vom Anbieter getragen.

Ausgehend von einem steigenden Umweltbewusstsein wird auch die Grundhaltung „teilen statt besitzen", die von immer mehr Menschen als Lifestyle gelebt wird, die Industrie der Zukunft beeinflussen. Längerfristig wird es in vielen Bereichen, in denen Menschen ein eklektisches Kaufverhalten haben, von einer Kauforientierung zu einer Nutzenorientierung führen. Der Erfolg von Sharing-Economy-Firmen wie *Airbnb* oder *Uber*, wenn auch immer wieder in Rechtsstreitigkeiten verwickelt, sind nur Vorboten dieses Trends.

Insgesamt bilden die folgenden Elemente den fruchtbaren Boden für die Revolution aus dem 3-D-Drucker:

- immer leistungsstärkere Drucker und neue/verbesserte Drucktechnologien sowie neue Materialien, die immer weitere Anwendungen erlauben;
- additive Fertigungsverfahren ermöglichen radikal neue Geometrien, welche neue Funktionalitäten und disruptive Produkteigenschaften ermöglichen;
- verändertes Konsumverhalten in Richtung Eklektizismus, teilen statt besitzen, Individualisierung in einem immer globaler werdenden Umfeld;
- starke geografische Verteilung bei zunehmender digitaler Erreichbarkeit der potenziellen Käufer;
- Trend zur Co-Creation mit einem höheren Eigenbeitrag an der Wertschöpfung: Do-it-yourself-Philosophie der Maker Community;
- Streben nach Unabhängigkeit verbunden mit ökologischen Zielen;
- Wegfall des Patentschutzes für Grundlagentechnologien;
- höhere Bandbreiten kombiniert mit weiter drastisch sinkenden Kosten für Datenübertragung und -speicherung;
- Aufkommen neuer Geschäftsmodelle in allen Industrie- und Konsumentenbereichen, die neue Formen von arbeitsteiliger Wertschöpfung ermöglichen.

■ 9.3 3-D Printing als Integrator

Während die zuvor genannten Trends für sich allein bereits große Umwälzungen auslösen werden, bildet Additive Manufacturing eine mögliche technologische Basis, um diese zu integrieren. Grundsätzlich sind alle Produkte und Gegenstände für 3-D Printing geeignet, die einer oder mehreren der folgenden Charakterisierungen entsprechen:

Produkte,

- die einen hohen Individualisierungsgrad bis hin zum Einzelstück verlangen, beispielsweise bei Zahnersatz oder Schmuckstücken;
- die durch ihr neues 3-D-Design neue Applikationen ermöglichen beziehungsweise die Leistungsparameter von traditionell hergestellten Produkten übersteigen, wie beispielsweise die *GE*-Einspritzdüse;
- für welche die zeitnahe und kostengünstige Verfügbarkeit entscheidet, wie beispielsweise für Brillengestelle oder Spielzeug;
- die sich durch 3-D Printing günstiger oder besser herstellen lassen als mit traditionellen Herstellverfahren.
- Aus technischer Sicht gilt es, vor allem zwei Punkte besonders zu beachten:

- Erstens fallen mit 3-D Printing viele Beschränkungen weg, die in traditionellen Herstellverfahren existieren. Zum Beispiel können die Oberflächen eines Objekts direkt strukturiert werden und es muss keine Rücksicht auf verfahrenstechnische Besonderheiten wie Gussradien oder Entformbarkeit genommen werden.
- Zweitens sind die Stückkosten fast konstant und nicht von Produktionsmenge und Komplexität, sondern lediglich von Produktionszeit und verwendetem Material abhängig. Dies macht Skaleneffekte – das Kernstück der industriellen Produktion – obsolet.

Im industriellen Bereich wird 3-D Printing die bisherigen Herstellverfahren wie bereits bei früheren Technologiesprüngen ergänzen und teilweise ablösen. Darüber hinaus ergeben sich neue Geschäftsmöglichkeiten, weil sich in geringeren Stückzahlen produzieren lässt und sich dadurch zuvor unattraktive Geschäfte plötzlich rechnen.

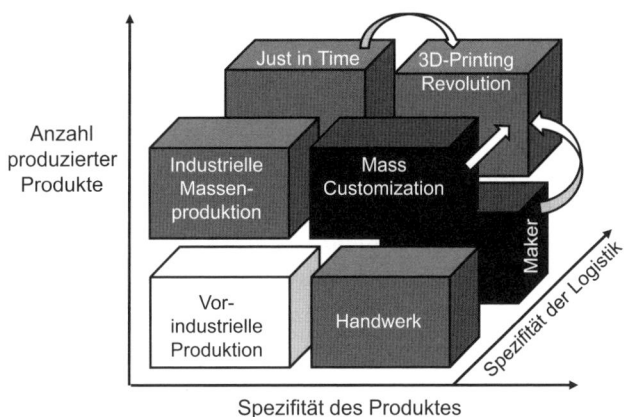

Bild 9.1 Der Weg zur Revolution durch 3-D Printing

Einschneidender werden die Auswirkungen dort sein, wo der Kunde einen Teil der physischen Wertschöpfung übernimmt. Die Makers-Bewegung wartet nicht mehr darauf, bis ihr Produkte angeboten werden, die sie braucht – sie baut und verkauft sie selber. Etablierte Unternehmen müssen sich weiterentwickeln, um diese Kunden weiterhin adressieren zu können.

Zudem müssen Unternehmen der fortschreitenden Individualisierung Rechnung tragen und Kunden echte Unikate anbieten, dessen Design geschützt und dadurch auch nur einmal erstellt werden kann. 3-D Printing ermöglicht hier echte Mass Customization.

Mit 3-D Printing wird auch die Logistik revolutioniert, da Produkte direkt an dem Ort ausgedruckt werden können, wo sie nachgefragt werden beziehungsweise wo ein Drucker steht. Mit Lizenzgeschäften, ähnlich jenen in der Musikindustrie, können Hersteller diejenigen Kunden erreichen, die lieber selbst ausdrucken, anstatt beliefert zu werden. Würden zum Beispiel nur zwei Prozent der weltweit verkauften Spielzeuge auf diese Art und Weise produziert, wäre dies bereits ein Marktvolumen von 1,6 Milliarden US-Dollar, bedenkt man die globalen Umsätze von 84,1 Milliarden US-Dollar im Jahr 2012.

Werden sich diese Trends in breiterem Maße durchsetzen, ist in vielen Industrien mit ähnlichen Umwälzungen zu rechnen wie bei der Digitalisierung des Mediensektors durch Smartphones und Tablets. Die Hauptherausforderung für die Unternehmen wird sein, die Kontrolle über ihre Produkte – auch in digitaler Form – zu behalten und damit an der Kommerzialisierung zu partizipieren. Bild 9.1 spannt den Lösungsraum für 3-D Printing-basierte Geschäftsmodelle auf (siehe hierzu das Kapitel 15 „55+ Muster erfolgreicher Geschäftsmodelle").

■ 9.4 Das 3-D Printing Ecosystem

Die Digitalisierung der Produktion durch 3-D Printing eröffnet neue Möglichkeiten für die Entwicklung und Fertigung von Produkten und Services (Bild 9.2). Das Verständnis über das Zusammenspiel von digitalem Design und Druck, beziehungsweise Aufbau des physischen Produkts, sowie den dadurch möglichen Geschäftsmodellen bietet enorme Opportunitäten, die nicht nur von Großfirmen, sondern von immer mehr Start-ups realisieren werden.

Softwareebene – die Welt digitalisieren

Grundsätzlich gibt es drei Möglichkeiten, ein digitales Bild der Realität zu erstellen: Neu designen, kopieren oder reparieren mit einem 3-D-Scanner.

Bei neuen Designs erstellen Spezialisten (oder auch interessierte Laien) Produkte und Teile digital mit 3-D-Software. Erste Start-ups wie *Thingiverse* oder *Shapeways* haben darauf basierende Geschäftsmodelle entwickelt. Beide Firmen besitzen eine Plattform, auf der die Internet-Crowd selbst designte Objekte zum freien Download mittels Open-Source-Lizenz oder gegen eine Gebühr zur Verfügung stellen kann. In solchen Online-Shops lassen sich bereits heute eine beachtliche Anzahl von digitalisierten Objekten und Gegenständen finden, die größtenteils von Usern erstellt wurden. Aber auch etablierte Firmen, die von ausgeprägter Mass Customization ihrer Produkte profitieren, unternehmen erste Gehversuche in diesem Umfeld. *Nike* entwirft zum Beispiel Schuhe, die speziell auf die physiologischen Eigenschaften von Kunden zugeschnitten und mit 3-D Printing produziert werden. Durch die Verwendung von 3-D Printing kann auch die Entwicklungszeit verkürzt werden, da nach der Prototypentwicklung direkt in die Produktion übergegangen werden kann und nicht erst noch das Design für eine spezielle Produktionsmethode weiterentwickelt werden muss. *GE* hat für die neue Einspritzdüse nach eigenen Angaben dadurch ein Jahr Entwicklungszeit eingespart.

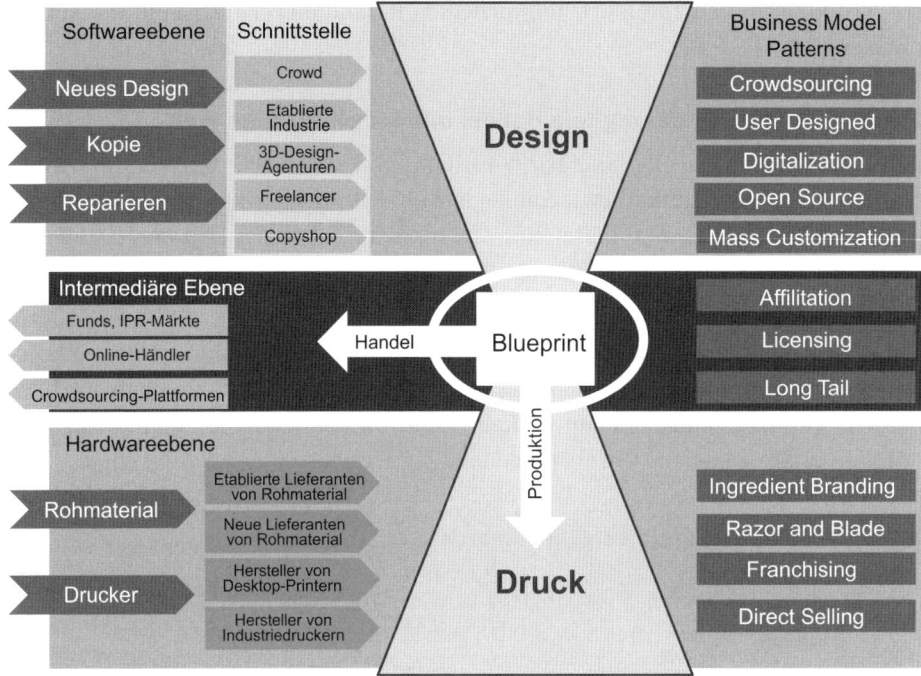

Bild 9.2 Das 3-D Printing Ecosystem

Beim Kopieren und Komplementieren können entweder frei verfügbare Blueprints (3-D-Designs) oder 3-D-Scanner zum Einsatz kommen. Sowohl Software als auch Scanner stehen bereits heute zum Einsatz bereit. Die abgebrochene, nicht mehr erhältliche Türklinke aus dem 18. Jahrhundert kann so neu hergestellt werden. Die einzelnen Bruchstücke werden gescannt und digitalisiert, die Software errechnet fehlende Teile und setzt die Einzelteile am Bildschirm virtuell wieder zusammen, bevor eine neue Türklinke nach altem Vorbild ausgedruckt wird. Bei der Restauration des Schweizer Parlamentsgebäudes wurden auf diese Weise antike Fensterheber kopiert und ersetzt.

Weitergehende Entwicklungen sind für den Heimgebrauch zu erwarten, sobald mit dem Smartphone 3-D-Modelle einfach erstellt werden können und dadurch jedermann digitale Kopien bestehender Objekte und neue Designs produzieren kann, ohne dafür professionelle Computerprogramme beherrschen zu müssen. Diese Schnittstelle beziehungsweise deren Nutzerfreundlichkeit ist dabei entscheidend. Sobald es intuitiv möglich ist, Blueprints zu erstellen, wird ein riesiger Anstieg an Designs ausgelöst. Allerdings nicht nur von eigenen, sondern auch von fremden Designs: Mit dem integrierten 3-D-Scanner im Smartphone ist das digitale Design des exklusiven Bestecks genauso schnell erfasst wie der normale Fotoschnappschuss im Urlaub. Diese technischen Möglichkeiten öffnen auch Türen zum Missbrauch. Nach der Musikindustrie werden sich auch Teile der produzierenden Industrie mit privaten Raubkopierern auseinandersetzen müssen.

Intermediärebene – der digitale Handel mit der physischen Welt

Ist ein Gegenstand in digitaler Form vorhanden, kann dieser mit heutiger Informations- und Kommunikationstechnologie weltweit praktisch kostenlos verschickt werden. Das Design einer Tasse, eines Ohres oder Fahrrads wird per E-Mail versandt, wo immer der Gegenstand benötigt wird und ein entsprechender Drucker verfügbar ist.

Der Austausch wird nicht nur zwischen Personen und im Rahmen eines klassischen Lieferanten-Kunden-Verhältnisses stattfinden, sondern vor allem im B2C-Bereich wird sich ein Handel entwickeln, den Online-Plattformen und Retailer koordinieren. Verschiedene Geschäftsmodelle sind in diesem Bereich denkbar.

 Neues Geschäftsmodell bei *Amazon*

Amazon beginnt sich im 3-D-Printing-Bereich zu positionieren. Vor Kurzem wurde ein eigener Bereich für 3-D-Drucker und Zubehör eingerichtet. Auch der Verkauf von Blueprints passt in das bisherige Geschäftsmodell des Internetriesen. Auch wenn zu Beginn von den einzelnen Artikeln nur geringe Stückzahlen verkauft werden sollten, kann *Amazon* durch die nicht vorhandenen Lagerkosten und die bereits installierten Rechenzentren eine nahezu endlose Anzahl von Designs anbieten und mit dem sogenannten Long Tail Geld verdienen.

Des Weiteren sind Modelle möglich, die das Bindeglied zwischen Designern und Produzenten herstellen und diese zusammenbringen. Diese Affiliatoren verfügen über eine Plattform, auf der zum einen Designer ihre Werke (Blueprints) anbieten können und die zum anderen Zugriff auf ein 3-D-Druckernetzwerk besitzt, an das Druckaufträge verteilt werden. Verdient wird mit einer Gebühr für den Designverkauf und für die Vermittlungen zum Druck.

Auch etablierten Unternehmen, die noch länger auf konventionelle Herstellungsverfahren setzen, bietet der Handel mit Blueprints eine Chance. Diese können beispielsweise an ausgewählte und zertifizierte Print-Shops oder „mobile Fabriken" geschickt werden, die Produkte in Lizenz drucken oder reparieren. Mit Zertifizierung von 3-D-Print-Shops könnten Unternehmen sogar für gedruckte Produkte die Garantie und Produkthaftung übernehmen. Ersatzteile von Turbinen müssten nicht mehr bis ans Ende der Welt transportiert werden, sondern könnten bei einem spezialisierten, geprüften und vertraglich gebundenen Print-Terminal ausgedruckt werden.

„Rapid Repair" bei _Siemens_

Siemens betreibt bereits heute unter dem Namen „Rapid Repair" einen Reparaturservice im Bereich von Brennköpfen für Gasturbinen. Bei dieser Methode wird beim abgenutzten Brennkopf einfach ein neuer Kopf auf den noch vorhandenen Rumpf aufgedruckt. Die Reparaturzeit beträgt noch ein Zehntel der ursprünglich benötigten Zeit. Wird die Revolution des Rapid Repair weitergedacht, so entstehen digitale Ersatzteilkataloge. Ersatzteile liegen nicht mehr auf Lager, sondern werden nur noch virtuell verwaltet (Beispiel: _3yourmind_, ein Aufsteiger im 3-D-Markt).

Hardwareebene – die Welt drucken

Die dritte Ebene erweckt die digitalisierte Realität dezentral wieder zum Leben. Die Produktion dieser Güter ist nicht mehr an große Fabrikanlagen gebunden, Skaleneffekte verschwinden. Alltagsgegenstände werden zu Hause am Desktop-Drucker erstellt, wodurch der Direktvertrieb eine komplett neue Dimension erfährt. Komplexere Objekte werden in Copyshops oder Spezialdruckereien zum Beispiel im Franchise-Modell (in Analogie zu Fast-Food-Ketten: Mc3DPrinter garantiert weltweit gleichbleibende Qualität der Drucke) produziert. Global aufgestellte produzierende Unternehmen werden mit ihren Druckern noch näher in ihren Absatzmärkten lokal und on demand produzieren und reparieren. Beim Anlagen- und Gebäudebau können Drucker entweder zentral zur Elemente- und Teileherstellung in Fertigungshallen oder direkt auf der Baustelle eingesetzt werden.

Im Folgenden wird ein kurzer, aktueller Überblick über die wichtigsten Verfahren der additiven Fertigung gegeben.

Ein Grundprinzip – viele Verfahren

Seit den Pioniertagen der 80er-Jahre hat sich das Grundprinzip des Additive Manufacturing nicht verändert. Wohl aber unterscheiden sich die möglichen Technologien für den schichtweisen Aufbau stark voneinander. Im Folgenden stellen wir die meistverbreiteten Methoden und aktuelle Entwicklungstrends vor.

- **Fused Deposition Modeling** (FDM) ist eine der meistverbreiteten Technologien für 3-D Printing. Das Grundprinzip wurde von _Stratasys Ltd_. erfunden und seither in ähnlicher Form auch von anderen Firmen unter anderem Namen vermarktet. Das Prinzip gleicht demjenigen der Heißleimpistole: Ein schmelzbares Material (meist Kunststoff) wird in einem Druckkopf verflüssigt und anschließend extrudiert, wodurch das zu produzierende Teil Schicht für Schicht aufgebaut wird. Das Objekt verfestigt sich automatisch durch Abkühlung.

Mit dieser Methode können sowohl funktionierende Prototypen als auch Konzeptmodelle und Endprodukte gefertigt werden. Die gefertigten Teile genügen in ihrer Qualität nicht nur Privatanwendern, sondern haben in einigen Bereichen Industriestandard und werden darum immer stärker im industriellen Umfeld eingesetzt. Speziell eignen sich kleine, filigrane Teile oder spezifische Werkzeuge. Auch in der Maker Community sind FDM-basierte Drucker äußerst beliebt und erlauben ein einfaches Herstellen von Einzelstücken. Der Preis für Drucker liegt bei 10 000 Euro und mehr für industrielle Drucker, private Drucker kann man ab circa 1000 Euro erwerben. Neben Kunststoffen und Wachs, die bereits heute zum Einsatz kommen, wird mit anderen Werkstoffen wie Beton oder menschlichen Zellen experimentiert.

- Die **Stereolithografie** ist die älteste 3-D-Printing-Methode, kommt aber auch heute noch oft zum Einsatz. 1986 wurde sie von *3D Systems Inc.* patentiert. Sie basiert auf Flüssigharzen, die in einem speziellen Apparat mithilfe von Lasern gehärtet werden. Hierfür taucht eine nach unten absenkbare Plattform das zu druckende Teil in ein Becken aus Flüssigharzen. Durch Belichtung mit einem UV-Laser wird das Harz an der entsprechenden Stelle verhärtet (jeweils eine Schicht von bis zu einem zehntel Millimeter Stärke). Sobald eine Schicht vom Laser gehärtet ist, hebt die Plattform das Teil aus dem Harzbad, lässt die Schicht antrocknen und taucht anschließend wieder ein, um die nächste Schicht zu verhärten. Sobald alle Schichten aufgetragen sind, wird das Druckteil in einem UV-Kasten final ausgehärtet. Die Druckzeit hängt von der Größe des zu druckenden Gegenstandes ab, wobei kleinere Teile in sechs bis acht Stunden fertig sind, während große Objekte einige Tage in Anspruch nehmen können. Insgesamt ist die Belastbarkeit der Teile eher gering, wodurch sie weniger für Fertigteile geeignet sind. Auch die Auswahl an solchen Printern für Endanwender ist beschränkt.

- Beim **Pulverdruckverfahren** werden zwei Komponenten benötigt, um ein Druckteil herzustellen: flüssiges Bindemittel und ein Pulver aus Gips, Kalk oder Kunststoff.

Bei diesem Verfahren wird das Pulver mit einer Rakel auf der Werkfläche verteilt. Anschließend wird das Bindemittel mittels eines Druckkopfes auf die Stellen aufgetragen, die verfestigt werden sollen. Dadurch entsteht eine Schicht des zu fertigenden Bauteils. Im Anschluss wird die Werkfläche abgesenkt und der Vorgang wiederholt, bis das fertige Bauteil besteht. Oft werden hierfür Drucker eingesetzt, die mehrere Druckköpfe besitzen. Das erlaubt, das Bindemittel mit verschiedene Farben zu versetzen. Nach dem Druck müssen die gedruckten Objekte gereinigt werden, um Pulverreste zu beseitigen.

Dieses Herstellungsverfahren gilt als äußerst schnell und kostengünstig und ist darum vor allem in der Modell- und Prototypenherstellung verbreitet. Die Genauigkeit dieses Verfahrens hängt stark von der Granularität des Pulvers ab und die Bauteile haben bisher eine eher geringe Festigkeit. Inzwischen wird Pulverdruck auch in der Keramikverarbeitung erfolgreich eingesetzt (siehe *Lithoz*.com).

- Die Methode **Selective Laser Sintering** (SLS) basiert auf Lasertechnik, mithilfe derer aus Pulver, das durch Beschuss zuerst verschmolzen und anschließend wieder schnell verhärtet wird, feste Formen erzeugt werden. Diese Methode ist sehr verbreitet, da sie eine Vielzahl von Materialien zulässt (unter anderem verschiedene Metalle, Keramik, Nylon sowie andere Materialien in Pulverform). Die produzierten Teile zeichnen sich durch hohe Belastungsfähigkeit und sehr feine Formen aus, wie sie zum Beispiel in der Zahnmedizin benötigt werden. SLS wird momentan vor allem bei industriellen Herstellern verwendet und gilt als eine der vielversprechendsten Methoden, um in Zukunft komplexe Produkte per 3-D-Druck herzustellen. Heute kommt diese Technologie bei *Siemens* und *Alstom* im Reparaturwesen von Brennern von Gasturbinen oder bei *General Electric* bei Einspritzdüsen für Flugzeugturbinen in der Endteilfertigung zum Einsatz. Selten wird SLS bei Amateuren verwendet, da die Verwendung von leistungsstarken Lasern sehr kostenintensiv ist. Allerdings arbeiten zahlreiche Start-ups an Low-Cost-SLS-Printern, sodass schon in einigen Jahren auch diese Technologie massentauglich sein könnte.

  Anstatt eines Laserstrahls wird beim verwandten Elektronenstrahl intern ein Elektronenlaser als Energiequelle verwendet. Ebenfalls mit SLS verwandt ist das selektive Laserschmelzen. Hierbei wird mit dem Laserstrahl reines Metallpulver verschmolzen.

- Das **Multijet- und Polyjet-Modeling** ist sehr stark dem traditionellen Tintenstrahldrucker angelehnt. Beim Multijet-Modeling wird eine Düse genutzt, die sich in x- und y-Richtung bewegen kann und so das flüssige Material aufträgt. Während des Auftragens wird das Material direkt mit UV-Licht gehärtet. In der Regel sind bei diesem Verfahren Stützkonstruktionen notwendig, die entweder aus Wachs oder aus dem gleichen Material wie das Objekt hergestellt werden und im Anschluss an das Druckverfahren wieder entfernt werden müssen.

  Beim verwandten Polyjet-Modeling kommen gleich mehrere Druckköpfe zum Einsatz, wodurch sich Bauteile aus mehreren unterschiedlichen Materialien herstellen lassen (zum Beispiel Hartplastikteile, die in der Mitte mit einem flexiblen Material verbunden werden oder verschiedene Farben haben). Generell ist die Genauigkeit bei diesen Methoden sehr hoch, die Oberflächen sehr fein und es lassen sich eine Vielzahl UV-empfindlicher Flüssigkunststoffe verwenden.

- Die Methode **Laminated Object Manufacturing** (LOM) wird stark im Prototyping und im End-user-Bereich verwendet. Während dieses Produktionsprozesses werden laminierte Papierblätter aufeinandergeschichtet. Auf jedes Blatt ist dabei eine spezielle Laminierung aufgetragen, die sich durch das Auftragen mit einer heißen Rolle mit dem darunterliegenden Blatt verbindet und schnell aushärtet. Im nächsten Schritt schneidet ein Laser die Form der jeweiligen Schicht in das oberste Blatt. Durch stetes Wiederholen dieses Prozesses wird Blatt für Blatt aufgetragen, mit der Rolle verklebt und mit dem Laser geschnitten. Zum Schluss kann aus dem Stapel Papier der fertige Körper „herausgeschält" werden.

Diese Herstellungsmethode ist zwar noch nicht sehr stark verbreitet, aber vor allem bei Heimanwendern, Künstlern, Architekten und Produktentwicklern sehr beliebt, da sie sehr günstig und schnell ist.

- Als **Contour Crafting** wird im Allgemeinen 3-D Printing im großen Maßstab bezeichnet, um zum Beispiel Bauwerke zu errichten. Diese übergroßen Drucker sind mit Düsen ausgestattet, die das Baumaterial (ähnlich einem sehr schnell bindenden Beton) in einer Art Endlosschleife Schicht für Schicht auftragen. Zurzeit befinden sich die meisten dieser Anlagen noch in experimentellem Stadium, jedoch lassen erste konkrete Vorhaben das Potenzial dieser Methoden erahnen. Das Unternehmen *Yingchuang New Materials* aus Schanghai baut bereits Häuser mit dieser Methode. So wurde das eigene 10 000 Quadratmeter große Fabrikgebäude in nur einem Monat gedruckt. Erst kürzlich demonstrierte das Unternehmen das Potenzial der Technologie, indem es mit vier Druckern zehn kleine Häuser in nur 24 Stunden errichtete.

  Neben extrem schnellen Errichtungszeiten ermöglicht es Contour Crafting, gewisse Bauformen zu erstellen, die mit Ziegelsteinen nicht möglich sind (zum Beispiel kreisförmige Wände). Zudem könnte der Bauprozess umweltfreundlicher und automatisierter als bisher möglich sein. Baufachkräfte könnten so in Zukunft vor allem noch für den Innenausbau und für das Verlegen von Leitungen und Rohren zuständig sein.

- Die wohl neueste Methode im 3-D-Printing-Bereich wurde Anfang 2015 von *Carbon3D* vorgestellt und nennt sich **Continuous Liquid Interface Production** (CLIP). Im Unterschied zu normalen additiven Herstellungsverfahren kommt diese Methode ohne den schichtweisen Aufbau aus und erlaubt es, Gegenstände aus einem Flüssigkeitsreservoir „wachsen" zu lassen.

  Im Unterschied zu anderen Methoden basiert CLIP auf einem chemischen Prozess, von **Fotopolymerisation,** UV-Licht und Sauerstoff, die diese Reaktion entweder auslösen (UV-Licht) oder unterbinden (Sauerstoff). Die technische Errungenschaft liegt in einer UV- und sauerstoffdurchlässigen Membran unter dem Harzreservoir. Während das UV-Licht die Fotopolymerisation auslöst, kann mittels des Sauerstoffs auf einige Mikrometer genau bestimmt werden, wo keine Fotopolymerisation stattfinden soll. Da sich der Sauerstoffstrahl kontinuierlich verändern lässt, entstehen die Objekte aus einem Guss ohne schichtweisen Aufbau und können so aus dem Flüssigkeitsbad herausgezogen werden.

  Diese Methode ist momentan 25- bis 100-mal schneller als andere 3-D-Printing-Verfahren und bietet beinahe unbegrenzte Möglichkeiten bezüglich Materialwahl und Funktionalität. In Zukunft glaubt *Carbon3D*, Objekte wie Zahnersatz oder Stents in Echtzeit ausdrucken zu können – also während man beim Zahnarzt noch auf dem Behandlungsstuhl sitzt.

- **Bio-Printing** ist ein hochkomplexer Prozess, der bereits seit vielen Jahren erforscht wird und nun erste, vielversprechende Ergebnisse hervorbringt. Dabei kann von einem dreistufigen Vorgang gesprochen werden. In einem ersten Schritt muss ein dreidimensionales Modell des Organs oder Gewebes, das gedruckt werden soll, erstellt werden. Hierfür werden mittels Röntgen oder Computertomografie 3-D-Modelle erstellt, die anschließend in einem CAD-Programm verfeinert und in eine für den 3-D-Drucker verwertbare Version gebracht werden. Anschließend entnimmt man dem Patienten die für das Organ benötigten Zellen und vermehrt sie im Labor mithilfe von Nährlösungen. Gleichzeitig wird eine zweite Lösung für den Druckvorgang benötigt, die als Bio-Papier bezeichnet wird und hauptsächlich aus Kollagen, Zellnährstoffen, Stabilisatoren, anderen Stoffen für das Zellwachstum und strukturstärkenden Inhaltsstoffen besteht. In „Tintenpatronen" gefüllt werden diese beiden Stoffe additiv in der Form des Organs gedruckt und im Anschluss in einen Bioreaktor gebracht. Dort ordnen sich die Organzellen selbständig an und fusionieren beziehungsweise interagieren, sobald sie ihren Platz gefunden haben. Nach zwei bis vier Tagen ist dieser letzte Schritt abgeschlossen und das künstliche Organ fertig gedruckt. Auf ähnliche Weise wurden schon Gallenblasen erfolgreich repliziert und implantiert. Momentan ist es bereits möglich, komplexere Organe wie Nieren und Herzen zu drucken. Allerdings werden bis zur ersten Implantation in den Menschen noch Jahre an Entwicklungsarbeit benötigt.

 Fazit zum 3-D Printing Ecosystem

Sowohl eine teilweise Neuordnung der Fertigungsindustrie als auch neue Geschäftszweige sind durch den verbreiteten Einsatz von Additive Manufacturing zu erwarten. Dabei können flankierende Geschäftsmodelle, zum Beispiel die Lieferung von Rohmaterial in Form von Ingredient Branding, etwas Sicherheit bieten.

Für Unternehmen aus der chemischen Industrie ist dies genauso interessant wie für Glas-, Zement- und Keramikhersteller. Kooperationen mit Druckerherstellern könnten sich etablieren und – analog dem Razor-and-Blade-Geschäftsmodell bei den 2-D-Desktop-Druckern – Gewinne könnten hauptsächlich über den Verkauf von Druckmaterial einer etablierten Marke erzielt werden.

Entwicklungs- und Produktionsdienstleister werden sich neben traditionellen Herstellungsmethoden auch im 3-D-Druck aufstellen und ihren Service entlang des gesamten 3-D Printing Ecosystems (vom Design bis zum Druck und der Einbettung in die existierende Supply Chain) anbieten, um den Bedürfnissen ihrer Kunden gerecht zu werden.

Aber auch die agile Start-up-Szene kann zu einer Umwälzung beitragen. Ein College-Student aus den USA hat zum Beispiel einen Roboter entwickelt, der PET-Flaschen und missglückte 3-D-Ausdrucke zerkleinert, einschmilzt und zu neuem Druckmaterial recycelt.

■ 9.5 Auf dem Weg zum Erfolg mit 3-D

Die nächste industrielle Revolution scheint möglich, aber es liegen noch viele ungelöste Aufgaben vor. Für etablierte Unternehmen wie auch für Start-ups bieten sich unzählige Möglichkeiten, an dieser Revolution zu partizipieren und davon zu profitieren, wenn sie es verstehen, Lösungen anzubieten und die bestehenden Hürden zu überwinden. Eine Auswahl dieser Hürden beinhaltet:

- **Robustes Produktdesign**: Das Design für den zu druckenden Gegenstand ist eine kritische Komponente, da bereits hier über die Qualität des Endprodukts entschieden wird. Trotz starker 3-D-Softwarelösungen sind immer noch die Kompetenz und das Wissen des Designers entscheidend, um Gegenstände nicht nur stabil, sondern auch ressourcensparend zu konstruieren. Im industriellen Umfeld werden Unternehmen diese Kompetenzen entwickeln müssen, da die Nachfrage nach 3-D-Teilen (aufgrund derer technischen Überlegenheit) massiv zunehmen wird. Für den Durchbruch im B2C-Bereich sind auch intuitive, für Nicht-Experten anwendbare Software und Schnittstellen Voraussetzung, um 3-D Printing zur Massentechnologie zu machen. Jedes Verfahren hat hier jedoch seine eigenen Gestaltungsregeln hinsichtlich Wandstärken, Auflösung, Aspektverhältnissen und Materialportfolios.

- **Produktqualität**: Qualität war in der Vergangenheit oft ein Engpass. Die Fertigungstechnologie muss hier trotz Fehlen von Skaleneffekten eine hohe Qualität erreichen. Jüngste Beispiele aus dem industriellen Umfeld zeigen aber, dass gedruckte Teile bisherigen Komponenten bei gutem Design und tiefem Verständnis für additive Verfahren überlegen sein können. Seit Jahren waren jedoch schon hochkritische Komponenten wie Hüftimplantate, Stents, Zahnersatz, Triebwerksteile, Formel-1-Motorkomponenten oder Raketentriebkammern generativ hergestellt. 3-D Printing erfährt in den nächsten Jahren eine weitere Erhöhung der Stabilität und Produktivität der Technologie. Als Folge wird die Technologie interessant für Massenfertiger, die Preise werden weiter rückläufig sein. Die zunehmende Digitalisierung erhöht den Austausch mit Kunden, was wiederum die Produktzyklen beschleunigt. Im Bereich Footwear gab es vor 15 Jahren noch Sommer- und Wintersaison, heute findet der Kollektionswechsel viermal pro Jahr statt. Weiter können additive Methoden, die keinen etappenweisen Schichtaufbau benötigen (wie zum Beispiel CLIP), hier weitere Durchbrüche bringen.

- **Sicherheit und Produkthaftung**: Nur wenn sich Kunden auf die Qualität der gedruckten Produkte verlassen können, werden sie diese auch nachfragen und den in traditioneller Verfahrensweise hergestellten Produkten vorziehen. Anbieter von 3-D-Druckern und -Services schließen heute jegliche Produkthaftung aus. Es gibt aber Bestrebungen, zusammen mit dem Copyright – das neben dem eigentlichen Kopierschutz auch sicherstellt, dass in der vom Hersteller definierten Art und Weise und mit den richtigen Materialien gedruckt wird – diese Lücke zu schließen. Unternehmen, die als erste Qualitätsstandards ihrer Prints definieren und garantieren, werden einen entscheidenden Marktvorteil haben.

- **Verfügbarkeit und Standards in Materialien**: Neben dem Aufbau und dem Design entscheidet hauptsächlich das Material über die Qualität des Endprodukts. Ein dominantes Design in Bezug auf Materialien existiert noch nicht. Vielmehr gibt es eine große Auswahl von verschiedenen Stoffen, die je nach gewünschten Produkteigenschaften zum Einsatz kommen. Für industrielle Anwendungen sind Metalle entscheidend, und es ist sehr wahrscheinlich, dass 3-D Printing neue Entwicklungsanstrengungen in diesem Bereich auslösen wird. Für den Massenmarkt im B2C-Bereich muss 3-D Printing einfach sein und wird sich auf wenige, wahrscheinlich kunststoffbasierte Ausgangsmaterialien beschränken.

- **Schutz des geistigen Eigentums**: Additive Manufacturing ist für die produzierende Industrie, was das Kopieren von Musik für die Musikindustrie war. Umdenken und neue Geschäftsmodelle sind gefragt. Die Firma *Intellectual Ventures* hält bereits ein Kopierschutzpatent für 3-D-Objekte, das mittels Passwortabfrage verhindern soll, dass Objekte ausgedruckt werden, für die nicht bezahlt wurde. Das ist aber nur ein Tropfen auf den heißen Stein. Firmen müssen sich darauf spezialisieren, was nicht kopiert werden kann. Das ist im Fall der gedruckten Objekte zum Beispiel der innere Aufbau, der auch von 3-D-Scannern (noch) nicht erfasst werden kann.

- **Wirtschaftlichkeit**: Das Hauptargument von Additive Manufacturing ist die flexible dezentrale Produktion verbunden mit großen technologischen, produkttechnischen und unternehmerischen Möglichkeiten. Für Spezialprodukte und Ersatzteile mit geringen Produktionsmengen können lange Transportwege von Fertigprodukten wegfallen und Lager können abgebaut werden, weil nicht mehr auf Vorrat produziert werden muss. Was physisch bleibt, sind die Drucker und die Rohmaterialien. Für die Wirtschaftlichkeit entscheidend ist, dass die Just-in-time-Philosophie der Fertigung konsequent durchgezogen wird. Dies setzt auch voraus, dass sich die Druckzeit massiv verkürzen muss, um in Echtzeit produzieren und liefern zu können.

- **Ökologischer** Fußabdruck: Durch intelligente Vernetzung des Druckernetzwerks (ähnlich dem Prinzip des Smart Grids), Einbettung in die Industrie 4.0 sowie durchdachte Materialwahl könnte die neue Produktion nicht nur flexibler, smarter und qualitativ besser, sondern auch grüner werden. Die Nebeneffekte der 3-D-Printtechnologie in Form von mehr Verpackungen für Rohmaterial aufgrund der Kleinstgrößen sowie Mehrverbrauch aufgrund minderwertiger Qualität dürfen in der Ökobilanz nicht die Effizienzgewinne übersteigen.

Additive Manufacturing umfasst eine Vielzahl faszinierender Technologien, die ein riesiges Potenzial haben, die produzierende Industrie in den kommenden Jahrzehnten zu verändern. Wenn sie auch grundsätzlich auf den gleichen Prinzipien basieren, ist anzunehmen, dass sich die Anwendungsmöglichkeiten im B2B- und B2C-Bereich sehr stark unterscheiden werden. Wichtig ist die Erkenntnis, dass die 3-D-Printing-Technologien nur eine Determinante für den Erfolg darstellen und das Geschäftsmodell und deren Ausgestaltung ebenso erfolgskritisch sind.

 Erfolgsfaktoren und Perspektiven

- Additive Fertigungsverfahren ermöglichen neue Geschäftsmöglichkeiten basierend auf radikal neuen Anwendungen und Produkteigenschaften, Dezentralität und Individualisierung.

- Große Potenziale liegen in geometrischen Revolutionen, hier müssen aber auch die Produkte neu gedacht werden.

- Das 3-D Printing Ecosystem spannt den Rahmen für zukünftige unternehmerische Tätigkeiten in den Bereichen Software, Intermediär und Hardware auf.

- Während die öffentliche Diskussion sich mehrheitlich auf das Maker Movement und B2C konzentriert, findet der größte Teil der additiven Fertigungsrevolution auf industrieller Ebene im B2B statt.

- Es gibt zahlreiche Methoden des 3-D-Drucks, gemeinsam ist die additive Fertigungsphilosophie. Es ist genau abzuwägen, welches Verfahren für die eigene Applikation geeignet ist.

- 3-D-Druck erfordert die Entwicklung einer neuen Designphilosophie, um die Potenziale zu realisieren.

- Ein Produkt, das für andere Fertigungsverfahren designt wurde, wird mit additiven Fertigungsverfahren nur selten wirtschaftlich zu fertigen sein. Oft wird das Potenzial erst dann voll genutzt, wenn Funktionen integriert werden, die sonst nicht möglich wären.

10 Kunden transformieren die Versicherungsmärkte

Pascal Bühler, Peter Maas, Martin Bieler

Die Digitalisierung hat eine Veränderungskraft entwickelt, die Märkte grundsätzlich neu zu gestalten vermag. Der Wettbewerb spielt nicht mehr nur innerhalb einer Branche. Neue innovative und technologiegetriebene Unternehmen schaffen aus einer kundenzentrischen Perspektive Antworten auf bisher unergründete Pain Points von Konsumenten, denken Geschäftsprozesse neu und verändern somit die Wertschöpfungslogik. Die Digitalisierung beeinflusst folglich zunehmend eine Branche, die sich bislang aufgrund des Niedrigzinsumfelds und erheblicher Regulation eher mit sich selbst beschäftigte, als die tief greifenden Umwälzungen im Markt zu beobachten. Dieser Fokus nach innen wurde bisher begünstigt durch eine positive Eigenkapitalsituation, hohe Margen und einen daher mangelnden Sense of Urgency. Mittlerweile sind die Auswirkungen des digitalen Darwinismus (Kreutzer, Land 2013) aus anderen Branchen allerdings auch in der Assekuranz präsent. Auf die rasante Entwicklung neuer Möglichkeiten durch die Digitalisierung muss zeitnah eingegangen werden, um zukünftig weiterhin stark im Markt positioniert zu sein.

Dabei kommen die Transformationsbemühungen der Assekuranz reichlich spät. Während für einige Versicherer das Jahr 2015 als „Startjahr der Digitalisierung" galt und erste E-Insurance-Plattformen lanciert wurden, führte die *Credit Suisse* bereits 1997 mit *Direct Net* ein umfassendes Internetbanking ein und übernahm damit eine Vorreiterrolle. Über die grundlegende Digitalisierung der Geschäftsprozesse hinaus sind technologische Entwicklungen in Bereichen wie KI, Big Data oder Blockchain heute wichtige Treiber kundenzentrischer Geschäftsmodellinnovation. Große Versicherungen, die sich mit der Nutzung solcher Technologien schwertun, verlieren zusehends ihre Position der Stärke. Gleichzeitig werden sie mit immer mehr Markteinsteigern konfrontiert. Alleine von 2016 auf 2017 stieg das Gesamtinvestment in Insurtechs innerhalb dieser Jahre um etwa ein Drittel auf inzwischen über zwei Milliarden US-Dollar. 2018 zeichnet sich eine weitere deutliche Steigerung ab (Willis Towers Watson 2018). Von etwa 1000 Insurtechs, die in den letzten Jahren ihren Angriff auf das Geschäftsmodell der Assekuranz vorbereiteten, sind inzwischen viele mit Nachdruck in den Markt gestürmt und erfreuen sich äußerst positiver Wachstumszahlen.

Während das Bewusstsein für die Notwendigkeit und Dringlichkeit der digitalen Transformation vorhanden ist und viele Versicherer die ersten Initiativen lanciert haben, herrscht nach wie vor nur ein sehr begrenztes Verständnis davon, was als Nächstes getan werden muss, wer dazu in der Verantwortung stehen soll und wie das Geschäftsmodell einer Versicherung in einer digitalisierten Welt aussieht. Um einen so tief greifenden und langfristigen Change-Prozess voranzutreiben, wie es die Digitalisierung erfordert, ist es notwendig, dass Führungspersonen der Organisation und ihrer Mitglieder eine Marschrichtung vorgeben. Dazu wird ein langfristiges und normatives Zukunftsbild benötigt, das der Organisation eine Identität gibt und das es ermöglicht, Einzelinitiativen in einen größeren Kontext zu stellen.

Doch wie erfolgt eine Differenzierung in einer digitalisierten Welt, in der sich Branchengrenzen in Auflösung befinden und die noch mit so vielen Unsicherheitsfaktoren behaftet ist? Einen möglichen strategischen Orientierungsrahmen stellt der Customer Value dar. Die Schaffung eines einzigartigen „Customer Value Designs", beziehungsweise einer Wertschöpfungslogik für und mit dem Kunden, ermöglicht eine Differenzierung unabhängig von Branchendenken und Unwägbarkeiten einer sich mit zunehmender Geschwindigkeit entwickelnden Umwelt. Dazu müssen Unternehmen anerkennen, dass Kunden einen unabdingbaren Beitrag zur Wertschöpfung leisten. Nach der Logik der Co-Creation erfordert eine nachhaltige Value Proposition die Integration des Kunden entlang der gesamten Wertschöpfungskette.

 Unternehmen müssen erreichen, dass Kunden zum Beispiel beim Produktdesign mit involviert sind oder während der Nutzungsphase auch durch Kombination mit anderen Services oder Erlebnissen einen relevanten Mehrwert verspüren.

In diesem Kapitel wird den Fragen nachgegangen, wodurch sich die gegenwärtige digitale Transformation von reinen Automatisierungsbestrebungen oder den üblichen Veränderungen einer Organisation unterscheidet, wie die Assekuranz aufgestellt ist, um die vielfältigen Herausforderungen einer digitalen Zukunft zu bewältigen, wieso sich der strategische Fokus der Versicherungsunternehmen in einer digitalisierten Welt hin zum Kunden verschiebt und welche Herausforderungen Unternehmen angehen müssen, um sich erfolgreich durch ihre Kunden führen zu lassen.

■ 10.1 Veränderte Kundenbedürfnisse transformieren die Märkte

Die stetige Anpassung des Geschäftsmodells oder eines Unternehmens an die Veränderungen des Marktes ist eine der Grundvoraussetzungen, um erfolgreich am Markt bestehen zu bleiben. Der Übergang in eine digitalisierte Welt stellt dabei weder eine Ausnahme dar, noch ist die digitale Transformation ein Phänomen, das einen Bruch in der Entwicklung der Märkte darstellt. Bereits seit Jahren transformieren sich Unternehmen auf Basis der Möglichkeiten, welche die digitale Speicherung und digitalisierte Kommunikation mit sich bringen. So erreichen bereits heute verschiedene Krankenversicherer eine Dunkelverarbeitung, die sogenannte vollständig automatisierte Verarbeitung von über 80 Prozent der Geschäftsprozesse (Maas, Bühler 2015).

Doch der Übergang in eine digitalisierte Welt verändert nicht nur die Gestaltungsmöglichkeiten interner Unternehmensprozesse, sondern vollzieht sich in den letzten Jahren hauptsächlich beim Informations- und Interaktionsverhalten der Kunden und dies in einem Ausmaß und mit einer Geschwindigkeit, die bislang noch undenkbar waren. Während im Jahr 2010 25 Prozent mobil auf das Internet zugegriffen hatten, erhöhte sich der Anteil der mobilen Internetnutzer bis 2015 explosionsartig auf 85 Prozent (Y&R Group Switzerland 2018). Veränderte die stationäre Nutzung des Internets hauptsächlich unser Informationsverhalten und unsere Arbeitsprozesse, hat die mobile Nutzung einen maßgeblichen Einfluss auf unser Interaktionsverhalten und folglich auf die Interaktionsanforderungen an die Versicherer. Customer Journeys haben sich so stark ausdifferenziert, dass man heutzutage kaum noch identische Verläufe vorfindet. Der Kunde ist in der multioptionalen Welt angekommen.

Auch in diesem Zusammenhang ist vielfach von Disruption die Rede. Der Begriff der „disruptiven Innovation" geht auf Bower und Christensen (1995) zurück und grenzt von inkrementellen Innovationen durch ihre radikale Veränderungskraft ab. Folglich ist nicht die Technologie an sich disruptiv. Erst in Zusammenhang mit einer veränderten Verhaltensweise der Kunden können Technologien ihre disruptive Veränderungskraft auf Märkte ausüben. Digitale Speicherformate für Musikdateien, wie beispielsweise MP3, gibt es bereits seit 1992. Jedoch erst die Möglichkeit einer praktischen Anwendung durch den iPod wälzte den Musikmarkt rund zehn Jahre später radikal um. Mit dieser Erkenntnis lässt sich auch die erst jetzt beginnende digitale Transformation im Markt der Versicherungen erklären. Die Erfahrungen, die Kunden im Alltag in anderen Branchen machen, schaffen erstmals latente Bedürfnisse, wie beispielsweise nach mehr Transparenz, mobiler Kommunikation oder den Bedürfnissen angepasster Interaktion. Aufgrund fehlender Anwendungen wirken sich latente Bedürfnisse zuerst kaum sichtbar auf den

Markt aus. Kann jedoch beispielsweise ein branchenfremdes Unternehmen einen Service anbieten, der glaubwürdig diese Bedürfnisse deckt, wird sich der Markt schlagartig verändern.

■ 10.2 Wertschöpfungslogik der Assekuranz in der digitalisierten Welt

Der Übergang in die digitale Welt lässt sich weder durch die Erstellung von Apps oder eines Chatkanals bewerkstelligen, noch ist Digitalisierung ein Thema allein für die IT-Abteilung. Um erfolgreich den Schritt in die digitale Welt zu schaffen, ist ein Umdenken der ganzen Organisation notwendig. Versicherer bevorzugen in der Regel konservative, schrittweise Innovationen. Die digitale Transformation erfordert allerdings tief greifende Neuerungen.

 Nur durch eine konsequente Anpassung der gesamten Unternehmens-DNA an die veränderten Umweltanforderungen werden aus den Risiken der digitalen Welt Chancen, sich zukünftig im Wettbewerb erfolgreich durchsetzen zu können.

Digitaler Reifegrad der Assekuranz

Der digitale Reifegrad einer Organisation beschreibt den Fortschritt der digitalen Transformation eines Unternehmens. Damit wird der digitale Wettbewerbsvorteil eines Unternehmens sichtbar. Die Verwendung eines Reifegradmodells zur Untersuchung der digitalen Transformation ist zurückzuführen auf das *Center for Digital Business des Massachusetts Institute of Technology (MIT)*. Die Konzeptualisierung basiert auf zwei gleichermaßen erfolgskritischen Dimensionen (Bild 10.1). Die Digital Intensity beschreibt die Investitionen in technologiebasierte Initiativen, wie beispielsweise die Erstellung von Apps für die Interaktion mit Kunden. Unternehmen mit einer hohen Transformation Management Intensity investieren in den Aufbau von Fähigkeiten und Know-how der Führungspersonen. Diese Dimension beschreibt die Verständnistiefe der digitalen Transformation innerhalb einer Organisation sowie die darauf basierende Breite der strategischen Planung und Durchführung des Wandels. Auf Basis der beiden Dimensionen lassen sich vier generische Typen unterscheiden, die in Bezug auf digitale Wettbewerbsvorteile unterschiedlich gut aufgestellt sind:

- **Beginners:** Unternehmen, die bislang weder in den Aufbau der digitalen Fähigkeiten noch in die Erstellung von neuen Technologien investierten, sind digitale

Anfänger. Die Potenziale der digitalen Transformation werden oft noch nicht gesehen oder das Unternehmen wartet erst einmal bewusst ab.

- **Fashonistas:** Unternehmen, die intensiv in Einzelinitiativen investieren. Sie haben die Veränderungsnotwendigkeit erkannt und testen verschiedene Möglichkeiten, um sich besser zu positionieren. Dennoch erscheinen die Initiativen oft unkoordiniert und werden frühzeitig gestoppt, da sie nicht den erhofften, schnellen Erfolg bringen.

- **Conservatives:** Die Konservativen beschäftigen sich ausführlich mit dem Phänomen Digitalisierung. Sie investieren in die Fähigkeiten und das Know-how. Dennoch agieren sie vorsichtig und wollen die erste Euphorie abklingen lassen, um später den tief greifenden Wandel anzustoßen. Sie laufen allerdings Gefahr, von Wettbewerbern oder agilen Insurtechs verdrängt zu werden.

- **Digirati:** Unternehmen oben rechts werden Digirati (digital literate) genannt. Sie verstehen die Veränderungskraft der Digitalisierung und haben dies bereits in einer Vision umgesetzt. Mit verschiedenen Initiativen versuchen sie, sich iterativ dieser Vision anzunähern, ohne sich die Flexibilität zu nehmen, auf Veränderungen in der Marktentwicklung reagieren zu können.

Aus einer branchenübergreifenden empirischen Forschung des *MIT* ging hervor, dass Unternehmen mit einer höheren Digital Intensity mehr Umsatz aus ihren Assets erzielen und Unternehmen mit einer höheren Transformation Management Intensity profitabler sind (Bild 10.1).

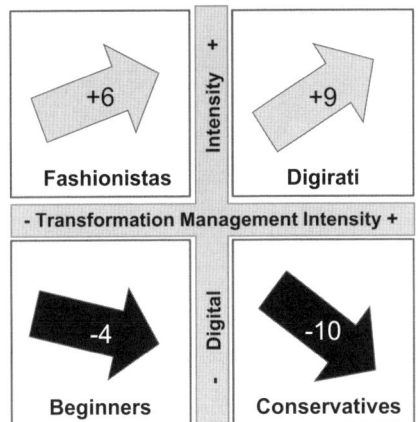

Revenue Generation:
Companies with higher Digital Intensity generate more revenue

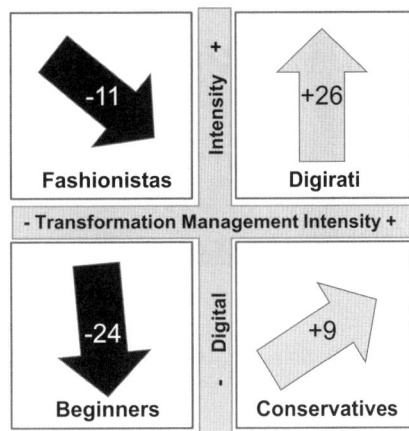

Profitability:
Companies with higher Transformation Management Intensity are more profitable

Bild 10.1 Einfluss der digitalen Intensität und der Intensität des Transformationsmanagements auf Umsatz und Profitabilität von Unternehmen (Capgemini 2012, S. 7)

Führungskräfte von Schweizer Versicherern wurden befragt, ihr Unternehmen hinsichtlich des digitalen Reifegrads einzuschätzen (Bild 10.2). Fast die Hälfte der Beteiligten verorten in ihrem Unternehmen weder große Investitionen in neue Technologien noch ein besonderes Know-how zur digitalen Transformation. Sie schätzten ihr Unternehmen als Anfänger ein. Beunruhigenderweise scheinen die Tiefe des Verständnisses, welche Gefahren und Chancen die digitale Transformation mit sich bringt, und der Aufbau von notwendigen Fähigkeiten (Management Transformation Intensity) weniger im Fokus zu stehen als die Lancierung von Einzelinitiativen (Digital Intensity). Dies deutet auf eine hohe Nervosität und auf ein eher unkoordiniertes Agieren auf dem Markt hin. Bezeichnenderweise schätzten sich verschiedene Führungskräfte desselben Unternehmens höchst unterschiedlich ein, was auf ein fehlendes Verständnis hinsichtlich der Tragweite der Veränderung hinweist.

 Schweizer Versicherer betrachten sich selbst als Anfänger der digitalen Transformation.

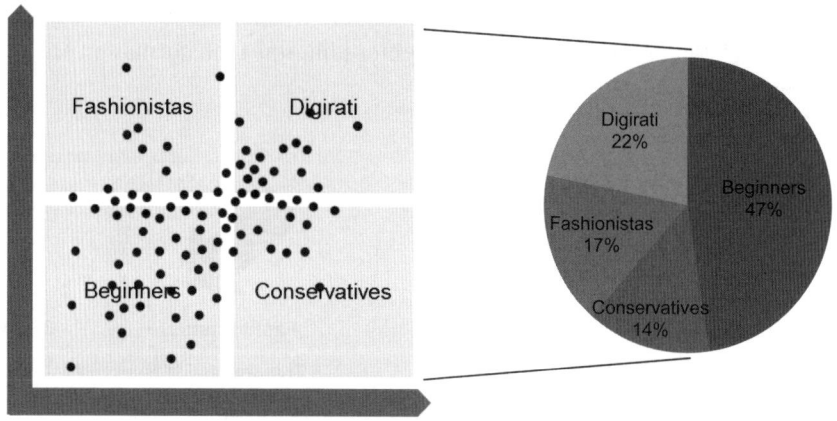

Bild 10.2 Selbstbeurteilung der digitalen Reife der Assekuranz in der Schweiz (Maas, Bühler 2015)

Verschiedene Versicherer versuchen deshalb derzeit, gezielt in die Leadership-Fähigkeiten zur digitalen Transformation zu investieren. Denn erst ein tief gehendes Verständnis von der Veränderungskraft der Digitalisierung ermöglicht die Schaffung einer starken und inspirierenden Vision und deren Umsetzung in eine klare und greifbare Strategie. Um die Kultur eines technologiegetriebenen Unternehmens zu verstehen, forschen beispielsweise Führungskräfte der *Schweizerischen Mobiliar* im Silicon Valley in den Bereichen Enterprise Social Collaboration und Customer Experience.

Insurtechs sind hierbei inhärent weit oben in Bezug auf Digital Intensity angesiedelt. Sie sind damit entweder bei den Fashionistas zu finden, die sich auf einzelne technologische Entwicklungen konzentrieren, größtenteils jedoch im Bereich der Digirati, welche sich der durch die Digitalisierung gegebenen Veränderungskraft genauso verschrieben haben wie dem Streben nach neuen oder optimierten Customer Value Propositions.

Aktuelles Wertschöpfungsmodell versus digitale Logik

Die Wertschöpfung in der Versicherungswirtschaft ist traditionell von hoher Leistungstiefe geprägt. Durch den erhöhten Wettbewerbsdruck ist das integrierte Wertschöpfungsmodell der Assekuranz zwar infrage gestellt worden. Das erwartete Szenario einer rasch sinkenden Wertschöpfungstiefe ist allerdings noch nicht eingetreten. Nach Schätzung der Versicherungsmanager beträgt die interne Wertschöpfung 84 Prozent der Gesamtwertschöpfung der Branche (Bild 10.3).

Erstaunlicherweise ist der Trend zur Fokussierung in den letzten Jahren eher rückläufig. Nur bei wenigen Geschäftsprozessen kooperieren Versicherungsunternehmen überhaupt. Dazu gehören die Entwicklung und der Betrieb der IT, die teilweise an externe Dienstleister ausgelagert werden, der Vertrieb durch unabhängige Broker und das Asset Management von kleinen und mittleren Betrieben aufgrund der Skalenvorteile. Die Tendenz zeigt in den nächsten fünf Jahren zwar eine leicht größere Bereitschaft zur Kooperation, eine grundsätzliche Abkehr von der Wertschöpfungslogik ist allerdings im Branchenschnitt nicht sichtbar.

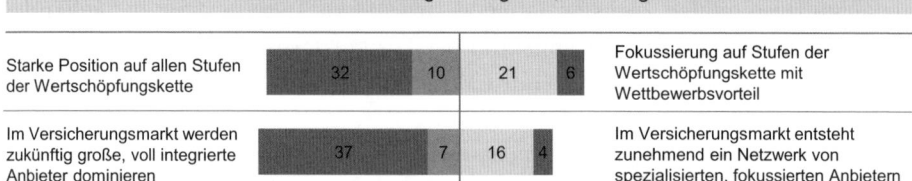

Laut Versicherern wird der Markt zukünftig durch große, voll integrierte Anbieter dominiert.

Starke Position auf allen Stufen der Wertschöpfungskette	32	10	21	6	Fokussierung auf Stufen der Wertschöpfungskette mit Wettbewerbsvorteil
Im Versicherungsmarkt werden zukünftig große, voll integrierte Anbieter dominieren	37	7	16	4	Im Versicherungsmarkt entsteht zunehmend ein Netzwerk von spezialisierten, fokussierten Anbietern

%-Anteil an Befragten, welche die eine oder andere Aussage klar bevorzugen

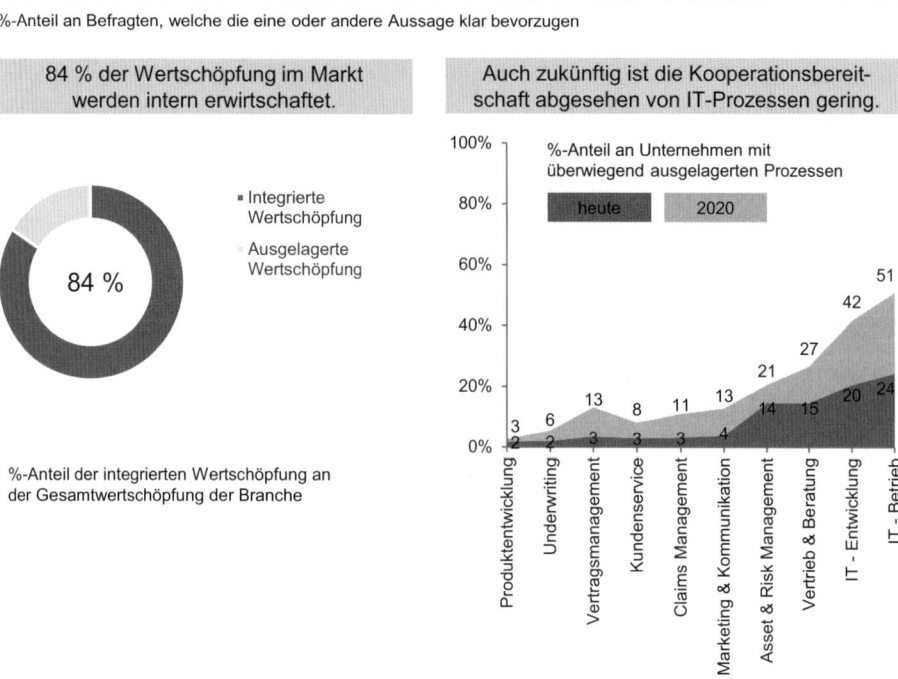

84 % der Wertschöpfung im Markt werden intern erwirtschaftet.

- Integrierte Wertschöpfung
- Ausgelagerte Wertschöpfung

84 %

%-Anteil der integrierten Wertschöpfung an der Gesamtwertschöpfung der Branche

Auch zukünftig ist die Kooperationsbereitschaft abgesehen von IT-Prozessen gering.

%-Anteil an Unternehmen mit überwiegend ausgelagerten Prozessen

heute   2020

Bild 10.3 Wertschöpfungsmodell der Assekuranz (Maas, Bühler 2015)

Die Wertschöpfungslogik großer, vollständig integrierter und wenig kooperierender Konzerne, die innerhalb der Branchengrenzen im Wettbewerb stehen, steht allerdings in vielerlei Hinsicht im Widerspruch zu den Anforderungen einer digitalisierten Welt. Es ist zu bezweifeln, dass die Assekuranz ohne eine Änderung der Wertschöpfungslogik die digitale Transformation erfolgreich bewältigt. Folgende organisationale Voraussetzungen sind dazu von Vorteil:

- **Kultur der Offenheit**: Ein in sich geschlossenes System führt unweigerlich zu gleichen Aktionen und Reaktionen und verhindert eine Differenzierung. Versicherer müssen lernen, in schnell wandelnden Märkten zu agieren. Dazu muss Veränderung im Unternehmen aktiv gefördert werden. Eine Kultur, die Experimente zulässt und im Zweifelsfall Misserfolge toleriert, erhöht die Chancen, Innovationen von innen heraus zu entwickeln. Durch die Geschwindigkeit der Veränderungen auf den Märkten und immer komplexere Erfolgstreiber wird es zunehmend schwierig, den Erfolg neuer Ideen bereits frühzeitig zu kalkulieren. Einige Versicherer antworten darauf, indem sie unabhängige Labs oder Trendscouts innerhalb des Unternehmens, aber getrennt vom täglichen Business, etablieren. *AXA* hat beispielsweise ein Innovation-Lab gegründet, das explizit die Grenzen des traditionellen Versicherungsgeschäfts sprengen soll. Die *Munich Re* wiederum sendet Innovation-Scouts weltweit in die innovativsten Metropolen der Welt, um sich zu vernetzen und potenzielle Geschäftsmodelle aufzuspüren. Auf solche Weisen wird Ambidextrie auch in großen Organisationen, die als Ganzes nur begrenzt offen für Transformation sind, ermöglicht.

- **Agilität durch Vernetzung**: Die intensiven Bemühungen in Standardisierung und Automatisierung führten in den letzten Jahren zu deutlichen Verbesserungen der operativen Kosten. Die Bürokratie gesetzter Prozesse ist aber auch ein Nachteil, wenn über Hierarchiestufen und Abteilungsgrenzen hinweg vernetzt und agil agiert werden soll. Gewachsene Machtstrukturen und Positionen mit großen Einflussbereichen stehen einer Umstrukturierung oder einer Abflachung der Hierarchie grundsätzlich im Weg. Einen deutlichen Vorteil haben hier Insurtechs, die strategische Richtungsentscheide deutlich schneller fällen und somit flexibler auf Umweltveränderungen reagieren können. Um die Agilität zu verbessern, setzen traditionelle Versicherer auf verschiedene Partnerschaften und Beteiligungen. Die *Schweizerische Mobiliar* beteiligt sich beispielsweise an der Carsharing-Plattform *Sharoo*, um letztlich aus erster Hand die Veränderungen im Mobilitätsmarkt verstehen zu lernen.

- **Neues Verständnis von Wettbewerb**: Die Branchenlogik ist den meisten führenden technologiezentrierten Unternehmen fremd. Ihre Visionen weichen diametral von dieser ab und bestehen meist „nur" darin, Dinge unseres Alltags ein wenig „smarter" zu machen. Heutige Technologieriesen wie Alibaba begannen ausschließlich mit der Idee, Kunden Plattformen bereitzustellen, auf denen diese sich miteinander vernetzen konnten – unterstützt durch einen optimalen Datenfluss, der schnelle und effiziente Kommunikation ermöglichte. Die diversen Tätigkeitsfelder derart entstandener Unternehmen lassen sich dabei meist nicht einer einzelnen Branche zuordnen. Ob es sich nun um einen Online-Marktplatz, selbstfahrende Autos, einen Kartendienst oder Kontaktlinsen für Diabetiker handelt, spielt keine Rolle. Zentral ist der Zugang zum Kunden und zu seinen Daten weltweit, rund um die Uhr. Die Einbindung verhaltensorientierter Informationen des Kunden in den Wertschöpfungsprozess (Telematics) ermöglicht auch den Versicherern, ihren Kunden Feedback über ihr Verhalten zu liefern und sie somit in verschiedenen Situationen des Alltags zu unterstützen.

■ 10.3 Customer Value Design entscheidet über Erfolg

Der Einfluss des Megatrends Digitalisierung geht über die Veränderung der Kommunikation hinaus. Die digitalisierte Welt prägt unseren Alltag maßgeblich und in jeder Dimension. Sie verändert substanziell und nachhaltig die Umwelten, die Strukturen und Prozesse unserer Gesellschaft sowie die Werte und Verhaltensweisen von uns als Individuen oder Kunden. Unser Alltag kann in sechs Alltagswelten strukturiert werden: Arbeit und Wissen, Mobilität, Kommunikation, Wohnen, Freizeit und Genuss sowie Besitz (Maas, Cachelin, Bühler 2015). Die Alltagswelten beschreiben die Summe dessen, womit wir unsere Zeit verbringen. Veränderungen in den Alltagswelten haben einen Einfluss auf unsere Bedürfnisse als Kunden und transformieren die Märkte der Versicherungen (Bild 10.4). Das entscheidende Kriterium dabei ist Wertschöpfung für und mit Kunden. So machten es mobile Datenübertragungstechnologien möglich, von jedem Ort aus zu jeder Zeit Zugang zu Inhalten zu haben, wodurch das Bedürfnis nach mobilen Unterhaltungsmöglichkeiten explodierte und der Siegeszug von Videoplattformen, Newsplattformen und Streaming-Diensten begründet war.

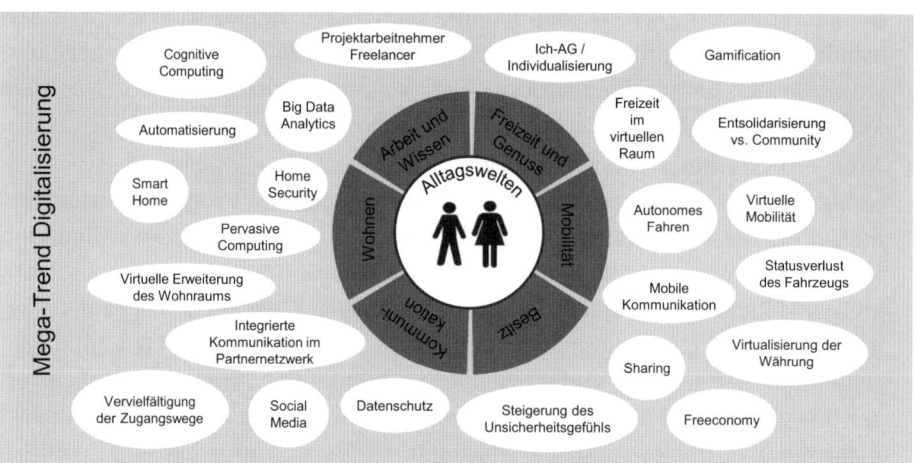

Bild 10.4 Wie Digitalisierung die Märkte der Versicherungen transformiert (Maas, Cachelin, Bühler 2015)

Drei Veränderungen in den Alltagswelten der Kunden haben bereits heute einen maßgebenden Einfluss auf die Märkte der Versicherungen:

- **Individualisierung**: Eng mit der Digitalisierung in Zusammenhang steht ein weiterer Megatrend, die Individualisierung. Das Zeitalter der Individualisierung wird seit fast zwei Jahrzehnten durch den Begriff der „Ich-Jagd" beziehungsweise „Ich-AG" geprägt (Gross 1999). Optionen stellen die Grundlage der Selbstverwirklichung eines Individuums dar. Um aus der Masse der Informationen als Individuum überhaupt noch wahrgenommen zu werden, zelebrieren wir unsere Identität mit Selfies vom Urlaub, *LinkedIn*-Posts der neuen Stelle, die wir angetreten sind, oder vom Gespräch über das neueste Superfood. Entsprechend einer Corporate Identity konstruieren wir bewusst unser Ich. Sich über die Leistung zu differenzieren, wird für Unternehmen immer schwieriger. Um nicht in einem Preiswettbewerb zu landen, müssen Emotionen erzeugt werden, die es Kunden erlauben, sich mit dem Anbieter zu identifizieren. Dienstleistungen und Produkte, die keine Identitätskraft entfalten, verlieren bestenfalls die Aufmerksamkeit der Kunden und werden zu Commodities; im schlechtesten Fall werden sie gleich ausgetauscht. Dies gilt für alle Märkte gleichermaßen. Kunden wollen sich auch in ihren Finanzprodukten wiederfinden. „Ich bin mein Versicherer!" – sollte als Zielsetzung angestrebt werden, um nicht austauschbar zu werden.

- **Zugang statt Besitz**: Besitz ist in einer multioptionalen und schnelllebigen Zeit Ballast. Kunden fordern immer weniger materielle Güter und immer mehr ganzheitliche Dienstleistungen im Rahmen der beschriebenen Alltagswelten. Die Minimalismusbewegung hat sich zum Ziel gesetzt, mit möglichst wenig Besitz auszukommen. Die bewusste Besitzlosigkeit soll das Individuum von gesellschaftlichen Zwängen befreien und glücklicher machen. Die Wachstumsraten von Unternehmen, wie beispielsweise Carsharing-Unternehmen, die Zugang zu Gütern bieten und somit den Besitz unnötig machen, steigen. Die Vision der Fahrzeugkonzerne, sich weg vom Fahrzeugverkäufer hin zu Mobilitätsanbieter zu entwickeln, wird den Kfz-Versicherungsmarkt grundsätzlich verändern. Bereits heute schrumpft der Markt aufgrund technischer Fortschritte der Fahrzeuge. Die effizientere Gestaltung der Mobilität wird zukünftig den Markt weiter verkleinern. Der Trend zu weniger Besitz hat aber weit größere Auswirkungen als nur auf den Kfz-Versicherungsmarkt. So würde sich beispielsweise die Diebstahlversicherung grundsätzlich verändern müssen.

- **Vervielfältigung der Zugangswege**: Mobile Kommunikationsmöglichkeiten ändern die Art und Weise, wie Menschen und Organisationen miteinander interagieren. Zukünftig wird die Customer Journey deutlich erratischer ablaufen als früher (Barwitz, Maas 2018). Die unterschiedlichen Kundenbedürfnisse werden sich in Bezug auf den Zugangsweg ausdifferenzieren. Dies verlangt nach einem integrierten Multi-Offering-Ansatz. Dabei steht die Frage im Vordergrund, über welche Zugangswege Kunden welche Leistungen nachfragen. Dies erlaubt dem Versicherer, Produkte und Dienstleistungen zielgerechter zu einem dem Zugangsweg angepassten Pricing anzubieten. Dazu muss eine klare Strategie für jeden Interaktionspunkt festgelegt und müssen Interaktionspunkte konsequent gebrandet werden. Ein möglicher erster Schritt ist ein neuer Ansatz der Kundensegmentierung abhängig von ihrem Verhalten entlang der Customer Journey (Bild 10.5), welche zumindest rudimentär neue Interaktionsbedürfnisse der Kunden anerkennt.

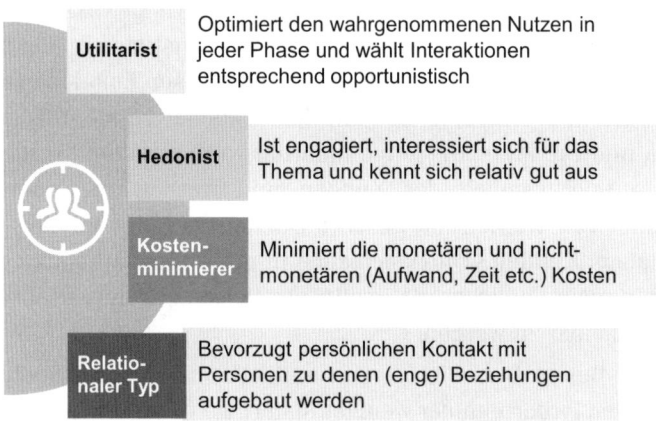

Bild 10.5 Kundensegmentierungsansatz in der Versicherung (Barwitz et al. 2016)

Zugang zu Kunden als entscheidender Wettbewerbsfaktor

Aus der Perspektive des Kunden hat sich sein eigenes Rollenverständnis längst verändert. Der Individualist sieht sich natürlicherweise im Zentrum der Märkte. Unternehmen, die sich nicht kooperativ verhalten, werden abgestraft oder kurzerhand ausgetauscht. Die Mittel dazu sind vorhanden. Die digitale Transformation erhöht die Anzahl an Optionen in den Märkten und so auch die Mobilität der Kunden. Fühlen sich Kunden unfair behandelt, beschweren sie sich und drohen mit weiteren Maßnahmen. Die weltweite, virale Verbreitung passiert schon heute innerhalb von Tagen und kann für das Unternehmen in einem desaströsen Umsatzeinbruch enden.

Das veränderte Rollenverständnis zeigt sich aber nicht nur im Mächteverhältnis zwischen Unternehmen und Kunde. Der Kunde versteht sich nicht mehr nur als Konsument, sondern wird zunehmend ein aktiver Akteur auf dem Markt. So stellen Kunden Mitsprache- oder gar Führungsansprüche, die bislang den Unternehmen vorbehalten waren. Im Serviceprozess übernehmen Kunden im Rahmen von Selfservice-Möglichkeiten Wertschöpfungsprozesse. Wird Kunden die Möglichkeit gegeben, diskutieren sie aktiv mit und zeigen Schwächen im Serviceprozess auf, teilen neue Ideen und Ansichten mit dem Unternehmen oder testen neue Produkte und Servicedienstleistungen. Unternehmen und Kunden erschaffen zunehmend

Wert durch Co-Creation. Um die vielfältigen Ressourcen der Kunden zu aktivieren, muss aber zuerst Zugang zu ihnen geschaffen werden.

Facebook, *Airbnb* oder *Uber* teilen einen entscheidenden Aspekt in ihren Geschäftsmodellen. Sie erstellen weder Inhalte, noch besitzen sie Immobilien oder Fahrzeuge. Ihr Erfolg basiert auf einer effizienteren Nutzung von Ressourcen und auf ihrem Zugang zum Kunden. Hingegen ist die Assekuranz aufgrund des niedrigen Involvements ihrer Kunden nicht gerade dafür bekannt, einen starken Zugang zum Kunden zu besitzen. Dies kann sich in Zukunft als eine der größten Herausforderungen für die Assekuranz etablieren. Die höchsten Margen werden kaum im Underwriting oder in der technischen Schadensabwicklung zu finden sein. Darüber hinaus bedeutet Zugriff auf umfangreiche Kundendaten die Möglichkeit, neue Bedürfnisse und Trends zu erkennen. Es zeichnet sich immer mehr ab, dass branchenfremde Unternehmen ihren Zugang zum Kunden nutzen könnten, um ins Versicherungsgeschäft einzusteigen.

Verschiebung des strategischen Fokus in Richtung Kunde

Während die Assekuranz ihren strategischen Fokus traditionell eher auf betriebsinterne Themen ausrichtete, hat sie in den letzten Jahren dringenden Handlungsbedarf bei Kundenthemen erkannt. In einer empirischen Studie betreffen für Führungskräfte der Assekuranz unter 18 möglichen Herausforderungen zur Prozesseffizienz, der Kundenorientierung, Innovation, Vertrieb, Wertschöpfungsmodell und Kosten alle drei Top-Prioritäten die Beziehung zwischen Kunde und Unternehmen (Bild 10.6). Diese Akzentuierung auf Kundenthemen ist umso erstaunlicher, wenn man betrachtet, dass in einer ähnlichen Untersuchung im Jahr 2007 „Prozesseffizienz" und „Kosten senken" alle anderen Themen in den Schatten stellten. Während im Jahr 2007 gerade einmal sechs Prozent der Führungskräfte „Kundenbedürfnisse besser verstehen" als strategische Priorität betrachtet haben, sahen 2015 insgesamt 72 Prozent der Befragten das Verständnis über den Kunden als strategisch entscheidend.

Wertschöpfung der Assekuranz im Zeitverlauf

Die Versicherungsmärkte durchlebten in den letzten 20 Jahren turbulente Zeiten. Nach der Marktöffnung bestanden weitgehend identische Produkte und Tarife. Der Markt wuchs kontinuierlich. Das Wertschöpfungsmodell war geprägt durch eine hohe Leistungsintegration. Um die Jahrtausendwende begannen Differenzierungsbestrebungen, und die Versicherungsunternehmen investierten in Beratungs- und Produktqualität. Die Börsenverwerfungen nach der Jahrtausendwende zwangen die Versicherer, den Fokus auf die Kostenseite der Bilanzen zu legen. Die Heimmärkte waren zunehmend gesättigt, wodurch sich Wettbewerbs- und Renditedruck erhöhten. Standardisierung und Automatisierung wurden vorangetrieben, um die Prozesseffizienz zu erhöhen. Industrialisierungsbestrebungen waren allgegenwärtig.

Mit der Etablierung der mobilen Kommunikation verändert sich heute das Kundenverhalten radikal. Der Kunde fordert digitale Zugangswege und eine Anpassung des Angebots an seine veränderten Bedürfnisse. Versicherungsunternehmen reagieren mit einer Fokussierung weg von den traditionellen Kernprozessen hin zu den Kundenprozessen (Bild 10.7). Etablierten Unternehmen mit starren Prozessen gelingt das häufig nur bedingt. Der Wettbewerb um den Zugang zum Kunden ist lanciert. Die Eintrittsbarrieren in den Markt sinken und junge, digitale Unternehmen greifen punktuell die vertikal integrierten Konzerne an. Im B2B-Bereich erhöht sich die Effizienz von Nahtstellen, die automatische Datenverarbeitung und die Kundenanalyse werden verbessert oder das Vertragsmanagement wird vereinfacht. Gefährlicher sind Angriffe, die direkt auf das Versicherungsgeschäft zielen. Hierbei werden dem Kunden Geschwindigkeit, Einfachheit und eine höhere Convenience versprochen. Komparative Wettbewerbsvorteile werden durch bessere Kenntnisse über den Kunden und seine Bedürfnisse generiert. Jedoch sind die Kunden, die am ehesten über ihre Bedürfnisse im Bilde sind, noch immer zu einem sehr geringen Grade in die Wertschöpfungsprozesse integriert, vielen ist Co-Creation ein Fremdwort. Stattdessen reagieren Versicherungskonzerne mit der Konstruktion von Wertschöpfungsnetzwerken. Durch die sich öffnenden Märkte tritt eine starke Konsolidierung ein. Versicherungsunternehmen, die nicht schnell genug reagieren, werden aus dem Markt gedrängt oder konzentrieren sich auf Kernprozesse mit niedrigen Margen.

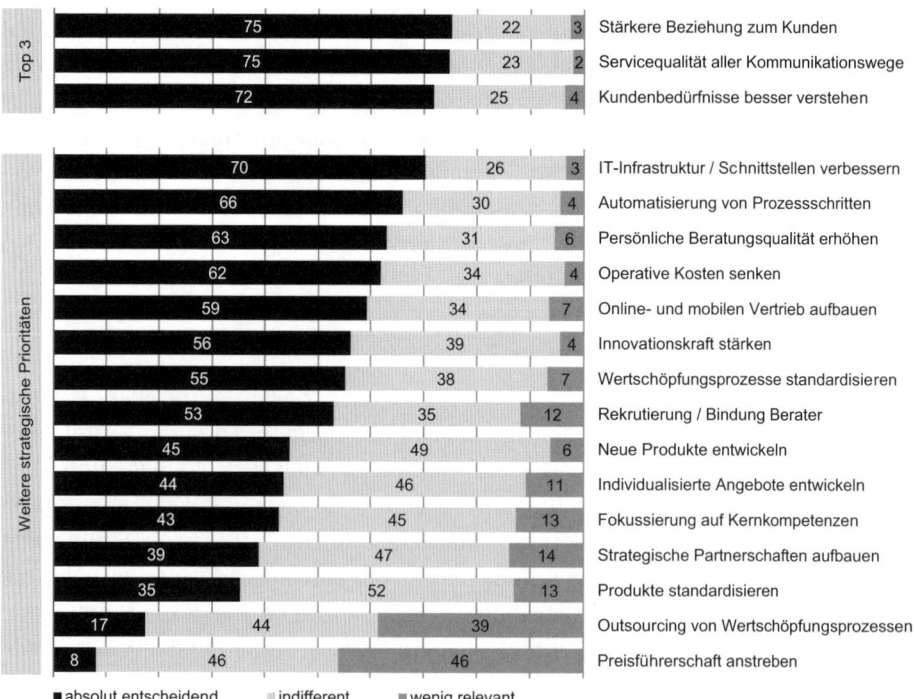

Bild 10.6 Strategische Top-Prioritäten aus der Perspektive von Führungskräften der Assekuranz (Maas, Bühler 2015)

	Deregulierung	Börsencrash	Marktsättigung	Digitale Technologien	Kundenbedürfnisse
Haupttreiber					
Entwicklungsphasen der Märkte mit Versicherung	Öffnung des Marktes (bis ~ 2000)	Konzentration auf Kerngeschäft (bis ~ 2005)	Fokussierung auf Rendite (bis ~ 2012)	Ausbau der Interaktionswege (heute)	Wettbewerb um Wertdesign für/mit Kunden (ab ~ 2020)
Marktereignisse	· Produkte und Tarife aus einer regulierten Welt · Marktstabilität und -wachstum · Konsolidierungswelle, hohe M&A-Aktivität	· Platzen der Internetblase · Paradigmenwechsel der Marktaufsicht · EK-Probleme · Hohe Schaden- und Kostenquoten	· Hoher Renditedruck · Industrialisierung der produzierenden Branchen · Fokus auf OPEX	· Digitale/mobile Kommunikation · Änderung des Kundenverhaltens · Zunehmende Regulierung des Finanzmarkts	· Kunde wird Change Driver · Branchenfremder Konkurrenzdruck · Shared Economy: Risikoteilung unter „Freunden"
Wertschöpfungsmodell	· Hohe Leistungsintegration und breites Leistungsangebot · Funktionenorientierung · Manuelle Prozesse	· Fokussierung auf Kerngeschäft · Verschlankung des Angebots · Beibehalten der hohen Leistungsintegration	· Prozessorientierung/ Standardisierung/ Automatisierung · Tendenzen zur Auflösung der Wertschöpfungskette	· Automatisierung · Digitale Nahtstellen zu Partnern und Kunden · Fokussierung auf die Prozesseffizienz und Wirksamkeit	· Know-how durch Kooperation · Wertschöpfungsnetzwerke · Predictive Analytics · Hochautomatisierte Prozesse
Erfolgsfaktoren	· Allbranchenanbieter mit dichtem Außendienstnetz · Servicequalität · Produktdifferenzierung	· Kostenmanagement · erfolgreiche Turnaround-maßnahmen	· Operative Effizienz · Vertriebskraft und Kundenbindung	· Verständnis der Customer Journey · Multi-Access/ Multi-Offering	· Zugang zum Kunden und seinen Daten · Erweitertes Dienstleistungsspektrum

Bild 10.7 Wertschöpfungsmodell der Assekuranz im Zeitverlauf (Maas, Bühler 2015)

■ 10.4 Erfolgsfaktoren

Die digitale Transformation ist ein höchst komplexer und funktionsübergreifender Change-Prozess, welcher mit vielen Unsicherheiten behaftet ist. Es ist jedoch zwingend, dass sich Führungskräfte durch diese Unsicherheiten nicht behindern lassen und die notwendigen Umsetzungsschritte in Gang bringen, um Kultur, Prozesse und Technologien iterativ den Anforderungen einer digitalisierten Umwelt anzupassen. Scheu vor Veränderungen ist dabei ebenso fehl am Platz wie deren Leugnung. Die digitale Transformation braucht eine kundenfokussierte Führungspersönlichkeit, die es versteht, vorhandene Fähigkeiten in der Organisation zu entdecken, deren Entfaltung zu fördern oder bei Notwendigkeit zu entwickeln, um letztlich ein differenzierendes Customer Value Design zu schaffen. Die Entwicklung eines erfolgreichen Geschäftsmodells in einer digitalen Welt erfolgt über die Gestaltung der Kundenbeziehung.

Kundenverhalten entlang der Customer Journey verstehen

Die Wertschöpfung, die Unternehmen für und in Zusammenarbeit mit dem Kunden erzielen, steht im Zentrum strategischer Überlegungen. Jedoch nicht nur das Kernprodukt hat eine Value Proposition und kann Wert schaffen. Konsumenten ist dieses weitestgehend egal – was sie interessiert, sind der Service und die daraus resultierende Customer Experience. Es gilt also, die Beziehung zwischen Kunde und Unternehmen ganzheitlich zu betrachten. Bei jeder Interaktion entlang der Customer Journey kann grundsätzlich Wert geschaffen werden. Dies gilt sowohl im Schadensfall als auch bei der jährlichen Erneuerung der Versicherungspolice. Die Erfahrungen, die Kunden bei der Suche nach Informationen, in der Interaktion mit Mitarbeitern, beim Betreten einer Agentur oder beim Ablegen von Verträgen haben, summieren sich und bestimmen den Wert einer Beziehung zum Anbieter. Die Digitalisierung der Märkte hat diesen Aspekt nicht verändert. Sie ermöglicht dem Unternehmen jedoch, den Kunden besser kennenzulernen. Jeder Kunde hinterlässt gewollt oder ungewollt Informationen über sein Verhalten und seine Bedürfnisse. Dies ermöglicht es Unternehmen, Verhaltensprofile zu erstellen und gezielter auf die Bedürfnisse von Kunden während der Customer Journey einzugehen. Customer Data Analytics wird zu einer zentralen Funktion, um den Kunden individuell zu behandeln. Der Kunde erwartet bereits heute, dass zu jeder Zeit jegliche Information, die er dem Unternehmen schon mitgeteilt hat, verfügbar ist. Kunden werden nicht mehr akzeptieren, dass sie wiederholt gleiche Informationen weitergeben müssen.

Identitätsleistung für und mit den Kunden kreieren

Durch die Digitalisierung müssen Kunden heute ein Vielfaches an Informationen verarbeiten. Doch nicht nur Unternehmen oder Produkte kämpfen um die Aufmerksamkeit des Kunden, sondern auch Individuen oder Kunden selbst kämpfen um Aufmerksamkeit in ihren Netzwerken. Die Identitätsleistung eines Produkts oder Services wird zur dominanten Funktion in den Märkten. Den Kunden interessiert es wenig, ob eine Bank Bankdienstleistungen oder eine Versicherung Versicherungsleistungen anbietet. Es wird mit demjenigen Anbieter eine Beziehung eingegangen, mit dem der Kunde sich identifizieren kann. Heutige On- und Offline-Medien bieten eine Vielzahl von interessanten Interaktionspunkten, die es ermöglichen, eine Story zu erzählen. Die Assekuranz steht hier noch ganz am Anfang. Erste Ansätze bietet beispielsweise die *AXA*, die durch die *Flexwork-Kampagne* auf die veränderten Arbeitsvorstellungen der heutigen Arbeitnehmer eingeht.

Wichtig für Versicherungen ist, dass einzelne gravierend missglückte Interaktionen mit dem Kunden zu einem Bruch in dessen empfundener Bindung zum Unternehmen führen können. Es ist daher nicht nur wichtig, im Rahmen der Marketingkampagne eine gute Story zu erzählen – diese muss auch an jedem Punkt der Customer Journey gelebt werden.

Entscheidungsprozess des Kunden optimieren

Die Veränderungen am Markt durch die Digitalisierung bringen dem Kunden immer neue Optionen, Dienstleistungen abzurufen, selbst zu komponieren und neue Wege zu den Anbietern zu nutzen. Dadurch erhöht sich allerdings auch die Komplexität für den Kunden, was diesen verletzlich macht (Bühler et al. 2016).

Der Nobelpreisträger Daniel Kahneman und viele weitere Verhaltensökonomen beschreiben seit Jahrzehnten die Anfälligkeit von Kunden für Fehlentscheidungen aufgrund von Wahrnehmungsverzerrungen oder mangelndem Wissen. Dies ist ganz besonders bei Versicherungen der Fall, wo neben Industrie- und Produktkenntnis auch Financial und Numerical Literacy einen erheblichen Einfluss auf die Qualität von Entscheidungen hat und jede Wahl zum Beispiel für ein bestimmtes Produkt gravierende Konsequenzen mit sich bringt. Hier unternehmen erste Versicherungsunternehmen bereits Versuche, Kunden zu einer bestimmten Entscheidung zu bewegen, indem sie diese mit subtilen Signalen zum Beispiel in einem Online-Interface in die gewünschte Richtung „nudgen". Sie können allerdings auch, im Sinne der Co-Creation, wiederum einen Teil der Verantwortung an Kunden abtreten und sie durch die Bereitstellung von effektiven Daumenregeln zur eigenständigen Entscheidungsoptimierung befähigen.

Durch die Digitalisierung entsteht darüber hinaus noch eine Reihe zusätzlicher Möglichkeiten. Über neue Zugänge, wie beispielsweise Social Media, kann die Assekuranz die Funktion als Risikomanager einfacher erreichen. Videos sind ein wirksames Instrument, um das Thema Risiko und Sicherheit visuell und auf den Kunden zugeschnitten aufzuarbeiten. Letztlich sollte das Data-Marketing in erster Linie nicht dazu genutzt werden, dem Kunden Produkte anzubieten, sondern um die Entscheidungen der Kunden zu optimieren.

Funktionen erfüllen durch erweitertes Leistungsspektrum

Der Kunde wird multimodal. Das heißt, er bedient sich desjenigen Zugangswegs, der ihm unter Berücksichtigung seiner Vorlieben in der jeweiligen örtlichen und zeitlichen Alltagssituation am effizientesten und effektivsten zur Deckung des aktuellen Bedürfnisses oder zur Lösung des aktuellen Problems erscheint. Versicherer müssen verstehen, an welchen Interaktionspunkten sie für welche Kunden welche Funktionen erfüllen können. Dies heißt nicht nur, dass das Produktangebot auf den Zugangsweg zugeschnitten werden soll. In unterschiedlichen Phasen der Customer Journey haben Kunden unterschiedliche Bedürfnisse und interagieren auf unterschiedliche Weise im Markt. Befindet sich beispielsweise ein Kunde in der Informationsphase, kann der Versicherer die Funktion des Empowerments einnehmen und dem Kunden die Möglichkeit geben, sich auf seine gewünschte Art zu befähigen, Entscheidungen im Markt zu treffen. Versicherer können zahlreiche ökonomische, soziale oder technische Funktionen erfüllen, wie beispielsweise Sicherheit vermitteln, Helfer in Not sein oder als Ernährungscoach fungieren. Die Funktionen müssen nicht unbedingt mit dem eigentlichen Kernprodukt oder einer Generierung von Leads zusammenhängen.

Kunden in den Wertschöpfungsprozess integrieren

Die Co-Creation mit dem Kunden stellt den Top-Level einer Kundenbeziehung dar. Hier ist der Kunde bereit, erhebliche Ressourcen in eine Beziehung zu investieren und direkte Führungsfunktionen zu übernehmen. Dabei gibt es unterschiedliche Levels an Co-Creation, die von einem bloßen Feedback bis zur eigenständigen Weiterentwicklung von Produkten und Servicedienstleistungen reichen. Die Digitalisierung ermöglichte überhaupt erst Formen der Zusammenarbeit zwischen Kunde und Anbieter. Die Motivation eines Kunden hängt letztendlich vom Wert ab, den Kunden durch die Zusammenarbeit mit dem Unternehmen erzielen können.

Neue Technologie fordert neue Regulation

Technologiegetriebene Innovationen stoßen gerade im stark regulierten Versicherungsmarkt immer wieder auf regulatorische Hürden, welche zu überkommen einen massiven Einsatz von Ressourcen erfordert. Im natürlichen Konflikt aus fortschrittlichen Geschäftsinteressen und sicherheitsbedachter Regulation ist es die Aufgabe großer Versicherer, sowohl im Eigeninteresse als auch in dem der Konsumenten Diskussionen zu führen, die zu einer Evolution der Gesetzeslage im Einklang mit der Technologieevolution notwendig sind.

So bietet zum Zeitpunkt der Veröffentlichung dieses Buches die schweizerische Krankenversicherung *Helsana* eine App an, die basierend auf individuell getrackten Daten Kunden für als gesund eingestuftes Verhalten belohnt. Datenschützer forderten eine Einstellung der App, weil diese in Teilen gegen das Datenschutzgesetz verstoße und Diskriminierung begünstige. Auch öffentlich kontrovers diskutiert, widersetzte sich die Versicherung dieser Forderung, um so eine Grundsatzklärung vor Gericht zu erreichen (SRF 2018). Unabhängig vom Ausgang des Prozesses ein Gewinn für Konsumenten: Anstatt einen wachsenden Mismatch aus technologisch Möglichem und gesetzlich Erlaubtem zuzulassen, kann so differenziert abgewägt werden, inwieweit neue Technologien Kunden nutzen und ob oder inwiefern sie diese gefährden.

Fazit

Die digitale Transformation ist bereits dabei, die Märkte mit Versicherungen grundlegend zu verändern. Für traditionelle Versicherer wie auch Insurtechs ergeben sich hierbei erhebliche Chancen. Während Erstere über große Kundenstämme, die notwendige Marktpräsenz und -expertise wie auch über das notwendige Kapital verfügen, wirklich fundamentale technologische Evolutionen zu bewirken, bringen Letztere häufig technologische Kompetenzen und Kreativität, eine wahre Digital-Native-Mentalität und Ideenreichtum bei geringer Legacy mit.

Während in der Branche erste Bemühungen sichtbar sind, Insurtechs in bestehende Unternehmen zu integrieren, in eigenen Incubators zu gründen oder durch Kapitalbeteiligungen zu unterstützen (zum Beispiel *Allianz X*), ist auffällig, dass bisher in vielen Fällen branchenfremde Unternehmen hier in Erscheinung treten. So kamen 2018 die größten Investitionen in Versicherungsunternehmen eher aus der Technologiebranche, mit Firmen wie *Alphabet* oder *SoftBank* an vorderster Front.

Nur wenn es gelingt, alte Tugenden zu bewahren und sich gleichzeitig konsequent von unnötiger Legacy zu befreien, kann es Versicherungen gelingen, sich umzupositionieren als kundenzentrische, technologiegetriebene Leistungserbringer, welche Kunden heute branchenübergreifend einfordern.

Differenziertes Customer Value Design ist der Schlüssel für eine erfolgreiche Koordinierung der Aktivitäten im Rahmen der digitalen Transformation. Ob junges Insurtech oder Versicherungsurgestein: Nur wer die organisatorischen und technologischen Fähigkeiten bietet, wirklich zu verstehen, wie sich Kunden in sich wandelnden Ökosystemen mit Versicherung verhalten, wird es schaffen, eine nachhaltige Customer Value Proposition zu schaffen und am Markt zu bestehen.

 Erfolgsfaktoren

- Reifegrad der digitalen Transformation erhöhen.
- Kultur der Offenheit und Agilität fördern.
- Kundenverhalten entlang der Customer Journey verstehen.
- Identifikationsleistung für und mit dem Kunden kreieren.
- Entscheidungsprozess des Kunden optimieren.
- Funktionen erfüllen durch ein erhöhtes Leistungsspektrum.
- Gemeinsam mit Kunden den Wertschöpfungsprozess gestalten.
- Neu entstehende Ökosysteme proaktiv mitgestalten.

11 Bereit für den digitalen Endkunden? Ein Fähigkeitsmodell

Jochen Wulf, Walter Brenner

Eine wesentliche Zielsetzung digitaler Transformationen in B2C-Industrien ist die Bereitstellung neuartiger digitaler Dienstleistungen. Das Konzept der digitalen Dienstleistung bezieht sich im B2C-Bereich auf jegliche nutzenstiftende und digital-unterstützte Interaktion mit Konsumenten, sei es zur Inspiration durch Werbebotschaften, zur Produktberatung, zur Unterstützung von Transaktionen oder zur Bereitstellung von digitalen Zusatzdiensten als Ergänzung zu einem physischen Produkt (durch sogenannte hybride Produkt-Dienstleistungs-Bündel).

Im Folgenden wird ein Modell vorgestellt, das dazu dient, bestehende Fähigkeiten zur Entwicklung und Bereitstellung digitaler Dienstleistungen zu erfassen und auf dieser Basis Verbesserungsbedarf zu identifizieren. Das Modell wurde am *Institut für Wirtschaftsinformatik an der Universität St. Gallen* in Kooperation mit Unternehmen im B2C-Bereich entwickelt. Bei der Entwicklung wurden Grundsätze und Methoden der gestaltungsorientierten Forschung genutzt.

■ 11.1 Grundlagen des Fähigkeitsmodells

Modellübersicht

Konzeptionelle Grundlage ist das *Work System Model*, das in der Dienstleistungsforschung genutzt wird, um unterschiedliche Elemente und Interaktionen im Dienstleistungsmanagement zu beschreiben (Alter 2008). Das Modell sowie die in den einzelnen Domänen identifizierten Fähigkeiten sind in Bild 11.1 dargestellt.

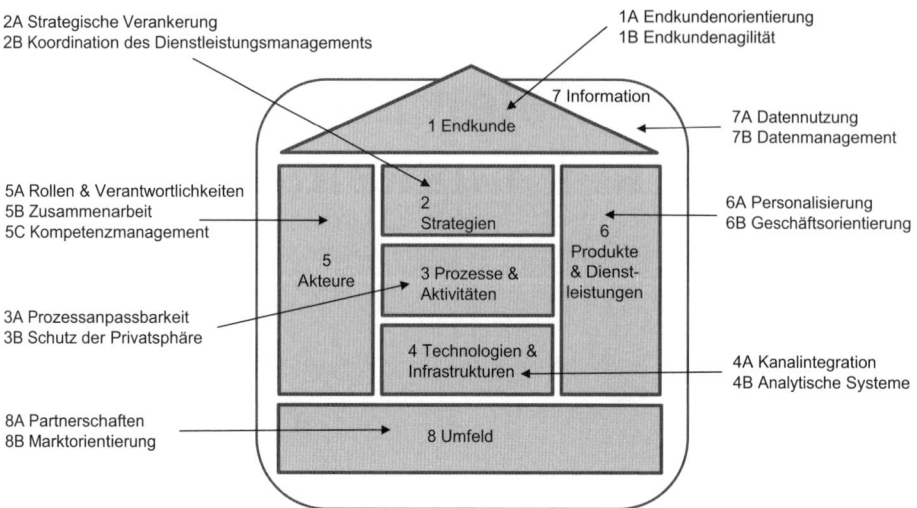

Bild 11.1 Fähigkeitsmodell für digitale Dienstleistungen

Das Fähigkeitsmodell ist in acht Domänen untergliedert. Die Domäne *„Endkunde"* beschreibt die direkten Adressaten von Dienstleistungen. Die Domäne *„Strategien"* adressiert die grundlegende wettbewerbliche Ausrichtung, die mit dem Angebot digitaler Dienstleistungen verfolgt wird. Die Domäne *„Prozesse & Aktivitäten"* umfasst die formalen Geschäftsprozesse und die informalen Aktivitäten zur Erbringung digitaler Dienstleistungen. Die Domäne „Technologien & Infrastrukturen" adressiert die Informationstechnologien sowie auch Methoden und Verfahren, die für digitale Dienstleistungen benötigt werden. In der Domäne *„Akteure"* werden die unterschiedlichen unternehmensexternen und -internen Rollen und Institutionen beschrieben, die an der Dienstleistungserbringung aktiv beteiligt sind. Die Domäne *„Produkte & Dienstleistungen"* beschreibt wesentliche Gestaltungseigenschaften des endkundenseitigen Werteangebots. Die Domäne *„Information"* adressiert Ansätze, Verfahren und Instrumente zum Management der Daten, die für digitale Dienstleistungen grundlegend sind. In der Domäne *„Umfeld"* werden institutionelle, wettbewerbliche und regulatorische Rahmenbedingungen zusammengefasst.

Ansatz zur Bewertung von Fähigkeiten

Das Modell zur Bewertung von Fähigkeitsstufen im Ist- oder Sollzustand besteht aus folgenden Komponenten.

- Es werden 17 Fähigkeiten beschrieben, die jeweils einer Domäne zugeordnet sind.
- Pro Fähigkeit ist eine Zielsetzung definiert, die mit dem Aufbau einer Fähigkeit erreicht werden soll.

- Der Grad der Zielerreichung wird auf einer Skala von 1 („Ziel nicht erreicht") bis 5 („Ziel wird beständig erreicht") bewertet.

- Die Priorität einer Fähigkeit wird ebenfalls auf einer Skala von 1 („sehr niedrig") bis 5 („sehr hoch") bewertet.

- Aus Grad der Zielerreichung und Priorität lässt sich der Handlungsbedarf ableiten.

- Pro Fähigkeit sind zwei bis vier Praktiken beschrieben, die je nach Unternehmenskontext den Aufbau einer Fähigkeit unterstützen.

- Mit sogenannten Evidenzen sind Beispiele beschrieben, wie Praktiken in konkreten Unternehmenskontexten gestaltet und eingesetzt werden.

- Der Institutionalisierungsgrad von Praktiken wird auf einer Skala von 1 („keine oder Ad-hoc-Praktiken") bis 5 („Praktiken sind konsistent definiert und wiederholbar") beurteilt.

Die Grade der Zielerreichung, Prioritäten und Grade der Institutionalisierung werden in qualitativen Interviews erhoben. In diesen Interviews werden zudem begründende Anmerkungen und Aussagen zum Kontext erfasst. Es ist wichtig, dass in der Erhebungs- und Kalibrierungsphase alle Leitungsfunktionen teilnehmen, die für die Konzeption und Bereitstellung digitaler Dienstleistungen maßgeblich sind. Hierzu können beispielsweise der Leiter Produktstrategie, der Leiter Vertrieb und Marketing, der Leiter des IT-Bereichs, der Leiter des Bereichs Kundeninteraktion und der Chief Digital Officer gehören. Die subjektiven Beurteilungen werden in der Analysephase miteinander verglichen. Es ist hierbei die Zielsetzung, klare Meinungsunterschiede und eindeutige Handlungsschwerpunkte abzuleiten. In einem gemeinsamen Workshop mit den Beteiligten werden die Analyseergebnisse kalibriert. Die Ergebnisse fließen in die Fähigkeitsplanung des Unternehmens ein.

■ 11.2 Komponenten des Fähigkeitsmodells

Im Folgenden werden die Fähigkeiten in den einzelnen Domänen kurz beschrieben, um einen Überblick zum Analysebereich und zu Modellschwerpunkten zu vermitteln.

Fähigkeiten in der Domäne „Endkunde"

Der Domäne „Endkunde" sind zwei Fähigkeiten zugeordnet: Endkundenorientierung und Endkundenagilität (siehe Tabelle 11.1). Die Fähigkeit *Endkundenorientierung* ist dann stark ausgeprägt, wenn Endkundenbedürfnisse identifiziert und die

Bedarfsbefriedigung gewährleistet ist. Digitalisierung ermöglicht neue Formen der direkten Endkundeninteraktion (zum Beispiel die Einbeziehung des Endkunden in den Produktentwicklungsprozess bei *Lego*) sowie den Einsatz von Verfahren der Massenpersonalisierung (zum Beispiel die Personalisierung von Schlagwortsuchergebnissen bei *Google*). Deshalb müssen Technologien im Endkundenbereich effektiv eingesetzt werden, um die Kundenbeziehung zu stärken, die Reaktionsfähigkeit gegenüber Kunden zu verbessern und den Endkunden in den Prozess der Wertstiftung einzubeziehen. Die Fähigkeit der Endkundenorientierung hat zum Zweck, derartige Werteversprechen zu formulieren und den Erfüllungsgrad nachzuverfolgen. Endkundenorientierung hat, wie zum Beispiel die Produkte und Dienstleistungen von *Apple* zeigen, großen Einfluss auf den Erfolg von Unternehmen in der digitalen Welt. Wer sich nicht an den Bedürfnissen des Endkunden orientiert und nicht Lösungen entwickelt, die der Endkunde liebt, arbeitet am Markt vorbei.

Wesentliche Praktiken zur Erreichung von Endkundenorientierung sind Befragungen und Analysen von Endkundendaten. *Endkundenbefragungen* verfolgen die Zielsetzung, die Zufriedenheit mit dem bestehenden Angebot digitaler Dienstleistungen zu erfassen und den Bedarf für eine Weiterentwicklung des Dienstleistungsangebots zu verstehen. Zu diesem Zweck können sowohl qualitative Befragungsinstrumente als auch großzahlige Umfragen eingesetzt werden. Im Rahmen von *Datenanalysen* können Verhaltensdaten (zum Beispiel Nutzung von Online-Angeboten, Servicetickets) genutzt werden, um Erkenntnisse zur Zufriedenheit und zu ungedeckten Bedürfnissen zu generieren. Ebenso können Informationen aus externen Datenquellen, zum Beispiel aus sozialen Medien, für eine Präzisierung von Kundenmeinungen, -wahrnehmungen und -bedürfnissen genutzt werden.

Die Fähigkeit „*Endkundenagilität*" umfasst sowohl die endkundennahe Gestaltung von Dienstleistungskonzepten als auch die gezielte Nutzung von Methoden in der Dienstleistungsimplementierung, um Flexibilität und Anpassungsfähigkeit zu ermöglichen. Beim Aufbau dieser Fähigkeit wird das Ziel verfolgt, Agilität entlang des gesamten Dienstleistungslebenszyklus zu gewährleisten. Folgende Praktiken können hierzu einen Beitrag leisten: Methoden der kundenzentrischen Dienstleistungsgestaltung, agile Dienstleistungsimplementierung und Innovationsmanagement. Die *kundenzentrische Dienstleistungsgestaltung* adressiert den Einsatz von Methoden zur frühzeitigen Involvierung des Endkunden bei der Ideenfindung und Gestaltung von Wertangeboten. Beispielhaft sei hier auf den Design-Thinking-Ansatz sowie auf Methoden des Contextual Inquiry verwiesen. Methoden der *agilen Dienstleistungsimplementierung* (zum Beispiel Scrum, Extreme Programming) sind im Gebiet der Softwareentwicklung entwickelt worden und beruhen auf iterativen und inkrementellen Vorgehensmodellen. Auch Methoden des *Innovationsmanagements*, intern auf Mitarbeiterebene wie auch extern durch Verfahren des Crowdsourcings, können zu einer höheren Endkundenagilität beitragen.

Tabelle 11.1 Fähigkeiten in der Domäne „Endkunde"

Fähigkeit	Zielsetzung	Praktiken
Endkundenorientierung	Endkundenseitige Werteversprechen sind formuliert und werden nachverfolgt.	▪ Qualitative und quantitative Endkundenbefragungen ▪ Analyse von Endkundendaten
Endkundenagilität	Digitale Dienstleistungen werden in allen Lebenszyklusphasen agil bewirtschaftet.	▪ Methoden der kundenzentrischen Dienstleistungsgestaltung ▪ Agile Dienstleistungsimplementierung ▪ Innovationsmanagement

Fähigkeiten in der Domäne „Strategien"

In der Domäne „Strategien" sind zwei Fähigkeiten wesentlich: die strategische Verankerung und die Koordination des Dienstleistungsmanagements (siehe Tabelle 11.2). Die Fähigkeit *strategische Verankerung* beschreibt, zu welchem Grad digitale Dienstleistungen in der strategischen Planung des Unternehmens berücksichtig in und ist für eine Etablierung des Themas eine kritische Voraussetzung. Entsprechend wird mit der strategischen Verankerung die Zielsetzung verfolgt, die strategische Ausrichtung beim Management von digitalen Dienstleistungen mit der Gesamtstrategie abzustimmen und eine klare Unterstützung seitens der Unternehmensleitung zu gewährleisten. Praktiken zur Erreichung dieses Ziels sind zum einen die Formulierung einer *Vision zur Bedeutung von digitalen Dienstleistungen* für die Entwicklung des Gesamtmarktes und der angestrebten Positionierung des Unternehmens. Des Weiteren muss in einer *Dienstleistungsstrategie* spezifiziert werden, wie zukünftige Dienstleistungen das bestehende Marktangebot komplementieren oder gegebenenfalls substituieren. Im Kontext einer *Kanalstrategie* wird festgelegt, wie die unterschiedlichen digitalen und physischen Kanäle in Zukunft orchestriert werden, um die Interaktion mit Endkunden bestmöglich zu unterstützen. Die *Endkundenstrategie* legt fest, wie die sich im Kontext der Digitalisierung verändernden Kundensegmente in Zukunft mit digitalen Dienstleistungsangeboten adressiert werden.

Die Fähigkeit *„Koordination des Dienstleistungsmanagements"* befasst sich mit der Ableitung von Programmen und Maßnahmen aus der strategischen Planung. Es ist Zielsetzung dieser Fähigkeit, eine aus Gesamtunternehmensperspektive effektive Planung und Koordination des Managements digitaler Dienstleistungen sicherzustellen. Wesentliche Praktiken sind hier zum einen die Erarbeitung einer *Investitionsplanung und Ressourcenallokation* für digitale Dienstleistungen als Basis der Umsetzung strategischer Planungen. Zum anderen können Initiativen im Kontext digitaler Dienstleistungen in einem *Dienstleistungsportfolio* funktionsübergreifend gesteuert werden.

Tabelle 11.2 Fähigkeiten in der Domäne „Strategien"

Fähigkeit	Zielsetzung	Praktiken
Strategische Verankerung	Die strategischen Zielsetzungen des Managements digitaler Dienstleistungen sind mit der Gesamtstrategie abgestimmt und werden von der Unternehmensleitung unterstützt.	▪ Vision zur Marktentwicklung ▪ Dienstleistungsstrategie ▪ Kanalstrategie ▪ Endkundenstrategie
Koordination des Dienstleistungsmanagements	Das Management digitaler Dienstleistungen ist aus Gesamtunternehmensperspektive angemessen geplant und koordiniert.	▪ Investitionsplanung und Ressourcenallokation ▪ Funktionsübergreifendes Dienstleistungsportfolio

Fähigkeiten in der Domäne „Prozesse & Aktivitäten"

In der Domäne „Prozesse & Aktivitäten" sind sowohl die Anpassbarkeit bestehender Geschäftsprozesse als auch der Schutz der Privatsphäre von hoher Relevanz (Tabelle 11.3). Digitale Technologien bilden die Grundlage für neue Formen der Interaktion mit Endkunden, sei es durch die Automatisierung von Dienstleistungsinteraktionen (zum Beispiel personalisierte Produktvorschläge), durch eine tiefere Einbeziehung von Endkunden (zum Beispiel Selbstbedienungsangebote) oder durch den Einsatz neuer Interaktionskanäle (zum Beispiel die Nutzung von Sensorik bei *Amazon*). Etablierte Geschäftsprozesse lassen regelmäßig keine effektive Nutzung dieser neuen Interaktionsformen zu, da sie zum Beispiel auf physische Kanäle beschränkt sind oder der Automatisierung von Entscheidungen im Wege stehen. Mit der *Anpassbarkeit von Geschäftsprozessen* wird die Zielsetzung verknüpft, Geschäftsprozesse jeweils so gestalten zu können, dass das Geschäftspotenzial digitaler Dienstleistungen genutzt wird. Eine wesentliche Praktik in diesem Kontext ist eine angemessene Einbeziehung von Endkunden in Dienstleistungsprozesse, um eine *kooperative Nutzenerzeugung* (Value Co-Creation) zu unterstützen. Das Konzept der Value Co-Creation stammt aus der Dienstleistungsforschung und beruht auf dem Prinzip, dass im Kontext von Dienstleistungen Mehrwert durch die Integration von Ressourcen von Anbietern und Endkunden erzeugt wird, der Endkunde also einen wesentlichen Beitrag zur Wertgenerierung leistet. In der Nachkaufphase können zum Beispiel Endkundenforen genutzt werden, um Fragen von Endkunden zu diskutieren und lösungsorientierte Ratschläge zu publizieren. Dies wird zum Beispiel bei *Vodafone* praktiziert. Dabei müssen etablierte Prozesse in der Nachkaufbetreuung (zum Beispiel Management des Servicedesks, Wissensmanagement) angepasst werden. Ebenso müssen *Kerngeschäftsprozesse adaptiv gestaltet* sein, damit flexibel auf Kundenverhalten, zum Beispiel auf kurzfristige Bedürfnisschwankungen oder -veränderungen, reagiert werden kann.

Da der *Schutz der Privatsphäre* in der digitalen Interaktion mit Anbietern für viele Endkunden eine hohe Bedeutung hat, sind eine verständliche und klare Kommunikation und die Schaffung von Transparenz gegenüber Endkunden an allen Interaktionspunkten eine wichtige Fähigkeit. Hierbei muss einerseits verdeutlicht werden, welcher Mehrwert für Endkunden durch das Teilen von persönlichen Informationen entsteht und welche Daten zu welchen Zwecken genutzt werden. Die Etablierung der Fähigkeit zum Schutz der Privatsphäre hat somit zum Ziel, Transparenz über die Nutzung personenbezogener Daten herzustellen und den Schutz der Daten zu gewährleisten. Eine hierbei unterstützende Praktik ist die *Zertifizierung der Datensicherheit.* Zudem können Endkunden mithilfe von *Webportalen* über den Bestand und die Nutzung personenbezogener Daten aufgeklärt werden, und die Möglichkeit, auf die Art der Nutzung Einfluss zu nehmen, kann gegeben werden. Eine weitere Praktik ist die *proaktive und verständliche Kommunikation* gegenüber Endkunden, um insbesondere das Vertrauen zu stärken.

Tabelle 11.3 Fähigkeiten in der Domäne „Prozesse & Aktivitäten"

Fähigkeit	Zielsetzung	Praktiken
Prozessanpassbarkeit	Geschäftsprozesse sind umgestaltet, um das Geschäftspotenzial digitaler Dienstleistungen nutzen zu können.	▪ Unterstützung von Value Co-Creation entlang der kundenseitigen Prozesse ▪ Adaptive Kerngeschäftsprozesse
Schutz der Privatsphäre	Die Transparenz über die Nutzung von personenbezogenen Daten ist hergestellt und der Datenschutz ist gewährleistet.	▪ Zertifizierung der Datensicherheit ▪ Datenportale im Web ▪ Proaktive Kommunikation

Fähigkeiten in der Domäne „Technologien & Infrastrukturen"

Der Domäne „Technologien & Infrastrukturen" sind zwei Fähigkeiten zugeordnet: Kanalintegration und das Management analytischer Informationssysteme (Tabelle 11.4). Aufgrund der gegenwärtig hohen Innovationsdynamik bei der Gestaltung digitaler und mobiler Technologien im Endkundenbereich verändern sich Anforderungen der Endkunden an die Gestaltung und Verfügbarkeit von Interaktionskanälen. Anbieter müssen deshalb technologische Innovationen in der Kanalgestaltung frühzeitig aufgreifen und die Interaktion mit Endkunden über vielfältige Kanäle koordinieren. Bei der Fähigkeit *Kanalintegration* ist es Zielsetzung, durch die Koordination und flexible Gestaltung von digitalen und physischen Interaktionskanälen eine konsistente Kundenerfahrung zu ermöglichen. Eine Praktik, die den Aufbau dieser Fähigkeit unterstützt, ist die *Integration digitaler Kontaktpunkte,* zum Beispiel durch die Implementierung eines einheitlichen Authentifizierungsmechanismus (single sign on) und die Integration der den Kanälen zugrunde liegenden Dateninfrastrukturen, um eine möglichst flexible Kanalwahl zu ermöglichen. Eine weitere Praktik ist die *Integration von digitalen und physischen Kanälen,* zum Beispiel die Verfügbarmachung von auf der Webseite getätigten Produktvor-konfigurationen im physischen Beratungsgespräch oder die Online-Reservierung von im Ladengeschäft bereitgestellten Produkten. Des Weiteren können *modulare Systemarchitekturen* die konsistente und flexible Gestaltung von Interaktionskanä-len erleichtern, wie das Beispiel *Fujitsu* verdeutlicht.

Es ist zu erwarten, dass im Rahmen der Digitalisierung ein umfassender Umbau betrieblicher IT-Infrastrukturen erfolgen wird. Das Ausrichten der IT auf den End-kunden sowie die Speicherung und Auswertung von Daten über den Endkunden aus unterschiedlichsten Quellen in fast beliebig großen Mengen, wenn man an Sensordaten beispielsweise aus digitalen Armbändern denkt, ist mit den heute zur Verfügung stehenden IT-Infrastrukturen nicht möglich. Die Umsetzbarkeit ana-lytischer Szenarien ist, neben der Verfügbarkeit von Daten, abhängig von geeig-neten Systemen für die Datenanalyse. Diese Systeme müssen die Analyse von Fra-gestellungen des Bedarfs und des Verhaltens von Endkunden funktions- und kanalübergreifend ermöglichen. Die Fähigkeit zur *„Bereitstellung analytischer Sys-teme"* hat somit zum Ziel, die Umsetzung von analytischen Szenarien im Endkun-denbereich effektiv zu unterstützen. Drei Praktiken können hierzu beitragen. Die *Integration von analytischen Systemen* (zum Beispiel für Webdaten, transaktionale Daten und unstrukturierte Daten) ermöglicht es, eine integrierte Sicht über das Verhalten von Endkunden zu erhalten. Der Einsatz von Technologien zur Verarbei-tung großer Datenmengen oder zur Analyse nahezu in Echtzeit (*Big-Data*-Systeme) ermöglicht des Weiteren, das Endkundenverhalten detailliert auszuwerten und Maßnahmen auf individueller Ebene abzuleiten. Die Einführung von *Standards und Richtlinien für den Datenzugang und die Datennutzung* ist Grundlage, um ana-lytische Systeme für unterschiedlichste analytische Szenarien einzusetzen und den dabei entstehenden Vorbereitungsaufwand gering zu halten.

Tabelle 11.4 Fähigkeiten in der Domäne „Technologien & Infrastrukturen"

Fähigkeit	Zielsetzung	Praktiken
Kanalintegration	Durch die Koordination und fle-xible Gestaltung von digitalen und physischen Interaktions-kanälen wird eine konsistente Kundenerfahrung ermöglicht.	▪ Integration digitaler Kanäle ▪ Integration digitaler und physischer Kanäle ▪ Modulare Architekturen
Bereitstellung ana-lytischer Systeme	Analytische Informationssys-teme unterstützen effektiv die Umsetzung von analytischen Szenarien im Endkunden-bereich.	▪ Integration analytischer Systeme ▪ Nutzung von Big-Data- Systemen ▪ Standards und Richtlinien für Daten-zugang und -nutzung

Fähigkeiten in der Domäne „Akteure"

Initiativen im Kontext digitaler Dienstleistungen betreffen zumeist funktionsüber-greifend viele Unternehmensbereiche. Die traditionellen funktionsorientierten Organisationen müssen deshalb angepasst werden, um die Etablierung digitaler Dienstleistungen zu unterstützen, anstatt diese zu erschweren. In der Domäne „Akteure" werden deshalb Fähigkeiten zur Einführung neu benötigter Rollen und Verantwortlichkeiten, zur Zusammenarbeit und zum gezielten Aufbau von Kom-petenzen benötigt (Tabelle 11.5).

Es ist eine Voraussetzung für die Verankerung neuer technologischer und funk-tionaler Kompetenzen in der Organisation, dass Verantwortungs- und Entschei-dungsstrukturen angepasst werden. Die Fähigkeit *„Rollen & Verantwortlichkeiten"* hat entsprechend die Zielsetzung, die für das Management von digitalen Dienst-leistungen benötigten Rollen, Aufgaben und Verantwortlichkeiten klar zu definie-ren, zu dokumentieren und zu kommunizieren. Wesentlich mit dieser Fähigkeit in Verbindung stehende Praktiken sind die *Einführung neuer Rollen*, zum Beispiel ein Chief Digital Officer zur Steuerung digitaler Initiativen (etwa bei *Starbucks*), die *Neuinstallation von kompetenzbündelnden Organisationseinheiten*, zum Beispiel im Bereich Endkundenanalytik oder Webtechnologien, sowie die *Etablierung von Steuerungsmechanismen*, die eine Entscheidungsbeteiligung der für digitale Dienst-leistungen wesentlichen Interessenvertreter sicherstellt, zum Beispiel durch ein Steuerungskomitee für digitale Dienstleistungen.

Da das Management von digitalen Dienstleistungen zumeist eine interdisziplinäre und transversale Aufgabe ist, müssen stark verteilte Kompetenzen zusammen-gebracht werden. Entsprechend ist es die Zielsetzung der Fähigkeit *„Zusammen-arbeit"*, transversale und interdisziplinäre Zusammenarbeit zu unterstützen. Asso-ziierte Praktiken sind die Bildung *transversaler Projektteams*, die Ausbildung und der Einsatz *interdisziplinärer Projektleiter* sowie die Etablierung einer *Kultur der Zusammenarbeit* innerhalb des Unternehmens.

Im Kontext der Digitalisierung werden neuartige Kompetenzen im Unternehmen benötigt, zum Beispiel in den Bereichen Kundendatenanalyse und digitale Kun-deninteraktion. Entsprechend hat die Fähigkeit *„Kompetenzmanagement"* zum Ziel, die für das erfolgreiche Management von digitalen Dienstleistungen (und ins-besondere für die datengetriebene Entscheidungsfindung) benötigten Kompeten-zen im Unternehmen aufzubauen. Der Aufbau dieser Fähigkeit wird unterstützt durch eine *strukturierte Fähigkeitsplanung*, die *Gestaltung von internen Weiterbil-dungsprogrammen* sowie dem Zugewinn externer Kompetenzträger durch eine ent-sprechende *Einstellungspolitik*.

Tabelle 11.5 Fähigkeiten in der Domäne „Akteure"

Fähigkeit	Zielsetzung	Praktiken
Rollen & Verantwortlichkeiten	Rollen, Aufgaben und Verantwortlichkeiten für das Management digitaler Dienstleistungen sind klar definiert, dokumentiert und kommuniziert.	• Einführung von Rollen • Installation von kompetenzbündelnden Einheiten • Steuerungsmechanismen
Zusammenarbeit	Die transversale und interdisziplinäre Zusammenarbeit wird unterstützt.	• Transversale Projektteams • Interdisziplinäre Projektleiter • Kultur der Zusammenarbeit
Kompetenzmanagement	Die für das Management von digitalen Dienstleistungen (und insbesondere für die datengetriebene Entscheidungsfindung) benötigten Kompetenzen sind im Unternehmen aufgebaut.	• Fähigkeitsplanung • Weiterbildungsprogramme • Einstellungspolitik

Fähigkeiten in der Domäne „Produkte & Dienstleistungen"

In der Domäne „Produkte & Dienstleistungen" sind zwei Fähigkeiten wesentlich: Personalisierung und Geschäftsorientierung (Tabelle 11.6). Vermehrt ist es möglich, den Kontext der Nutzung einer Dienstleistung und Informationen zu Verhalten und in der Vergangenheit liegenden Interaktionen mit Endkunden zu berücksichtigen, um digitale Dienstleistungen an den situativen Bedarf eines Endkunden anzupassen. Entsprechend ist es Zielsetzung der Fähigkeit *Personalisierung,* digitale Dienstleistungen auf Basis von Kundeninformationen auf den persönlichen Kontext des Endkunden zuzuschneiden. Hierzu kann *prädiktive Analytik* ebenso eingesetzt werden wie auch *Testen und Experimente,* um Präferenzen von Endkunden zu ermitteln. Letzteres wird zum Beispiel bei *Facebook* praktiziert. Zudem können für die Interaktion mit Endkunden relevante Informationen nahezu in Echtzeit an Kontaktpunkten bereitgestellt werden, um eine *persönliche Beratung* zu gewährleisten. Dies veranschaulicht das Beispiel *PostFinance.*

Auch wenn aufgrund eines hohen Innovationsgrades in Frühphasen der Projektierung von digitalen Dienstleistungen eine hohe Unsicherheit herrscht, müssen sie mittel- bis langfristig zur Erreichung von geschäftlichen Zielen, zum Beispiel im Hinblick auf Marktposition, Kundenbeziehung oder Umsatz, beitragen. Entsprechend werden Steuerungslogiken und Metriken benötigt, um den Geschäftserfolg von digitalen Dienstleistungen kontinuierlich zu messen und zu kommunizieren. Die Fähigkeit *„Geschäftsorientierung"* hat zum Ziel, die mit digitalen Dienstleistungen assoziierten geschäftlichen Zielsetzungen zu operationalisieren und mit geeigneten Metriken zu überwachen. Beispielhafte Praktiken sind die Erfassung der durch eine digitale Dienstleistung generierten Mehrumsätze (*Umsatzkontrolle*) sowie die *Messung von Nutzungskennzahlen.*

Tabelle 11.6 Fähigkeiten in der Domäne „Produkte & Dienstleistungen"

Fähigkeit	Zielsetzung	Praktiken
Personalisierung	Auf Basis von Kundeninformationen werden digitale Dienstleistungen auf den persönlichen Kontext des Endkunden zugeschnitten.	• Prädiktive Analytik • Testen und Experimente • Persönliche Beratung
Geschäftsorientierung	Die mit einer digitalen Dienstleistung verfolgten geschäftlichen Zielsetzungen sind operationalisiert und werden mit geeigneten Metriken überwacht.	• Umsatzkontrolle • Nutzungsüberwachung

Fähigkeiten in der Domäne „Information"

Kundenbezogene Daten sind für die Gestaltung und Bereitstellung von digitalen Dienstleistungen eine wesentliche Ressource und müssen entsprechend entlang des kompletten Datenlebenszyklus bewirtschaftet werden. Der Domäne „Information" sind die Fähigkeiten „Datennutzung" und „Datenmanagement" zugeordnet (Tabelle 11.7). Es ist Zielsetzung der Fähigkeit *Datennutzung*, das Geschäftspotenzial des verfügbaren Datenbestandes kontinuierlich zu bewerten und angemessene Maßnahmen abzuleiten, um eine effektive Nutzung der Ressource Daten zu gewährleisten. Dies wird durch zwei Praktiken unterstützt: die *Identifikation von analytischen Szenarien* auf Basis des Datenbestandes und die Umsetzung von *Prototypen im Bereich der Datenauswertung*.

Die Fähigkeit des *Kundendatenmanagements* hat zum Ziel, durch Verfahren, Methoden und Architekturen des Managements von Kundendaten die Datennutzung in vollem Umfang zu unterstützen. Das *Anforderungsmanagement* dient dazu, Anforderungen an die Verfügbarkeit und Qualität von Daten zu verstehen und zum Beispiel angemessene Datenakquisitionsmaßnahmen abzuleiten. Auch Praktiken des *Datenqualitätsmanagements* und der *Integration von Kundendaten* aus unterschiedlichen Quellen tragen zur Etablierung des Kundendatenmanagements bei.

Tabelle 11.7 Fähigkeiten in der Domäne „Information"

Fähigkeit	Zielsetzung	Praktiken
Datennutzung	Das Geschäftspotenzial des Datenbestandes wird kontinuierlich bewertet und angemessene Maßnahmen werden abgeleitet.	• Datengetriebene Identifikation analytischer Szenarien • Umsetzung von Prototypen
Kundendatenmanagement	Die Methoden und Architekturen für das Management von Kundendaten unterstützen die Datennutzung in vollem Umfang.	• Anforderungsmanagement • Datenqualitätsmanagement • Integration von Kundendaten

Fähigkeiten in der Domäne „Umfeld"

In der Domäne „Umfeld" sind die Fähigkeiten Unternehmenspartnerschaften und Marktorientierung von hoher Bedeutung (Tabelle 11.8). Endkunden nehmen das Dienstleistungsangebot eines Unternehmens als Teil eines unternehmensüber-greifenden Ökosystems von digitalen Angeboten dar. Deshalb muss das Dienstleis-tungsangebot mit Komplementärangeboten abgestimmt und koordiniert werden. Es ist Zielsetzung der Fähigkeit *„Unternehmenspartnerschaften"*, die strategische Position im Markt für digitale Dienstleistungen durch Unternehmenspartnerschaf-ten zu sichern und kontinuierlich zu verbessern. Wesentliche Praktiken in diesem Bereich sind der Aufbau von *strategischen Partnerschaften* (ein Beispiel ist die Part-nerschaft von *Novartis* mit *Google*), von *Vertriebspartnerschaften* und von *Techno-logiepartnerschaften*.

Die Fähigkeit *„Marktorientierung"* hat zum Ziel, Marktentwicklungen zu über-wachen und potenziell wesentliche Technologieentwicklungen frühzeitig zu erken-nen. Um dies zu ermöglichen, können Methoden des *Technologiescreenings* ver-wendet werden. Ebenso können Aktivitäten von Wettbewerbern und globale Marktentwicklungen im Rahmen von *Benchmarks* ausgewertet werden.

Tabelle 11.8 Fähigkeiten in der Domäne „Umfeld"

Fähigkeit	Zielsetzung	Praktiken
Unternehmens-partnerschaften	Die strategische Position im Markt für digitale Dienstleistungen wird durch strategische Unternehmenspartner-schaften kontinuierlich verbessert.	▪ Strategische Partnerschaften ▪ Vertriebspartnerschaften ▪ Technologiepartnerschaften
Marktorientierung	Marktentwicklungen werden über-wacht und potenziell wesentliche Technologieentwicklungen werden frühzeitig erkannt.	▪ Technologiescreening ▪ Benchmarks

▪ 11.3 Erfahrungen bei der Modellnutzung

Eine wesentliche Erkenntnis aus der Modellnutzung ist, dass in vielen Unterneh-men kein einheitliches Verständnis zu den für digitale Transformationen wesentli-chen Konzepten und Prinzipien besteht. Begriffe wie Big Data, digitale Dienstleis-tung oder Datenanalytik werden je nach Fachbereich und Perspektive mit unterschiedlichen Konzepten in Verbindung gebracht. Für die unternehmens-interne Kommunikation ist dies ein wesentliches Hindernis. Es ist deshalb eine wichtige Zielsetzung der Anwendung des in diesem Beitrag vorgestellten Modells, zu der Erarbeitung eines einheitlichen Begriffsverständnisses beizutragen. Für die im Modell maßgeblichen Konzepte wurden im Interviewleitfaden Begriffsdefinitionen hinterlegt. In den qualitativen Interviews war es notwendig, für ein klares Verständnis zu sorgen und eine etwaige Unschärfe oder bewusst vorgenommene abweichende Interpretationen explizit zu vermerken.

Wir verzichten im Modell bewusst auf eine Operationalisierung der Zielerreichungsgrade durch Leistungsindikatoren, da dies nur auf Kosten der Anwendungsbreite möglich wäre, zum Beispiel durch die Beschränkung auf eine Industrie. In der Erhebung werden deshalb subjektive Einschätzungen erfasst. Dem Interviewer kommt dabei eine wichtige Rolle zu, da er systematische Perspektivunterschiede erkennen und individuelle Fähigkeitsbewertungen mithilfe der Erfassung von Zitaten kontextualisieren muss. Die Kalibrierung der zusammengefassten Ergebnisse, die auf einem systematischen Vergleich der einzelnen Interviewergebnisse beruht und im Rahmen eines Workshops mit den Interviewteilnehmern vorgenommen wird, ist bei der Modellanwendung eine unverzichtbare Aktivität. Auf dieser Basis können dann Maßnahmen für die zukünftige Fähigkeitsentwicklung geplant werden.

Aufgrund der Subjektivität der Fähigkeitsbeurteilungen und der Notwendigkeit, die Ergebnisse zu kontextualisieren und zu kalibrieren, eignet sich das Modell nicht für quantitative Befragungen oder Benchmarks. Vielmehr werden erfolgreiche Praktiken von Unternehmen unterschiedlicher Industrien zusammengetragen und können Modellanwendern als Inspiration dienen. Da Entwicklungen der Digitalisierung nicht in allen B2C-Märkten vergleichbar sind und B2C-Märkte unterschiedlichen Marktdynamiken ausgesetzt sind, lassen sich bei Unternehmen verschiedener Märkte in Bezug auf das Management digitaler Dienstleistungen unterschiedliche Reifegrade erkennen. Während die Nutzung digitaler Kanäle im Einzelhandel bereits zu wesentlichen Veränderungen des Geschäftsmodells geführt hat, werden diese bei manchen Unternehmen der Verbrauchsgüterindustrie lediglich als Kommunikationsinstrument genutzt. Bei der Modellanwendung lässt sich erkennen, dass Erfahrungswissen in Form von bewährten Praktiken auf andere B2C-Märkte übertragen werden kann.

■ 11.4 Fazit

Im Rahmen von digitalen Transformationen in B2C-Märkten nimmt das Management von digitalen Dienstleistungen eine wesentliche Rolle ein. Der Aufbau und die Weiterentwicklung unternehmensinterner Fähigkeiten sind dabei ein Grundpfeiler. Um diese Managementaufgabe zu unterstützen, haben wir ein Fähigkeitsmodell entwickelt, welches am Domänenmodell für Dienstleistungssysteme orientiert ist. Das Modell ermöglicht es, Zielerreichungsgrade und Prioritäten für insgesamt 17 Fähigkeiten zu bestimmen. Zudem identifiziert und beschreibt es systematisch fähigkeitsunterstützende Praktiken aus Unternehmen unterschiedlicher B2C-Märkte.

Das Modell ist nicht als universelles Instrument für das Management digitaler Transformationen anzusehen, da es die Digitalisierung von Geschäftsprozessen, zum Beispiel in der Versorgungskette oder in der Produktion, nur in Ansätzen berücksichtigt. Da die relative Bedeutung der Fähigkeiten aufgrund heterogener Rahmenbedingungen (zum Beispiel die Größe von Unternehmen und die Komplexität von Informationssystemen) für Unternehmen unterschiedlich sein kann, ist das Modell situativ gestaltet: Der Handlungsbedarf ist an eine unternehmensspezifische Bewertung der Prioritäten der Fähigkeiten gekoppelt. Aus dem gleichen Grund ist die Beschreibung der Fähigkeiten nicht präskriptiv und abschließend.

Bei der Entwicklung des Fähigkeitsmodells war es ein wesentliches Ziel, ein methodisch fundiertes Managementinstrument zu entwickeln. Die bisherige Nutzung hat gezeigt, dass dies, trotz der Vielzahl der von Praktikern für digitale Transformationen bereits entwickelten Managementkonzepte, von den teilnehmenden Unternehmen als Mehrwert empfunden wird. Zudem ermöglicht es die Beschränkung auf digitale Dienstleistungen, die Modellkomplexität auf einem handhabbaren Niveau zu halten. Deshalb ist es möglich, die Fähigkeitsbewertung mit einem begrenzten Aufwand für Interviews und Workshops umzusetzen. In den durchgeführten Fallstudien wurde zudem deutlich, dass die Entwicklung eines gemeinsamen Verständnisses zur Bedeutung und gegenwärtigen Ausprägung von Fähigkeiten im Kontext der digitalen Transformation eine wesentliche interne, fachbereichsübergreifende und kommunikationsintensive Aufgabe ist, die nicht durch die Teilnahme an Benchmarks substituiert werden kann.

 Erfolgsfaktoren

- Digitale Transformation in B2C-Unternehmen erfordert als Voraussetzung unterschiedliche Fähigkeiten, um digitale Dienstleistungen strukturiert zu entwickeln und bereitzustellen.
- Das Fähigkeitsmodell basiert auf den Säulen Endkunde, Strategien, Prozesse & Aktivitäten, Technologien & Infrastrukturen, Akteure, Produkte & Dienstleistungen, Information sowie Umfeld.
- Ein Unternehmen kann nur erfolgreich digitale Dienstleistungen anbieten, wenn es sinnvolle, in sich schlüssige Antworten auf diese Fragenblöcke liefert.
- Die Operationalisierung dieser Größen hat industriespezifisch und kontextabhängig zu erfolgen.

12 DLT/Blockchain-basierte Geschäftsmodelle

Kilian Schmück, Oliver Gassmann

„Blockchain" ist spätestens seit der Spekulationsblase rund um die Kryptowährungen wie Bitcoin in der breiten Wirtschaftswelt bekannt geworden. Es wurden weniger die technologischen Aspekte und weitere Anwendungsmöglichkeiten der Distributed Ledger Technologies (DLTs) diskutiert als vielmehr die Spekulationsblase und der damit einhergehende Hype um die Währung. Durch die Herausgabe der Kryptowährungen, die auf den meisten DLTs für das Incentivierungs-Alignment integriert sind, dem sogenannten ICO (Initial Coin Offering) wurde mehr Geld in DLT Ventures investiert als über Venture Capital. Auch wurde kritisch diskutiert, dass der Energiebedarf für die Bitcoin-Transaktionen dem Energiebedarf des Landes Dänemark entspricht, der betriebswirtschaftliche oder volkswirtschaftliche Nutzen hingegen kaum sichtbar ist. Haben wir damit die letzten Jahre einen typischen Hype um die Blockchain- oder allgemein DLT-Technologie erlebt und ist die Technologie damit tot? Dieser Beitrag soll eine allgemeine Einführung in die Technologie und vor allem die möglichen Geschäftsmodelle geben, welche wir in der Forschung identifiziert haben.

Viel in der derzeitigen Entwicklung erinnert an die Anfänge des Internets: Mit dem Start der Entwicklung des Internetprotokolls (TCP-IP) 1974 und dessen darauffolgender Implementierung wurden tief greifende, disruptive wirtschaftliche Veränderungen induziert. Durch TCP-IP wurde es möglich, digitale Dateien zum Nullpreis zu multiplizieren (Digital Abundance) und innerhalb des TCP-IP-Netzwerks zu übermitteln. Aus wirtschaftlicher Perspektive führte dies zur Entstehung der Plattformökonomie, welche sich maßgeblich auf die Transaktionsorchestration fokussiert und hierdurch zum dominanten Mittelsmann der geschäftsmodellübergreifenden Geschäftsprozesse prosperierte. Trotz des Platzens der damaligen New-Economy-Blase sind Unternehmen mit der heute höchsten Marktkapitalisierung weltweit fast alles internetbasierte Plattformunternehmen.

Ein wirtschaftlich ähnlich großes Disruptionspotenzial wird den Protokollen der Distributed Ledger Technologies, wie beispielsweise Blockchain, prognostiziert. Die DLT-Protokolle sind im Kern verteilte Datenbanken, über welche durch Konsensmechanismen ein globaler und konsistenter Datenstand generiert wird. Durch DLTs wird es möglich, die digitale Einmaligkeit digitaler Dateien (Digital Scarcity) nachzuweisen, sodass an diese eine finanzielle Wertigkeit gekoppelt werden kann. Im größeren Kontext können hierdurch Geschäftsprozesse ohne die Hilfe zentraler, vertrauensgebender Instanzen automatisiert durchgeführt werden. Das Vertrauen über die Richtigkeit dieser Abwicklung wird hierbei durch die Technologie selber manifestiert. Während das Internetprotokoll durch ein kostengünstigeres Datenflussmanagement die Plattformökonomie als Mittelsmann verschiedener Geschäftsmodelle implementiert hat, können DLTs durch ein kostengünstigeres und dezentrales Management über die Technologie selbst Vertrauen schaffen und damit die Eliminierung des Mittelsmanns in der Plattformökonomie bewirken (Bild 12.1). Mit anderen Worten: Die Technologie hat nicht weniger Potenzial als die heutigen dominanten Plattformplayer wie *eBay*, *Airbnb*, *Facebook* oder *Amazon* zu eliminieren. Banken könnten als Intermediäre überflüssig werden, da DLTs die Funktion des Vertrauensgebers über Transaktionen übernehmen können.

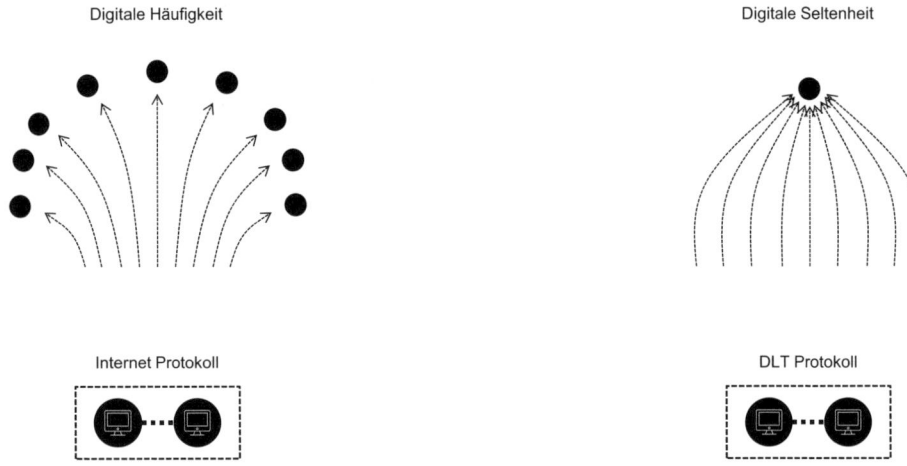

Bild 12.1 Digital Abundance und Digital Scarcity als Folge des Internet- und DLT-Protokolls

Um wirtschaftliche Implikationen für Industrien, Unternehmen und Geschäftsmodelle zu identifizieren, wurde am Institut für Technologiemanagement der *Universität St. Gallen* eine explorative Studie zu existierenden und aufkeimenden DLT-basierenden Geschäftsmodellen durchgeführt. Hierzu wurden 80 Start-ups detailliert untersucht, die DLTs in ihr Geschäftsmodell integrieren oder integriert haben. Im ersten Schritt wurde eine Taxonomie entwickelt, mit welcher die verschiedenen Ausprägungen geschäftsmodellbezogener Dimensionen beobachtet wurden. Auf Basis der Taxonomie wurden drei signifikante Pfade durch die Taxonomie identifiziert, welche jeweils einen Archetyp DLT-basierter Geschäftsmodelle beschreiben.

■ 12.1 *Taxonomie:* Welche DLT-Geschäftsmodelle gibt es heute?

Die Dimensionen, auf welche sich die Ausprägungen DLT-basierter Geschäftsmodelle beziehen, entstammen der Geschäftsmodelldefinition nach dem Business Model Navigator (Gassmann et al. 2014). Es werden folglich vier Dimensionen untersucht:

- Wer ist der Zielkunde im Geschäftsmodell (Target Customer)?
- Was ist das Nutzenversprechen im Geschäftsmodell (Value Proposition)?
- Wie lässt sich Wert generieren (Value Creation)?
- Wie lässt sich ein Teil des Wertes für das eigene Unternehmen erfassen (Value Capture)?

Bild 12.2 zeigt die Ergebnisse unserer Forschung als Taxonomie DLT-basierter Geschäftsmodelle, welche den genannten vier Dimensionen entsprechende DLT-typische Ausprägungen zuordnet.

Die Taxonomie zeigt, dass 63 Prozent der DLT-basierten Geschäftsmodelle im B2B-Kontext Unternehmen adressieren. 70 Prozent integrieren ein gesamtes Ökosystem, anstatt bilateral oder durch einen zweiseitigen Markt die eigenen Wertversprechen an die Kundengruppen zu bringen. Erklärungen hierfür können in der aktuell noch nicht ausgereiften Maturität der Technologie und dem generischen Wertversprechen der DLTs gefunden werden. Wie erwähnt, handelt es sich bei DLTs um verteilte Datenbanken. Trotz dieser Dezentralität bezüglich der Datenspeicherung ist es wichtig, dass ein einheitlicher Datenstand generiert wird und sich das Netzwerk darüber einig ist. Sogenannte Konsensmechanismen beschreiben und implementieren die benötigte Incentivierung des Netzwerks, sich über den Datenstand zu einigen. Zum heutigen Zeitpunkt sind insbesondere diese noch in der Entwicklungsphase, um die Skalierung der DLTs zu ermöglichen.

Wie bei neuen Technologien mit großem Potenzial üblich werden zu Beginn maßgeblich technologieaffine kleine Kundengruppen angesprochen, nicht aber die breite Masse. Dies erklärt auch die momentan noch geringe Orientierung auf B2C. Jedoch kann erwartet werden, dass sich dieser Umstand schnell ändert, sobald die Technologie das benötigte Maturitätslevel erreicht hat. Aktuell sind daher besonders Unternehmen am Experimentieren und einer möglichen Implementierung und Integration der DLTs interessiert, um sich im Innovationsrennen um die nächste Generation der disruptiven Technologien einen Wettbewerbsvorteil zu erarbeiten.

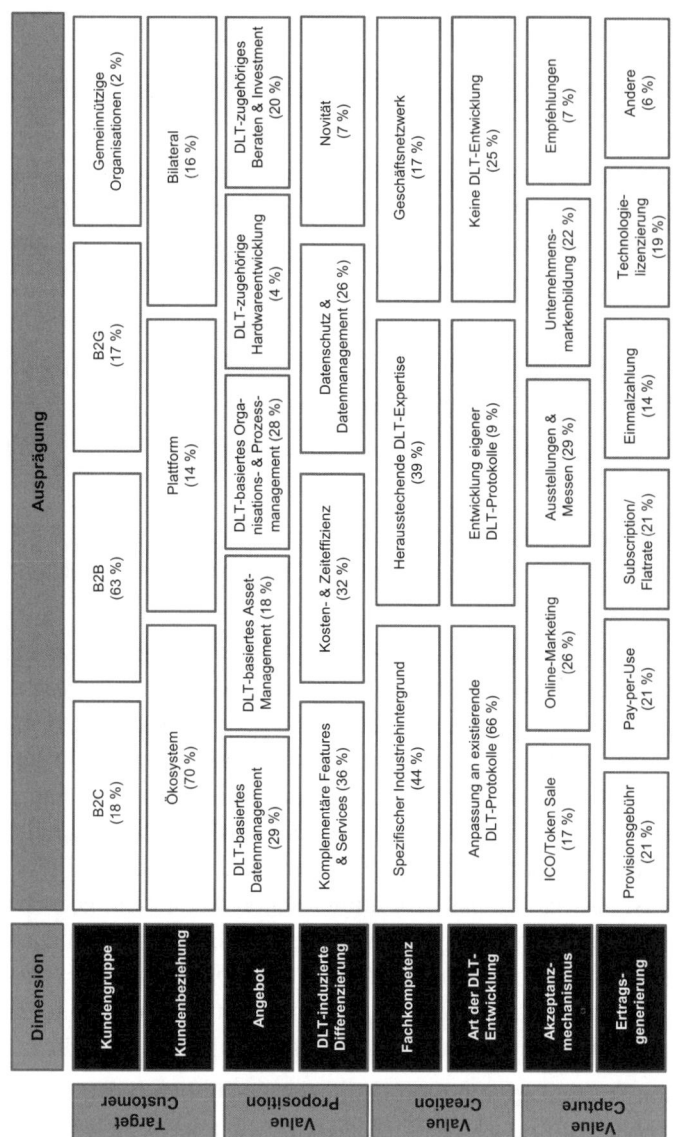

Bild 12.2 Taxonomie DLT-basierter Geschäftsmodelle

Bei der Implementierung von DLTs geht es im Kern um die Dezentralisierung des Mittelsmanns. Durch DLTs wird ein automatisiertes Alignment der Incentivierungsheterogenität von Business-Ökosystemen erreicht, weniger jedoch bei homogenen Geschäftsprozessen im bilateralen Umfeld. Erst bei komplexen multilateralen Prozessen ist der Wertgewinn einer DLT-Implementierung gegenüber dem Aufwand und den Skalierungsnachteilen groß genug.

Entsprechende Anwendungsbeispiele können im Kontext von Lieferkettenmanagement, Mobilitätsökosystemen, Energiemanagement, dem Bankenwesen, Gesundheitsmanagement oder Immobilienmanagement gefunden werden:

- Beispielsweise versucht das Start-up *Everledger* durch Blockchain die Zertifizierung der Herkunft und der Lieferkette von Diamanten zu verbessern und hiermit den Diamantenhandel vor Blutdiamanten zu schützen.

- *Skuchain* aus Kalifornien adressiert die industrieseitigen Lieferketten-Ökosysteme von OEMs im Flugzeug- und Automobilbau. Herausforderungen liegen hier weniger in der technischen Applikation als in der Akzeptanzgenerierung aller Ökosystemteilnehmer, auf die DLT-Lösung zu vertrauen und entsprechende eigene Systeme zu ersetzen oder anzupassen.

- Das Schweizer Start-up MODUM realisiert auf Ethereum-Basis einen sicheren Pharmaauslieferungsprozess. DLTs erlauben es, die strengen EU-Richtlinien einzuhalten, gerade wenn es um den garantierten Nachweis der zentralen Parameter in der Medikamentenlieferkette wie beispielsweise der kontinuierlich unterschrittenen Temperatur während des Transports geht.

- Im Mobilitätskontext haben sich bereits Initiativen wie *MOBI* und *DOVU* gebildet, um die sich aufbauenden Mobilitätsökosysteme frühzeitig mit DLT-basierten Lösungen zu supporten. Bei *MOBI* handelt es sich um ein Konsortium bestehend sowohl aus Automobilunternehmen wie *BMW, Bosch, Ford, GM, Renault, ZF* und *Denso* als auch aus DLT-Unternehmen wie *BigchainDB, ConsenSys, IBM, IOTA, MotionWerk* und *DOVU. DOVU* adressiert mit seiner DLT-Lösung das Datenmanagement von Mobilitätsökosystemen. Durch das Teilen der eigenen Mobilitätsdaten werden Token verdient, die anschließend für Mobilitätsdienstleistungen eingesetzt werden können.

- Bei Energiemanagement handelt es sich um einen Anwendungsfall, der bereits sehr weit entwickelt ist. Zum einen ist eine DLT-Integration aufgrund relativ geringer Schnittstellenproblematiken gut umsetzbar, zum anderen haben insbesondere die Energiewende und die Elektrifizierung in der Automobilindustrie stark für Antrieb gesorgt. Beispielsweise hat sich mit *MotionWerk* und der *Share&Charge Foundation* ein ehemaliges Spin-off von *Innogy* positioniert, um die Integration von Ladestationen und das Teilen privater Ladekapazitäten auf einer Plattform anzubieten. *Share&Charge* basiert auf der Energy Web Blockchain, einer Initiative der *Energy Web Foundation*, in welcher unter anderem *E.ON, Innogy, Swisspower, Share&Charge* und *Siemens* aktiv sind. Gemeinsam mit *Slock.it* und *Parity Technologies* wurde die Ethereum-Blockchain auf den Energieanwendungsfall angepasst. Um beispielsweise die Skalierung zu erhöhen, ist der Konsensmechanismus von Proof-of-Work auf Proof-of-Authority adaptiert worden. Anstatt den Datenstand durch die Miner und teure Computing-Power zu gewährleisten, bringen die affilierten Unternehmen selber das Vertrauen und den Konsens in den Datenstand der verteilten Datenbanken.

- Auch im Bankenwesen haben sich solche Initiativen entwickelt. Nachdem im Jahr 2012 *Ripple* mit seiner Kryptowährung *XRP* angetreten war, um die globalen Transaktionen zwischen Banken zu homogenisieren, gründete sich 2014 das Konsortium *R3*, initial als reines Bankenkonsortium, welches mit *Corda* eine DLT entwickelt hat, welche die Interoperabilität zwischen Unternehmen industrieübergreifend verbessern kann. Neben den Gründungsmitgliedern *Barclays, BBVA, Commonwealth Bank of Australia, Credit Suisse, Goldman Sachs, J. P. Morgan, Royal Bank of Scotland* und der Schweizer *UBS* haben sich dem Konsortium in den folgenden Jahren unter anderem auch die *Bank of America, BNY Mellon, Citi, Commerzbank, Deutsche Bank, HSBC, Morgan Stanley, National Australia Bank, Royal Bank of Canada, Société Générale, BNP Paribas, Wells Fargo* und die *ING* angeschlossen. Corda ist die erste DLT, welche auf *Amazon Web Services* läuft und mit Smart-Contract-Integration und Consensus-as-a-Service auch gegen bereits etablierte Technologieplattformen wie Ethereum in Konkurrenz tritt.
- Das heterogene Umfeld des Gesundheitssystems birgt ebenfalls große Potenziale für eine DLT-Integration. Insbesondere das Management hochsensibler Daten bringt eine Komplexität mit sich, welche es den bis dato zentralen Instanzen sehr erschwert hat, einen Austausch von Daten zu forcieren. Durch DLTs wird der Datenaustausch erleichtert, da der Patient selber dem Datenaustausch seiner persönlichen Daten zustimmen kann und die relevanten Instanzen, wie Krankenversicherung, Labore und Krankenhäuser, diese patientenorientiert und effizienter nutzen können. Ein Start-up, welches sich eben dieses Use Cases angenommen hat, ist *Health Wizz*. App-gesteuert kann der Patient seine persönlichen Daten an Krankenhäuser oder Labore zu Forschungs- oder Behandlungszwecken weitergeben und erhält im Gegenzug von diesen Token. Die Token können anschließend für komplementierende Services wie Krankenversicherung oder das Fitnessstudio ausgegeben werden.
- Ein Anwendungsfall für Immobilienmanagement wurde von *Zühlke* in Kooperation mit *Swiss Life* entwickelt. Dieser ist im Anschluss an dieses Kapitel beschrieben.

Die durch DLTs offerierten Wertversprechen lassen sich dem DLT-basierten Datenmanagement, dem DLT-basierten Asset-Management, dem DLT-basierten Organisations- und Prozessmanagement, der DLT-zugehörigen Hardwareentwicklung und dem DLT-zugehörigen Beraten und Investment zuordnen.

Unternehmen wie *Health Wizz, DOVU, Ripple* oder *Bosch* sind mit ihren Lösungen beispielsweise Vertreter für Datenmanagement auf DLT-Basis. *Bosch* hat auf Basis der Bitcoin-Blockchain eine Lösung entwickelt, welche Tachometerbetrug unmöglich machen soll. In regelmäßigen Abständen wird der aktuelle Kilometerstand eines Autos in die Blockchain geschrieben und validiert. Im Falle von Betrug, also dem illegalen Zurückdrehen des Kilometerstands, wird die Abweichung erkannt und dem Betrug vorgebeugt. Vertreter für DLT-basiertes Asset-Management wären beispielsweise *Blockmarket* oder *Winding Tree*. *Blockmarket* hat eine Blockchain-basierte Retail-Plattform entwickelt. Der Unterschied zu herkömmlichen Plattformen dieser Art ist die Dezentralität. Auf *Blockmarket* wird der Handel komplett automatisiert und validiert über die Blockchain abgewickelt, sodass es keinen Mittelsmann mehr benötigt, welcher sich Transaktionsgebühren abschröpft – ein dezentrales *Amazon* oder *eBay*. Dem gleichen dezentralen Muster folgend setzt sich die dezentrale Plattform *Winding Tree* zwischen die Flug- und Hotelanbieter und die Online Travel Agents wie *Expedia.de*, *Skyscanner* oder die Buchungssysteme von Unternehmen. Ein zentrales Pendant hierzu wäre die *Amadeus*-Plattform. *Winding Tree* ist im späteren Verlauf dieses Kapitels noch mal ausführlicher beschrieben. Ein Beispiel für DLT-basiertes Organisations- und Prozessmanagement wäre das Lieferkettenmanagement oder auch Audit Trails. Auf Basis der *Skuchain*- beziehungsweise *Everledger*-Lösung werden Transportprozesse global und dezentral überwacht, während bei *MODUM* die Qualitätsgewährleistung, also der Audit Trail, von Pharmazeutika Blockchain-basiert gegeben wird.

Die Herausforderungen der dezentralen Konsensfindung mit den verschiedenen Konsensmechanismen haben auch neue Geschäftsfelder eröffnet, welche sich nicht direkt mit der Entwicklung von DLTs beschäftigen. Beispielsweise haben die immer größer werdende benötigte Computing-Power und der Drang nach Effizienzsteigerung bei dem Konsensmechanismus Proof-of-Work und dem dazugehörigen Mining ein Varieté von Chip-Herstellern hervorgebracht, welche Hardwareentwicklungen betreiben und beispielsweise explizit Chips für das Mining herstellen, die auf deren späteren Anwendungsfall zugeschnitten sind.

Die zweite offerierte Art Wertversprechen, welche sich nur indirekt auf DLTs bezieht, ist Beraten und Investieren. Insbesondere mit dem Platzen des Blockchain-Hypes im Dezember 2017 ist die Nachfrage nach professionellen Investoren seitens Anleger und Start-ups gestiegen. Zu beobachten ist, dass Investitionen meist in Kombination mit Beratungsdienstleistungen einhergehen. Aufgrund der meist noch unklaren Regulation und des jungen Alters der Gründer scheint dies einiges an Sicherheit und Erfahrungswerten mitzubringen.

Firmen wie *ConsenSys* aus New York, *Nash Agency* aus Montreal oder *Crypto Valley Venture Capital (CVVC)* und *Blockchain Valley Ventures* aus Zug bieten Beratungsleistungen für Start-ups an, um deren Plattformen zielgerichtet zu entwickeln und regulatorische und marketingtechnische Unterstützung bei der Durchführung des ICOs und der Implementierung der Plattform anzubieten.

 Die Differenzierung der DLT-basierten Geschäftsmodelle gegenüber nicht DLT-integrierenden liegt vor allem in den komplementären Features und Services, einer verbesserten Kosten- und Zeiteffizienz, verbessertem Datenschutz und Datenmanagement. Durch DLTs können Daten dezentral und transparent gespeichert werden.

Die Zuordnung der Daten ist anonymisiert. Insbesondere um neuen Datenschutzanforderungen wie beispielsweise die der EU-Datenschutz-Grundverordnung (DSGVO; englisch General Data Protection Regulation, GDPR) gerecht zu werden, können DLTs eingesetzt werden.

Unternehmensinterne und -übergreifende Prozesse können durch DLTs überwacht und validiert werden. Gerade bei Zertifizierung und Audit Trails kann durch die nun mögliche digitalisierte Automatisierung deren Effizienz gesteigert werden, was sich auf Kosten- und/oder Zeiteinsparung auswirkt.

Zu guter Letzt ist durch die Dezentralisierung und den damit offenen Zugang auf kryptografisch anonymisierte Daten durch Dritte das Potenzial für neue Innovationskraft gegeben. Diese können alle vorhandenen Daten ungefiltert nutzen, um komplementäre Features und Services für die dezentrale Plattform zu entwickeln, welche das bestehende Wertversprechen heterogen ergänzen.

66 Prozent der DLT-basierten Geschäftsmodelle bauen auf existierenden DLT-Protokollen auf und adaptieren diese. Besonders häufig wird als Basis Ethereum als Technologieplattform genutzt, um über Smart Contracts die eigene, für den eigenen Use Case angepasste, Plattformvariante aufzubauen. Beispielsweise basiert die Energy Web Blockchain der *Energy Web Foundation* auf dem Ethereum-Protokoll, ist jedoch mit einem eigenen und angepassten Konsensmechanismus versehen. Mit der *Energy Web Foundation* affiliierte Unternehmen stellen Validierungsknoten, welche über den Proof-of-Authority-Konsensmechanismus Einigkeit über den richtigen Datenstand des verteilten Systems herstellen. Hintergrund ist die verbesserte Skalierung. Auf der Basis der Energy Web Blockchain können dann wiederum dezentrale Plattformen mit klarem Business-Bezug, identifizierten Kundengruppen und entwickeltem Geschäftsmodell wie *Share&Charge* aufbauen.

Hinsichtlich neuer Geschäftsmodell-Akzeptanzmechanismen tritt der ICO/Token Sale – die Herausgabe der Kryptowährung, die auf den meisten dezentralen Plattformen integriert ist – neu in Erscheinung, um Incentivierungen des Netzwerks zu steuern. Hierunter fällt die monetäre Vergütung für konsensgenerierende Parteien oder die Handelswährung (Utility Token) für jede Art von Handel, der auf der Plattform durchgeführt wird.

Bei den Ertragsmodellen ändert sich in der Ausprägung auf den ersten Blick nicht so viel. Die hier Identifizierten sind bereits in bestehenden nicht DLT-integrierenden Geschäftsmodellen verwendet. Es ist jedoch zu erwarten, dass sich durch die dezentralisierte Verknüpfung zentraler Geschäftsmodelle ohne den zentralen Mittelsmann die Margenverteilung ändern dürfte – weg vom Mittelsmann, hin zu den kontinuierlich wertschöpfenden Unternehmen.

■ 12.2 Die stärksten Ausprägungen in den Geschäftsmodellen: DLT-Archetypen

Aufbauend auf der beschriebenen Taxonomie wurden drei signifikante Kombinationen an Dimensionsausprägungen identifiziert. Diese stellen drei Archetypen DLT-basierter Geschäftsmodelle dar. Identifiziert wurden der Archetyp „dezentrale Plattform", der Archetyp „Technologieanbieter" und der Archetyp „Beratung und Investor".

Dezentrale Plattform

Der erste Archetyp, die dezentrale Plattform, adressiert primär den Plattformnutzer und den Plattformkomplementor. Die Value Proposition ist dem DLT-basierten Daten- und Asset-Management zuzuschreiben.

Entscheidendes Differenzierungsmerkmal gegenüber einer nicht DLT-integrierenden Variante – einer zentralisierten Plattform, wie wir sie bis dato kennen – sind die komplementären Features und Services. Ein Ankoppeln von zusätzlichen und heterogenen Wertversprechen an die Plattform lässt auf Basis derer ein Ökosystem entstehen.

Plattformen – unabhängig von Zentralität oder Dezentralität – orchestrieren eine Vielzahl bilateraler Geschäftsprozesse und ermöglichen es, Angebot und Nachfrage zielführender zuzuordnen, die Preistransparenz zu erhöhen und im Resultat die Transaktionskosten gegenüber den Güterkosten signifikant zu senken. Die auf der Plattform orchestrierten Geschäftsprozesse können als homogen betrachtet werden, da sie alle einer gemeinsamen Art von Wertversprechen zuträglich sind.

Der entscheidende Mehrwert einer Plattform wird durch die Vielzahl an potenziell auszuwählenden Transaktionen generiert. Durch die Dezentralisierung der Plattform, mithilfe der DLTs, werden verstärkt Netzwerkteilnehmer angelockt, welche komplementäre und vielfältige Produkte oder Services anbieten, wodurch die implizierten Wertversprechen heterogen werden.

Dezentrale Plattformen dienen entsprechend als Nukleus einer Ökosystemorchestrierung. Entsprechend wird auch die Kundenbeziehung als Ökosystem definiert.

Aufgrund der Netzwerkeffekte, die eine erfolgreiche Plattform generiert und durch welche die Nutzung erfolgreicher Plattformen zusätzlich attraktiv gemacht wird, haben sich auf dem Markt meist dominante Plattformen wie *Amazon, Airbnb, Booking.com* oder *Skyscanner* etabliert. Netzwerkeffekte beschreiben den Effekt, dass mit mehr Plattformnutzern auch mehr Plattformkomplementoren angelockt werden und vice versa. Die hierdurch entstandenen dominanten Plattformen sind für neue Plattformen nur sehr schwer angreifbar. Um diese „Winner takes it all"-Marktdominanz zu brechen, benötigt es tief greifender Differenzierungsmerkmale.

Die Dezentralisierung durch DLTs und die Herausnahme der zentralen Plattform-Leader-Instanz führen zu einer erhöhten Preiseffizienz zwischen dem Plattformnutzer und dem Plattformkomplementor. Zusätzlich ist der Zugang zur Plattform und zu deren Datenströmen für Dritte erleichtert, was zu verstärkter Innovationskraft des Plattformnetzwerks führt.

Da der Fokus beim Archetyp „dezentrale Plattform" beim Aufbau der Plattform, des Netzwerks und der Netzwerkeffekte liegt und nicht bei der Entwicklung der zugrunde liegenden DLT, werden bestehende DLT-Protokolle an den eigenen Anwendungsfall angepasst und eher selten eigene Protokolle entwickelt.

Für die Monetarisierung der Plattformtransaktionen und des Ökosystem-Alignments werden die technologieeigenen Coins und Token verwendet, wodurch der ICO/Token Sale als Akzeptanzmechanismus dient, in der Hoffnung, dass mit mehr Stakeholdern auch eine spätere Nutzung der Plattform gefördert wird. Als Ertragsstrom dienen maßgeblich Provisionsgebühren. Diese erhält derjenige, der wertschöpfend an der Plattformweiterentwicklung (Plattformkuration) oder deren Marktplatz (Plattformmodulation) teilnimmt (Bild 12.3).

Herausforderungen bei dem Aufbau dezentraler Plattformen liegen in der Dezentralität der Governance. Es müssen Mechanismen gefunden, entwickelt und implementiert werden, mit denen sichergestellt ist, dass die Plattform und der darauf aufsetzende fokale Marktplatz stets an die Kundennutzen (Plattformnutzer und Plattformkomplementor) angepasst sind und die Plattform entsprechend weiterentwickelt wird. Hierfür wurden die benötigten Aktivitäten und Rollen der Plattformpartizipanten identifiziert.

Grundlegend muss unterschieden werden, ob sich die dezentrale Plattform in der Aufbauphase oder im eingeschwungenen Zustand befindet. Während des Aufbaus der dezentralen Plattform werden alle hierfür nötigen Aktivitäten von der Rolle des Plattforminitiators in zentralisierter Regie durchgeführt. Meist werden diese Aktivitäten in einer Foundation gebündelt.

Zu den Aktivitäten der Plattforminitiierung und -entwicklung gehört es, die technische Entwicklung oder Anpassung an bestehende DLT-Protokolle durchzuführen, das Netzwerk aufzubauen, rechtliche Rahmenbedingungen einzuhalten, das benötigte Marketing zu betreiben und Vertrauen in die Plattform zu schaffen, um die kritische Masse an Plattformnutzern und Plattformkomplementoren zu erhalten, die entsprechende Netzwerkeffekte kreiert und die Plattform in den eingeschwungenen Zustand bringt.

Sobald die dezentrale Plattform den eingeschwungenen Zustand erreicht hat, werden alle weiteren Aktivitäten, die den Erhalt der Plattform gewährleisten, dezentralisiert, das heißt, die Rolle des zentralen Plattforminitiators existiert anschließend nicht mehr. Die Dezentralisierung wird durch den ICO, die Herausgabe und gleichzeitige Abgabe der plattformeigenen Coins durch den Plattforminitiator an das Netzwerk, erzielt. Der ICO dient gleichzeitig auch als Incentive für den Plattforminitiator, die Initiierung der dezentralen Plattform zu betreiben.

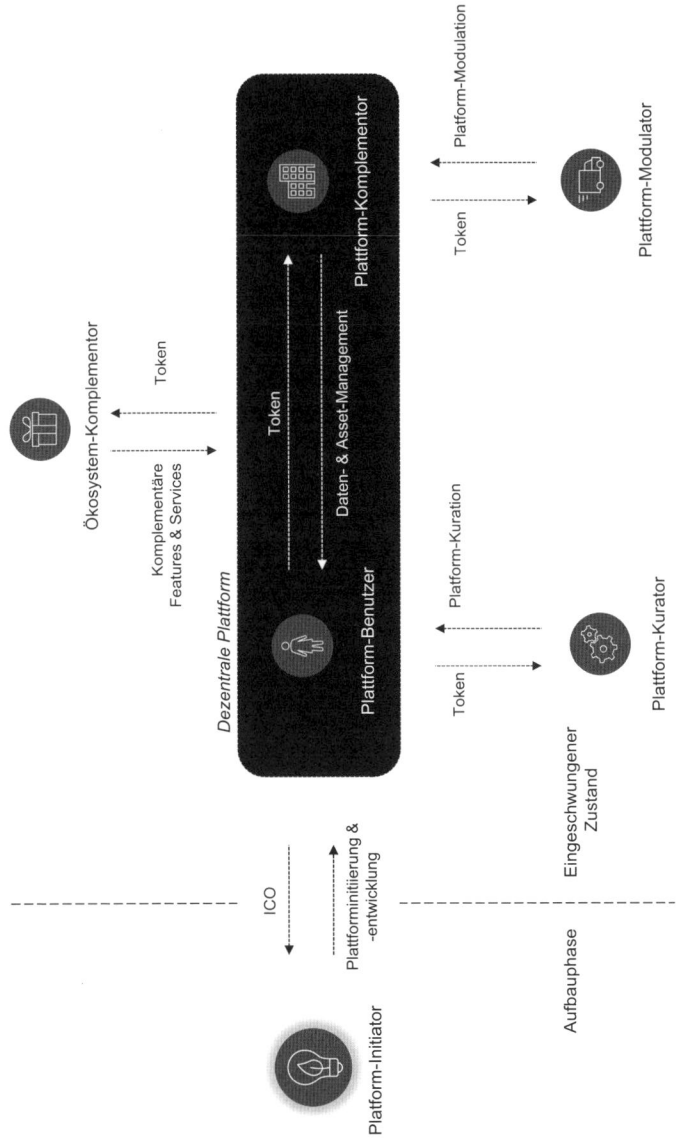

Bild 12.3 Rollen und Aktivitäten auf dezentralen Plattformen

Ist die Plattform entsprechend dezentralisiert worden, existieren neue Aktivitäts-
formen und Rollen. Zum einen ist auf der Plattform der fokale Marktplatz implementiert, auf welchem die Plattformkomplementoren die Angebotsseite (Daten-
und Asset-Management) bedienen, die von den Plattformnutzern nachgefragt wird
und für die mit den plattformeigenen Coins (Utility Token) bezahlt wird. Alle für
diesen Handel (nur den Marktplatz betreffend) benötigten zusätzlichen Dienstleistungen werden von den Plattformmodulatoren bereitgestellt.

Ein Beispiel für Plattformmodulation auf der *Amazon*-Plattform mit dem darauf implementierten *Amazon*-Marktplatz sind die Logistikdienstleister, die unabdingbar für die Existenz des Marktplatzes sind. Ohne *DHL, UPS* oder *FedEx* kann der *Amazon*-Marktplatz nicht funktionieren. Diese Aktivitäten adressieren nicht die *Amazon*-Plattform, sondern den darauf implementierten fokalen *Amazon*-Marktplatz, es handelt sich also um Plattformmodulation.

Aktivitäten, die die Plattform bedienen, werden Plattformkuration genannt. Bei Plattformkuration geht es maßgeblich um die technische Weiterentwicklung oder Anpassung der Plattform, damit der fokale Marktplatz funktionsfähig bleibt und auf der Plattform optimal betrieben werden kann.

Die Dezentralität der Plattform und der offene Zugang auf deren Daten durch Dritte vereinfachen, dass dritte Parteien (Ökosystemkomplementoren) für den Marktplatz oder die Plattform (neue) komplementierende Features und Services entwickeln und anbieten. Werden diese vom Netzwerk so stark gefordert, dass sie unverzichtbar werden, werden diese Features und Services fest auf der Plattform oder dem Marktplatz integriert, und der Ökosystemkomplementor wird zum Plattformkurator oder Plattformmodulator – abhängig davon, ob besagte Features und Services die Plattform oder den Marktplatz bedienen. Für alle diese Aktivitäten dienen die plattformeigenen Coins als Incentivierung.

Im Folgenden wird das beschriebene Framework für dezentrale Plattformen am Beispiel *Winding Tree* veranschaulicht.

 Dezentrale Plattform *Winding Tree*

Plattforminitiator ist die *Winding Tree Foundation* mit Sitz in Zug, Schweiz. Durch den ICO, welcher zwischen dem 1. Februar und 15. Februar 2018 stattfand, wurden 14,4 Millionen US-Dollar eingenommen.

Plattformkomplementoren sind Fluglinien und Hotels. Plattformnutzer sind Online Travel Agencies, wie *Booking.com*, *Skyscanner* oder Buchungssysteme von Unternehmen. Investierte oder affiliierte Plattformkomplementoren sind mittlerweile sowohl die *Lufthansa Gruppe*, mit ihren Fluglinien *Lufthansa, Swiss, Austrian, Eurowings* und *Brussels Airlines, Air New Zealand* und *Air France KLM*, als auch die Hotelkette *Nordic Choice Hotels*.

Motivation für die Investitionen sind die Herausnahme eines zentralisierten Mittelsmanns, welcher sich eine Provision nimmt, und die sich damit einstellende steigende Kosteneffizienz.

Da Hotels meistens noch mit der Kreditkarte an der Lobby bezahlt werden, benötigt es weiterhin die Kreditkartengesellschaften wie *Visa* und *Mastercard*, welche in diesem Kontext als Plattformmodulator dienen, da sie den Reisemarktplatz auf der *Winding Tree*-Plattform adressieren.

Da die *Winding Tree*-Plattform auf dem Ethereum-Protokoll aufsetzt, ist die Ethereum-Blockchain ein weiterer Plattformmodulator. Die Kuration der *Winding Tree*-Plattform wird durch die *Winding Tree Foundation* betrieben, theoretisch können sich hier aber auch noch weitere Akteure verdingen. Die Plattformkuration beinhaltet Aktivitäten, wie die Weiterentwicklung von Voting-Mechanismen, Netzwerkentwicklung oder Frontend-Gestaltung. Aufseiten der Ökosystemkomplementoren könnte man sich *Miles & More*, Duty-free-Shops oder Taxiunternehmen vorstellen.

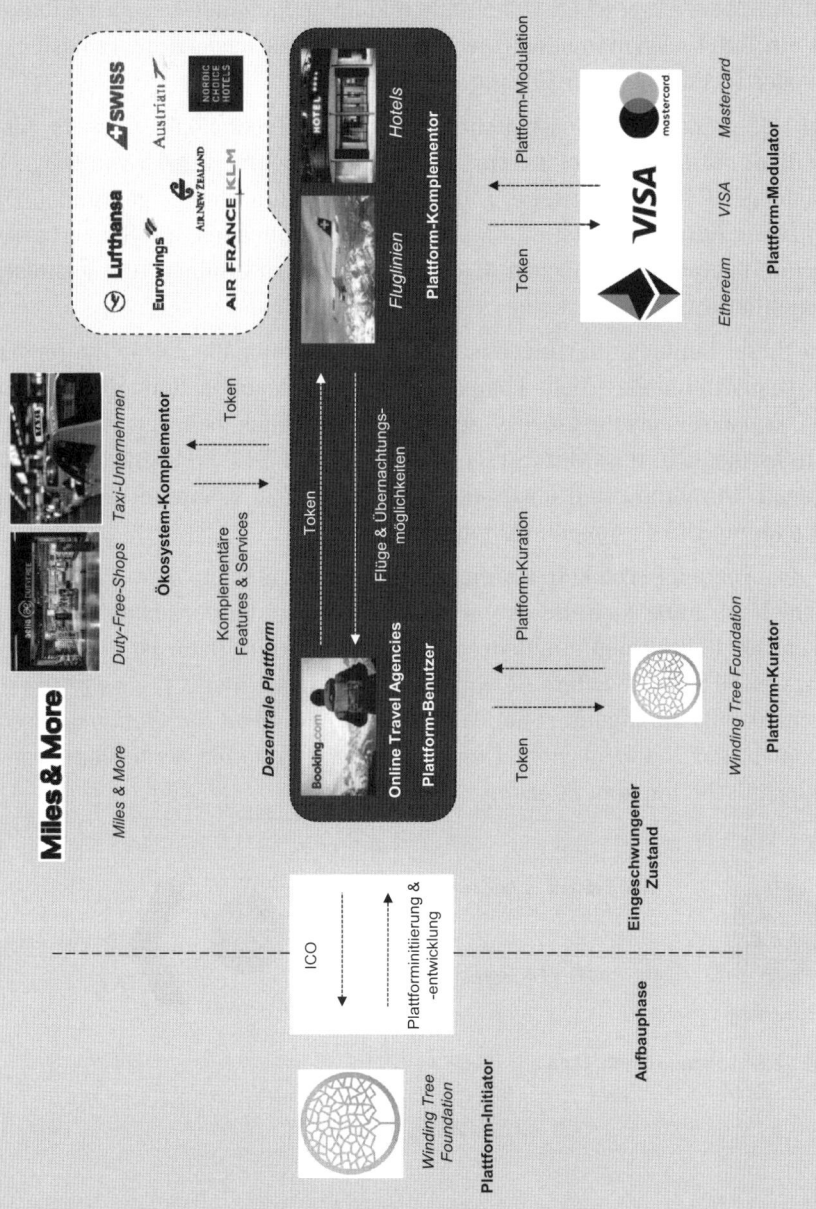

Bild 12.4 *Winding Tree* als Beispiel einer dezentralen Plattform

Technologieanbieter

Der zweite Archetyp DLT-basierter Geschäftsmodelle ist der Technologieanbieter. Dieser fokussiert weniger einen Business-Pull-Ansatz, sondern ist eher Technology-Push-getrieben. Es ist weniger wichtig, einen klar identifizierten Kunden zu adressieren und dessen Kundennutzen zu erfüllen, sondern eher wird sich auf die Weiterentwicklung der DLTs fokussiert, sodass diese die benötigte Maturität erreicht, damit dezentrale Plattformen auf eine skalierende Technologie aufbauen und ihre Wertversprechen voll entfalten können. Es handelt es sich entsprechend um ein B2B-Geschäftsmodell. Die Ertragsmechanik basiert auf Provisionsgebühren oder Technologielizenzierung.

Bild 12.5 skizziert die Geschäftsbeziehungen des Technologieanbieters. Als Prototyp dient *Parity Technologies*. *Parity Technologies* wurden 2015 von Gavin Woods, ehemaliger CTO der *Ethereum Foundation*, und Jutta Steiner gegründet. Das Ziel von *Parity Technologies* ist es, die Anwenderfreundlichkeit, die Skalierbarkeit und die Interoperabilität zwischen heterogenen DLTs zu erhöhen und technische Implementierung zu entwickeln.

Eine dieser Implementierungen ist das Polkadot-Protokoll, das die Interoperabilität zwischen zueinander nicht kompatiblen DLT-Protokollen herstellt und somit zu dem Standardisierungsprozess der DLTs maßgeblich beiträgt. Auf diese Weise wäre es möglich, dass dezentrale Plattformen ihr DLT-Protokoll optimal auf den eigenen Anwendungsfall anpassen, ohne dass es zu Kommunikationsproblemen mit anderen DLT-Protokollen kommt.

Da das Polkadot-Protokoll als eigene dezentrale (Technologie-)Plattform zu betrachten ist, muss sich dieses entsprechend in das beschriebene Framework für dezentrale Plattformen eingliedern lassen. Plattforminitiator ist die *Web3 Foundation*, welche für die weitere Entwicklung Polkadots einen ICO als Crowd-Funding-Mechanismus durchgeführt hat. Während sich die *Web3 Foundation* der Netzwerkakzeptanz der Plattform widmet, entwickelt *Parity Technologies* als Plattformkurator die technische Implementierung.

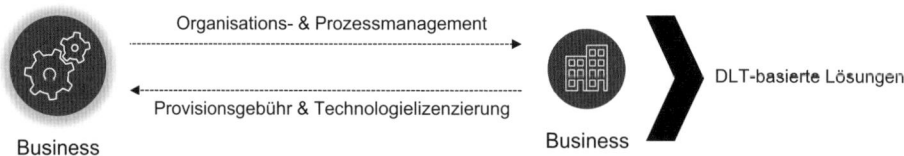

Business — Organisations- & Prozessmanagement → Business — DLT-basierte Lösungen

Provisionsgebühr & Technologielizenzierung

Bild 12.5 Schema Technologieanbieter

Beratung und Investor

Der Archetyp „Beratung und Investor" adressiert im bilateralen B2B-Verhältnis Start-ups, welche DLT-basierte Geschäftsmodelle aufbauen und meist dem Archetyp der dezentralen Plattform zuzuordnen sind (Bild 12.6). Beraten wird in allen möglichen Aspekten, von der Wahl der technischen Implementierung über die Wahl des richtigen Geschäftsmodells bis hin zu Marketing und rechtlichen Belangen. Vertraut wird hier auf ein Netzwerk an Freelancern und Unternehmen, wie Technologieanbieter oder Anwaltskanzleien, welche das hierfür benötigte Knowhow einbringen. Bezahlt wird in Provisionsgebühren und Einmalzahlungen. Als ein erfolgreiches Modell hat sich eine kombinierte Variante erwiesen, in welcher auch finanzielle Unterstützung an das Start-up gegeben wird und dafür entsprechend an einem späteren ICO partizipiert wird.

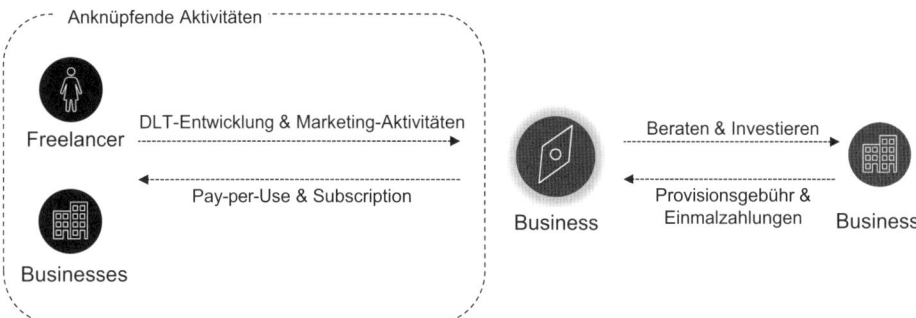

Bild 12.6 Schema Beratung und Investor

Ein Vertreter dieses Archetyps ist *Nash Agency* aus Montreal. *Nash Agency* berät jederlei Start-up, das den eigenen Use Case inkorporierend und DLT-integrierend einen ICO auf dem Markt platzieren möchte. Abhängig von Vorwissen und Fähigkeiten der Auftraggeber und den entsprechend abgeleiteten Anforderungen adressiert *Nash Agency* ein breites Netzwerk, welches die komplementären Ressourcen oder Fähigkeiten beisteuert. Diese anknüpfenden Aktivitäten beinhalten sowohl technische DLT-Entwicklung durch Akteure des Archetyps „Technologieanbieter" als auch anschließende Aktivitäten, wie das Schreiben des benötigten White Papers, die Entwicklung einer erfolgreicher Marketingstrategie und die Kommunikation und Durchführung des finalen ICOs. *Nash Agency* generiert seine Einnahmen durch Provisionsgebühren oder Einmalzahlungen in Fiat-Währung.

Andere Vertreter des Beratung-und-Investor-Archetyps wie beispielsweise *ConsenSys*, *CVVC* und *Blockchain Valley Ventures* akzeptieren auch eine Beteiligung am späteren ICO in Kryptowährung. Hintergrund ist ein verstärktes Incentive an einem erfolgreich durchgeführten ICO („Skin in the game"), ohne dass das Start-up zu stark von seinen bis dato meist noch knappen Ressourcen zehren muss.

■ 12.3 Managementimplikationen

Doch was bedeuten diese neuen Erkenntnisse für Unternehmen und welche Managementimplikationen lassen sich daraus ziehen? Neben der vorgestellten Studie, in welcher durch die Entwicklung der DLT-Protokolle neu entstehende oder entstandene Start-ups erforscht wurden und von welcher die vorgestellten drei Archetypen abgeleitet sind, wurde am Institut für Technologiemanagement auch ein Arbeitskreis mit Unternehmen und städtischen Organisationen durchgeführt. Teilnehmende Organisationen waren *Siemens*, der *Volkswagen*-Konzern, *Bosch*, *EnBW, Covestro, OSRAM, Helvetia* Versicherungen, die *Stadt St. Gallen* und die *Stadtwerke St. Gallen*.

Eine der hier gefundenen Erkenntnisse war es, dass sich die durch die DLTs provozierten Geschäftsmodellveränderungen nur sehr schwer von den bestehenden Geschäftsmodellen als Ausgangslage identifizieren lassen. Die durch die Implementierung dezentraler Plattformen neu geschaffenen Rahmenbedingungen und Kundenanforderungen dürften sich vermutlich zu stark ändern, sodass eher eine Ableitung dieser auf Basis des vorgestellten Frameworks dezentraler Plattformen zu bevorzugen ist, und die neuen Geschäftsmodelle von Grund auf daran auszurichten sind. Wie die durch die Einführung des Internetprotokolls hervorgebrachten disruptiven Änderungen der Rahmenbedingung könnte eine zu starke Orientierung an den bestehenden Geschäftsmodellen sehr gefährlich für den weiteren Fortbestand des eigenen Wettbewerbsvorteils sein.

 Swiss Life|mmoCrowd

Mit *ImmoCrowd* will *Swiss Life* eine Lücke im derzeitigen Immobilienhandel schließen. Durch den Einsatz der Blockchain-Technologie sollen Investitionen ohne finanzielle Barrieren ermöglicht, soll Transparenz gefördert und das Eigentum einfacher gehandhabt werden. Um dies zu ermögliche, wird ein Ökosystem mit neuen Wertströmen, auf der Basis von Krypto-Tokens, und verschiedenen Akteuren aufgesetzt. In einer ersten Phase sollen sowohl Finanzinstitute, der Eigentümer als auch der Regulator die notwendige Transparenz erhalten, um minimale Investitionen von privaten und juristischen Investoren an der Immobilie zu ermöglichen. Später kann das bestehende Ökosystem dynamisch ausgebaut werden, um weitere Use Cases, wie etwa verteilte Eigenheimversicherung oder Hypotheken, zu ermöglichen.

Das ambitionierte Projekt stellte das Projektteam seitens *Swiss Life* und *Zühlke* jedoch vor neue Herausforderungen. Einerseits steckt der technologische Aspekt der Blockchain noch in den Kinderschuhen, und andererseits gerät man aus Business-technischer Sicht in neues Fahrwasser, welches aufgrund der Blockchain völlig neue Business Cases ermöglicht.

Aus Sicht der technologischen Umsetzung betritt man neues Territorium. Dabei spielt die Zielarchitektur eine zentrale Rolle. Welche Datenflüsse sind vorhanden und was wird auf die Blockchain geschrieben? Welche regulatorischen Anforderungen (wie etwa GDPR) sind dabei zu berücksichtigen? Denn eines war klar: Ist die Blockchain einmal in Betrieb und wird mit Daten gefüttert, so lässt sich dieses nicht mehr rückgängig machen.

Ein weiterer Punkt, mit dem man sich unweigerlich befassen wird, ist die Maturität der Technologie. Viele Bugs oder unvorhergesehenes Verhalten der Blockchain mussten mit den eigentlichen Entwicklern der Blockchain diskutiert und analysiert werden. In diesem Falle war dies Ethereum.

Business-seitig waren die Herausforderungen genauso mannigfaltig. Es galt ein neues Ökosystem zu gestalten, oder wie wir bei *Zühlke* sagen: ein „Minimum Viable Ecosystem". Dies beinhaltet neben der Identifikation von Akteuren und Wertströmen auch das Challengen bestehender Geschäftsmodelle. Durch das inhärente Vertrauen und die Transparenz, welche die Blockchain mit sich bringt, muss sich auch die Betrachtungsweise ändern. Auch hierfür haben wir einen Namen bei Zühlke: „decentralised thinking".

Mittels verschiedenen Design Thinking Workshops wurde das „decentralised thinking" zusammen mit den Akteuren, wie der *FINMA* und den Finanzinstituten, gefördert und wurden die verschiedenen Use Cases definiert.

Dank agiler Vorgehensweise konnte so innerhalb von sechs Wochen ein Proof of Concept erstellt werden, welcher nun bereit für die Umsetzung ist. (Autor: Stefan Hirzel)

■ 12.4 Fazit

Die DLT/Blockchain-Technologie steht erst am Anfang. Während sich die Entwicklung in der Technologie noch grob prognostizieren lässt, zum Beispiel hinsichtlich Effizienzverbesserung durch Prozessoren (Moore'sches Gesetz) oder effizientere Algorithmen, lassen sich die Use Cases kaum prognostizieren. Vielmehr muss ein Unternehmen spielerisch einsteigen in die Technologie, um deren Potenziale zu erkennen und bewerten zu können. Die meisten DLT-Geschäftsmodelle, die derzeit im Rennen sind, werden langfristig nicht überleben. Hingegen ist es auch sehr wahrscheinlich, dass es einige DLT-basierten Geschäftsmodelle geben wird, welche eine Industrie revolutionieren werden. Die folgende Checkliste soll dem Unternehmen bei seinen ersten Gehversuchen mit der neuen Technologie helfen.

Erfolgsfaktoren beim Einstieg in DLT

- DLT-Geschäftsmodelle als Experiment verstehen mit offenem Ausgang, aber sicherem Lernen.
- Rasch Use Case entwickeln.
- Agiles Vorgehen, um rasch zu lernen (Scrum etc.).
- Stets die Alternativen der DLT/Blockchain-Technologie berücksichtigen: Das Geschäftsmodell ist entscheidend dafür, ob der Intermediär nicht mehr notwendig ist.

13 Die digital-frugale Innovation

Lukas Neumann, Oliver Gassmann

Die digitale Transformation hat praktisch alle Bereiche unseres Lebens verändert und viele davon grundlegend. Wenn man den Blick auf das Marktumfeld in Schwellen- und Entwicklungsländern richtet, ist die Situation eine andere: Viele Menschen steigen derzeit aufgrund des volkswirtschaftlichen Aufschwungs in diesen Ländern in die globale Mittelklasse auf und werden damit erstmalig zu Kunden für global operierende Unternehmen. Der radikale Wandel ihres Umfelds führt dazu, dass diese Menschen zunehmend Produkten und Dienstleistungen in ihrem Alltag begegnen, die von der digitalen Transformation geprägt sind. Bestimmte Produkte wie Mobile Banking sind sogar groß geworden, da sie häufig aufgrund fehlender Infrastruktur als einzige bargeldlosen Zahlungsverkehr ermöglichen. Digital-frugale Produkte sind auf Grundnutzen und Minimalfunktionalität konzentriert und nutzen die Digitalisierung auch zur Kostenreduktion.

■ 13.1 Frugale Innovation: Neue Funktionalität zu niedrigeren Kosten

Digital-frugale Innovation umfasst nicht nur Kostenreduktion, sondern vielmehr Produkte oder Services, die speziell für eine Anwendung innerhalb einer Umgebung mit knappen Ressourcen und für Kunden mit begrenzten finanziellen Mitteln konzipiert werden.

Obwohl vielfach bereits bekannte Technologien verwendet werden, haben frugale Produktinnovationen prinzipiell eine grundlegend neue Produktarchitektur und am Markt einen disruptiven Charakter. Hinzu kommen die häufig neuen Applikationen im Marktumfeld und ein deutlich geringerer Preis gegenüber existierenden Lösungen. Diese Produkte erfüllen allerdings nicht nur einen rein ökimischen Zweck.

Durch Frugal Innovation erhalten Menschen häufig zum ersten Mal Zugang zu Produkten oder Dienstleistungen, mit denen sie grundlegende Bedürfnisse wie Gesundheitsvorsorge, Geld, Elektrizität und Wasser befriedigen können. Hierdurch werden viele Menschen in Schwellen- und Entwicklungsländern von globalen Unternehmen als Erstkunden wahrgenommen. Damit werden sowohl die Menschen als auch deren Bedürfnisse in die globale Ökonomie aufgenommen. Bild 13.1 fasst diese Eigenschaften zusammen (Berger).

F UNCTIONAL

R OBUST

U SER-FRIENDLY

G ROWING

A FFORDABLE

L OCAL

Bild 13.1 Kerneigenschaften von Frugal Innovation

Grundsätzlich kann man frugale Innovationen in Produkte und Services unterscheiden (Bild 13.2). In diesen Kategorien spielt die digitale Transformation auf zwei verschiedenen Ebenen eine Rolle. Bei den digital-frugalen Produkten und Dienstleistungen befindet sich die digitale Komponente integral im Produkt oder in der Dienstleistung. Digitale Elemente entlang der Wertschöpfungskette spielen bei beiden Kategorien eine essenzielle Rolle und ermöglichen zunehmend die Entwicklung von bisher nicht realisierbaren Produkten und Dienstleistungen. Einige Beispiele sollen dies veranschaulichen:

1. Digital-frugales Produkt: Akash Tablet Datawind

Das Tablet Datawind von der Firma *Akash* wurde speziell für den indischen Markt entwickelt und ist bereits für 66 Euro (Rs 4999) im Handel erhältlich. *Akash* ist einer der führenden Anbieter von kostengünstigen kabellosen Produkten oder Dienstleistungen, die auf *Android* basierten Internetzugang für die unteren Einkommensschichten ermöglichen. Die Vision der Firma ist es, mehr als drei Milliarden Menschen durch Computer und Tablets mit einem Internetzugang zu versorgen.

Bei diesem Beispiel sind die digitalen Komponenten, wie der elektronische Aufbau und die Software, direkt im Produkt zu finden. Diese ermöglichen dem Käufer die Nutzung verschiedener digitaler Anwendungen. Die wichtigste ist hierbei wohl der drahtlose Internetzugang. Damit eröffnet das Produkt Menschen mit weniger finanziellen Ressourcen den Zugang zu fast unbegrenztem Wissen und der Partizipation am Internet.

2. Frugales Produkt: Stanford-Jaipur Knee

Das Stanford-Jaipur Knee wurde von Studenten der *Stanford University* in Kooperation mit einer Non-Profit-Organisation (*BMVSS*) im indischen Jaipur entwickelt. Hierbei handelt es sich um eine Knieprothese, die bereits für 20 US-Dollar erhältlich ist. Der Gedanke hinter diesem Produkt war es, eine Prothese im Low-Cost-Segment zu entwickeln, die das anatomische Verhalten des Knies so genau wie möglich nachahmt. Seit seiner Einführung im Jahr 2009 haben bereits mehr als 5000 Menschen diese Prothese erhalten.

Bei Produkten wie der Prothese Stanford-Jaipur Knee kann das Produkt von Spezialisten am Computer in Amerika entwickelt und dann im indischen Jaipur nach den individuellen Bedürfnissen der Patienten mit einem 3-D-Drucker angefertigt werden. Hier ermöglicht die digitale Transformation Menschen den Zugang zu medizinischer Versorgung. Durch den Einsatz von Softwaresimulationen in der Entwicklung und 3-D-Druck in der Produktion können anderweitig aufwendige und kostenintensive Prozesse oder auch Materialien umgangen werden. Dies erlaubt es, ein viel hochwertigeres und vor allem günstigeres Produkt zu schaffen, zu dem Kunden vorher keinerlei Zugang hatten.

3. Digital-frugale Services: TAHMO

TAHMO steht für „Trans African Hydro Meteorological Observatory" und ist eine robuste Low-Cost-Wetterstation. Diese Station kommt fast vollständig ohne bewegliche Teile aus und vermeidet damit in weiten Teilen die Notwendigkeit, gewartet zu werden. Ziel der Initiatoren vom *TAHMO*-Projekt ist es, mehr als 20 000 dieser Bodenstationen in einem Abstand von 30 Kilometern über den afrikanischen Kontinent zu verteilen. Diese Stationen wurden speziell dafür konzipiert, Niederschläge, Temperatur und andere kritische Daten durch robuste redundante Sensoren in Echtzeit aufzunehmen und zu versenden. *TAHMO* will diese Daten für Regierungen, Wissenschaftler und Farmer zur Verfügung stellen. Dies soll die Nutzung der qualitativ hochwertigen und verlässlichen Daten ermöglichen, um die landwirtschaftliche Produktivität zu steigern, kurzfristige Wetterentwicklungen zu analysieren und langfristige Klimavorhersagen zu tätigen. Dieses Projekt würde viele afrikanische Länder in Bezug auf Wetter- und Klimadaten zu den am besten überwachten Gebieten weltweit machen.

Die frugale Wetterstation *TAHMO* nutzt physische Komponenten in Verbindung mit einer digitalen Infrastruktur, um kurzfristige und langfristige meteorologische Daten zu generieren.

4. Frugale Services: M-Pesa

M-Pesa ist ein Handy-basierter Service für die Abwicklung von bargeldlosem Geldtransfer und Zahlungsverkehr. *M-Pesa* wurde 2007 in Kenia eingeführt. Jeder kann diesen Service nutzen, ohne über ein reguläres Bankkonto zu verfügen. Der Name *M-Pesa* setzt sich zusammen aus „M" für Mobil und „Pesa" für das aus dem Swahili stammenden Wort für Bargeld. Mittlerweile finden in Kenia mehr als 60 Prozent der finanziellen Transaktionen über *M-Pesa* statt. Dieser Service von *Vodafone* wurde mittlerweile unter anderem in Afghanistan (2008), Tansania (2010), Südafrika, Fidschi, der Demokratischen Republik Kongo (2012), Indien, Mosambik,

Lesotho (2014), Ägypten, Rumänien (2014) und Albanien (2015) eingeführt. Neuere und komplexere Dienstleistungen wie *Monetas*, eine Online-Plattform für Zahlungsverkehr, wickeln mittlerweile sogar Transaktionen für Regierungen, Behörden und Unternehmen ab und zielen damit nicht mehr nur auf Einzelkunden in Schwellen- und Entwicklungsländern.

Der Finanzservice *M-Pesa* bedient sich einer existierenden digitalen Infrastruktur, die durch die weitverbreitete Handynutzung entsteht. Aufbauend auf dieser Basis können Menschen den Service von *M-Pesa* nutzen und in bestimmten Regionen damit zum ersten Mal digitale Banktransaktionen durchführen.

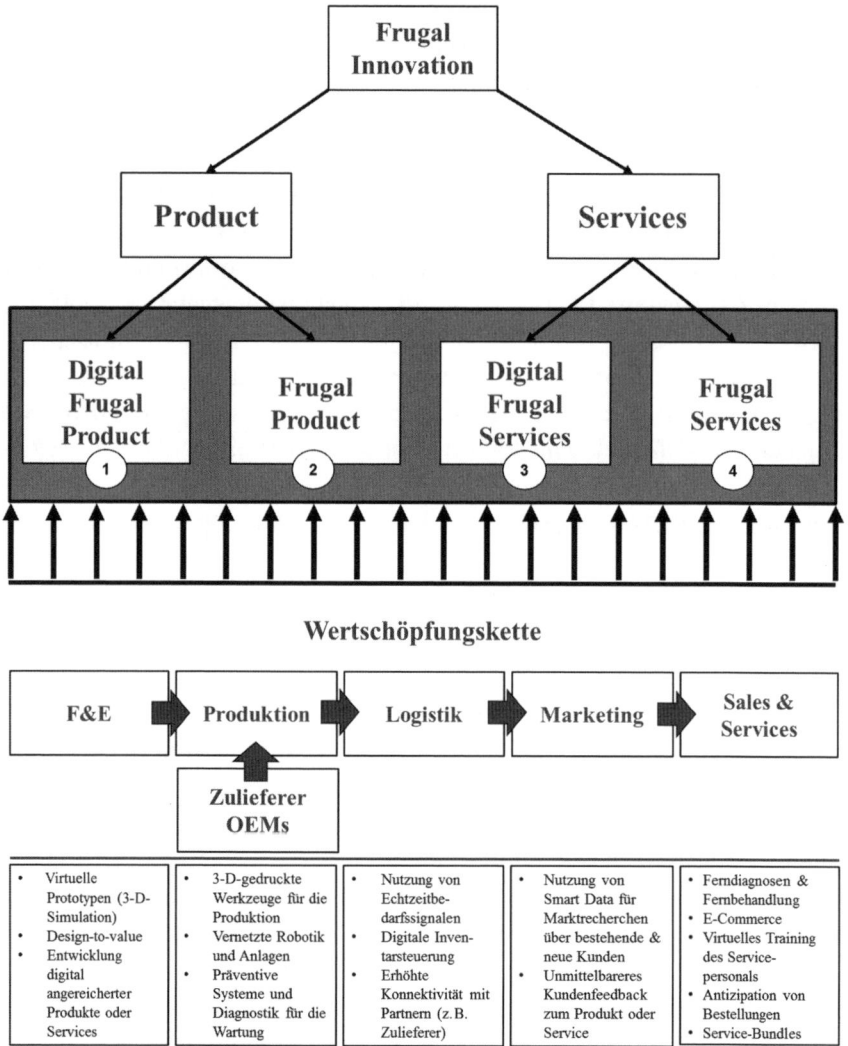

Bild 13.2 Komplementäre Effekte der Digitalisierung in der Wertschöpfungskette auf frugale Produkte und Services

■ 13.2 Frugale Innovationen als Wachstumstreiber

In den nächsten zwei Jahrzehnten wird das steigende Pro-Kopf-Einkommen in den Schwellen- und Entwicklungsländern eine signifikante Chance für das Wachstum von multinational operierenden Firmen darstellen. Diese Märkte zu verstehen und entsprechend Produkte und Dienstleistungen zu entwickeln, die die Bedürfnisse der Kunden befriedigen, ist die nächste große strategische Herausforderung, die nicht mehr ignoriert werden kann.

Bereits am Beispiel der hier angeführten Produkte und Services wird deutlich, dass die digitale Transformation auf der Produktebene, aber auch innerhalb der Wertschöpfungskette eine immer zentralere Rolle einnimmt. Die digitale Transformation der Industrie in Kombination mit Frugal Innovation konfrontiert Volkswirtschaften mit einem radikalen Strukturwandel. Die vermehrte Nutzung von Daten, Vernetzung, Automatisierung und die zunehmenden digitalen Kundenschnittstellen sprengen bestehende Wertschöpfungsketten. Unternehmen müssen ihre Produkte, Dienstleistungen und Kernkompetenzen hinterfragen, ihre digitale Reife erhöhen, um neue Möglichkeiten zu erkennen, zu entwickeln und schnell umzusetzen.

Alle diese neuen Entwicklungen werden viele etablierte Geschäftsmodelle und Wertschöpfungsprozesse grundlegend verändern, wie es schon im Rahmen von Schumpeters „schöpferischen Zerstörung" beschrieben wurde. Diese Entwicklung ist aber kein Grund zur Beunruhigung, sondern stellt vielmehr eine große Chance für alle Beteiligten dar.

 In den F&E-Abteilungen westlicher Nationen hat man frugales Denken verlernt. Unsere Ingenieurdisziplin ist geprägt von Perfektionismus, Toleranzpuffern und Funktionalitätsmaximierung.

Dies führt in zahlreichen Branchen dazu, dass Produkte in immer kostenintensivere Technologie- und High-End-Nischen getrieben werden. Damit tritt das klassische Innovator's Dilemma ein: Druck durch kostengünstigere Wettbewerber von unten treibt die Spezifikationen der etablierten Akteure immer weiter nach oben. Bis am Ende nur noch eine kleine Nische übrig bleibt, die den Großteil der Kunden nicht interessiert. Als Resultat wachsen der Marktanteil der kostengünstigen Low-Cost-Anbieter und damit auch ihre Ressourcen und Fähigkeiten, selbst neue Produkte zu entwickeln und die Nischenplayer weiter in Schach zu halten. Als Resultat sterben die letzten High-End-Player der Industrienationen, wie man es bei Kühlschränken und Fernsehern in der Vergangenheit erlebt hat. Der chinesische

Konzern *Huawei* verdrängt zunehmend die letzten Kühlschrankhersteller in Europa, *Samsung* und Co. die letzten hochpreisigen Fernsehhersteller wie *Bang & Olufsen* und *Loewe*.

Frugales Produktdenken kann hier entgegenwirken. Was benötigt es für die Entwicklung von digital-frugalen Produkten? Die wichtigsten Erfolgsfaktoren sind hier zusammengefasst.

 Erfolgsfaktoren für digital-frugale Produkte:

- Grundnutzen eines Produkts beim Kunden identifizieren.
- Übersetzen des Grundnutzens in Kernfunktionalitäten.
- Checken, welche Funktionalitäten weggelassen oder durch digitale Komponenten ersetzt werden können.
- Zielkosten definieren für Komponenten auf Basis der Zahlungsbereitschaft von Kunden für eine bestimmte Funktion.
- Ersatz von Funktionalitäten durch Software mit Grenzkosten von null, die das Produkt in hohen Stückzahlen kostengünstiger macht.
- Frühes Testen mit Prototypen auf dem Markt (Minimum Viable Product)
- Gegebenenfalls Anreicherung von Funktionalitäten über Apps, welche die Herstellkosten des Produkts nicht erhöhen.
- Synergien von Frugal Innovation und der digitalen Transformation identifizieren.
- Sensibilisierung des Minimalismusdenkens innerhalb des Unternehmens.
- Angst nehmen vor Low-Cost-Denken: Produkte funktionieren.
- Aufbau einer eigenen Low-Cost-Marke oder neuer Vertriebskanäle können die Risiken einer Markenerosion verringern.
- Nutzung von neuen Geschäftsmodellen, um Kosten zu verteilen (siehe Kapitel 15).
- Entwickeln in Teams mit hoher Diversität, einschließlich Teammitgliedern aus Emerging Markets.
- (Temporäre) Verlagerung von Teams in Zielmärkte: Wer in Chennai arbeitet, versteht besser, warum Produkte mit Minimalanforderungen wie *Tata*-Fahrzeuge sich verkaufen.
- Rasches Durchlaufen von Build-Test-Adapt-Zyklen, um Lernprozesse zu beschleunigen.

14 Crowd Science: Forschung im digitalen Zeitalter

Sascha Friesike, Benedikt Fecher

Die Erwartungen an die akademische und industrielle Forschung im digitalen Zeitalter sind hoch. Online-Technologien sollen Forschung kollaborativer, partizipativer und transparenter machen. Einige Wissenschaftstheoretiker meinen gar, einen Paradigmenwechsel zu sehen, der das Potenzial hat, wissenschaftlichen Erkenntnisgewinn neu zu denken. In vielerlei Hinsicht widersprechen diese Überlegungen jedoch der wissenschaftlichen Praxis.

In diesem Kapitel stellen wir die drei Versprechen der digitalen Wissenschaft (Kollaboration, Partizipation und Transparenz) vor. Anhand ausgewählter Beispiele zeigen wir, wo diese bereits Anwendung finden und inwiefern sie die Art und Weise verändern können, wie Forschung betrieben und kommuniziert wird. In der zweiten Hälfte des Kapitels gehen wir auf bestehende Grenzen und Herausforderungen ein, die diese Transformation mit sich bringt. Mit Bezug auf die zentralen Akteure zeigen wir Perspektiven dafür auf, wie man die Digitalisierung für den wissenschaftlichen Fortschritt nutzen kann.

■ 14.1 Wissenschaft im Wandel

So wie sich andere Industrien mit der Digitalisierung verändern, verändert sich auch die Wissenschaft. Tatsächlich wirken digitale Technologien auf jeden Schritt im Forschungszyklus. So findet Recherche mithilfe von Online-Datenbanken statt, Daten werden online gespeichert und abgerufen, die Verschriftlichung findet in Online-Text-Editoren statt und die Veröffentlichung auf Open-Access-Repositorien und in Online-Journalen. Die Art und Weise, wie Forschung betrieben und kommuniziert wird, ändert sich. Viele Autoren erkennen darin nichts Geringeres als eine wissenschaftliche Revolution (Reichman, Jones, Schildhauer 2011; Willinsky 2005; Woelfle, Olliaro, Todd 2011). Michael Nielsen (2012) erklärt in seinem viel rezipierten Buch „Reinventing Discovery": „I believe that with hard work and dedication, we have a good chance of completely revolutionizing science." Nielsens Erwartung an die postulierte Revolution ist, dass sie den wissenschaftlichen Fortschritt vorantreibt und Forschung zugänglicher macht.

■ 14.2 Drei Versprechen der digitalen Wissenschaft

In diesem Abschnitt stellen wir drei Versprechen der Forschung im digitalen Zeitalter vor: Kollaboration, Partizipation und Transparenz (Bild 14.1). Wir veranschaulichen diese Versprechen anhand von Beispielen aus unterschiedlichen Forschungsfeldern. Anschließend diskutieren wir, inwiefern diese Versprechen miteinander verknüpft sind und wie sie den wissenschaftlichen Fortschritt fördern.

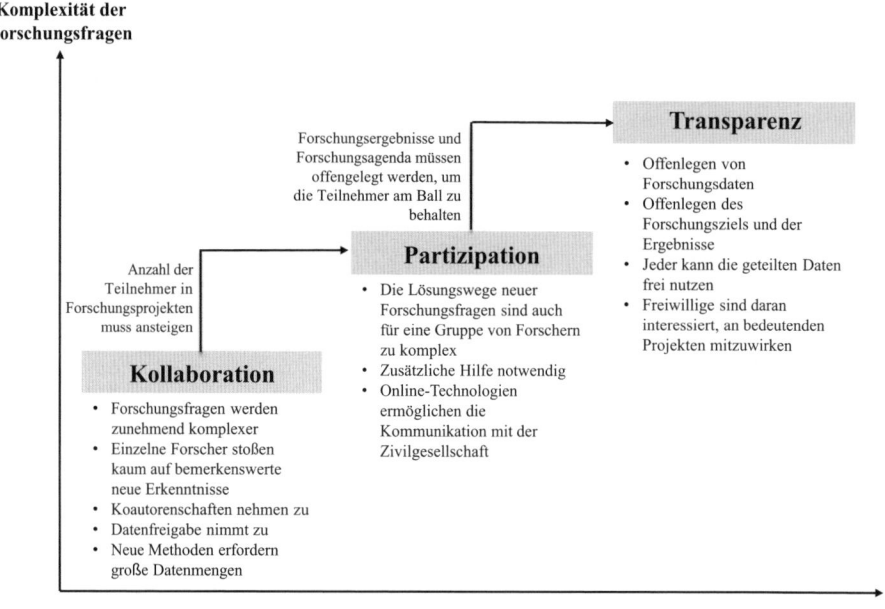

Bild 14.1 Überblick über die drei Versprechen der digitalen Forschung

Kollaboration

Disziplinen spezialisieren sich und Forschungsfragen werden zunehmend komplexer. In vielen Disziplinen ist es heute für einen einzelnen Forscher nahezu unmöglich, auf neue, bedeutende Erkenntnisse zu stoßen (Wuchty, Jones, Uzzi 2007).

Kollaboration ist nicht unbedingt ein Versprechen, das sich mit der Digitalisierung begründet; sie wird allerdings durch sie befördert.

Die wohl prominenteste Form der Zusammenarbeit ist die gemeinsame Veröffentlichung. In den MINT-Fächern (Mathematik, Informatik, Naturwissenschaft und Technik) werden über 90 Prozent aller Publikationen kollaborativ veröffentlicht (Bozeman, Corley 2004). In der Soziologie hat sich die Anzahl der gemeinsam publizierten Artikel seit dem Zweiten Weltkrieg verfünffacht (Hunter, Leahey 2008). Ähnliche Entwicklungen können auch in anderen Bereichen beobachtet werden, wie etwa in der Politikwissenschaft (Fisher et al. 1998) oder den Wirtschaftswissenschaften (Maske, Durden, Gaynor 2003). Heute ist Kollaboration in Form von Koautorenschaften gängige Praxis in den meisten Disziplinen. Digitale Technologien erleichtern diesen Prozess, da die Forschenden online an Dokumenten arbeiten können und dies ortsunabhängig und zeitgleich.

Eine weitere Form der Kollaboration ist die Bereitstellung und Nachnutzung von Forschungsdaten (Tenopir et al. 2011; Fecher et al. 2015). Im Austausch von Forschungsdaten schlummert ein enormes Potenzial für den wissenschaftlichen Fortschritt: So können Mehrfacherhebungen vermieden werden und Forscher mit Sekundärdaten neue Forschungsfragen beantworten. Zudem erleichtert die Verfügbarkeit von Forschungsdaten die Überprüfung bereits publizierter Ergebnisse. Auch in der interdisziplinären Analyse eines Datensatzes liegt ein großes Potenzial. Forschungsgruppen aus der Psychologie beispielsweise behandeln Datensätze aus Haushaltsstudien anders als Ökonomen. So können Forscher aus unterschiedlichen Disziplinen auf Basis des gleichen Datensatzes vollkommen verschiedene Forschungsfragen beantworten. Der offene Zugang zu Forschungsdaten hat insofern das Potenzial, den wissenschaftlichen Fortschritt zu beschleunigen. Er wird zunehmend von Forschungsförderern und Fachgemeinschaften gefordert.

In einigen Disziplinen, etwa der forensischen Genetik, oder bei groß angelegten Forschungsprojekten wie *CERNs* Large Hadron Collider oder dem *Human Genome Project* ist der offene Zugang zu Forschungsdaten – also die möglichst frühzeitige Bereitstellung von Daten ohne Nutzungseinschränkung – bereits gegeben. Einige Forscher arbeiten ausschließlich mit Sekundärdaten (zum Beispiel mit Haushaltsdaten aus Panelstudien).

Die Bereitstellung und Nachnutzung von Forschungsdaten ist ein gutes Beispiel dafür, wie die Wissenschaft durch die Nutzung digitaler Forschungsinfrastruktur effizienter und innovativer werden kann. Der Austausch von Forschungsdaten ermöglicht es, Ergebnisse zu überprüfen, neue Fragen ohne eigenen Erhebungsaufwand zu beantworten und neue Methoden anzuwenden (zum Beispiel Big-Data-Analysen). Die Nachnutzung von Forschungsdaten ist daher ein gutes Beispiel dafür, wie digitale Technologien Kollaboration vereinfachen. Sie ist zudem ein Werkzeug, um der zunehmenden Komplexität von Forschungsfragen Rechnung zu tragen.

Partizipation

Digitale Technologien ermöglichen auch, dass Forschung partizipativer betrieben werden kann. Anstatt zu versuchen, Forschungsfragen nur innerhalb eines Forschungsteams zu lösen, können Wissenschaftler eine Frage oder eine Aufgabe an eine Gruppe von Personen outsourcen. In Anlehnung an das Crowdsourcing-Konzept wird diese Art der Forschung auch als Crowd Science bezeichnet (Franzoni, Sauermann 2014). Wenn wir in diesem Kapitel über partizipative Forschung sprechen, beziehen wir uns auf Fälle, in denen ein Forschungsprojekt mithilfe von freiwilligen, meist nicht professionellen Forschern durchgeführt wird.

Ein einfaches Beispiel für Partizipation ist „Distributed Computing". Hierbei stellen Personen die Rechenleistung ihres privaten Computers für wissenschaftliche Zwecke zur Verfügung. *SETI@Home* ist ein solches Projekt, es befasst sich mit der Suche nach außerirdischem intelligentem Leben. Jeder mit einem internetfähigen Computer kann sich durch das einfache Ausführen eines Softwareprogramms, das Daten eines Radioteleskops herunterlädt und analysiert, am Projekt beteiligen. Distributed Computing ist heute eine etablierte Strategie, um rechenintensive Forschung zu ermöglichen.

Doch Distributed Computing ist nur ein Beispiel unter vielen für die öffentliche Partizipation an akademischer Forschung. So können freiwillige Laienforscher in anderen Projekten inhaltliche Beiträge zu wissenschaftlicher Forschung leisten, etwa bei Projekten, die sich der kollektiven Intelligenz bedienen. Ein Beispiel hierfür ist das Münchener Forschungsprojekt *ARTigo*, das es sich zum Ziel gesetzt hat, Tausende historische Gemälde zu verschlagworten und zu analysieren. Die Projektinitiatoren von der *Ludwig-Maximilians-Universität* haben hierfür ein Spiel entwickelt, bei dem Nutzer historische Gemälde, die im Webbrowser angezeigt werden, mit Schlagworten beschreiben. Die Nutzer können das Spiel gegeneinander spielen; wer ein Schlagwort vorschlägt, das mit dem des Gegenspielers übereinstimmt oder das häufig von früheren Spielern genannt wurde, gewinnt Punkte. Die Kunsthistoriker des Projekts nutzen die Daten unter anderem dazu, um die Gemälde leichter durch Suchmaschinen auffindbar zu machen oder neue Parallelen zwischen Gemälden zu identifizieren.

Ein weiteres Beispiel für Crowd Science ist das Projekt Open Philology der *Universität Leipzig*. Freiwillige werden hier aufgefordert, altgriechische oder lateinische Texte zu übersetzen und zu kommentieren. Ziel des Projekts ist es, eine umfassende Bibliothek klassischer Philologie aufzubauen. Das Open-Philology-Projekt ermöglicht es den Forschern, Vergleiche zwischen den Übersetzungen Hunderter Autoren anzustellen.

Ein weiteres, häufig zitiertes Beispiel für Crowd Science ist das Polymath-Projekt von Tim Gowers (Cranshaw, Kittur 2011; Ball 2014). Gowers stellte ein komplexes mathematisches Problem auf seinem Blog vor und bat seine Leser, passende Lösungsvorschläge zu posten (Gowers, Nielsen 2009). Nach sieben Wochen konnte Gowers bekannt geben, dass das Problem mithilfe von 40 Freiwilligen gelöst wurde.

Durch die Digitalisierung wird es einfach, Forschungsprobleme mithilfe von Freiwilligen zu bearbeiten. Die hier aufgeführten Beispiele zeigen, dass sich die Form des Beitrags dabei unterscheidet. Sie reicht von dem eher passiven Zurverfügungstellen von Rechenkapazität (SETI@Home), über das Annotieren (ARTigo), bis hin zur intensiven Beschäftigung weniger Personen mit einem komplexen Problem (Polymath-Projekt). Durch die Crowd-Science-Methode können arbeitsaufwendige und rechenintensive Forschungsarbeiten mithilfe von Freiwilligen erledigt werden. Zudem kann spezielles Expertenwissen einzelner Personen bei konkreten Fragestellungen eingeholt werden.

 Durch die Öffnung der Forschung für Freiwillige können sowohl umfangreiche als auch komplexe Probleme bearbeitet werden.

Transparenz

Unter Transparenz verstehen wir hier, dass ein Forscher während des Forschungsprozesses Informationen teilt. Dies kann als Konsequenz des Kollaborations- und Partizipationsversprechens verstanden werden. Einerseits verlangt die Integration von Freiwilligen eine gewisse Transparenz bezüglich der Forschung und ihrer Ergebnisse. Andererseits bedeutet die steigende Menge publizierter Forschung, dass es auch neue Wege gibt, die Ergebnisse und Zwischenprodukte wie Daten und Code wiederzuverwenden. Wir erkennen drei Aspekte, die dieses Transparenzversprechen unterstützen:

- Erstens ist die Motivation von Freiwilligen abhängig vom Ergebnisformat (Bitzer, Schrettl, Schröder 2007). Freiwillige sind eher dazu bereit, an einem Projekt mitzuarbeiten, das alle Ergebnisse frei zugänglich macht. Das kann beispielsweise durch die Veröffentlichung von Datensätzen oder durch neue Kommunikationsangebote geschehen. Ein ähnliches Verhalten kann man in der Open Source Community beobachten, wo Freiwillige Software unter freien Lizenzen produzieren (Hertel, Niedner, Herrmann 2003; Shah 2006).

- Zweitens hängt in vielen Forschungsprojekten, bei denen Laien mitwirken, die Qualität der Beiträge davon ab, wie viele Personen eine Plausibilitätsprüfung vornehmen können. Beispiel: Im Crowd-Science-Projekt „Stunde der Gartenvögel" zählen Freiwillige Ornithologen die Vögel in ihrer Nähe und bestimmen deren Gattung. Andere Freiwillige können im Anschluss über die Wahrscheinlichkeit einer Sichtung urteilen. Falls jemand einen Pinguin in den Alpen gesehen haben will, würde die Sichtung im Ergebnis nicht auftauchen, es sei denn, jemand anderes kann sie bestätigen oder der örtliche Zoo meldet einen vermissten Pinguin.

- Drittens verändert die Verfügbarkeit immer größerer Datenmengen die Art und Weise, wie Forschung betrieben wird. Big-Data-Analysen beispielsweise beruhen auf großen, oft zusammengesetzten Datensätzen. Forscher aus unterschiedlichen Forschungsfeldern können die Daten nutzen und neuen Forschungsfragen nachgehen. Beispielsweise haben Forscher eine Studie zum Klimawandel anhand von Daten einer Vogelbeobachtungsplattform durchgeführt (Devictor et al. 2012). Angesichts der Vielseitigkeit großer Datensätze ist deren Verwendungspotenzial im Voraus oft unklar. Nur wenn die Datensätze auffindbar und gut dokumentiert sind, können sie die Forschung bereichern.

Diese drei Aspekte zeigen, dass Transparenz dem wissenschaftlichen Fortschritt zuträglich sein kann. Das trifft nicht nur in Bezug auf Forschungsdaten zu, sondern auch bei der Forschungskommunikation. Forschende, die mit Freiwilligen arbeiten, stehen vor der Aufgabe, ihre Forschungsideen und Ergebnisse einem Laienpublikum zu vermitteln. Aller Wahrscheinlichkeit nach wird dies keine Publikation in einer wissenschaftlichen Fachzeitschrift ersetzen. Denn gerade angesichts der Komplexität von Forschungsfragen scheint es unwahrscheinlich, dass sich die wissenschaftliche Kommunikation in nächster Zeit vereinfacht. Da ist wahrscheinlicher, dass eine Diversifikation der wissenschaftlichen Kommunikation eintritt und Forscher neue Wege einschlagen werden, um ihre Ergebnisse an unterschiedliche Zielgruppen zu bringen. Vielversprechende Möglichkeiten sind wissenschaftliche Blogs oder Podcasts wie der „Resonator Podcast" der *Helmholtz-Gemeinschaft* oder der „Forschergeist", der Podcast des *Stifterverbandes für die Deutsche Wissenschaft.*

 Die Hauptaufgabe der Wissenschaftskommunikation im Kontext von Crowd Science wird es sein, die Freiwilligen zur Teilhabe zu motivieren.

■ 14.3 Die Herausforderungen der drei Versprechen

Die digitale Revolution entwickelt sich in der Wissenschaft eher langsam. Seit dem Aufkommen akademischer Fachzeitschriften im 18. Jahrhundert hat sich die Art und Weise, wie sich das erworbene Wissen verbreitet, kaum verändert (Nielsen 2012). Dies ist erstaunlich, zumal das Internet vor mehr als 25 Jahren zu genau diesem Zweck entwickelt wurde, Forschungsprozesse sollten effizienter gestaltet werden und den Forschenden sollte die Möglichkeit eingeräumt werden, ihre Daten und Ergebnisse schnellstmöglich zu veröffentlichen (Berners-Lee 1989). Das Versprechen digitalisierter Forschung ist also keineswegs ein neues Phänomen. Vielmehr stellen wir heute fest, dass die Digitalisierung, trotz ihres großen Potenzials, in der Forschung nicht das Ausmaß an Akzeptanz erlangt hat, wie viele gehofft hatten (Bartling, Friesike 2014). Im Folgenden werden wir erläutern, inwiefern die Umsetzung der Versprechen digitalisierter Forschung durch die vorherrschenden Werte und Praktiken in der Wissenschaft ausgebremst wird.

Die Herausforderungen der Kollaboration

Die Koautorenschaft ist mit den akademischen Reputationsmechanismen und Karriereverläufen von Wissenschaftlern kompatibel; das Teilen und Nachbereiten von Forschungsdaten ist es jedoch (noch) nicht. Der berufliche Aufstieg eines Wissenschaftlers ist meistens an Publikationen in namhaften Fachzeitschriften gebunden. Das Bereitstellen von Daten könnte dem beruflichen Aufstieg daher aus zwei Gründen sogar entgegenwirken: Erstens verlieren die Datenurheber durch die frühzeitige Bereitstellung ihrer Forschungsdaten einen Wettbewerbsvorteil gegenüber anderen Forschern, da sie riskieren, dass diese auf Grundlage ihrer Daten Fachartikel publizieren. Zweitens riskieren sie, dass andere Wissenschaftler ihre Ergebnisse falsifizieren (Fecher et al. 2015). Angesichts dieser potenziellen Nachteile tendieren die meisten Forscher dazu, ihre erhobenen Daten für sich zu behalten (Tenopir 2013). Manchmal wird von Fachzeitschriften verlangt, dass die zugrunde liegenden Primärdaten dokumentiert und der Leserschaft zur Verfügung gestellt werden. Dem kommen Forscher zwar nach, allerdings dokumentieren sie ihre Daten meistens dürftig (Dewald, Thursby, Anderson 1986; McCullough et al. 2008; Boekel et al. 2015). Dies führt dazu, dass die Daten formal zwar veröffentlicht sind, sie sind aber nicht nachnutzbar, da sie niemand versteht.

Aktuell bringt das Bereitstellen von Primärdaten mehr Nachteile als Vorteile für den einzelnen Wissenschaftler. Das liegt daran, dass das wissenschaftliche System hauptsächlich auf die Publikation möglichst vieler Forschungsartikel ausgerichtet ist. So werden Daten und Codes als Rohstoff für Publikationen angesehen und nicht als Forschungsergebnis selbst. Und deswegen geht die Zusammenarbeit von Forschern meistens nicht über die Koautorenschaft hinaus. Modulare Konzepte akademischer Forschung sind, mit wenigen Ausnahmen, immer noch unüblich.

Die Herausforderungen der Partizipation

Das Durchführen von Crowd-Science-Projekten bringt einige Herausforderungen mit sich. Die Erste besteht darin, Forschung partizipatorisch zu gestalten. Während sich Verbundforschung (in Form von gemeinsamen Förderanträgen oder Publikationen) in den meisten Forschungsdisziplinen etabliert hat, sind partizipative Forschung oder Crowd Science neue und daher noch nicht vollständig ausgereifte

Forschungsparadigmen. Um durch Crowd Science gute, verwertbare Ergebnisse zu erzielen, muss der gesamte Forschungsprozess an diese Methode angepasst werden. Es reicht nicht aus, einfach eine Forschungsfrage online zu stellen. Es mangelt jedoch an Anleitung, wie Forscher dies denn nun genau tun sollen. Nur wenige haben Erfahrungen und können diese weitergeben. Es existieren kaum wissenschaftliche Studien, die zeigen, was funktioniert und was nicht. Im Großen und Ganzen ist unser Wissen darüber, wie Projekte in Zusammenarbeit mit Freiwilligen konzipiert werden müssen, sehr limitiert. Außerdem fehlt uns die grundlegende Kenntnis darüber, wie das Engagement der Beteiligten aufrechterhalten werden kann. Viele Projekte können Freiwillige zwar mit einer spannenden Forschungsfrage oder einer aufwendig gestalteten Marketingkampagne auf sich aufmerksam machen, können sie aber nicht dazu bewegen, am Ball zu bleiben. Dies ist vor allem dann problematisch, wenn die Projekte darauf angewiesen sind, dass sich ihre Helfer bestimmte Fähigkeiten aneignen. Ein Beispiel hierfür sind Projekte, die mithilfe ihrer Freiwilligen Daten kategorisieren (zum Beispiel, welcher Vogel auf dem Bild zu sehen ist). Je länger jemand in einem solchen Projekt mitarbeitet, desto besser kann er die feinen Unterschiede zwischen den Gattungen erkennen und desto besser werden die Ergebnisse.

Die zweite Herausforderung partizipativer Forschungsdesigns liegt in der Qualitätskontrolle. Diese wird in Crowd-Science-Projekten dadurch erschwert, dass die Qualität der Daten vom Wissen und Verständnis der Helfenden abhängig ist, welche beliebige und daher auch nicht fachkundige Personen sein können. Die akademischen Forscher können leicht die Kontrolle über die Datenerhebung verlieren. Derzeit werde zwei Konzepte der Qualitätskontrolle besonders häufig verwendet: Redundanz und Seniorität. Redundanz bedeutet, dass die Daten von mehreren Personen ausgewertet werden. Führen Beobachtungen zu unklaren Ergebnissen, werden diese entweder von einem unabhängigen Experten geprüft oder das häufigste Ergebnis wird für die weitere Forschung genutzt. Redundanz ist nicht immer möglich. Crowd-Science-Projekte, die ihre Daten beispielsweise mithilfe der zuvor genannten Vogelbeobachter erhoben haben, können nur eine einzige Beobachtung pro Tier und Ort verzeichnen. Um in solchen Fällen die Datenqualität zu sichern, wird oft auf das Konzept der Seniorität zurückgegriffen. Seniorität bedeutet, dass fachkundige Mitarbeiter in den Projekten die Wahrscheinlichkeit der Beobachtungen der Hobbyforscher bewerten und diese im Zweifelsfall auch zurückweisen können.

Die dritte Herausforderung, die wir in partizipativer Forschung sehen, ist die Urheberschaft. Die Frage, die sich hier aufdrängt, ist, für wen die Daten zugänglich sind und wer sie als Publikationsgrundlage nutzen darf. Da für die meisten Forscher ihre fachliche Reputation wichtig ist, haben sie ein besonderes Interesse daran, die Ergebnisse schnell und möglichst als Erstes publizieren zu können. Das Interesse der freiwilligen Helfer ist hingegen eher darauf ausgerichtet, Forschung für die ganze Gesellschaft zu betreiben und die Erkenntnisse mit ihr zu teilen. Dieser Interessenkonflikt kann für ein gemeinsames Forschungsprojekt schädlich sein. Da zurzeit viele Crowd-Science-Projekte nicht von Wissenschaftlern, sondern von anderen Interessierten initiiert werden, kommt dieser Konflikt nur bedingt zum Tragen. Denn hier verfolgen Projektinitiatoren und Teilnehmer das gleiche Ziel. Akademische Wissenschaftler kommen in diesen Fällen erst zu einem späteren Zeitpunkt ins Spiel. Wie im Fall der Klimaforscher können sie die Daten von Crowd-Science-Projekten nutzen, um ihre eigenen Forschungsfragen zu beantworten.

Die Herausforderungen der Transparenz

Die Herausforderungen des Transparenz- und des Kollaborationsversprechens sind eng miteinander verknüpft. Wie eingangs bereits erwähnt, zögern viele Wissenschaftler, ihre Daten und Analyseskripte zur Verfügung zu stellen (es besteht die Gefahr, dass jemand anderes auf ihrer Grundlage publiziert, jemand die Ergebnisse falsifiziert oder der Aufwand zu hoch ist). Denn wenn Forschung transparent wird, wird sie öffentlich. Dies bringt wiederum neue Probleme mit sich.

Zum einen wissen die Forscher nicht, wer aus welchen Gründen ein Interesse an ihren Daten haben könnte. Zum anderen gibt es bei vielen Datensätzen zusätzlich ethische Probleme, die über die Wettbewerbsvorteile der Forscher beim Publizieren hinausgehen. Ein Beispiel: Stellen Sie sich vor, ein Wirtschaftswissenschaftler hätte ausführliche Interviews mit verschiedenen Firmen geführt. In seinen Ausführungen wurden die Firmen zwar anonymisiert, aber aus den Rohdaten könnte man erkennen, welche Daten welcher Firma zuzuordnen sind. Andere Firmen könnten die Rohdaten dazu missbrauchen, sensible Informationen über ihre Konkurrenten herauszufinden. Dieses Problem lässt sich durch ein weiteres, extremes Beispiel noch deutlicher machen: Stellen Sie sich vor, eine Online-Plattform würde Positionsdaten von Rhinozerossen veröffentlichen. Einerseits können diese Daten Rhinozeros-Forscher in ihrer Arbeit unterstützen. Andererseits kann so jeder, auch Wilderer, die Tiere lokalisieren und die Daten für seine Zwecke missbrauchen. In diesen Fällen überwiegen die Nachteile des Datenteilens; Forscher müssen ein Gespür dafür entwickeln, ob und in welchem Maße ihre Daten zu anderen Zwecken als zur Weiterbildung und Forschung gebraucht werden könnten.

Neben den ethischen Schwierigkeiten gibt es auch Herausforderungen rechtlicher Art. Rechtlich gesehen ist nicht jeder Datensatz veröffentlichbar. Teilnehmer medizinischer Studien, könnten zwar der Teilnahme zugestimmt haben, nicht aber einer Veröffentlichung ihrer persönlichen Daten. In diesem Fall dürfen die Daten aus Datenschutzgründen nicht geteilt werden oder müssen anonymisiert werden. Die Forscher müssen sich über die rechtlichen Grenzen beim Veröffentlichen und Teilen von Daten im Klaren sein.

Ein weiterer Grund dafür, dass Forscher ihre Daten nur selten frei zugänglich machen oder nur spärlich dokumentieren, ist, dass sie Gefahr laufen, dass Dritte ihre Arbeit falsifizieren könnten. Replikationsstudien sind aber ein notwendiges Korrektiv für das Fortkommen der Wissenschaft. Ein populäres Beispiel hierfür ist der Fall von Reinhart und Rogoff. Ihre Studie „Growth in a Time of Debt" (Reinhart, Rogoff 2010) hatte enormen Einfluss auf die öffentliche Debatte und wurde zur Argumentationsgrundlage zugunsten der Sparpolitik von Politikern auf der ganzen Welt. Ein Forschungsteam der *University of Massachusetts* Amherst führte daraufhin eine Replikationsstudie durch und fand gravierende Fehler. Diese Fehler reichten von einer selektiven Ausgrenzung relevanter Daten bis zu einer unkonventionellen Gewichtung der Statistik (Herndon, Ash, Pollin 2013).

Eine letzte große Herausforderung, die die digitale Forschung mit sich bringt, ist die Kommunikation mit dem Laienpublikum. Die einfache und für jeden verständliche Kommunikation von Forschungsergebnissen zählt nicht unbedingt zu den Stärken von Wissenschaftlern. Crowd Science eröffnet neue Wege der wissenschaftlichen und interdisziplinären Kommunikation. Gowers zum Beispiel nutzt einen Blog, um direkt mit den am Polymath-Projekt Beteiligten zu kommunizieren. Wissenschaftler halten allerdings lieber an der Kommunikation über Fachpublikationen fest. Diese sind für ihre Fachkollegen zwar gut verständlich und nachvollziehbar, erreichen aber nicht die nicht wissenschaftliche Gemeinschaft. Die neue Herausforderung der Forscher besteht auch darin, eine Sprache zu entwickeln, die das Interesse eines breiteren Publikums unter akademischen Laien weckt.

■ 14.4 Die Bewältigung dieser Herausforderungen

Um diese Versprechen digitaler Forschung umsetzen zu können, ist ein Umdenken in der wissenschaftlichen Praxis notwendig. Für die Forschenden müssen Anreize geschaffen werden. Diese wollen wir im Folgenden näher beleuchten.

In der Theorie sprechen sich viele Forscher für Konzepte wie das Datenteilen oder Crowd Science aus. Die Forschungspraxis bleibt jedoch weitgehend unverändert. Größtenteils ist dies auf die Anreizstruktur in der Wissenschaft zurückzuführen, genauer gesagt auf das etablierte Publikationssystem. Das System der Wissenschaft wird als Reputationsökonomie bezeichnet (Fecher et al. 2015). Die Forscher ziehen ihre Tätigkeitsmotivation aus dem, was sich positiv auf ihre Reputation innerhalb der Forschungsgemeinschaft auswirkt. In nahezu allen Bereichen wissenschaftlicher Forschung ist Reputation stark mit der Publikation in renommierten Fachzeitschriften verknüpft. Die Aktivität von Forschern ist daher vorrangig auf das Publizieren von Artikeln ausgerichtet. Deswegen ist die Koautorenschaft auch eine akzeptierte Form der Zusammenarbeit; sie führt unmittelbar zu einer größeren Anzahl an Publikationen und ist gut mit dem bestehenden System vereinbar. Zum Informationsaustausch nutzen die kollaborierenden Forscher oft digitale Tools; sie verwenden Online-Zitationsprogramme wie *Zotero* (Gilmour, Cobus-Kuo 2011), schreiben in gemeinschaftlichen Online-Editor-Programmen wie *ShareLaTeX* (Scheliga 2015) und tauschen Datensätze und Skripte über Tools wie *Dropbox*.

Andere, vielversprechende Formen der Forschungszusammenarbeit, wie beispielsweise das gemeinsame Nutzen von Zwischenprodukten wie Forschungsdaten, werden in der Praxis kaum praktiziert, da sie dem Forscher kaum zu Reputation verhelfen (Fecher et al. 2015). Forschungsdaten werden daher so lange wie möglich zurückgehalten und nur stückweise veröffentlicht. Dasselbe gilt für das Öffnen des Forschungsprozesses gegenüber Laien. Denn je mehr Personen an einem Projekt beteiligt sind, desto kleiner wird der Nutzen der Publikation für die Reputation des einzelnen Forschers (Bikard, Murray, Gans 2015). Dies führt dazu, dass sich viele Forscher nicht mehr fragen, was notwendig ist, um eine wissenschaftliche Frage zu beantworten, sondern vielmehr, welche Frage mit einem möglichst kleinen Team beantwortet und schnell veröffentlicht werden kann.

In der akademischen Forschung scheinen also weder Geld noch ein gemeinsames Ziel den Informationsaustausch zwischen Forschern zu fördern; wichtig ist vor allem die Reputation. Um die digitale Forschung fruchtbarer zu machen, ist ein Umdenken in Fragen der Reputation und des Wirkungskreises der Forschung notwendig. Ioannidis (2014) argumentiert hierzu: „Modifications need to be made in the reward system for science, affecting the exchange rates for currencies (e. g., publications and grants) and purchased academic goods (e. g., promotion and other academic or administrative power) and introducing currencies that are better aligned with translatable and reproducible research.“

Das dezentrale Wesen akademischer Forschung macht sie widerstandsfähig gegen Kurzzeittrends. Doch dadurch wird es auch schwieriger, die notwendigen Veränderungen durchzuführen, um das ganze Potenzial digitaler Technologien in der Wissenschaft zu nutzen. Würde Forschung kollaborativer, partizipativer und transparenter, könnten nicht nur komplexere und disziplinübergreifende Forschungsfragen effizienter beantwortet werden, sondern auch deren Ergebnisse besser überprüft werden. Unserer Ansicht nach gibt es vier Hauptakteure in der Wissenschaft, die bei der nachhaltigen Integration digitaler Technologien in den wissenschaftlichen Alltag helfen können.

Forschungsförderer

Forschung ist sehr kostspielig. Viele der anfallenden Kosten werden von Forschungsförderern gedeckt. Daher üben sie auch großen Einfluss auf die Weiterentwicklung der Wissenschaft aus. Um das Potenzial der Forschung im digitalen Zeitalter zu nutzen und deren Umsetzung anzuregen, könnten die Förderer die Finanzierung transparenter Forschungsprojekte, von Crowd Science (zumindest in Form von Wissenstransfer) oder von Projekten mit nachvollziehbarem Datenmanagementplan bevorzugen. So hat beispielsweise die *EU* bereits begonnen, der Datenpublikation mit dem Forschungsförderprogramm Horizon 2020 einen Rahmen zu geben. Forscher sollten jedoch nicht dazu gezwungen werden, ihre Daten öffentlich zugänglich zu machen; vielmehr sollten jene belohnt werden, die dies freiwillig tun. Förderorganisationen könnten die besten Datensätze prämieren und so mehr Forscher dazu motivieren, ihre Daten mit anderen zu teilen (Friesike et al. 2015).

Universitäten

Universitäten bilden zukünftige Forscher aus und könnten ihrerseits einen Beitrag leisten, indem sie Datenmanagement und wissenschaftliche Kommunikation in ihre Lehrpläne integrieren. Es ist wichtig, dass die jungen Forscher verschiedener Disziplinen die Möglichkeiten und Voraussetzungen digitaler Forschung besser verstehen. Auch das Durchführen von Replikationsstudien sollte Teil des Lehrplans werden; anstatt sich ausschließlich darauf zu fokussieren, zu neuen Erkenntnissen zu gelangen (zum Beispiel bei Masterarbeiten), sollten die Universitäten ihren Studenten auch beibringen, wie man bereits existierende Daten verifiziert beziehungsweise falsifiziert.

Forschungsinstitute

Institute und Organisationen müssen als Arbeitgeber ihre Mitarbeiter schon früh dazu veranlassen, offen über ihre Forschung zu sprechen. Außerdem muss die Einstellung neuer Mitarbeiter weniger von der Art und Anzahl der Publikationen abhängig gemacht werden. Forscher mit Methodenkompetenz – zum Beispiel in der Bioinformatik oder Netzwerkanalyse – werden kaum die gleiche Anzahl an Artikeln vorweisen können, in denen sie als Erstautor genannt wurden, wie andere Forscher. Trotzdem könnten sie von größerem Nutzen sein als Forscher mit einem beeindruckenden Publikationsverzeichnis. Zudem können Forschungsinstitute ihre Mitarbeiter bei der Kommunikation von Forschungsergebnissen unterstützen. Auch professionelle wissenschaftliche PR wird in Zeiten digitaler Forschung immer wichtiger.

Der Forscher selbst

Es ist sinnvoll, zwischen bereits etablierten und jungen Forschern zu unterscheiden. Junge Forscher können die Arbeitsgewohnheiten ihrer Arbeitgeber nur selten beeinflussen. Sie können lediglich über Veränderungen in der Forschungslandschaft informieren und ein Bewusstsein für neue Methoden schaffen. Dafür müssen sie sich verstärkt für die Umsetzung von kollaborativer, partizipativer und transparenter digitaler Forschung einsetzen. Etablierte Forscher hingegen profitieren von ihrem Ansehen und der Freiheit der Wissenschaft. Sie können sich für neue Forschungsmethoden starkmachen, ohne Gefahr zu laufen, ihren Arbeitsplatz zu verlieren. Damit sind sie in einer einflussreichen Position, in der sie, ohne ein großes Risiko einzugehen, Veränderungen vornehmen können. Etablierte Forscher müssen diese Chance ergreifen.

Alles in allem wird die Digitalisierung der Forschung im Laufe der Zeit weiter voranschreiten. Es liegt in der Hand der Forschungsgemeinschaft, das Tempo und die Richtung zu bestimmen. Jeder Beteiligte muss selber entscheiden, welchen Beitrag er dazu leisten kann. Je früher die Wissenschaft die Chancen ergreift, die die digitalisierte Forschung bietet, desto früher werden wir in der Lage sein, Antworten auf die immer komplexeren Fragen zu finden, mit denen wir in der heutigen Welt konfrontiert sind.

 Erfolgsfaktoren

- Forschung wird durch die Digitalisierung enorm beschleunigt und bezüglich Qualität verbessert.
- Kerntreiber der Verbesserung sind ein Mehr an Kollaboration, Partizipation und Transparenz.
- Die Realisierung des Potenzials dieser drei Größen bestimmen vier Akteure: die (staatliche) Forschungsförderung, die Forschungsinstitute, die Universitäten und die Forscher selbst. Gelingt das Zusammenspiel dieser vier Akteure, so lässt sich Forschung über den Hebel der Digitalisierung kollaborativer, partizipativer und transparenter gestalten.

55+ Muster erfolgreicher Geschäftsmodelle

Oliver Gassmann, Karolin Frankenberger

Unsere Forschung hat ergeben, dass über 90 Prozent aller Geschäftsmodelle der letzten 50 Jahre als eine Rekombination von existierenden Ideen, Konzepten und Mustern entstanden sind. Dieses Wissen lässt sich nutzen, um die 60 Grundmuster von Geschäftsmodellen vor dem Hintergrund der Digitalisierung als Quelle für neue Geschäftsmodelle in der eigenen Industrie und im eigenen Unternehmen zu nutzen. Es macht Sinn, jedes neue Produkt und jeden neuen Prozess hinsichtlich der Auswirkungen auf das Geschäftsmodell zu checken und zu hinterfragen.

Im Folgenden werden 55+ erfolgreiche Muster von Geschäftsmodellen des Business Model Navigators mit Hinweisen zur Digitalisierung vorgestellt. Diese sind bezüglich der vier Grundfragen eines Geschäftsmodells zu checken:

1. Wer ist der Kunde?

2. Was ist das Nutzenversprechen?

3. Wie wird dieses umgesetzt?

4. Warum ist das Geschäftsmodell profitabel?

Die Muster werden vertieft dargestellt mit Vorgehensschritten, Checklisten und praktischen Tipps zur Implementierung im Buch „Geschäftsmodelle entwickeln" von Gassmann, Frankenberger und Csik (2013), englisch: „The Business Model Navigator".

Praktische Checklisten sowie ein Kartenset für Workshops sind erhältlich unter *www.bmilab.c*om.

Add-on

Das Basisangebot wird zu einem wettbewerbsfähigen Preis angeboten, das aber durch zahlreiche Extras erweitert werden kann, die den Endpreis nach oben treiben. Dies kann dazu führen, dass der Kunde schlussendlich bereit ist, mehr auszugeben als initial erwartet. Kunden profitieren von einem variablen Angebot, das sie an ihre spezifischen Bedürfnisse anpassen können. Beispiele: *Ryanair* (1985), *SAP* (1992), *Sega* (1998). Ideal für digitale Services geeignet.

Affiliation

Der Fokus liegt auf der aktiven Unterstützung Dritter, die zum erweiterten Verkauf von Produkten beitragen und direkt von erfolgreichen Transaktionen profitieren. Affiliates werden somit in der Regel anteilig auf Basis von erfolgreichen Transaktionen oder aber pro Vermittlung eines potenziellen Kunden entschädigt. Das Unternehmen selbst ermöglicht es, eine breitere Menge an potenziellen Kunden ohne zusätzliche Vertriebs- oder Marketingaufwände zu erreichen. KMUs haben häufig kein hinreichend großes Marketingbudget, daher passt die Affiliierung sehr gut. Beispiele: *Amazon* Store (1995), *Cybererotica* (1994), *CDnow* (1994), *Pinterest* (2010). Dieses Muster ist erst mit der Digitalisierung richtig hochgekommen.

Aikido

Aikido ist eine japanische Kampfkunst, in der die Stärke eines Angreifers gegen ihn selbst verwendet wird. Als Geschäftsmodell bedeutet Aikido, dass ein Unternehmen etwas anbietet, das diametral gegensätzlich zum Paradigma der Konkurrenz steht. Dieses neue Angebot zieht jene Kunden an, die Ideen oder Konzepte, die sich vom Mainstream-Angebot unterscheiden, bevorzugen. KMUs sind oft Nischenspieler, die querdenken und sich komplementär zu den großen Wettbewerbern verhalten. Aikido ist oft essenziell für KMUs. Beispiele: *Six Flags* (1961), *The Body Shop* (1976), *Swatch* (1983), *Cirque du Soleil* (1984), *Nintendo* (2006).

Auction

Versteigerung bedeutet, ein Produkt oder eine Dienstleistung an den Höchstbietenden zu verkaufen. Der Endpreis wird ermittelt, wenn eine bestimmte Endzeit erreicht ist oder kein höheres Angebot gemacht wird. Dies ermöglicht dem Unternehmen, die höchste Zahlungsbereitschaft des Kunden abzuschöpfen. Der Kunde profitiert von der Möglichkeit, Einfluss auf den Preis eines Produkts ausüben zu können. KMUs nutzen dabei digitale Plattformen, die bereits zur Verfügung stehen. Beispiele: *eBay* (1995), *WineBid* (1996), *Priceline* (1997), *Google* (1998), *Elance* (2006), *Zopa* (2005), *MyHammer* (2005).

Barter

Barter sind Tauschgeschäfte, durch die eine Ware ohne Geldtransfer an den Kunden/Partner gegeben wird. Der Kunde bietet im Gegenzug etwas, das dem Unternehmen von Wert ist. Die ausgetauschten Güter müssen keine direkte Verbindung aufweisen und werden in der Regel von beiden Parteien unterschiedlich bewertet.

Intelligente KMUs profitieren hier besonders; beispielsweise hat der schweizerische Sockenhersteller *Blacksocks* sein Sockenabo in das Miles-&-More-Konzept der *Lufthansa* eingebracht oder sein Abonnement zusammen mit der Wirtschaftszeitschrift „Bilanz" angeboten. Barter ist ein altes Muster, erhält aber erst in der digitalen Welt so richtig seine Bedeutung. Beispiele: *Procter & Gamble* (1970), *Pepsi* (1972), *Lufthansa* (1993), *Magnolia Hotels* (2007), *Pay with a Tweet* (2010).

Cash Machine

Der Kunde bezahlt im Voraus und/oder die Produkte werden an den Kunden verkauft, bevor das Unternehmen dafür zahlen muss. Dies führt zu erhöhter Liquidität, die für Investitionen verwendet werden kann oder zur Finanzierung anderer Bereiche des Unternehmens. Für KMUs ist dies oft eine schwierige Strategie, da die Verhandlungsmacht gegenüber Großkunden fehlt. Es funktioniert nur dann, wenn intelligent aufgesetzt, zum Beispiel erst bestellt, dann produziert wird. Häufig liegen hier auch digitalisierte Build-to-Order-Prozesse zugrunde, wie es *Dell* verwendet. Beispiele: *American Express* (1891), *Dell* (1984), *Amazon Store* (1995), *PayPal* (1998), *Blacksocks* (1999), *MyFab* (2008), *Groupon* (2008).

Cross Selling

In diesem Modell werden Dienstleistungen oder Produkte aus anderen Branchen oder Produktgruppen, die vorher nicht angeboten wurden, zu dem Sortiment hinzugefügt. So kann das Unternehmen seine Schlüsselkompetenzen und Ressourcen breiter ausnutzen. Besonders Handelsunternehmen können schnell zusätzliche Produktgruppen anbieten, die nicht in der Hauptbranche vertreten sind. So können weitere Einnahmen mit relativ wenig Aufwand erzeugt werden, weil mehr potenzielle Bedürfnisse der Kunden gedeckt sind. Ideal bei E-Commerce. Beispiele: *Shell* (1930), *IKEA* (1956), *Tchibo* (1973), *Aldi* (1986), *SANIFAIR* (2003).

Crowdfunding

Ein Produkt, ein Projekt oder ein komplettes Start-up wird von einer Gruppe von individuellen Geldgebern finanziert, die die zugrunde liegende Idee unterstützen wollen. Üblicherweise dient dabei das Internet als Kanal für die Finanzierungsplattform. Falls eine kritische Masse erreicht wird, kann die Idee durch Freigabe des Kapitals realisiert werden. Die Finanziers profitieren dabei von speziellen Vorteilen, die von der Menge des bereitgestellten Geldes abhängen. Dies ist der moderne Klassiker für hoch innovative KMUs: mit einer guten Idee und wenig Budget ein Projekt realisieren. Das Muster ist erst in der digitalisierten Welt richtig aufgekommen. Beispiele: *Marillion* (1997), *Cassava Films* (1998), *Diaspora* (2010), *Brainpool* (2011), *Pebble Technology* (2012).

Crowdsourcing

Die Lösung einer Aufgabe oder eines Problems wird über das Internet von einer anonymen Masse übernommen. Beitragsleistende erhalten eine kleine Belohnung oder die Chance, einen Preis zu gewinnen, wenn ihre Lösung gewählt wird und zur Produktion beziehungsweise zum Verkauf beiträgt. Diese Interaktion zwischen dem Unternehmen und dem Kunden kann die Attraktivität und die Bindung gegenüber dem Unternehmen erhöhen, was sich schlussendlich positiv auf Umsätze auswirken kann. Crowdsourcing ist bei KMUs noch wenig verbreitet, hat aber gerade dort noch ein großes Potenzial: Mit wenig Budget und großen Hebeleffekten neue Ideen generieren und bewerten. Das Muster ist ein reines Digitalisierungsmuster. Beispiele: *Threadless* (2000), *Procter & Gamble* (2001), *InnoCentive* (2001), *Cisco* (2007), *MyFab* (2008).

Customer Loyalty

Kunden und deren Loyalität werden gebunden, indem das Unternehmen ihnen durch spezielle Bonusprogramme einen zusätzlichen Wert anbietet. Das Ziel ist, die Kundentreue zu belohnen, indem man eine emotionale Beziehung schafft und/ oder Loyalität mit speziellen Angeboten honoriert. Kunden binden sich somit freiwillig an die Firma, was zukünftige Einnahmen schützen kann. Bislang versuchen KMUs, das Geschäftsmodell eher über persönliche Bindungen zu realisieren; dies könnte aber noch intelligenter über Systeme wie Bonusprogramme ergänzt werden. Beispiele: *Sperry & Hutchinson* (1897), *American Airlines* (1981), *Safeway Club Card* (1995), *Payback* (2000). Über IoT lassen sich hier noch große Potenziale für neue Geschäftsmodelle entwickeln.

Digitalization

Dieses Megamuster beruht auf der Möglichkeit, bestehende Produkte oder Dienstleistungen in ein digitales Produkt zu verwandeln, das vorteilhafte Eigenschaften aufweist, die physische Produkte nicht bieten können, zum Beispiel eine einfachere und schnellere Distribution. Idealerweise wird die Digitalisierung eines Produkts oder eines Dienstes realisiert, ohne dabei bisherige Kundenwerte zu verlieren. Für KMUs ist dies ideal, da die Digitalisierungsstrategien oft keine Größeneffekte haben. KMUs wie *Dropbox* werden erfolgreich. Es gibt hier zahlreiche Untermuster, wie Software-as-a-Service oder Sensor-as-a-Service. Beispiele: *Spiegel online* (1994), *WXYC* (1994), *Hotmail* (1996), *Jones International University* (1996), *CEWE Color* (1997), *SurveyMonkey* (1998), *Napster* (1999), *Wikipedia* (2001), *Facebook* (2004), *Dropbox* (2007), *Netflix* (2008), *Next Issue Media* (2011).

Direct Selling

Direktverkauf bezeichnet das Konzept, in dem Produkte nicht durch Vermittler verkauft, sondern direkt vom Hersteller oder Dienstanbieter zur Verfügung gestellt werden. Auf diese Weise vermeidet das Unternehmen die Retail-Marge oder zusätzliche Aufwendungen. Diese Einsparungen können an den Kunden weitergegeben werden, zum Beispiel in Form von reduzierten Preisen. KMUs können eine solche Strategie nur mit Partnern fahren oder müssen sich regional stark eingrenzen. Jedoch war auch *Vorwerk* einmal ein KMU und ist damit regional gewachsen. Auch wenn es klassische physische Direct-Selling-Wege gibt, wie *Vorwerk* begonnen hatte, so ist das Internet die ideale Plattform für Direct Selling. Beispiele: *Vorwerk* (1930), *Tupperware* (1946), *Amway* (1959), *The Body Shop* (1976), *Dell* (1984), *Nestlé Nespresso* (1986), *First Direct* (1989), *Nestlé Special.T* (2010), *Dollar Shave Club* (2012), *Nestlé BabyNes* (2012).

E-Commerce

Traditionelle Produkte oder Dienstleistungen werden über Online-Kanäle angeboten. So werden die Kosten für den Betrieb einer physischen Infrastruktur beseitigt. Kunden profitieren von einer höheren Verfügbarkeit und Komfort, während das Unternehmen in der Lage ist, seinen Vertrieb mit internen Prozessen stärker zu integrieren. KMUs profitieren beim E-Commerce überproportional: Im Netz sind zunächst alle gleich. Beispiele: *Dell* (1984), *Asos* (2000), *Zappos* (1999), *Amazon* Store (1995), *Flyeralarm* (2002), *Blacksocks* (1999), *Dollar Shave Club* (2012), *Winebid* (1996), *Zopa* (2005).

Experience Selling

Der Wert eines Produkts oder Dienstes wird durch eine besondere Erfahrung beziehungsweise ein Erlebnis, das mit angeboten wird, bereichert. Dies öffnet die Tür zu einer höheren Nachfrage und ermöglicht es, höhere Preise für das Angebot zu verlangen. Digitalisierte Produkte eröffnen hier noch neue Welten, wie sie bislang noch wenig realisiert werden. Intelligente, vernetzte Produkte verändern die Wahrnehmungswelt der Kunden in fast allen Branchen. Beispiele: *Harley-Davidson* (1903), *Starbucks* (1971), *IKEA* (1956), *Barnes & Noble* (1993), *Trader Joe's* (1958), *Nestlé Nespresso* (1986), *Swatch* (1983), *Nestlé Special.T* (2010), *Red Bull* (1987).

Flatrate

In diesem Modell wird eine einzige feste Gebühr für ein Produkt oder eine Dienstleistung verlangt, die unabhängig ist von der tatsächlichen Nutzung oder dem Verbrauch. Der Nutzer profitiert von einer einfachen Kostenstruktur und das Unternehmen von einem konstanten Ertragsstrom. Digitale Services sind ideal geeignet für Flatrate-Muster. Beispiele: *SBB* (1898), *Buckaroo Buffet* (1946), *Sandals Resorts* (1981), *Netflix* (1999), *Next Issue Media* (2011).

Fractionalized Ownership

Fractionalized Ownership beschreibt die geteilte Nutzung eines Produkts beziehungsweise einer Produktgruppe innerhalb einer Gemeinschaft von Eigentümern. Typischerweise handelt es sich dabei um ein kapitalintensives Produkt, das jedoch nicht häufig benötigt wird. Der Kunde profitiert von den Eigentumsrechten, ohne dafür das gesamte Kapital allein zur Verfügung stellen zu müssen. Die Finanzierungsfrage ist für KMUs hier kritisch: Oft wird nur ein Projekt angegangen, wenn genügend Anfragen bezüglich der Eigentümerteilung vorhanden sind. Beispiele: *Hapimag* (1963), *NetJets* (1964), *Mobility Carsharing* (1997), *écurie25* (2005), *HomeBuy* (2009).

Franchising

Der Franchisegeber besitzt den Markennamen, die Produkte und die Corporate Identity. Diese werden an unabhängige Franchisenehmer lizenziert, die das Risiko der lokalen Operationen tragen. Der Ertrag wird anteilig aus den Umsätzen der Franchisenehmer und direkt aus den Vergütungen für Franchisedienste generiert. Die Franchisenehmer profitieren hier von der Nutzung der Bekanntheit der Marke, dem Know-how und der Unterstützung. Hier müssen KMUs eine besonders starke Patent- und Markenstrategie fahren, damit sie erfolgreich werden. Beispiele: *Singer Sewing Machine* (1860), *McDonald's* (1948), *Marriott International* (1967), *Starbucks* (1971), *Subway* (1974), *Fressnapf* (1992), *Naturhouse* (1992), *McFit* (1997), *BackWerk* (2001).

Freemium

Die Basisversion eines Angebots wird verschenkt in der Hoffnung, irgendwann die Kunden zu überzeugen, die Premium-Version des Angebots zu kaufen. Das kostenlose Angebot zieht die höchstmögliche Zahl von Kunden für das Unternehmen an. Die in der Regel kleinere Untergruppe von „Premium-Kunden" generiert dann die entsprechenden Einnahmen. Für KMUs ist die kostenlose Bereitstellung der Anfangsleistung häufig ein Problem. KMUs wie der schweizerische Crowdsourcing-Partner *Atizo*, *Dropbox* oder *Doodle* benötigen früh genug einen Kunden oder einen langfristigen Investor, um den nötigen Durchhaltewillen zu schaffen. Beispiele: *Hotmail* (1996), *SurveyMonkey* (1998), *LinkedIn* (2003), *Skype* (2003), *Spotify* (2006), *Dropbox* (2007). Bei digitalen Produkten ist dieses Muster ideal geeignet, da die Herstellungskosten eines Produkts in der Regel null sind.

From Push to Pull

Dieses Muster beschreibt die Strategie, die ein Unternehmen fährt, wenn es Prozesse flexibilisiert, um den Kunden in den Mittelpunkt setzen zu können. Um schnell und flexibel auf neue Kundenanforderungen reagieren zu können, kann es erforderlich sein, alle Teile der Wertschöpfungskette, einschließlich der Produktion oder sogar Forschung und Entwicklung, in dieses Konzept miteinzubeziehen. Auch im Marketing kann dieses Muster angewendet werden, wenn effektives und effizientes Marketing und entsprechende Vertriebskanäle dazu führen, dass nur ein minimaler Aufwand für aktive Werbemaßnahmen nötig ist. Beispiele: *Toyota* (1975), *Zara* (1975), *Dell* (1984), *Geberit* (2000).

Guaranteed Availability

Die Verfügbarkeit eines Produkts oder einer Dienstleistung wird garantiert, wodurch Ausfallzeiten minimiert werden können. Das Unternehmen nutzt Know-how und Skaleneffekte, um die Betriebskosten zu senken. Der Kunde profitiert von einer einfacheren Kalkulation ohne die Verfügbarkeitsnachteile, die der Besitz des Produkts beinhaltet, zum Beispiel Ausfälle bei Defekten. Dies ist eine exzellente Strategie für Kundenbindung, aber eine Herausforderung für KMUs bezüglich der Finanzierung. Bei einer guten Technologie und robuster Qualität ist dies aber auch für KMUs gut machbar. Beispiele: *PHH Corporation* (1986), *IBM* (1995), *Hilti* (2000), *MachineryLink* (2000), *NetJets* (1964), *ABB Turbo Systems* (2010).

Hidden Revenue

Die Logik, dass der Benutzer für die Einnahmen des Unternehmens sorgt, wird aufgegeben. Stattdessen werden dritte Parteien die wichtigste Einnahmequelle. Diese finanzieren Angebote quer, die entweder kostenlos oder günstig angeboten werden, um Nutzer anzulocken. Eine sehr häufige Form dieses Modells ist die Finanzierung durch Werbung. Dabei ist die Aufmerksamkeit der Kunden des Unternehmens wertvoll für Drittunternehmen, die für entsprechend platzierte Inserate zahlen. Erst im digitalen Zeitalter ist dieses Muster richtig stark geworden. Beispiele: *JCDecaux* (1964), *Sat.1* (1984), *Metro Newspaper* (1995), *Google* (1998), *Zattoo* (2007), *Facebook* (2004), *Spotify* (2006).

Ingredient Branding

Ingredient Branding beschreibt die gezielte Auswahl und Kommunikation einer Produktkomponente, die von einem bestimmten Lieferanten produziert wird. Das eigene Produkt wird dann zusätzlich mit einem Logo beziehungsweise der Marke dieses Elements versehen und angepriesen, das isoliert betrachtet für den Kunden von geringerem Wert ist. Das eigene Produkt profitiert jedoch von der positiven Markenassoziation und Markeneigenschaften, die der verbauten Komponente zugesprochen werden. KMUs wie der Anbieter von virtuellen Datensafes *DSwiss* setzen auf eine solche Strategie, wenn Banken ihren Kunden einen virtuellen Safe anbieten. Beispiele: *Intel* (1991), *W. L. Gore & Associates* (1976), *DuPont Teflon* (1964), *Carl Zeiss* (1995), *Shimano* (1995), *Bosch* (2000).

Integrator

Ein Integrator kontrolliert alle Schritte eines Wertschöpfungsprozesses. Die Firma hat dabei die Kontrolle über alle Ressourcen und Fähigkeiten der Wertschöpfung. Effizienzsteigerungen, Verbundvorteile und geringere Abhängigkeiten von Lieferanten führen zu Kostensenkungen und können die Stabilität erhöhen. Digitalisierung ermöglicht hier völlig neue Wege in den meisten Branchen. Selbst klassische Industrien wie die Bauindustrie werden sich über digitale Technologien wie Building Information Modeling (BIM) komplett verändern. Beispiele: *Carnegie Steel* (1870), *Exxon Mobil* (1999), *Ford* (1908), *Zara* (1975), *BYD Auto* (1995).

Layer Player

Ein Layer Player ist ein spezialisiertes Unternehmen, das sich auf die Bereitstellung eines einzelnen Schrittes in der Wertschöpfungskette verschiedener Unternehmen fokussiert. Normalerweise profitiert das Unternehmen von Skaleneffekten und kann höhere Effizienzgrade erreichen. Ferner kann besondere Expertise zu höherer Qualität führen. Viele KMUs sind hoch spezialisiert auf Nischen. Dies kann sehr erfolgversprechend sein, wie die luxemburgische *Dennemeyer* zeigt: Spezialisiert auf die Bezahlung von Patentgebühren für alle Arten von Unternehmen weltweit, hat sich *Dennemeyer* in den 70er-Jahren einen Namen gemacht. Ideal in der digitalen Welt. Beispiele: *Wipro Technologies* (1980), *PayPal* (1998), *Amazon Web Services* (2002), *Dennemeyer* (1962), *TRUSTe* (1997).

Leverage Customer Data

Durch das Sammeln von Kundendaten und deren wertschöpfender Verarbeitung werden neue Werte für den internen Gebrauch oder für interessierte dritte Parteien geschaffen. Das Unternehmen erzeugt zusätzliche Einnahmen durch den Verkauf dieser Daten oder erfährt Vorteile durch die eigene Nutzung, zum Beispiel zur Verbesserung der Wirksamkeit von Werbung. Dies ist eine interessante, aber auch gefährliche Strategie für KMUs. Zahlreiche Start-ups setzen auf eine solche Strategie mit dem Anbieten von Apps. Die Gefahr besteht darin, dass die Kunden abspringen, wenn die Balance zwischen Nutzen und persönlichem Datenschutz nicht mehr stimmt. Bei *Google* stimmt diese offensichtlich bei den meisten Kunden noch. Fast ausschließlich digitale Produkte, die über IoT in den nächsten Jahren eine völlig neue Dimension erhalten werden. Beispiele: *Google* (1998), *Facebook* (2004), *PatientsLikeMe* (2004), *23andMe* (2006), *Verizon Communications* (2011), *Payback* (2000), *Amazon Store* (1995), *Twitter* (2006).

License

Das Unternehmen konzentriert sich auf die Entwicklung von geistigem Eigentum, was an andere Unternehmen lizenziert werden kann. Dieses Modell transformiert immaterielle Güter in Umsätze, sodass sich die Unternehmung hauptsächlich auf

Forschung und Entwicklung konzentrieren kann. Zusätzlich erlaubt es die Veräußerung von Wissen, das für Dritte einen höheren Wert aufweisen kann. Besonders technologiebasierte KMUs und Start-ups fahren eine solche Strategie; Voraussetzung sind starke Patente, die nicht nur im eigenen Land, sondern auch in anderen wirtschaftlich relevanten Ländern greifen. Bei Software ideal machbar. Beispiele: *ARM* (1989), *IBM* (1920), *BUSCH* (1870), DIC *2* (1973), *Duales System Deutschland* (1991), *Max Havelaar* (1992).

Lock-in

Kunden werden in dem Ökosystem eines Lieferanten und seinen Ergänzungsprodukten „eingesperrt". Der Wechsel zu anderen Anbietern ist ohne erhebliche Umstellungskosten deutlich erschwert, was das Unternehmen davor schützen soll, Kunden zu verlieren. Lock-in wird entweder durch technologische Mechanismen oder erhebliche Interdependenzen von Produkten oder Dienstleistungen erzeugt. Durch intelligente Produkte fast überall leichter technisch realisierbar, siehe die neue *Nespresso*-Generation mit ID-Chips. Beispiele: *Gillette* (1904), *Nestlé Nespresso* (1986), *Hewlett-Packard* (1984), *Microsoft* (1975), *Lego* (1949), *Nestlé* BabyNes (2012), *Nestlé* Special.T (2010).

Long Tail

Statt sich auf Blockbuster-Produkte zu konzentrieren, wird der Hauptteil der Einnahmen durch einen „Long Tail" an Nischenprodukten generiert. Einzeln werden diese Produkte weder in großen Mengen nachgefragt, noch ermöglichen sie hohe Margen. Wenn jedoch eine hohe Anzahl davon in ausreichend großen Mengen angeboten wird, können sich diese kleinen Gewinne lukrativ aufsummieren. KMUs können hier vor allem im digitalen Bereich erfolgreich sein; bei physischen Produkten muss dann die regionale Einschränkung eher größer sein. Nicht jeder schafft die Breite, die dem Schraubenhersteller *Würth* gelingt. Perfektes Muster für E-Commerce. Beispiele: *Amazon* Store (1995), *eBay* (1995), *Netflix* (1999), *Apple* iPod/iTunes (2003), *YouTube* (2005).

Make more of it

Know-how und andere verfügbare Anlagen der Firma werden nicht nur verwendet, um eigene Produkte zu produzieren, sondern werden auch anderen Unternehmen zur Nutzung angeboten. Brachliegende Ressourcen, die sonst ungenutzt bleiben, können verwendet werden, um zusätzliche Einnahmen zu erzeugen. Gerade spezialisierte KMUs denken hier oft zu wenig breit und mutig: Was lässt sich auf den vorhandenen Kernkompetenzen noch weiter aufbauen? Beispiele: *Festo Didactic* (1970), *Porsche* (1931), *BASF* (1998), *Amazon Web Services* (2002), *Sennheiser Sound Academy* (2009).

Mass Customization

Kundenspezifisch angepasste Massenproduktion schien in der Vergangenheit unmöglich zu bewerkstelligen zu sein. Erst der Ansatz modularer Produkte und Produktionssysteme hat die effiziente Individualisierung von Produkten ermöglicht. Als Folge können nun die individuellen Kundenbedürfnisse auch im Bereich der Massenproduktion zu kompetitiven Preisen erfüllt werden. Über Industrie 4.0 ergeben sich hier neue Möglichkeiten, die aber stets auf das individuelle Produkt auswirken müssen. Beispiele: *Dell* (1984), *Levi's* (1990), *My Unique Bag* (2010), *Miadidas* (2000), *mymuesli* (2007), *Factory121* (2006), *PersonalNOVEL* (2003).

No Frills

Die Wertschöpfung konzentriert sich auf das, was notwendig ist, um den Kern des Kundennutzens eines Produkts oder einer Dienstleistung so einfach wie möglich zu liefern. Kosteneinsparungen werden dabei mit dem Kunden geteilt, was eine Kundschaft mit geringerer Kaufkraft oder Zahlungsbereitschaft anspricht. Nicht alles funktioniert: *McZahn* war ein KMU, das der *Fielmann* der Zahnindustrie werden wollte. Aber wenn ein solches, auf den Grundnutzen konzentriertes Angebot stimmt, ist ein nachhaltiger Erfolg gewährleistet. Beispiele: *Ford* (1908), *Southwest Airlines* (1971), *Dow Corning* (2002), *McDonald's* (1948), *Accor* (1985), *Aravind Eye Care System* (1976), *McFit* (1997), *Aldi* (1913).

Object Self-Service

Durch den Einsatz von Sensoren und die Einbindung in eine IT-Struktur kann ein Objekt selbständig Aufträge generieren. Dies ermöglicht vollautomatische Prozesse wie zum Beispiel Aufstockung und erhöht die Interaktionsgeschwindigkeit mit dem Objekt. Der Kunde ist in das System eingebunden, was zu wiederkehrenden Umsätzen führt. Die mit einer Kamera ausgestattete Box iBin von *Würth* (2013) füllt den Behälter selbständig auf. Weiteres Beispiel: *Felfel* (2013).

Object as Point of Sale

Der Verkaufsort von Verbrauchsmaterialien bewegt sich zum Verbrauchsort. Dies führt zu einem stärkeren Lock-in und damit zu einer höheren Kundenbindung. Wenn der Verkaufsort von Konkurrenzprodukten verlagert wird, wird der Kunde weniger preissensibel. Mit *Amazon Dash* (2015) können Lebensmittel und andere Produkte über einen physischen Knopf bestellt werden, welcher direkt mit Amazon verbunden ist. Weiteres Beispiel: *Ubitricity* (2008).

Open Business Model

In offenen Geschäftsmodellen wird die Zusammenarbeit mit Partnern im Ökosystem eine zentrale Quelle der Wertschöpfung. Unternehmen, die ein Open Business

Model verfolgen, suchen aktiv nach neuen Möglichkeiten der Zusammenarbeit mit Lieferanten, Kunden, Partnern oder anderen Unterstützern, um ihr Geschäft zu öffnen und zu erweitern. KMUs sind oft zentraler Bestandteil von offenen Geschäftsmodellen. Ideal bei digitalen Produkten und offenen Systemarchitekturen. Beispiele: *Valve Corporation* (1998), *Abril* (2008).

Open Source

In der Softwareentwicklung wird der Quellcode einer Software nach diesem Konzept nicht als Privateigentum einbehalten, sondern frei zugänglich für jeden bereitgestellt. Dieses Muster kann eigentlich bei allen Technologien oder Produkten angewendet werden. Dritte können einen Beitrag zur Produktentwicklung leisten oder das Produkt kostenlos für sich selbst nutzen. Geld verdient wird in der Regel aus Dienstleistungen, die komplementär zu dem Produkt angeboten werden, wie zum Beispiel Beratung oder Support. KMUs nutzen Open Source oft als günstige Softwarelösungen, bieten aber selbst zu wenig Open-Source-Plattformen an. Beispiele: *Red Hat* (1993), *Wikipedia* (2001), *mondoBIOTECH* (2000), *Local Motors* (2008), *IBM* (1955), *Mozilla* (1992).

Orchestrator

Bei diesem Modell liegt der Fokus auf den Kernkompetenzen der Wertschöpfungskette. Die anderen Segmente werden outgesourct und aktiv koordiniert. Dies ermöglicht dem Unternehmen, Kosten zu senken und von Skaleneffekten der Lieferanten zu profitieren. Die Fokussierung auf die Kernkompetenzen steigert die Leistungsfähigkeit. Im Dienstleistungssektor haben sich viele KMUs auf die Beratung und den Brückenbau für den Kunden spezialisiert. Finanzberater sind hierfür typisch. Immer leichter möglich, je digitalisierter neue Produkte werden. Beispiele: *Nike* (1978), *Bharti Airtel* (1995), *Li & Fung* (1971), *Procter & Gamble* (1970).

Pay per Use

In diesem Modell wird die tatsächliche Nutzung einer Dienstleistung oder eines Produkts gemessen. Der Kunde zahlt basierend auf dem, was tatsächlich verbraucht wird. So kann das Unternehmen Kunden anziehen, die zusätzliche Flexibilität schätzen. Dafür können höhere Gebühren, zum Beispiel im Vergleich zur Flatrate, erhoben werden. Ideal in der Welt des IoT. Beispiele: *Hot Choice* (1988), *Google* (1998), *Better Place* (2007), *Car2Go* (2008), *Ally Financial* (2004).

Pay What You Want

Der Käufer zahlt einen beliebigen Betrag für eine bestimmte Ware, manchmal sogar gar nichts. Es kann auch eine minimale Preisuntergrenze gesetzt und/oder dem Käufer eine Preisempfehlung gegeben werden. Der Kunde bestimmt selbst den zu zahlenden Preis. Der Verkäufer profitiert von einer erhöhten Kundenzahl, weil individuelle Zahlungsbereitschaften abgeschöpft und Aufwände zur Preisfindung vermieden werden können. Für KMUs mit emotionalen Produkten kann dies interessant sein. Es empfiehlt sich, dies in wenigen Aktionen zu versuchen, sodass das Risiko beschränkt bleibt. Beispiele: *One World Everybody Eats* (2003), *Radiohead* (2007), *NoiseTrade* (2006), *Humble Bundle* (2010), *Panera Bread Bakery* (2010).

Peer-to-Peer

Dieses Modell basiert auf dem Teilen, Austauschen, Handeln oder Mieten des Zugangs zu Angeboten durch die Zusammenarbeit von Personen, die Mitglied einer homogenen Gruppe sind. Das Unternehmen bietet einen Treffpunkt, das heißt eine Online-Datenbank und Kommunikationsdienstleistung, die diese Personen verbindet. Oft wird dieses Konzept auch als P2P abgekürzt. Beispiele: *eBay* (1995), *Napster* (1999), *Couchsurfing* (2003), *SlideShare* (2006), *RelayRides* (2010), *Craigslist* (1996), *Skype* (2003), *LinkedIn* (2003), *Zopa* (2005), *Dropbox* (2007), *Twitter* (2006), *Airbnb* (2008), *TaskRabbit* (2008), *Gidsy* (2011). Neue Peer-to-Peer-Modelle werden auch in anderen Branchen wie der Versicherung, dem Kreditwesen und dem Automobil erwartet.

Performance-based Contracting

Das Unternehmen verkauft nicht die Produkte, zum Beispiel Maschinen, an Kunden, sondern liefert das Resultat als eine Dienstleistung, die danach leistungsbasiert vergütet wird. Leistungsabhängige Vertragspartner sind oft stark in dem Wertschöpfungsprozess der Kunden integriert. Spezielles Know-how und Skaleneffekte führen zu niedrigeren Produktions- und Wartungskosten, die an den Kunden weitergeleitet werden können. Beispiele: *BASF* (1998), *Xerox* (2002), *Rolls-Royce* (1980), *Smartville* (1997). Perfekt geeignet für intelligente Produkte in der IoT-Welt.

Prosumer

Unternehmen ermöglichen es Kunden, selbst zum Produzenten zu werden. Der Kunde ist in die Wertschöpfungskette integriert und kann vom resultierenden Produkt profitieren, während das Unternehmen weniger Investitionskosten für Produktion und Overhead hat. Da der Konsument an der Produktion beteiligt ist, steigt der wahrgenommene Wert des Produktes. *Tesla's Solar Panels* (2006) ermöglicht es Verbrauchern, auch als Energielieferanten und -produzenten aufzutreten. Weiteres Beispiel: *Blockchain*.

Razor and Blade

Das Basisprodukt wird günstig oder umsonst angeboten. Dem hingegen werden die Verbrauchsmaterialien, die nötig sind, um das Produkt zu benutzen, teuer und mit hohen Margen verbunden verkauft. Der niedrige Preis des Basisprodukts senkt die anfängliche Schwelle der Kundschaft, das Produkt zu kaufen, während die folgenden wiederkehrenden Umsätze der Verbrauchsmaterialien das Produkt teilweise mitfinanzieren. Es ist üblich, dass das Produkt und die Verbrauchsmaterialien technologisch aneinandergebunden sind, um den Effekt zu verstärken. Beispiele: *Standard Oil Company* (1880), *Gillette* (1904), *Hewlett-Packard* (1984), *Nestlé Nespresso* (1986), *Apple* iPod/iTunes (2003), *Amazon* Kindle (2007*)*, *Better Place* (2007), *Nestlé* BabyNes (2012), *Nestlé* Special.T (2010).

Rent Instead of Buy

Der Kunde kauft nicht das Produkt, sondern mietet es. Dadurch wird der typischerweise erforderliche Kapitaleinsatz, um Zugang zum Produkt zu erhalten, reduziert. Das Unternehmen profitiert von höheren Gewinnen pro Produkt, weil die Miete über die ganze Nutzungsdauer kontinuierlich bezahlt wird. Beide Parteien profitieren von höherer Effizienz in der Nutzung des Produkts, weil die Zeit der Nicht-Nutzung bei jedem Produkt reduziert wird. Für KMUs oft nicht einfach wegen des hohen Kapitalbedarfs der Vorfinanzierung. Dies ergibt in digitalisierten Produkten durch Informationen über das Nutzungsverhalten der Kunden neue Chancen. Beispiele: *Saunders System* (1916), *Xerox* (1959), *Blockbuster* (1985), *Rent a Bike* (1987), *Mobility Carsharing* (1997), *Luxusbabe* (2006), *FlexPetz* (2007), *MachineryLink* (2000), *Car2Go* (2008), *CWS-boco* (2001).

Revenue Sharing

Revenue Sharing bezeichnet die Praxis, Umsatz mit Anspruchsgruppen der Unternehmung zu teilen. Es ermöglicht Unternehmen, verschiedene Partnerschaften auszunutzen, um mehr und neue Kunden zu erreichen. Somit werden vorteilhafte Eigenschaften und Wertschöpfungen zusammengeführt, um symbiotische Effekte zu erzeugen. Beide Parteien profitieren von der Beteiligung an den Einnahmen, während höhere Umsätze und eine Wertsteigerung für die Kunden erzielt werden können. Beispiele: *Apple* iPhone/App Store (2008), *Groupon* (2008), *HubPages* (2006), *CDNow* (1994).

Reverse Engineering

Dieses Muster beschreibt das Modell, in dem ein Unternehmen ein Produkt der Konkurrenz in seine Bestandteile zerlegt und mit diesen Informationen ein ähnliches oder kompatibles Produkt baut. Da so keinerlei eigene große Investitionen in Forschung und Entwicklung nötig sind, können diese Produkte zu einem niedrigeren Preis verkauft werden. Gerade chinesische KMUs machen uns dies vor; deutsche, österreichische und schweizerische KMUs haben oft zu wenig Mut für die kreative Imitation. Beispiele: *Bayer* (1897), *Brilliance China Auto* (2003), *Denner* (2010), *Pelikan* (1994).

Reverse Innovation

Einfache und preiswerte Produkte, die in und für Schwellenländer entwickelt wurden, werden auch in den Industrieländern verkauft. Der Begriff „Reverse" bezieht sich auf die Tatsache, dass neue Produkte in der Regel in den Industrieländern entwickelt und dann auf die Bedürfnisse der Märkte der Schwellenländer angepasst werden. Gerade in Märkten, in denen überzahlte, technologieüberladene Produkte angeboten werden, ist dies für KMUs wieder eine neue Chance. Beispiele: *General Electric* (2007), *Nokia* (2003), *Logitech* (1981), *Renault* (2004), *Haier* (1999).

Robin Hood

Gleiche Produkte oder Dienstleistungen werden den „Reichen" zu einem viel höheren Preis als den „Armen" verkauft. Die „Armen" zu bedienen muss nicht unbedingt rentabel sein, schafft aber Skaleneffekte, die andere Anbieter nicht erreichen können. Zusätzlich hat es einen positiven Effekt auf das Image des Unternehmens. Aber Achtung an alle KMUs: Robin Hood war zwar ein KMU-Chef, aber seine Angestellten musste er kaum bezahlen. Wichtig ist für KMUs die Kombination aller drei Dimensionen. Beispiele: *Aravind Eye Care System* (1976), *TOMS Shoes* (2006), *One Laptop per Child* (2005), *Warby Parker* (2008).

Self-Service

Ein kostspieliger Teil der Wertschöpfungskette wird vom Kunden getragen, damit das Unternehmen das Produkt zu einem niedrigeren Preis verkaufen kann. Dies ist besonders geeignet für die Prozessteile, die nur wenig zum Kundennutzen beitragen, aber hohe Kosten verursachen. Kunden profitieren von Effizienz und Zeiteinsparung, müssen jedoch selbst einen Teil beitragen. Im Internet entstehen immer mehr Möglichkeiten, zum Beispiel durch eigene Produktkonfigurationen. Beispiele: *McDonald's* (1948), *IKEA* (1956), *BackWerk* (2001), *Accor* (1985), *Car2Go* (2008), *Mobility Carsharing* (1997).

Sensor-as-a-Service

Der Einsatz von Sensoren ermöglicht zusätzliche Dienste für physische Produkte oder völlig neue, unabhängige Dienste. Es ist nicht der Sensor, der den primären Umsatz generiert, sondern die Analyse der Daten, die der Sensor erzeugt. Echtzeitinformationen können das Leistungsversprechen weiter stärken. Das selbstlernende Thermostat von *Nest Labs* (2010) erstellt einen Zeitplan nach den Bedürfnissen des Kunden durch die erfassten Daten von Sensoren und die Eingaben über das Mobiltelefon. Weiteres Beispiel: *Streetline* (2005).

Shop-in-Shop

Statt der Eröffnung eigener Läden wird ein Partner ausgewählt, der eine vorhandene Filiale betreibt, die von der Integration eines Shop-in-Shop profitieren könnte (Win-win-Situation). Der eigentliche Ladenbetreiber kann von zusätzlich angezogenen Kunden profitieren und ist außerdem in der Lage, konstante Einnahmen aus dem integrierten Geschäft zu generieren, zum Beispiel in Form von Miete. Der Shop-in-Shop profitiert von bestehenden Ressourcen wie Räumlichkeiten, Lokation oder den Mitarbeitern des Geschäfts. Beispiele: *Bosch* (2000), *Deutsche Post* (1995), *Tim Hortons* (1964), *Tchibo* (1987), *MinuteClinic* (2000).

Solution Provider

Ein Full-Service-Provider bietet vollständige Abdeckung von Produkten und Dienstleistungen in einem bestimmten Bereich, meist über eine einzige Anlaufstelle. Spezielles Know-how wird an den Kunden vergeben, um seine Effizienz oder Leistungsfähigkeit zu verbessern. Als Full-Service-Provider kann ein Unternehmen mögliche Umsatzausfälle besser kompensieren, indem es den Service um das Produkt ausweitet. Beispiele: *Lantal Textiles* (1954), *Tetra Pak* (1993), *CWS-boco* (2001), *Geek Squad* (1994), *Heidelberger Druckmaschinen* (1980), *Apple* iPod/iTunes (2003), *3M Services* (2010).

Subscription

Der Kunde zahlt eine regelmäßige Gebühr, zum Beispiel auf monatlicher oder jährlicher Basis, um Zugang zu einem Produkt oder einer Dienstleistung zu bekommen. Während Kunden vor allem von geringeren Nutzungskosten und der Verfügbarkeit profitieren, erwirtschaftet das Unternehmen eine stetige Einnahmequelle. Ideal bei digitalen Produkten, bei denen die Grenzkosten der Produktion in der Regel null sind. Beispiele: *Netflix* (1999), *Blacksocks* (1999), *Salesforce* (1999), *Jamba* (2004), *Dollar Shave Club* (2012), *Next Issue Media* (2011), *Spotify* (2006).

Supermarket

Ein Unternehmen verkauft eine Vielzahl von leicht verfügbaren Produkten und Zubehör unter einem Dach. Das Sortiment von Produkten ist groß und die Preise werden knapp kalkuliert. Kunden werden durch das große Angebot angezogen und das Unternehmen profitiert von Verbundeffekten. Für KMUs ist dies dann ein möglicher Weg, wenn das Prinzip gekoppelt wird mit hoher Spezialisierung und Cash Machine: Nur wenn nicht der gesamte Supermarkt vorfinanziert werden muss, funktioniert das Prinzip. Beispiele: *King Kullen Grocery Company* (1930), *Merrill Lynch* (1930), *Toys "R" Us* (1948), *The Home Depot* (1978), *Best Buy* (1983), *Fressnapf* (1985), *Staples* (1986).

Target the Poor

Die angebotenen Produkte oder Dienstleistungen sind nicht auf Premium-Kunden ausgerichtet, sondern auf die Kundschaft, die sich an der Basis der Einkommenspyramide befindet. Kunden mit geringerer Kaufkraft profitieren von günstigen Produkten. Das Unternehmen erwirtschaftet einen kleinen Gewinn mit jedem Produkt, profitiert dabei jedoch von hohen Verkaufszahlen. Beispiele: *Grameen Bank* (1983), *Bharti Airtel* (1995), *Arvind Mills* (1995), *Hindustan Unilever* (2000), *Tata Nano* (2009), *Walmart* (2012).

Trash-to-Cash

Gebrauchte Produkte werden gesammelt und entweder in anderen Teilen der Welt verkauft oder in neue Produkte umgewandelt. Das Erwirtschaften von Gewinn basiert hauptsächlich auf der Minimierung von Beschaffungskosten. Während Ressourcenkosten für das Unternehmen nahezu eliminiert werden, profitiert der Lieferant von der Möglichkeit einer günstigen Abfallentsorgung. Dieses Muster adressiert auch ein potenzielles Umweltbewusstsein von Kunden. Hier haben sich in den letzten Jahren einige erfolgreiche KMUs hervorgetan: *Freitag* mit seinen modebewussten Taschen aus Lastwagenüberzug ist nur ein Beispiel dafür. Beispiele: *Duales System Deutschland* (1991), *Freitag lab.ag* (1993), *Greenwire* (2001), *H&M* (2012), *Emeco* (2010).

Two-Sided Market

Zweiseitige beziehungsweise mehrseitige Märkte ermöglichen die Interaktionen zwischen mehreren voneinander abhängigen Gruppen von Kunden. Der Wert der Plattform steigt mit der Anzahl der Nutzer der Gruppen, die die Plattform benutzen. Die Plattformen sind in aller Regel digitaler Natur. Die beiden Seiten kommen in der Regel aus unterschiedlichen Bereichen, wie zum Beispiel Geschäfts- und Privatkunden. Für KMUs kann dies eine intelligente Strategie sein. Beispiele: *Diners Club* (1950), *Amazon* Store (1995), *Metro Newspaper* (1995), *Facebook* (2004), *Groupon* (2008), *JCDecaux* (1964), *Sat.1* (1984), *Google* (1998), *Zattoo* (2007), *eBay* (1995), *Elance* (2006), *Priceline* (1997), *MyHammer* (2005).

Ultimate Luxury

Dieses Muster beschreibt die Strategie eines Unternehmens, sich auf die oberste Ebene der Einkommenspyramide zu konzentrieren. Damit kann das Unternehmen seine Produkte oder Dienste deutlich von denen der Konkurrenz differenzieren. Um die entsprechende Kundschaft anzusprechen, stehen höchste Qualität und exklusive Privilegien im Mittelpunkt. Die notwendigen Investitionen für diese Differenzierung werden durch die hohen zu erzielenden Preise und Margen gedeckt. Beispiele: *Lamborghini* (1962), *MirCorp* (2000), *The World* (2002), *Jumeirah Group* (1994), *Abbot Downing* (2011).

User Designed

Im Bereich des User Designed repräsentiert ein Kunde sowohl den Hersteller als auch den Konsumenten. Eine (Online-)Plattform bietet dem Kunden dabei die nötige Unterstützung, um Entwicklung und Verkauf des Produkts zu bewerkstelligen, zum Beispiel durch Produktdesignsoftware, Produktionskapazitäten oder einen Online-Shop. Umsatz wird dabei anteilig von den Verkäufen generiert. Gerade wegen des oft geringen Kapitalbedarfs ist dies eine interessante Strategie für KMUs. Beispiele: *Spreadshirt* (2001), *Lulu* (2002), *Lego Factory* (2005), *Ponoko* (2007), *Create My Tattoo* (2009), *Quirky* (2009), *Amazon* Kindle (2007), *Apple* iPhone/App Store (2008).

Virtualization

Dieses Muster beschreibt die Nachahmung eines traditionell physikalischen Prozesses in einer virtuellen Umgebung, zum Beispiel einem virtuellen Arbeitsbereich. Der Vorteil für den Kunden besteht darin, dass er von jedem Ort oder Gerät aus mit dem Prozess interagieren kann. Im Gegenzug zahlt der Kunde für den Zugang zum virtuellen Dienst. Der Online-Service von *DUFL* (2015) packt und verschickt Koffer, welche mithilfe einer App zusammengestellt wurden, virtuell an das Reiseziel des Users. Weiteres Beispiel: *Amazon WorkSpaces* (2006).

White Label

Ein White-Label-Hersteller erlaubt anderen Unternehmen, die hergestellten Produkte unter ihren Marken zu verkaufen. Die Produkte sehen so aus, als wären sie von den jeweiligen Unternehmen produziert, da die Etiketten und Label mit ihren eigenen Marken versehen sind. Gleiche Produkte oder Dienste werden so oft durch mehrere Vermarkter und unter verschiedenen Marken verkauft, sodass verschiedene Kundensegmente und Märkte mit dem gleichen Produkt angesprochen werden können. Für KMUs ist die klare Überlegenheit des Produkts oder der Technologie gegenüber Wettbewerbsprodukten wichtig. Aus einer White-Label-Strategie kann man langfristig auch vorsichtig ausbrechen, wie dies der erfolgreichste Fotobuchhersteller Europas, die *CEWE Color,* entwickelt hat: Früher nur für den Handel tätig, heute auch mit eigener Marke sichtbar. Beispiele: *Foxconn* (1974), *Richelieu Foods* (1994), *Printing In A Box* (2005).

 Business Model Navigator in der Praxis

Praktische Checklisten zu „Business Model Innovation" sowie Informationen über Seminare nach dem Action-Based Learning und Coaching für Innovatoren und Führungskräfte sind erhältlich. Ebenso werden Cross-Industry Workshops zu Business Model Innovation angeboten unter der Leitung des *BMI Labs*, siehe www.bmilab.com.

TEIL 2

Fallstudien

16 *Bosch*-Flottenmanagement: Das IoT fordert die Organisation

Markus Weinberger, Felix Wortmann, Dominik Bilgeri, Elgar Fleisch

Das „Internet der Dinge" (IoT) beschreibt die Vision einer Welt, in der praktisch jeder Gegenstand mit Prozessoren, Sensoren und einer Verbindung zum Internet ausgestattet ist (ITU 2005). Verschiedenste Objekte sind dann in der Lage, untereinander mit der Cloud und ihren Nutzern zu kommunizieren. Basierend auf dieser technischen Entwicklung auf der Ebene der Dinge ergeben sich unzählige betriebswirtschaftliche Möglichkeiten. Einerseits sind Unternehmen in der Lage, neue innovative Lösungen zu kommerzialisieren, andererseits bieten diese Technologien den Unternehmen auch das Potenzial, signifikante Effizienzsteigerungen zu realisieren.

■ 16.1 Klassische Wertschöpfungsstufen im Internet der Dinge

Um die genannten Potenziale auch umsetzen zu können, gilt es, mehrere Wertschöpfungsstufen in geeigneter Weise zu bearbeiten. Die fünf zentralen Ebenen des Internets der Dinge sind in Bild 16.1 grafisch dargestellt. Dabei verschmelzen die physische und digitale Welt entlang des Kontinuums der fünf Ebenen vom physischen Ding bis zum digitalen Service, woraus zusätzlicher Kundennutzen entsteht.

Zur Umsetzung einer IoT-Systemlösung müssen mehrere oder alle der fünf Ebenen gleichzeitig bewältigt werden. Dabei erfordert jede Ebene jeweils sehr unterschiedliche Fähigkeiten und Kompetenzen. Die Herausforderung für Unternehmen besteht darin, diese Ebenen adäquat zu adressieren und dem Kunden ein konsistentes Angebot aus einer Hand zu offerieren. Das folgende Beispiel zu den frühen Erfahrungen von *Bosch* mit IoT-Lösungen soll dies verdeutlichen.

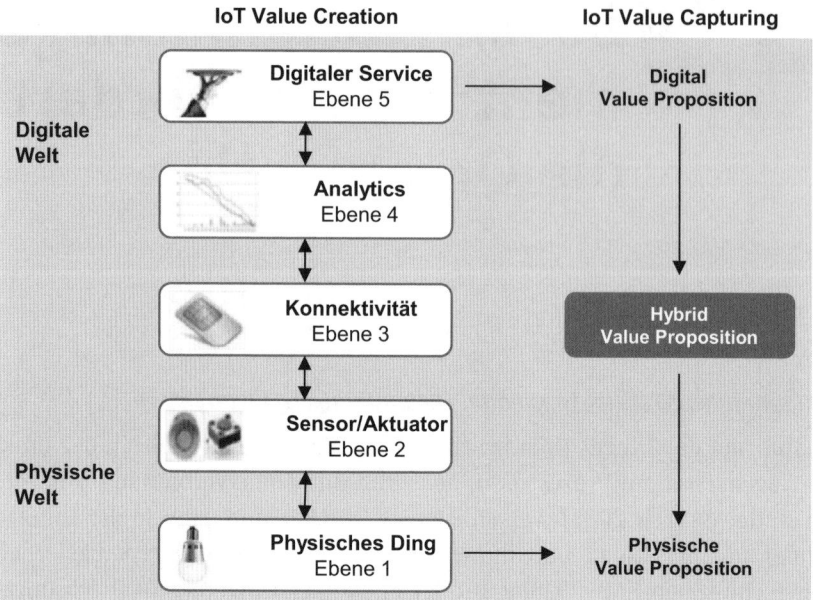

Bild 16.1 Wertschöpfungsstufen einer Anwendung im Internet der Dinge (adaptiert von Fleisch et al. 2014)

Bosch bietet ein System zum Management von Fahrzeugflotten an (Bild 16.2). Für den Betreiber einer Flotte bieten sich dadurch vielfältige neue Möglichkeiten in den Bereichen Fahrzeugzustand, Fahrverhalten und Fuhrparkproduktivität. So ermöglicht die neue *Bosch*-Lösung Flottenbetreibern beispielsweise, Probleme und Fehler frühzeitig zu erkennen und entsprechende Maßnahmen einzuleiten. Das System besteht aus mehreren Komponenten, die den Ebenen aus Bild 16.1 zugeordnet werden können. Die sogenannte Connectivity Control Unit (CCU, Ebene 2 der Wertschöpfungsstufen) ist ein Gerät, das in die jeweiligen Fahrzeuge (Ebene 1) eingebaut und dort mit dem autointernen Steuergerätenetzwerk verbunden wird. Die CCU verfügt darüber hinaus über eigene Sensoren, zum Beispiel einen GPS-Sensor zur Ermittlung der Position. Die ermittelten Daten werden über ein Mobilfunknetz (Ebene 3) an ein sogenanntes Back-End (das heißt in eine *Bosch*-Serverinfrastruktur) übertragen. Dort werden die empfangenen Daten in Datenbanken gespeichert, analysiert und Informationen abgeleitet (Ebene 4). Diese bilden die Grundlage für eine Vielzahl von digitalen Services (Ebene 5), wie Ferndiagnose.

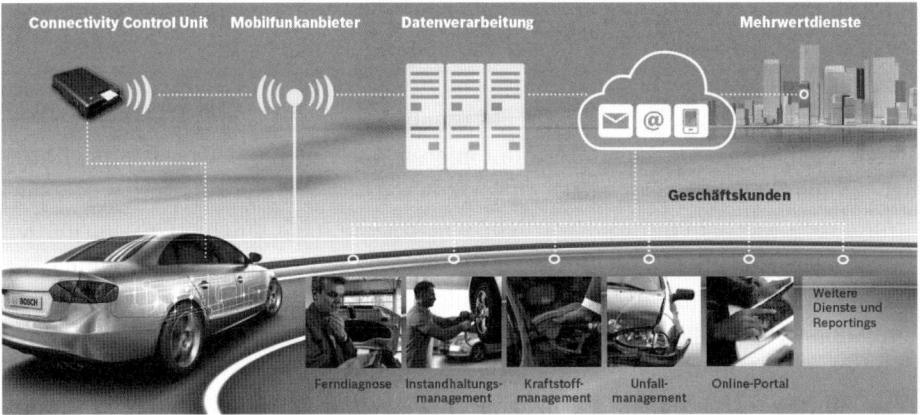

Bild 16.2 *Bosch*-System für das Management von Fahrzeugflotten (Robert Bosch 2016)

Anwendung findet die Technologie beispielsweise in einem Projekt mit der niederländischen Firma *LeasePlan*, die rund 1,5 Millionen Fahrzeuge unter Vertrag hat. Im Geschäftsmodell einer Fahrzeugleasingfirma spielt der Kilometerstand der Fahrzeuge eine entscheidende Rolle, da dieser wesentlich den Restwert der Güter beeinflusst. In vielen Leasingverträgen sind deshalb maximale Fahrzeuglaufleistungen für die Vertragslaufzeit festgelegt. Bisher hatte der Leasinggeber jedoch während der Vertragslaufzeit nur wenig Einblick in die tatsächliche Entwicklung dieser wesentlichen Messgröße. Nur bei wenigen Gelegenheiten, zum Beispiel beim Service, erhielt der Leasinggeber Informationen über den tatsächlichen Kilometerstand. Mit dem in Bild 16.2 dargestellten *Bosch*-System wird der aktuelle Kilometerstand nach jedem Fahrzyklus an das Back-End übermittelt. Damit kann bei sehr hohen Laufleistungen deutlich früher reagiert werden, was es Flottenbetreibern ermöglicht, Überschreitungen der vertraglichen Obergrenze effizienter zu verhindern.

■ 16.2 Bereichsübergreifende Zusammenarbeit als zentrales Erfolgskriterium

Die Umsetzung des Projekts Flottenmanagement über verschiedene IoT-Wertschöpfungsebenen hinweg (Bild 16.1) erforderte bei *Bosch* die Zusammenarbeit von Spezialisten mehrerer Geschäftsbereiche. Die Hardware der CCU wurde im Bereich Car Multimedia entwickelt. Wesentliche Anforderungen waren dabei geringer Platzbedarf und flexible Einbaumöglichkeiten für die unterschiedlichsten

Fahrzeugtypen. Gleichzeitig musste beispielsweise auf gute Empfangsbedingungen für den GPS-Sensor bei unterschiedlichen Einbaulagen geachtet werden. Die CCU-Software wurde von der Tochterfirma *Bosch SoftTec GmbH* entwickelt. Bei sogenannter Embedded Software, die auf einem Steuergerät läuft, sind immer Prozessor- und Speicherauslastung zu optimieren. Um Daten aus dem fahrzeuginternen Steuergerätenetzwerk auslesen zu können, ist viel spezifisches Know-how erforderlich. Diese Kenntnisse wurden vom *Bosch*-Bereich Automotive Aftermarket beigetragen, der unter anderem auch Geräte und Software für die Fahrzeugdiagnose entwickelt. Ein weiterer wesentlicher Aspekt ist die Optimierung des Bandbreitenbedarfs für die Datenübertragung zum Back-End. Dazu muss die Frage beantwortet werden, welche Analysen und Berechnungsschritte bereits auf der CCU ausgeführt werden können, sodass dann nur noch Ergebnisse übertragen werden müssen. Da *Bosch* kein eigenes Mobilfunknetz betreibt, müssen für den eigentlichen Datentransfer die Leistungen von Mobilfunkanbietern in Anspruch genommen werden. Das Back-End-System für die Flottenmanagementlösung wurde von der *Bosch Software Innovations GmbH* entwickelt. Eine wichtige Herausforderung ist dabei neben der Sicherheit die Skalierbarkeit. Das System muss in der Lage sein, eine sehr große Zahl angebundener Fahrzeuge zu verwalten und die daraus resultierenden Daten zu verarbeiten.

Die Realisierung des *Bosch*-Flottenmanagementangebots erfordert auf den jeweiligen IoT-Wertschöpfungsstufen (Sensoren/Aktuatoren, Analytics) das Engagement einer Vielzahl unterschiedlicher *Bosch*-Einheiten. Diese Aktivitäten gilt es für *Bosch* auch ebenenübergreifend zu koordinieren und das Gesamtsystem als Projekt zu managen. So können viele Entscheidungen nicht isoliert auf einer Ebene getroffen werden. Eine Analyse, die zum Beispiel auf der CCU ausgeführt wird, muss im Back-End nicht mehr berechnet werden und umgekehrt. Die jeweiligen Anwendungen haben wesentlichen Einfluss auf die Entwicklung. Die oben erwähnte Verfolgung der Kilometerstände von Leasingautos lässt sich mit der einmaligen Übertragung der relevanten Daten beim Abschalten des Fahrzeugs realisieren; für eine kontinuierliche Ortung zur Optimierung einer Logistikflotte ist dies jedoch nicht ausreichend. Diese übergreifende technische Koordination wird ebenfalls vom *Bosch*-Bereich Automotive Aftermarket übernommen. Nicht zuletzt ist über die technischen Aspekte hinaus auch eine konsistente Marktbearbeitung aus einer Hand erforderlich, um dem Kunden einen optimierten Kundennutzen bieten zu können.

Für *Bosch* war es eine Herausforderung, die Zusammenarbeit der genannten Bereiche und Tochterunternehmen zu organisieren. *Bosch* ist ein Unternehmen, das bisher in relativ autark agierenden Geschäftsbereichen und Tochterunternehmen organisiert ist. Natürlich bietet *Bosch* in seinem diversifizierten Portfolio bereits heute hochkomplexe Lösungen, wie beispielsweise Benzineinspritzsysteme an, die aus sehr unterschiedlichen Komponenten von Kraftstoffpumpen bis zu elektronischen Steuergeräten bestehen. Diese Systeme wurden aber bisher im Wesentlichen innerhalb eines Geschäftsbereichs entwickelt: Bei den Steuergeräten in Kooperation der *Bosch*-Geschäftsbereiche Gasoline Systems und Diesel Systems. Kooperationen über die Grenzen der Geschäftsbereiche hinweg waren bisher aber eher die Ausnahme und sind derzeit in der Organisation des Konzerns so nicht reflektiert. Dies betrifft sowohl hierarchische Strukturen als auch Zielsysteme. Die erfolgreiche Umsetzung und Vermarktung von Projekten, wie dem hier vorgestellten Flottenmanagement, hängt derzeit also wesentlich vom Engagement des Topmanagements ab, das im Einzelfall Konflikte löst und Unklarheiten beseitigt. Weiterhin sind Mitarbeiter unerlässlich, die über die Geschäftsbereichsgrenzen hinweg vernetzt sind und somit informell Verbindungen zwischen den Bereichen herstellen können. Hier kommt *Bosch* zugute, dass man traditionell Mitarbeiterwechsel zwischen den Bereichen gefördert und sogar gefordert hat.

Das Beispiel des Flottenmanagements ist exemplarisch für den Großteil der IoT-bezogenen Projekte, die von *Bosch* und anderen Industriefirmen umgesetzt werden. Das Internet der Dinge bedingt Unternehmensaktivitäten über mehrere Wertschöpfungsstufen hinweg, die jeweils spezifische Kenntnisse und Fähigkeiten und damit die Zusammenarbeit vieler Organisationseinheiten im Unternehmen erfordern. Der Wandel des Unternehmens *Bosch* zu einer Organisation, die die Fähigkeit zu bereichsübergreifender Zusammenarbeit in wechselnden Projekten „eingebaut" hat, erfordert die Lösung vielfältiger Herausforderungen. Heute sind die Ziele der einzelnen Bereiche weitgehend entkoppelt, und das Management ist stärker über den Erfolg des eigenen Bereichs incentiviert als über das Ergebnis des Konzerns. Eine Konsequenz dieser spezifischen Anreizsysteme liegt in lokalen Optimierungen. Bei einem Ressourcenengpass haben *Bosch*-Bereiche daher größere Anreize, ein Projekt mit externen Kunden gegenüber einer internen Zuliefererrolle zu bevorzugen, auch wenn die zweite Option (interner Zulieferer) als Teil eines Projekts insgesamt eine deutlich größere Bedeutung für den Konzern hätte. Basierend auf diesen Überlegungen wird aktuell die Incentivierung der einzelnen Führungskräfte von der Erreichung der individuellen, persönlichen Jahresziele entkoppelt. Sie hängt dann nur noch vom Erfolg des Bereichs und des Konzerns ab.

Auch mit dieser Maßnahme soll die bereichsübergreifende Zusammenarbeit gefördert und der Anreiz für lokale Optimierung verringert werden. Ein weiteres wesentliches Element, um *Bosch* fit für die Zukunft zu machen, ist ein Projekt, das *Bosch* zu einem Enterprise 2.0 machen soll (EFQM 2013). Nach Andrew McAfee (2009) geht es dabei darum, die Mitarbeiter eines Unternehmens durch den Einsatz moderner Internetkommunikation, wie sie unter dem Stichwort „Social Media" bekannt ist, stärker miteinander zu vernetzen. So werden innerhalb eines Unternehmens die Kommunikation und auch die informelle Zusammenarbeit unabhängig von Hierarchie oder organisatorischen Strukturen gefördert. Bei *Bosch* wurde bereits 2012 ein umfangreiches Enterprise-2.0-Projekt gestartet.

Das skizzierte Beispiel zum *Bosch*-Flottenmanagementsystem zeigt, dass das Internet der Dinge mit seinen sehr unterschiedlichen Wertschöpfungsebenen einen großen Konzern mit ungeahnten Herausforderungen konfrontiert. Einen wesentlichen Erfolgsfaktor stellt dabei die reibungslose Zusammenarbeit über Bereichsgrenzen hinweg dar, die zur Realisierung komplexer IoT-Systeme erforderlich ist. Neben der internen Koordination wird auch die Zusammenarbeit mit Partnern außerhalb des eigenen Unternehmens im Internet der Dinge zunehmend wichtiger. Obwohl nicht Teil dieser Ausführungen, bringt das Internet der Dinge auch in dieser Hinsicht grundlegende Änderungen mit sich.

 Erfolgsfaktoren im IoT

- Simultane Bewältigung aller fünf Wertschöpfungsstufen zur erfolgreichen Umsetzung von IoT-Systemlösungen.
- Zusammenführung der verschiedenen „Welten" von Hardware- und Softwareentwicklung.
- Aufbau entsprechender Fähigkeiten und organisatorischer Strukturen für Datenverwaltung und Datenanalyse.
- Gezieltes Management der IoT-Ökosystempartner und Förderung wechselseitiger Allianzen.
- Klare Benennung von Verantwortlichkeiten und Sicherstellung nachhaltiger Projektfinanzierung (im Idealfall mit Unterstützung des Topmanagements).
- Sicherstellung von bereichsübergreifender Zusammenarbeit und der reibungslosen Installation interdisziplinärer Projektteams.

17 *Helvetia:* Neue Customer Journey im Ecosystem „HOME"

Florian Huber, Lucas Miehé, Bernhard Lingens

Ecosystems werden die Geschäftswelt nachhaltig verändern. Unabhängig von Branche und Unternehmensgröße lassen sich dabei neue Geschäftsmodelle und Kundenzugänge erschließen. Es wird für Entscheidungsträger erfolgsentscheidend sein, diese neue Entwicklung in ihre Strategie zu integrieren und operativ zu implementieren. Exemplarisch für das neue Denken kann die Schweizer *Helvetia*-Versicherung angeführt werden, die konsequent diese Kooperationsform anstrebt.

■ 17.1 Ecosystems: Worin liegt der revolutionäre Aspekt?

Zunehmend homogenere Produkte und Dienstleistungen oder ein erhöhtes Risiko durch neue Markteintritte oder stagnierende Märkte sind nur einige von vielen Beispielen, wie sich Unternehmen in ein immer kompetitiveres Umfeld begeben. Diese Entwicklung regt viele Unternehmen zum Umdenken ihrer Strategie an. Eine mögliche Antwort darauf ist, sich mit der bisherigen Unternehmensorganisation und den Kooperationsformen zwischen Unternehmen auseinanderzusetzen. Ein Trend, der insbesondere durch die Digitalisierung an Aufmerksamkeit gewonnen hat, ist die branchenübergreifende Umstrukturierung von Unternehmen auf einem höheren Aggregationslevel. Diese neue Aggregationsebene ist typischerweise ein Ecosystem.

Doch was genau ist ein Ecosystem und welche Voraussetzungen gibt es?

Grundsätzlich beschreibt ein Ecosystem einen Unternehmensverbund, der durch einen Orchestrator auf eine gemeinsame Wertschöpfung („Value Proposition") ausgerichtet wird. Dabei übersteigt der Wert dieser Value Proposition aus Kundensicht jedoch die Summe der Einzelbeiträge aller Beteiligten – 1 + 1 sollte also nicht

2, sondern 3 ergeben. Dies ist nur möglich, wenn sich alle Partner eng untereinander abstimmen und ihre jeweiligen Leistungen perfekt aufeinander und auf die gemeinsame Value Proposition ausrichten – das sogenannte „Alignment".

 Ein Ecosystem ist ein Unternehmensverbund, der durch einen „Orchestrator" auf eine gemeinsame Value Proposition abgestimmt wird und dabei mehr erreicht als nur die Summe der Einzelbeiträge.

Ecosystems ermöglichen es Unternehmen, in neue und bislang nicht zugängliche Märkte einzusteigen, da sie auf die Kompetenzen, Ressourcen und das Netzwerk ihrer Ecosystem-Partner zurückgreifen können. In bestehenden Märkten können Unternehmen dank der überlegenen Value Proposition des Ecosystems Vorteile gegenüber der Konkurrenz erzielen oder vom Kunden einen höheren Preis verlangen. Damit sind Ecosystems primär neue Wachstumstreiber. Allerdings darf nicht außer Acht gelassen werden, dass sich bei einer gesteigerten Zusammenarbeit auch eine entsprechende Abhängigkeit einstellt, die mit dem Grad der Vernetzung steigt. Ebenso ist mit dem Alignment zwischen Partnern ein Orchestrierungsaufwand in Form von intensiven Abstimmungen und Koordination verbunden. Dies sind die beiden Kernherausforderungen, denen sich Ecosystem-Manager gegenübergestellt sehen.

■ 17.2 Ecosystem HOME bei der *Helvetia*

Der Aufstieg des Ecosystem-Konzepts schreitet sowohl in der Forschung als auch in der Praxis mit großen Schritten voran und überwindet traditionelle Industriegrenzen. Eine viel beachtete *McKinsey*-Studie (2017) prognostiziert, dass sich innerhalb eines Jahrzehnts zwölf große Ökosysteme in Einzelhandels- und institutionellen Räumen etablieren und sogar 32 Prozent des weltweiten Umsatzes branchenübergreifend generiert werden.

So sind Bemühungen, Ecosystems aufzubauen, bereits heute in diversen Branchen sichtbar, wie beispielsweise auch in der Versicherungsbranche. Auch vermeintlich konservative Konzerne begreifen die Logik von Ecosystems als Chance und integrieren das Konzept in ihre Strategie. Ein Vorreiter ist die *Helvetia*, einer der drei größten Schweizer Versicherungskonzerne.

Das Unternehmen erkannte, dass für den Kunden die Wohnungssuche bis zum Einzug eine durchgehende und stark lebensverändernde „Customer Journey" ist. Allerdings sind die einzelnen Anbieter stark siloorientiert, und der Kunde muss mühsam verschiedene Anbieter in Anspruch nehmen. Gleichzeitig wird das Erschließen neuer Ertragsquellen im traditionellen Geschäft der Versicherer schwieriger, und das bestehende Geschäft gerät immer stärker unter Druck. Um beiden Problemen zu begegnen, will die *Helvetia* alle Kundenbedürfnisse rund um das Thema „Wohnen" aus einer Hand abdecken und den initialen Kundenkontakt respektive „Point of Sale" in der Customer Journey nach vorne verschieben.

Die Antwort der *Helvetia* bestand daher in der Vision eines Ecosystems, das im Rahmen der strategischen Initiative Ecosystem HOME aufgebaut wird. Die *Helvetia* würde somit beispielsweise nicht nur die klassische Hausratversicherung anbieten, sondern zusammen mit Partnern alle Aspekte des Wohnens. Dazu gehören unter anderem die Wohnungssuche, Finanzierung, Umzug, Versicherung, Sharing-Dienstleistungen etc. Im Ecosystem wird der Kunde entlang all seiner Bedürfnisse und damit seiner persönlichen Customer Journey begleitet.

Ein zentraler Erfolgsfaktor ist die Auswahl der richtigen Partner. Schließlich leben Ecosystems auch von der Breite diverser Partnerprofile, die ihre Fähigkeiten, Ressourcen und Kompetenzen für einen optimalen Kundennutzen einsetzen können. Dadurch entsteht eine neue Form der Zusammenarbeit, die durch enge Verflechtungen, Kooperation auf Augenhöhe und gegenseitige Abhängigkeit geprägt ist. Entscheidend sind gerade für die Entwicklung innovativer Produkte und Dienstleistungen die Faktoren Vertrauen sowie die Fähigkeit, sich auf die anderen Partner einzustellen.

Exemplarisch wurden im Ecosystem HOME bei der *Helvetia* die einzelnen Partner an unterschiedlichen Stellen eingebunden (vgl. Bild 17.1). Eine besondere Rolle nimmt dabei der größte Schweizer Hypothekenvermittler *MoneyPark* als Anker des Ecosystems ein, der sich als kompetenter und unabhängiger Berater für alle Fragen rund um Wohnen und Immobilien positioniert. Weitere Akteure sind die *Helvetia* Ventures *PriceHubble*, *Blue ID* und *Flatfox*, die *Helvetia*-internen Start-ups *Helfy* und *Mitip* sowie der Partner *Jarowa*.

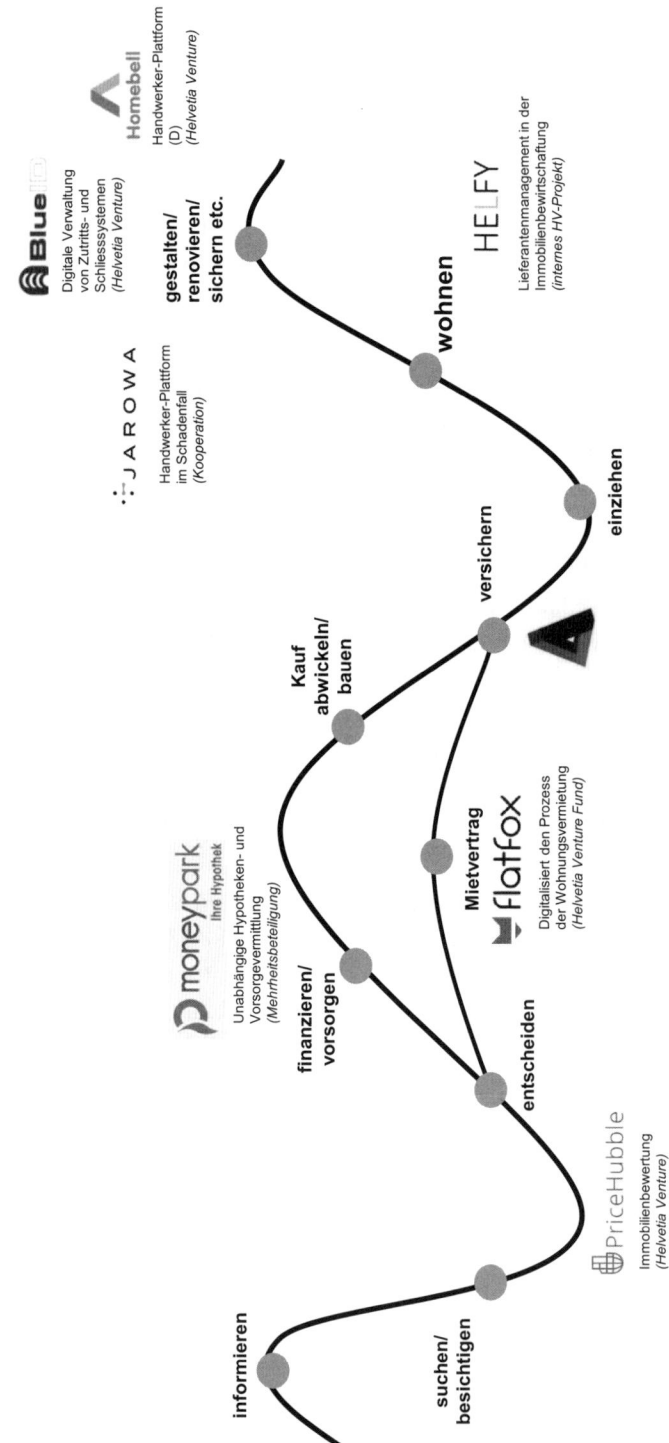

Bild 17.1 Einbindung der einzelnen Partner in die Customer Journey

■ 17.3 Kooperation der *Helvetia* mit *Flatfox*

Für ein besseres Verständnis der spezifischen Zusammenarbeit im Ecosystem HOME der *Helvetia* lohnt sich die Analyse der Zusammenarbeit mit *Flatfox*.

Das in Zürich ansässige Start-up ermöglicht über seine Plattform (Software-as-a-Service) sowohl Privatpersonen als auch professionellen Verwaltungen einen digitalisierten Vermietungsprozess von Wohnimmobilien. Die Kommunikation zwischen Inserenten und künftigen Mietern wird vereinfacht, strukturiert und mit bestehenden Systemen verbunden. Von der Abwicklung aller Anfragen bis zur Auswahl des Mieters finden alle Prozesse online oder per App im *Flatfox* Messenger statt.

In der letzten Finanzierungsrunde investierte unter anderem der *Helvetia* Venture Fund in *Flatfox*. Mit der Finanzierung soll das Start-up inhaltlich wie auch geografisch in der Schweiz ausgebaut und das Produkt weiterentwickelt werden. Bestehende Geschäftsbeziehungen sollen weiter gestärkt und neue Kunden akquiriert werden. Aus strategischer Sicht der *Helvetia* kommt dieses Investment einer punktuellen Stärkung der Customer Journey im Ecosystem HOME gleich. Daher arbeiten das Start-up und der Versicherungskonzern zusammen, um den Aufbau des Ecosystems voranzutreiben.

Flatfox ist in den Punkten „suchen/besichtigen" und „Mietvertrag" der Customer Journey HOME (vgl. Bild 17.1) mit seiner Immobilienplattform und dem digitalisierten Vermietungsprozess tätig, dem der von *Helvetia* besetzte Punkt „Versichern" üblicherweise nachgelagert ist. Dadurch sichert sich die *Helvetia* mit der Partnerschaft von *Flatfox* einen früheren Kundenzugang in der Customer Journey.

Im Zuge der Partnerschaft inseriert auch die Immobilienbewirtschaftung der *Helvetia* direkt auf *Flatfox*. Hierzu wurde eine bidirektionale Schnittstelle zur Immobilienverwaltungssoftware REM entwickelt, die *Helvetia* nutzt. Durch die Zusammenarbeit erhofft sich die *Helvetia* so Effizienzsteigerungen bei ihrer Immobilienbewirtschaftung.

Die Nutzung der *Flatfox*-Plattform der *Helvetia* geht jedoch noch einen Schritt weiter. Mithilfe von *Flatfox* digitalisiert die Bewirtschaftung nun den Vermietungsprozess. Im Rahmen der Kooperation wurde die *Flatfox*-Plattform mit einer direkten Integration der Mietkautionsversicherung erweitert. Der Kunde erhält im Moment des Mietabschlusses die Möglichkeit, über die Chatfunktion direkt eine Offerte für eine Mietkautionsversicherung auszulösen und damit den Schritt „versichern" selbst vorzuziehen. Es muss lediglich vom Vermieter (*Helvetia*) die Höhe der Mietkaution bestimmt werden, was mit einer einfachen Zahleneingabe zu erledigen ist. Der Mieter und somit potenzielle Versicherungskunde erhält über den Chat einen Link zum Prämienrechner auf der *Helvetia*-Webseite. Dort muss der

Kunde nur noch Zahlungsdaten eingeben und die Akzeptierung der allgemeinen Versicherungsbedingungen bestätigen. Die restlichen Angaben werden automatisch aus den Kundendaten von *Flatfox* übernommen und in die entsprechenden Felder im Prämienrechner der *Helvetia* eingetragen.

Genau hier kommt der Ecosystem-Gedanke ins Spiel. Für das zusätzliche Angebot einer Versicherung mittels Chatfunktion mussten *Flatfox* und *Helvetia* aufeinander ausgerichtet werden. Auch wurden die Beziehungen intensiviert, sodass nun die *Helvetia*, *Flatfox* sowie der Mieter (und Versicherungskunde) enger vernetzt sind. Hierzu waren Anpassungen sowohl bei der *Flatfox*-Plattform als auch bei der *Helvetia*-Online-Versicherung nötig, was Abstimmungs- und Koordinationsaufwand mit sich brachte.

Dieser Aufwand lohnt sich für beide Partner: Für *Flatfox* ist diese Kooperation ein wichtiges Mittel für die eigene Geschäftsfeldentwicklung, da so das Produktangebot von Zusatzleistungen (Add-ons) ausgebaut werden kann. Die integrierte Lösung hilft der Immobilienplattform zudem, sich gegenüber der Konkurrenz zu differenzieren. Die *Helvetia* profitiert von der Möglichkeit, ihr Versicherungsprodukt „Mietkaution" aktiv bei den eigenen Mietern anzubieten. Dadurch kann die *Helvetia* den Mieter frühzeitig entlang der Customer Journey auf das eigene Produkt kanalisieren und angehen. Zudem vermindert sich die Gefahr, dass die Konkurrenz den Kunden für ihre Produkte gewinnt. Durch die Beteiligung mittels des *Helvetia* Venture Fund an *Flatfox* generiert die *Helvetia* zudem neue Einnahmequellen. Weiter bleibt der Kunde somit im eigenen Ecosystem HOME der *Helvetia*. Letztlich ist die Kooperation mit *Flatfox* ein zusätzliches Vertriebsmittel, womit die *Helvetia* die Anzahl Verträge pro Kunde erhöhen (Miet- und zusätzlich Versicherungsvertrag) und damit den Kunden stärker an sich binden kann.

Der Kunde profitiert von einem Angebot, das äußerst angenehm und ohne Medienbrüche an ihn herangetragen wird. Die automatisierten und durch die Digitalisierung geprägten Prozesse tragen dazu bei, einen einfachen Service für den Kunden zu leisten. Die Hauptvorteile der Kooperation für die involvierten Akteure sind in Bild 17.2 zusammengefasst.

Herausforderungen bleiben dennoch bestehen: Während die Inserierung von Liegenschaften der *Helvetia* das Kerngeschäft von *Flatfox* stärkt, ist der Versicherungsvertrieb noch Neuland für *Flatfox*. Die Geschäftsmodelle von *Flatfox* (Wohnungsvermittlung) und *Helvetia* (Versicherungsvertrieb) müssen gewinnbringend miteinander kombiniert werden. Hierzu besteht die Herausforderung, die Verträge so zu gestalten, dass *Flatfox* einen veritablen Anreiz zur Vermittlung von Versicherungen hat.

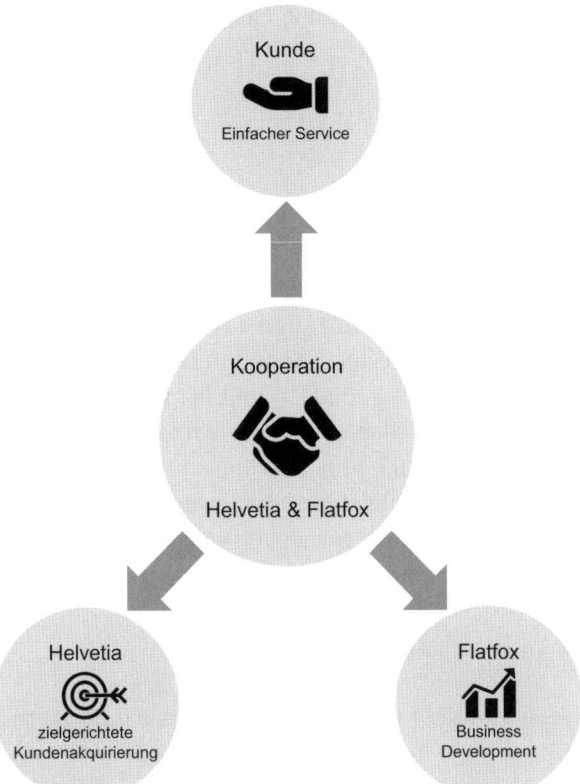

Bild 17.2 Kooperation schafft Mehrwert für alle

Eine weitere Herausforderung speziell hinsichtlich der Digitalisierung stellten auch
die IT-Systeme dar: Während *Flatfox* über ein schlankes System verfügt, wo schnell
Anpassungen machbar sind, sind Veränderungen und Integrationen bei der *Helvetia* aufwendiger, die Systeme älter und somit weniger anpassungsfähig an neue
Technologien. So können Experimente schnell zu teuren Projekten werden. Hierzu
suchte man im Beispiel Mietkautionsversicherung einen Kompromiss: Anstatt die
Flatfox-Plattform direkt in das Angebotssystem der *Helvetia* zu integrieren, einigte
man sich im ersten Going-Market auf die Verwendung des bestehenden Online-An-
gebots von *Helvetia*, bei dem die Eingabefelder automatisch ausgefüllt werden.

Die Herangehensweise der Kooperation von *Helvetia* und *Flatfox* hat gezeigt, dass
die Partnerschaft für das Ecosystem iterativ gewachsen ist. Wie ein Ökosystem in
der Natur soll das Ecosystem HOME kontinuierlich wachsen und gedeihen. An-
zudenken ist, ob auch weitere Versicherungen wie beispielsweise Umzugsver-
sicherungen, Tierversicherungen etc. stärker über den Chat der Plattform integriert werden sollen. Auch die Öffnung der bestehenden Versicherungsprodukte

für andere Immo-Bewirtschafter auf der *Flatfox*-Plattform ist denkbar, da so die Kundschaft skaliert werden könnte.

17.4 Fazit

Das Fallbeispiel der *Helvetia* illustriert, wie sich das Denken in Ecosystems bereits in innovativen Unternehmen etabliert. In der Vision des Unternehmens in Bezug auf das Ecosystem HOME steht der Kunde im Zentrum seiner Kernbedürfnisse rund ums Wohnen, die lückenlos, einfach und bequem erfüllt werden sollen. Damit sollen neue Einnahmequellen erschlossen und soll die Transformation des traditionellen Kerngeschäfts der Versicherung unterstützt werden. Dieses überlegene Nutzenversprechen ist nur durch die Vernetzung branchenübergreifender Partner möglich. Dadurch tritt das vernetzte Denken zunehmend an die Stelle des Silodenkens, und die Unternehmenskultur wird offener und innovativer.

> **Zentrale Aspekte eines Ecosystems**
>
> Ein Ecosystem beschreibt einen Unternehmensverbund, der durch einen Orchestrator auf eine gemeinsame Wertschöpfung ausgerichtet wird.
>
> Dabei übersteigt der Wert dieser Value Proposition aus Kundensicht jedoch die Summe der Einzelbeiträge aller Beteiligten – 1 + 1 sollte also nicht 2, sondern 3 ergeben.
>
> Dies ist nur möglich, wenn sich alle Partner eng untereinander abstimmen und ihre jeweiligen Leistungen perfekt aufeinander und auf die gemeinsame Value Proposition ausrichten.
>
> Ecosystems ermöglichen es Unternehmen, in neue und bislang nicht zugängliche Märkte einzusteigen, da sie auf die Kompetenzen, Ressourcen und das Netzwerk ihrer Ecosystem-Partner zurückgreifen können.
>
> Die beiden Kernherausforderungen bestehen in der höheren Abhängigkeit der Partner voneinander sowie dem Orchestrierungsaufwand.
>
> Ecosystem-Manager sind als Brückenbauer gefordert und tragen zu einer offenen und innovativeren Unternehmenskultur bei.

18 *Rocket Internet:* Erfolgreiches Skalieren

Alexander Kudlich

Die *Rocket Internet SE* (*Rocket*) wirkt als Plattform für global skalierbare Internetunternehmen an der Schnittstelle von zwei Megatrends unserer Zeit: einer rasanten Digitalisierung aller Lebensbereiche und der digitalen Emanzipation eines wachsenden Mittelstandes in den Schwellen- und Entwicklungsländern. Nachdem bisher insbesondere US-Konzerne aus dem Silicon Valley das kommerzielle Internet der Industriestaaten gebaut und dominiert haben, glauben wir an die historische Chance, den Internethandel auch für die Zweite und Dritte Welt zu erschließen. Seit der Gründung im Jahr 2007 ist *Rocket* so in über 110 Ländern auf sechs Kontinenten aktiv geworden, hat mehr als 30 verschiedene Geschäftsmodelle umgesetzt und weltweit knapp 35 000 Arbeitsplätze geschaffen.

Zwei strategische Leitgedanken prägen *Rocket*: (1) Software is eating the world. Die digitale Disruption wirkt dabei insbesondere in Schwellen- und Entwicklungsländern und eröffnet die Chance geografischer Arbitrage. (2) Erprobte Geschäftsmodelle können „industriell", weil seriell, zu erfolgreichen Unternehmen gebaut werden.

■ 18.1 Software is eating the world

Alles, was digitalisiert werden kann, wird auch digitalisiert werden, so Marc Andreessen in seinem Essay „Why Software Is Eating the World" (Andreessen 2011). Wäre es früher noch undenkbar gewesen, Schuhe oder Flüge online zu kaufen, findet mittlerweile sogar der komplette An- und Verkauf von Autos über Online-Marktplätze statt. Diese disruptive Kraft entfaltet sich im Zusammenwirken von Digitalisierung und Globalisierung auch in den Schwellen- und Entwicklungsländern. Milliarden von Menschen erlangen derzeit erstmals Zugang zu den für die industrialisierten Gesellschaften selbstverständlichen Produkt- und Erlebniswelten, weil sie das organische Wachstum physischer Retail-Infrastrukturen mit der Etablierung von E-Commerce schlichtweg überspringen können. Die hohe Penetration von Internet- und insbesondere Mobilfunkzugängen ist dabei eine wesentliche Triebfeder der wachsenden Konvergenz in der digitalisierten Welt. Bei allen episodischen Schwierigkeiten und Stolpersteinen auf diesem Weg wird das 21. Jahrhundert eines der Schwellen- und Entwicklungsländer sein.

Rocket glaubt an die historische Chance, frühzeitig an der Entwicklung dieser Märkte zu partizipieren und sich mit dem First-Mover-Vorteil als Marktführer zu positionieren. Wir betreiben geografische Arbitrage, indem wir erprobte B2C-Geschäftsmodelle in den Kernbereichen E-Commerce, Marktplätze, Finanztechnologie und Reise in bisher unterversorgte oder unerschlossene Märkte übertragen und dort rasch skalieren. Trivial ist die Aufgabe allerdings aufgrund lokaler wie kultureller Besonderheiten, mangelnder Infrastruktur vor Ort und der notwendigen Lernprozesse auf allen Marktseiten nicht.

Mit dem im Laufe der letzten Jahre erworbenen Schatz an Expertise im Rocket-Kosmos können wir jedoch viele der typischen Risiken des Unternehmertums auch in zunächst exotisch anmutenden Märkten wie Myanmar oder Vietnam minimieren. Hierbei hilft die sehr pragmatische *Rocket*-Philosophie von „fail forward", mit der wir iterativ das beste Vorgehen antesten, die Best Practices mit deutschen Tugenden wie Prozesstreue paaren und sodann über alle Ventures synergetisch nutzen können. In diesem Geiste stellt das Fehlen eines zuverlässigen *DHL* in Pakistan für *Rocket* keine prohibitive Marktbarriere dar, sondern ist Ansporn, selbst ein funktionierendes Last-Mile-Delivery- und Logistiknetzwerk aufzubauen. Der Pioniergeist zeigt sich bei *Rocket* so nicht durch völlig neue Geschäftsmodelle, sondern durch ihre Übertragung in bisher unerschlossene und oftmals schwierige Märkte. Als Nebeneffekt betreibt *Rocket* auf diesem Wege in vielen Entwicklungsländern eine effektive Fähigkeitsentwicklung und hat maßgeblichen Anteil an der Entstehung von lebhaften Start-up-Ökosystemen vor Ort.

■ 18.2 Industrialisierung des Internetunternehmertums

Neben dem strategischen Fokus auf geografischer Arbitrage besteht eine weitere Besonderheit von *Rocket* in unserer konsequenten Industrialisierung des Internetunternehmertums. Die *Rocket*-Plattform ermöglicht es uns, Geschäftsmodelle über ein einzigartiges Launchpad binnen maximal 100 Tagen zu bauen und mit standardisierten Prozessen von Beginn an für eine rasche Skalierung zu optimieren. So kann *Rocket* die typischen Risikofaktoren einer Start-up-Gründung durch synergetische Wirkungen signifikant senken: (1) das Geschäftsmodell, (2) die Personalauswahl, (3) das Funding und (4) das Know-how und Netzwerk. Wir bauen nur erprobte Geschäftsmodelle und können die Marktchancen unserer Neugründungen deshalb recht sicher einschätzen. Das Managementteam stellen wir dabei bewusst so zusammen, dass sich Fähigkeiten, Kompetenzen und Charaktere ergänzen, um eine professionelle Zusammenarbeit zu gewährleisten. Diese ist bei Gründungen unter Freunden nicht immer gegeben und tatsächlich oftmals ein Unsicherheitsfaktor. Zudem leistet *Rocket* wertvolle Unterstützung bei den Finanzierungsrunden unserer Companies und kann für diese sowohl in der Seed- als auch Growth-Phase das Risiko mangelnder Finanzierung de facto eliminieren. Mit zahlreichen Rahmenverträgen und Technologiepartnern, unseren funktionalen Experten sowie dem weitreichenden *Rocket*-Netzwerk können wir schließlich für jede unserer Companies ein Set an Wachstumsbedingungen schaffen, das für die Mehrzahl normaler Start-ups schlechterdings unerreichbar ist.

Einen erheblichen Wettbewerbsvorteil hat *Rocket* auch bei der zunehmend erfolgskritischen Personalgewinnung. Rund 2000 Bewerbungen von High Potentials erreichen uns jeden Monat. Für viele Absolventen, aber auch gestandene Manager und Berater übt *Rocket*s Firmenkultur der flachen Hierarchien mit viel Verantwortung und Gestaltungsfreiheit eine gewisse Faszination aus. Durch unser „Global Venture Development"-Programm eröffnen wir jungen Absolventen die Möglichkeit, in einem Jahr an drei bis vier Projekten in unterschiedlichen Funktionen zu arbeiten und mit steiler Lernkurve einen vielfältigen Einblick in unseren spannenden Wirtschaftszweig zu erlangen. Mit einem lachenden und einem weinenden Auge sehen wir allerdings regelmäßig auch Abgänge von Mitarbeitern, die in der gesamten deutschen Wirtschaft heiß begehrt sind. Wir verlieren so zwar ein Talent, aber freuen uns für die Person und für unser wachsendes Netzwerk.

Mit der *Rocket*-Plattform gelingt es uns, die übliche Quote von 60 bis 70 Prozent gescheiterten Start-ups auf den Kopf zu stellen. Die Beschreibung von *Rocket* als „Start-up-Fabrik" ist insofern zutreffend, als dass wir das serielle Internetunternehmertum professionalisiert und industrialisiert haben. Über den kompletten Zyklus von Gründung und Wachstum unserer Companies, der im Folgenden mit den Schlagwörtern „Identify", „Build" und „Scale" beschrieben wird, kann *Rocket* so synergetisch strategische Wettbewerbsvorteile für sich zunutze machen.

Identify

Grundstein für Erfolg versprechende Gründungen ist eine sorgfältige Auswahl des Geschäftsmodells. *Rocket* konzentriert sich sehr bewusst auf bewährte Modelle, um das Risiko mangelnder Kundenakzeptanz und schleppender Geschäftsentwicklung zu minimieren. Der Auswahlprozess wird von einem Expertenteam aus Berlin gesteuert, das fallweise auf die Expertise lokaler *Rocket*-Teams zurückgreift.

Die Kriterien zur Auswahl eines neuen Geschäftsmodells definieren wir anhand von drei Leitfragen: Erstens, handelt es sich um ein erprobtes Geschäftsmodell, das auch im Zielmarkt funktionieren kann? Die Anzahl der erfolgreichen Peer-Modelle, deren Funding und Investoren sowie die verfügbaren Geschäftszahlen sind hierfür gute Indikatoren. Zweitens, ist das Zeitfenster vorteilhaft? Die Peer-Modelle sollten in den Zielmärkten noch nicht aktiv sein und auch vor Ort sollte es keine nennenswerte Konkurrenz geben. Drittens, können wir in dem Geschäftsbereich unsere Stärken ausspielen? Rein digitale Modelle sind für *Rocket* in den meisten Fällen uninteressant, da unsere Erfahrungen und bereits bestehenden Infrastrukturen insbesondere im Bereich der Logistik einen strategischen Wettbewerbsvorteil gegenüber potenziellen Mitbewerbern darstellen. Weiterhin sind uns ein klares Einnahmemodell vom ersten Tag an, eine stark skalierbare Nachfrage und die eindeutige Rechtslage bezüglich geistigen Eigentums sehr wichtig. Von der Vielzahl an Geschäftsmodellen, die wir im Blick behalten und prüfen, schafft es schließlich nur eine kleine Auswahl auf die Shortlist, von der wiederum nur die spannendsten Ideen umgesetzt werden.

Build

Mit der Entscheidung zur Umsetzung eines Geschäftsmodells starten unser standardisierter Launch-Prozess und ein Countdown von maximal 100 Tagen. In dieser Zeitspanne wollen wir das neue Unternehmen entlang detailliert definierter Prozesse an den Markt gebracht haben (Bild 18.1). Hierfür bildet sich aus unseren knapp 500 funktionalen Experten ein Team aller wichtigen Fachgebiete von IT über SEO, Performance Marketing und Vertrieb bis hin zu HR und Finance, das von erfahrenen Launch-Managern koordiniert wird. *Rocket* verfolgt dabei den Grundsatz, Geschäftsmodelle so zentral wie möglich und so lokal wie nötig aufzubauen. Unsere „Regional Internet Holdings" unterstützen insbesondere bei allen Fragen, die eine Präsenz vor Ort erforderlich machen, wie beispielsweise dem Aufbau leistungsfähiger Logistikketten. Durch die ansonsten operative Zentralisierung des Projekts am Berliner *Rocket*-Standort und umfangreiche Synergien in unserer Pipeline von circa zehn bis 15 Neugründungen pro Jahr können wir uns einen sehr hohen Spezialisierungsgrad der *Rocket*-Mitarbeiter erlauben und das Projekt meist weit vor der selbst gesetzten Deadline zum Erfolg beziehungsweise Launch führen.

Rocket entwickelt die technische Infrastruktur seiner Gründungen inhouse auf der Grundlage von mehreren proprietären Softwareplattformen, die maßgeschneiderte Lösungen in den Bereichen E-Commerce, Marktplätze, Finanztechnologien und Reisen ermöglichen. Mittels einer flexiblen Modulbauweise können individuelle Anpassungen für lokale Begebenheiten wie beispielsweise eine komplexe Zahlungsabwicklung in Russland oder die logistischen Herausforderungen in Indonesien mit geringem Aufwand vorgenommen werden. Auch hier begründen die zentralisierten Prozesse von *Rocket* einen strategischen Wettbewerbsvorteil, der uns über alle Ventures hinweg effektiver und effizienter agieren lässt als potenzielle Mitbewerber.

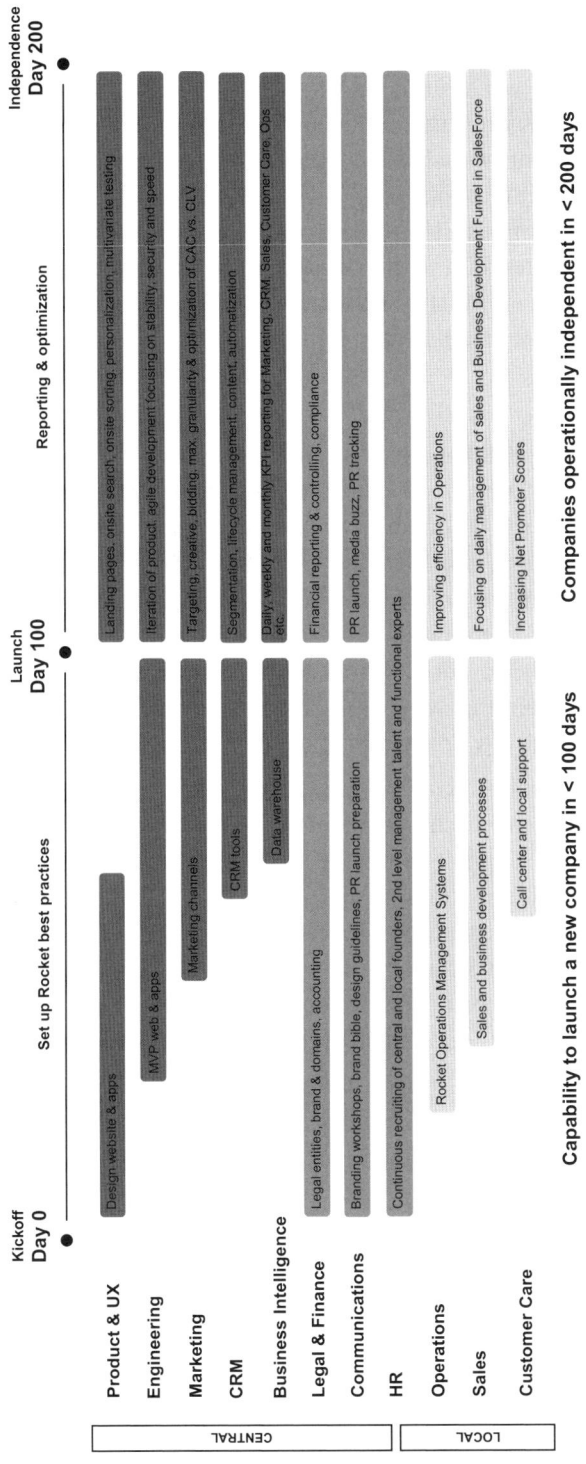

Bild 18.1 *Rocket*s Standard-Launch-Prozess

Den ersten 100 Tagen und dem Launch folgt der Aufbau permanenter Firmenstrukturen. Die Mitarbeiter des Projektteams werden der nächsten *Rocket*-Gründung zugeteilt oder wechseln komplett zum nun formell unabhängigen Venture. Ein fortlaufendes Monitoring und Reporting ermöglicht die technische sowie operative Optimierung des Geschäfts mit einer anfangs weiterhin sehr intensiven Betreuung durch das Global Venture Development aus der *Rocket*-Zentrale heraus und ergänzend vor Ort durch die lokalen Experten der Regional Internet Holdings. Alle Aktivitäten gelten nun dem prioritären Ziel, die Nachfrage zu skalieren und mit einer aggressiven Wachstumsstrategie möglichst schnell die Marktführerschaft zu erlangen und zu festigen.

Scale

Je nach Geschäftsmodell benötigen ambitionierte Internetunternehmen typischerweise zwischen fünf und neun Jahren von der Gründung bis zum Erreichen der Gewinnschwelle. Auch bei allen *Rocket*-Neugründungen haben zunächst Wachstum und die Eroberung von Marktanteilen (dem stärkeren Wachstum relativ zum Wettbewerb) Vorrang vor der Profitabilität, denn meist ist nicht mangelndes Kapital, sondern Zeit der kritische Faktor unserer Arbeit. Mit erheblichen Investitionen vor allem in Marketing, Vertrieb und Logistik verfolgen wir vor diesem Hintergrund in der Regel eine aggressive Wachstumsstrategie, ohne jedoch den langfristig angestrebten Pfad zur Profitabilität aus den Augen zu verlieren.

Rocket arbeitet eng mit seinen Partnern zusammen, um die kostenintensive Skalierung unserer Firmen durchfinanzieren zu können. Neben klassischen Finanzinvestoren (Venture Capital, Family Offices, institutionelle Investoren) handelt es sich hierbei oft auch um strategische Partner (Handelsunternehmen, Medienkonzerne, Mobilfunkanbieter), die unsere Ventures neben der Finanzierung auch mit einem vereinfachten Marktzugang unterstützen. *Milicom, MTN, Ooredoo* oder *PLDT* ermöglichen *Rocket* so beispielsweise den Zugang zu den mobilen Endgeräten von Millionen potenzieller Kunden in den jeweiligen Zielmärkten.

*Rocket*s Aktivitäten verlagern sich in der Skalierungsphase hin zur Beratung und zum Benchmarking per Key Performance Indicators (KPI) für alle relevanten Funktionalbereiche. Grundvoraussetzung für ein schnelles und vor allem nachhaltiges Wachstum der Neugründungen ist allerdings nicht einzig die zahlengetriebene Steuerung der Unternehmen, sondern insbesondere auch ein effektiver Wissenstransfer zwischen *Rocket* und den Companies sowie zwischen den Geschwisterfirmen im selben Segment. Die Expertenteams unserer regionalen (zum Beispiel *Africa Internet Group*) und vertikalen Internet Holdings (zum Beispiel *Global Fashion Group*) koordinieren diesen Austausch, um eine konsistente Qualität und steile Lernkurve in der operativen Umsetzung zu gewährleisten.

Mit wachsendem Erfolg der Skalierung beschreiten unsere Companies schließlich zunehmend einen definierten Pfad zur nachhaltigen Profitabilität und Konsolidierung errungener Marktanteile. Der Essensboxenlieferant *HelloFresh*, unsere Möbelversender *Home24* und *Westwing*, die *Global Fashion Group* mit starken Companies wie beispielsweise *Namshi* im Nahen Osten, *LaModa* in Russland und *Zalora* in Asien, oder die *Global Takeaway Group* mit *foodpanda* und unserer Beteiligung an *Delivery Hero* sind so als erfolgreiche Marktführer jeweils auf dem Weg, das nächste *Zalando* zu werden.

 Erfolgsfaktoren

- Industrialisierung des seriellen Internetunternehmertums.
- Geografische Arbitrage mit First-Mover-Vorteil in Schwellen- und Entwicklungsländern.
- Prozessinnovation und Standardisierung bei Master-Launch-Prozess und Skalierung.
- Operative Unterstützung, Benchmarking und globales Netzwerk strategischer Partner.
- Fokus auf Wachstum und Eroberung von Marktanteilen, Profitabilität nach fünf bis neun Jahren.

19 Cambridge Analytica: Aufstieg, Fall und Konsequenzen

Raphael Bömelburg

Die Firma *Cambridge Analytica* und ihr enormer Einfluss auf grundlegende Zäsuren der weltweiten Politiklandschaft, wie etwa dem Brexit-Referendum oder der Wahl von US-Präsident Donald Trump, wurden in internationalen Medien ausführlich diskutiert. Der erstaunliche Aufstieg der Firma aus relativer Unbekanntheit zu einer disruptiven Kraft in der politischen Kommunikation und ihr ebenso rasanter Fall innerhalb von nur wenigen Jahren zeigen sowohl das Potenzial der von *Cambridge Analytica* genutzten Methodik als auch die gesellschaftliche Sprengkraft der dadurch aufgeworfenen Fragen. Während der ehemalige CEO Alexander Nix noch 2016 als zukunftsweisendes Genie ausgezeichnet wurde und mit der Unterstützung von zentralen konservativen Meinungsführern dazu positioniert schien, die politische Kommunikation und Kampagnenführung für rechtspopulistische und konservative Anliegen in der westlichen Welt auf Jahre zu bestimmen, eröffnete seine Firma nur zwei Jahre später das Insolvenzverfahren. Der Skandal um die Beschaffung und Nutzung von *Facebook*-Daten von bis zu 87 Millionen Nutzern durch *Cambridge Analytica* führte nicht nur dazu, dass CEO Alexander Nix vor dem britischen Parlament aussagen musste, sondern hatte auch massive Auswirkungen auf *Facebook* selbst: Mark Zuckerberg, CEO von *Facebook*, musste vor dem US-Kongress aussagen, und sein Unternehmen verlor, während der Skandal sich entwickelte, zwischendurch 14 Prozent seines Marktwerts.

Der Fall von *Cambridge Analytica* zeigt nicht nur das Potenzial von datengetriebenen Geschäftsmodellen, sondern auch Gefahren und Konsequenzen über rein finanzielle Optimierung hinaus. Das Geheimnis sowohl hinter dem Erfolg von *Cambridge Analytica* als auch der durch die Firma ausgelösten Kontroverse liegt in ihrer Methode des sogenannten Microtargetings.

■ 19.1 Microtargeting

Microtargeting bezeichnet die individualisierte Kommunikation mit potenziellen Wählern auf sozialen Medien wie *Facebook* mit Botschaften, die auf ihre jeweilige Persönlichkeit abzielen. Statt wie in klassischer Massenkommunikation, wie etwa Fernsehen, Radio oder Printmedien, eine Botschaft zu verfassen und sie allen Adressaten in gleicher Form zugänglich zu machen, werden beim Microtargeting Adressaten mit maßgeschneiderten Botschaften erreicht. Diese maßgeschneiderten Botschaften ergeben sich nicht aufgrund einer „klassischen" Segmentierung basierend auf demografischen Kriterien oder einzelnen Interviews mit Fokusgruppen, sondern aus einem algorithmisch aus dem digitalen Fußabdruck des Adressaten gebildeten, individuellen Persönlichkeitsprofil. Auf diese Art und Weise erhält potenziell jeder einzelne Adressat ganz unterschiedliche Botschaften und Anzeigen, datengetrieben optimiert darauf, ihn zu überzeugen, indem genau die Saiten seiner automatisch diagnostizierten Persönlichkeit gespielt werden, die den größten Einfluss auf ihn haben werden. Im Fall von *Cambridge Analytica* wurden *Facebook*-Profile als Datenquelle für den digitalen Fußabdruck genutzt.

Um ihre Methode zu perfektionieren, musste *Cambridge Analytica* zwei Herausforderungen bewältigen: Wie schafft man es, aus einem *Facebook*-Profil zuverlässig die Persönlichkeit einer Person abzuleiten? Und wie kann man diese Persönlichkeitsbewertung dann skalierbar nutzen, um das Abstimmungsverhalten zu beeinflussen?

■ 19.2 Sie sind, was Ihnen gefällt – mit Facebook zum Persönlichkeitsprofil

Die Methodik von *Cambridge Analytica* zur Verknüpfung von *Facebook*-Profilen mit der Persönlichkeit stützte sich stark auf wissenschaftliche Untersuchungen vom Cambridge-Psychologen Michal Kosinski. Die größte Herausforderung beim Aufbau eines Modells bestand darin, einen ausreichend großen Datensatz von Personen zu sammeln, von denen das Unternehmen sowohl die Persönlichkeit als auch das *Facebook*-Profil kannte. Diese Daten konnten dann verwendet werden, um ein statistisches Modell über die Aspekte des *Facebook*-Profils zu erstellen, die verschiedene Aspekte der Persönlichkeit vorhersagen. Sobald das Modell in der Lage war, die Persönlichkeit einer Person anhand ihres *Facebook*-Profils mit ausreichender Genauigkeit vorherzusagen, konnte es zur Vorhersage der Persönlichkeit neuer *Facebook*-Nutzer verwendet werden, die nicht in der ursprünglichen Datenbank des Unternehmens verzeichnet waren.

Um diesen Datensatz zu erstellen, rekrutierte *Cambridge Analytica* 320 000 Personen bei *Amazon Mechanical Turk*, einem Online-Dienst, bei dem Nutzer „Mikro-Aufgaben" gegen eine festgesetzte Bezahlung erledigen können, wie etwa Umfragen durchführen oder Interviews transkribieren. Diese Personen werden dann aufgefordert, ihre *Facebook*-Profilinformationen und die ihrer Freunde anzugeben sowie einen psychologischen Persönlichkeitstest auszufüllen. Auf diese Art und Weise hatte *Cambridge Analytica* von den anfangs rekrutierten Nutzern die *Facebook*-Profilinformationen und die Persönlichkeitsbewertung, aber nur die *Facebook*-Profilinformationen für deren Freunde. Mit dem statistischen Modell der Anfangsnutzer, für die sowohl Ergebnisse des psychologischen Persönlichkeitstests als auch *Facebook*-Profil bekannt waren, war es jedoch möglich, die Persönlichkeit ihrer Freunde vorherzusagen. Auf diese Art und Weise schuf *Cambridge Analytica* einen konkurrenzlos großen Datensatz von *Facebook*-Profilen und den dazugehörigen Persönlichkeitsprofilen, welcher zentral für den Erfolg und Niedergang der Firma sein sollte.

Die gebräuchlichste Methode in der Psychologie zur Beurteilung der Persönlichkeit eines Menschen ist das sogenannte OCEAN-Modell oder Big-Five-Modell. Das OCEAN-Modell unterscheidet Menschen nach fünf verschiedenen Persönlichkeitsdimensionen, wobei jedes Individuum in jeder Dimension eine höhere oder niedrigere Punktzahl hat. Diese Dimensionen sind: Offenheit für Erfahrungen (Sind Sie neugierig auf neue Eindrücke oder bevorzugen Sie den Komfort vertrauter Routinen?); Gewissenhaftigkeit (Sind Sie diszipliniert, wenn es darum geht, die Details richtig zu machen, oder sind Sie mehr auf das Gesamtbild fokussiert?); Extraversion (Sind Sie schnell gesellig und machen Sie gerne neue Bekanntschaften, oder sind Sie lieber allein oder mit Leuten, mit denen Sie sehr vertraut sind?); Verträglichkeit (Sind Sie sehr sozial bewusst und kümmern sich darum, was andere über Sie denken, oder sind Sie mehr auf Ihre eigenen Perspektiven fokussiert?); und schließlich Neurotizismus (Sind Sie leicht gestresst von negativen Ereignissen oder sind Sie emotional sehr stabil?).

Diese Dimensionen sind in der Psychologie sehr gut etabliert, da sie eine genaue Unterscheidung zwischen Menschen ermöglichen, im Laufe der Zeit stabil sind und verschiedene andere Unterschiede zwischen Menschen vorhersagen. Dementsprechend gibt es für sie eine Vielzahl von validierten psychologischen Tests. Dieses Modell und solche psychologischen Tests wurden von *Cambridge Analytica* verwendet, um die Persönlichkeit der Anfangsnutzer auf diesen fünf Dimensionen zu beurteilen. Obwohl das genaue statistische Verfahren, mit dem er diese Persönlichkeitsbewertungen mit ihren *Facebook*-Profildaten verknüpft hat, nicht öffentlich bekannt ist, kann man davon ausgehen, dass es dem von Michal Kosinski in seiner Forschung erfolgreich verwendeten Verfahren ziemlich ähnlich war. Kosinski baute Lasso-Regressionskoeffizienten zwischen *Facebook*-Gefallen und Persönlichkeitsscores auf diesen fünf Dimensionen, die automatisch die prädiktivsten Merkmale als Eingaben in das statistische Modell auswählen. Die Vorgehensweise ist in Bild 19.1 dargestellt.

Wie in Bild 19.1 zu sehen ist, wird der Großteil des Datensatzes verwendet, um die statistische Beziehung zwischen den „Gefällt mir"-Angaben von Einzelpersonen und ihren Persönlichkeitswerten herzustellen. Die „Gefällt mir"-Angaben werden dann als Input verwendet, um das Persönlichkeitsprofil der übrigen Studienteilnehmer vorherzusagen, die nicht in den Trainingsdaten enthalten waren. Sind diese Vorhersagen gültig, das heißt, stimmen sie mit der Einschätzung aus dem psychologischen Test überein, so wird das Modell auch für Personen, die nicht im Datensatz enthalten sind, als gültig angenommen und kann zur Vorhersage der Persönlichkeit in „unbekannten" Fällen verwendet werden. Dieses Verfahren wird dann über die gesamte Stichprobe iteriert, um Vorhersagen für alle Fälle zu liefern, um aus den Stichprobendaten das verallgemeinerbarste Modell zu erstellen.

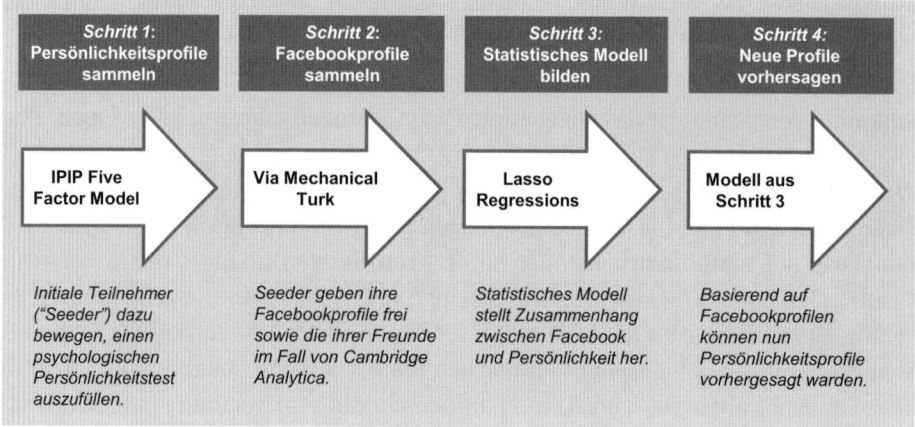

Bild 19.1 Analytisches Vorgehen für die Verbindung aus Persönlichkeitsprofilen und *Facebook*-Profilen (Youyou, Kosinski, Stilwell 2015)

Dieses Verfahren beruht jedoch auf einer wichtigen Annahme, nämlich, dass die *Facebook*-Profile der Menschen über ausreichende Informationen verfügen, um ihre Persönlichkeit vorherzusagen. Wie die Forschung von Michal Kosinski und der Erfolg von *Cambridge Analytica* zeigen, verfügen die Profile über ausreichende Informationen. Mit nur 70 „Gefällt mir"-Angaben kann der Algorithmus die Persönlichkeit besser einschätzen, als es ein Freund der Person könnte, mit 150 ist der Algorithmus besser als die Eltern und mit 300 sogar besser als der Ehepartner (siehe Bild 19.2).

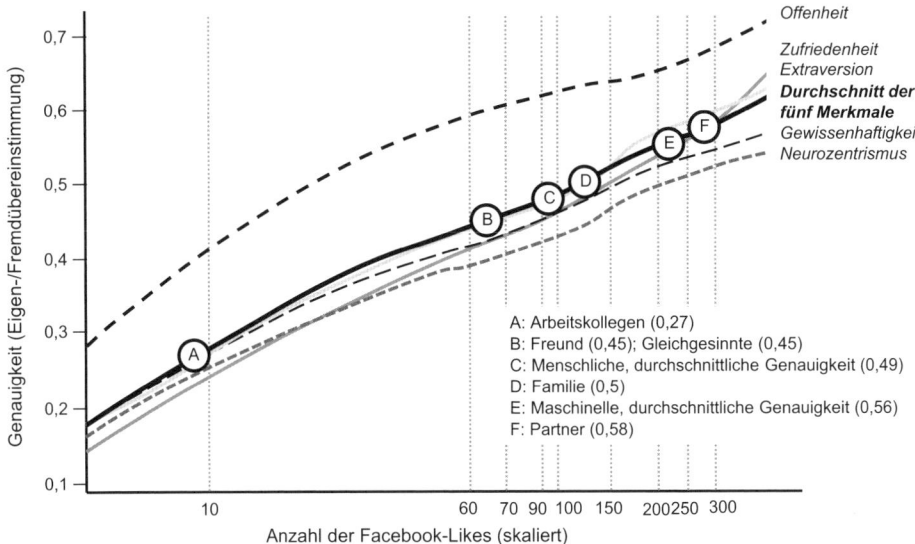

Offenheit
Zufriedenheit
Extraversion
Durchschnitt der fünf Merkmale
Gewissenhaftigkeit
Neurozentrismus

A: Arbeitskollegen (0,27)
B: Freund (0,45); Gleichgesinnte (0,45)
C: Menschliche, durchschnittliche Genauigkeit (0,49)
D: Familie (0,5)
E: Maschinelle, durchschnittliche Genauigkeit (0,56)
F: Partner (0,58)

Bild 19.2 Genauigkeit der automatisierten Persönlichkeitseinschätzung basierend auf *Facebook*-Profilen im Vergleich zu menschlicher Einschätzungsfähigkeit (Youyou, Kosinski, Stilwell 2015)

Auf diese Weise baute *Cambridge Analytica* sowohl eine Bibliothek mit bis zu 87 Millionen *Facebook*-Nutzern und deren Persönlichkeiten auf als auch ein statistisches Modell, das die Persönlichkeit eines neuen *Facebook*-Profils mit hoher Genauigkeit vorhersagen würde. Diese Erkenntnisse wurden wiederum mit adressierbarer Werbetechnik kombiniert, um eine skalierbare Lösung für Microtargeting zu bieten.

■ 19.3 Wissen, welche Knöpfe man drücken muss – mit Persönlichkeitsprofilen zu politischen Botschaften

„Meine Kinder werden das Konzept der Massenkommunikation sicher nie verstehen" (Nix 2016). Die Kenntnis individueller Persönlichkeitsprofile hilft nicht viel bei der Beeinflussung potenzieller Wähler, wenn alle oder sehr unterschiedliche Gruppen von Wählern mit dem gleichen Einflussvektor angesprochen werden müssen. Fortschritte in der adressierbaren Werbetechnik wie gesponserte *Facebook*-Posts, die nur in den Newsfeeds von Personen an einem bestimmten Ort, wie zum Beispiel einem Swing-State, und mit einem bestimmten Satz von Profilmerkmalen, wie zum Beispiel einem *Facebook*-Profil, das einem bestimmten Persönlichkeitstyp entspricht, erscheinen, ermöglichen eine sehr genaue Zielgruppenansprache der Wähler: Jeder Wähler erhält die Art der Nachricht, die am ehesten die beabsichtigte Wirkung auf ihn hat. Im Großen und Ganzen kann das Microtargeting zwei Ziele haben: Überzeugung, das heißt Beeinflussung von Einstellungen; oder (De-)Aktivierung, das heißt die Wahrscheinlichkeit, dass Menschen mehr oder weniger auf ihre Einstellungen reagieren. Microtargeting kann für beides eingesetzt werden.

So war es etwa in der republikanischen Vorwahl in Iowa wichtig für die Kampagne von Ted Cruz, ein Segment der Wähler zu beeinflussen, das sehr wahrscheinlich war, eine hohe Wahlbeteiligung zu zeigen, indem sie ein politisches Thema adressierte, das im Zielsegment eine große Reaktion hervorrufen würde – den zweiten Verfassungszusatz, das heißt das Recht, Waffen zu tragen. Basierend auf einer Persönlichkeitsbewertung mithilfe von „Gefällt mir"-Angaben konnte *Cambridge Analytica* zwischen zwei Gruppen von Menschen unterscheiden, für welche der zweite Verfassungszusatz ein zentrales politisches Thema darstellte: eine Gruppe mit hohen Werten in Neurotizismus und Gewissenhaftigkeit, und die andere Gruppe mit niedrigen Werten in Offenheit für neue Erfahrungen und hohen in Verträglichkeit.

Diese Unterscheidung wirkt sich auf den optimalen Einflussvektor aus, da die Persönlichkeit der ersten Gruppe dadurch gekennzeichnet ist, dass sie sich leicht bedroht und ängstlich fühlt (hoher Neurotizismus) sowie großen Wert auf die Einhaltung von Regeln legt (hohe Gewissenhaftigkeit). Dementsprechend ist es ein vielversprechender Einflussvektor, die politische Botschaft so zu gestalten, dass ihr Sicherheitsbedürfnis angesprochen wird.

Die zweite Gruppe hingegen zeichnet sich durch die Wertschätzung von Stabilität und Geschichte im Gegensatz zu Wandel und Veränderung (geringe Offenheit) sowie durch die Betonung sozialer Normen und sozialer Verbindungen (hohe Akzeptanz) aus. Dementsprechend ist es ein vielversprechender Einflussvektor, die politische Botschaft so zu gestalten, dass sie ihren Sinn für Tradition und Familienwerte anspricht.

Diese Persönlichkeitseinschätzungen werden direkt in den Botschaften von *Cambridge Analytica* umgesetzt, um den gleichen Inhalt jeweils persönlichkeitsgerecht zu verpacken.

Facebook bietet eine ideale Infrastruktur, damit jede Gruppe nur die Botschaft erhält, die auf ihr Profil zugeschnitten ist, da Werbetreibende Kriterien für die Personen festlegen können, die eine bestimmte Werbung erhalten sollen. Mögliche Kriterien sind „Gefällt mir"-Angaben, die *Cambridge Analytica* über ihren Datensatz und Algorithmen, die diese Datenpunkte verbinden, mit dem Persönlichkeitsprofil verknüpfen konnte. Entsprechend können Filter für die Anzeige so festgelegt werden, dass sie gezielt nach dem angestrebten Persönlichkeitsprofil filtern.

Cambridge Analytica fasste seinen Ansatz wie folgt zusammen: „*Cambridge Analytica* wird Sie mit den notwendigen Daten und Einsichten ausstatten, um Ihre Wähler zu den Wahlen zu bringen und Ihre Kampagne zu gewinnen. Wir bieten eine bewährte Kombination aus Predictive Analytics, Behavioral Sciences und datengetriebener Werbetechnik. Mit bis zu 5000 Datenpunkten zu über 230 Millionen amerikanischen Wählern bauen wir Ihre individuelle Zielgruppe auf und nutzen diese wichtigen Informationen, um sie zum Handeln zu bewegen, zu überzeugen und zu motivieren. Unser Team aus promovierten Datenwissenschaftlern, Experten und erfahrenen Politikern hat weltweit entscheidende Ergebnisse für Kampagnen und Initiativen erzielt. In den USA hat CA Political erfolgreich an Projekten für alle drei Regierungszweige sowie auf lokaler, staatlicher und nationaler Ebene gearbeitet."

◼ 19.4 Auswirkungen des Falls Cambridge Analytica

Nach anfänglichen großen Erfolgen und medialer Aufmerksamkeit wurde der Fall *Cambridge Analytica* in den internationalen Medien immer kritischer diskutiert. Neben der unrechtmäßigen Methode zur Datengewinnung wurden vor allem Konsequenzen einer immer besseren Beeinflussbarkeit von Menschen durch Daten kritisch hinterfragt: Eine Optimierung von politischen Botschaften basierend auf automatisch generierten Persönlichkeitsprofilen bietet nicht nur eine enorme Möglichkeit der ethisch fragwürdigen Beeinflussung, sondern zieht auch Probleme für Transparenz und Wettbewerb mit sich.

Wenn Politiker und Firmen unterschiedliche Gruppen mit für andere nicht mehr nachvollziehbaren Botschaften versuchen zu beeinflussen, erschweren sich gesellschaftlich wünschenswerte Kontrollprozesse. Unabhängige Medien können nicht mehr einfach den Wahrheitsgehalt von solchen Botschaften prüfen, da es immer schwieriger wird, nachzuverfolgen, wer überhaupt welche Botschaften von sich gegeben hat. Gesellschaftliche Spaltungen können vertieft werden, da extreme Gruppen mit extremen Botschaften angesprochen werden können, ohne negative Reaktionen aus der Mitte der Gesellschaft fürchten zu müssen, die von vornherein ganz andere Botschaften zu Gesicht bekommt.

Aus Wettbewerbsperspektive führt die wachsende Bedeutung von Daten für die Meinungsgestaltung in Kombination mit sich abzeichnenden Datenmonopolen zu schwierigen Fragen sowohl für Unternehmen als auch für den Regulator: Klassische Monopol- und Kartellregulation orientiert sich am Primat des Konsumentenschadens, in Fällen von datengetriebenen Geschäftsmodellen, bei denen der End-verbraucher häufig nichts oder nur wenig für die Nutzung der Plattform zahlt, ist dieses Rahmenwerk nur schwierig anwendbar. Europa geht hier sowohl im Sinne des Datenschutzes als auch der Monopolregulation neue Wege, die endgültigen Auswirkungen bleiben abzuwarten.

Fest steht, dass Digitalisierung und datengetriebene Geschäftsmodelle weite Aus-wirkungen auf grundlegende Funktionen unserer Gesellschaft haben, die über die rein finanzielle Betrachtungsweise hinausgehen. Firmen, die das wachsende Po-tenzial von datengetriebenen Geschäftsmodellen nutzen wollen, sollten sich der wachsenden öffentlichen Aufmerksamkeit und des aktuell noch schwierig vorher-zusagenden gesellschaftlichen Ringens um neue Regeln und Rahmenwerke sehr bewusst sein.

Die Auswirkungen des Falles *Cambridge Analytica* waren enorm. Innerhalb weni-ger Wochen meldete *Cambridge Analytica* Insolvenz an, *Facebook* verlor mehrere Hundert Millionen Dollar Marktwert, CEO Mark Zuckerberg wurde vor dem US-Kongress und dem EU-Parlament verhört, und das Vertrauen der Gesellschaft in soziale Medien wurde infrage gestellt. Das komplexe Zusammenspiel von daten-getriebenen Geschäftsmodellen und Politik wird in den nächsten Jahren grund-legend neu geschrieben werden.

 Zentrale Aspekte

- Digitale Fußabdrücke ermöglichen präzise Persönlichkeitsmessung.
- Verbindung aus Daten und Psychologie hat großes Potenzial für Beeinflus-sung.
- Öffentlicher Diskurs zur Macht von Daten wird kontroverser.
- Datenmonopole haben gesellschaftliche Implikationen.
- Eigene Reflexion nötig, welche Rolle man spielen möchte.

20 *BASF:* Digitale Geschäftsmodelle in der Landwirtschaft

Christoph H. Wecht, Christoph Meister, Matthias Nachtmann, Elmar Groiss

■ 20.1 Herausforderungen der *BASF* Agricultural Solutions

Die *BASF* SE ist ein weltweit führendes Unternehmen im Bereich der Industriechemikalien mit Gesellschaften in 80 Ländern, über sechs Verbund- und rund 380 Produktionsstandorten. Der Konzern entwickelt und produziert Haupt- und Vorprodukte wie hochveredelte Chemikalien, technische Kunststoffe und Veredelungsprodukte sowie Pflanzenschutzmittel, Öle und Gase. Weltweit werden die Automobil-, Elektro-, Chemie- und Bauindustrie, die Agrar- und Pharmabranche sowie die Öl- und Gasförderindustrie mit einem umfassenden Produktportfolio bedient.

Geschäftsmodellinnovationen werden für den weltweiten Marktführer *BASF* immer wichtiger. Der Wettbewerbsdruck wächst ständig, neue Wettbewerber für die Standardprodukte treten auf. Während in den 70er- und 80er-Jahren noch große Durchbrüche auf der Molekülebene stattfanden, so überwiegen in den letzten beiden Jahrzehnten insgesamt die inkrementellen Innovationen. Die technologische Differenzierung wurde in der chemischen Industrie immer schwieriger. Die Commoditisierung hat große Teile der traditionellen Märkte der *BASF* erfasst. Der Druck auf die Margen wächst permanent. Die Entwicklung hin zum Lösungsanbieter wurde früh begonnen und hat in mehreren Marktsegmenten zu einer Absicherung der Marktposition geführt. Innovation wird immer mehr als wesentliche Fähigkeit erkannt, um nachhaltig wettbewerbsfähig zu bleiben und den Führungsanspruch zu erhalten.

Die Digitalisierung von Produkten und Prozessen bringt hier neue Möglichkeiten für neue, kundenorientierte Lösungen. Dies birgt sowohl Chancen als auch Bedrohungen für die chemische Industrie. Grundsätzlich ist die chemische Industrie durch ihren Charakter – große Verbundstandorte sowie sehr hohe Investitionen, Spezialisierung auf aufwendige, jahrzehntelang erprobte Verfahren, die oft noch durch Patente geschützt sind – in einer relativ sicheren Position. Diese Sicherheit war in der Vergangenheit stark ausgeprägt, aber durch die zunehmende Digitalisierung in der Industrie entstehen neue Möglichkeiten und Herausforderungen. Die etablierten Unternehmen haben diese im Vergleich zu anderen Industrien, wie der Automobil- oder Softwareindustrie, noch wenig realisiert. Neue Geschäftsmodelle und Start-ups mit disruptiven Umwälzungen sind nur sehr vereinzelt in dieser Branche wahrzunehmen.

Jedoch gibt es hier Ausnahmen, wie die *BASF* im Bereich Pflanzenschutz zeigt. Im Folgenden soll anhand der Landwirtschaft, einem zentralen Markt der *BASF*-Division Pflanzenschutz (Crop Protection) gezeigt werden, wie die Digitalisierung den Weg hin zum Lösungsanbieter unterstützt und welche Erfahrungen dabei gemacht wurden.

Die Landwirtschaft avanciert zur Schlüsselindustrie des 21. Jahrhunderts. Klimawandel, Wasserknappheit, erodierende Böden und Bevölkerungswachstum machen es immer schwieriger, alle Menschen satt zu bekommen. Das landwirtschaftliche Umfeld ist dabei heute komplexer denn je. Klimawandel, Schädlings- und Unkrautbekämpfung, schwankende Marktpreise sowie Knappheit von natürlichen Ressourcen sind bei einer Weltbevölkerung von bald neun Milliarden Menschen allgegenwärtige Themen.

Diese Herausforderungen verlangen die ständige Bereitschaft zu innovativen Lösungen im Sinne neuer Technologien zur Effizienzsteigerung.

Die *BASF* ist in diesem Markt traditionell mit einem breiten Portfolio vertreten. Wirkstoffe, Saatgutbehandlungen, biologischer Pflanzenschutz, Formulierungstechnologien und Dienstleistungen ermöglichen den Anwendern eine Steigerung der Erträge und der Pflanzenqualität. Die Ausgangslage von *BASF* im Landwirtschaftsmarkt lässt sich wie folgt zusammenfassen:

- Traditionelle Industrie mit etablierten Märkten.
- Innovationen im klassischen Pflanzenschutzportfolio.
- Klassische Geschäftsmodelle mit Verrechnung pro verkaufter Menge.
- Zunehmender Druck auf Margen und damit auf Kosten und Effizienz.
- Starke Konsolidierung der Anbieter.
- Beginn der Digitalisierung durch Gerätehersteller und neue Anbieter.

■ 20.2 Precision Farming durch *BASF*

Nach den großen Steigerungen der Hektarerträge in den letzten 150 Jahren, die durch die Technologiesprünge rund um Düngemittel, Maschinen und Pflanzenschutz ermöglicht wurden, führen zu Beginn des 21. Jahrhunderts die neuen Wege zur weiteren Produktivitätssteigerung über Biotechnologie sowie Daten und Informationstechnologie. Neue Ansätze zur Digitalisierung bringen hier den nächsten großen und notwendigen Schub für Produktivität. Die Landwirtschaft ist ein typisches Beispiel für die Notwendigkeit der Digitalisierung einer etablierten, konservativen Branche.

BASF-Crop-Protection wird zum Lösungsanbieter. Zusammen mit Landwirten werden Lösungen für eine nachhaltigere, produktivere Landwirtschaft entwickelt. In diesem Zusammenhang ist Informationstechnologie ein wesentlicher Bestandteil der Lösung. Die Innovation geht dabei über den eigentlichen Pflanzenschutz hinaus:

- Einerseits werden nun einzelne Prozesse und Kanäle zum Verkauf der traditionellen Produkte digitalisiert, das heißt, es erfolgt eine teilweise Digitalisierung der bestehenden Geschäftsmodelle.
- Andererseits werden manche physische Produkte mit zusätzlichen Daten angereichert, um relevantes Wissen für eine Erhöhung von Kundennutzen und Produktivität zu erlangen. Das Kernprodukt plus dieses Wissen stellt einen Mehrwert für den Kunden dar, rund um den neue digitale Geschäftsmodelle möglich werden.

Bild 20.1 Heutige IT-Situation wird den Landwirten nicht gerecht

Der Landwirt hat heute eine große Komplexität an Entscheidungsparametern unter starkem Kosten- und Zeitdruck zu verwalten:

- Feldstress,
- Wetterprognosen,
- Aufgabenmanagement,
- Finanzen,
- Rohstoffpreise,
- Risikomanagement,
- Düngerpreise,

- Flottenmanagement,
- Dokumentation,
- Zertifizierung.

Die heutigen Instrumente sind hierzu oft zu träge und einfach (Bild 20.1). Die Agricultural Information Technology Initiative (agIT) verbindet bei der *BASF* Landwirtschaft mit Informationstechnologie und Intelligenz, um digitale Lösungen zu schaffen. agIT hat im Kern eine globale *BASF*-IT-Plattform namens MaglisTM, die den Landwirten als Nutzern über verschiedene Kanäle, wie zum Beispiel das Internet oder mobile Endgeräte, den Zugang zu relevanten Anwendungen und Informationen bietet. Diese unterstützen Landwirte dabei, Entscheidungen rund um den Anbau und die Vermarktung ihrer Kulturen zu treffen.

In agIT werden dazu Daten aus drei großen Kanälen gebündelt: Daten von Satelliten und Sensoren, eigene feld- oder betriebsspezifische Daten der Landwirte und öffentlich zugängliche Informationen. Diese Daten werden aufbereitet und intelligent zu Informationen verknüpft, die einen spezifischen Mehrwert bieten.

Landwirte erhalten Zugang zum Wissen von Nutzern und Landwirtschaftsexperten und damit schnellere und genauere Informationen für die wesentlichen Entscheidungsparameter wie Wetterentwicklung, Getreidepreise und Gesundheitszustand (beziehungsweise Krankheit) der Pflanzen.

Durch eine enge, IT-basierte Zusammenarbeit mit dem Kunden kann *BASF* dessen Bedürfnisse besser verstehen und entsprechend handeln. Dieser Zugang zur „Kundenschnittstelle" ist ein zentrales Element, um mit digitalen Geschäftsmodellen erfolgreich zu sein. Es ergeben sich daraus vielfältige Möglichkeiten, um die Produkte, die Lieferprozesse und die angebotenen Services über den klassischen Pflanzenschutz hinaus zu optimieren. Neue Ansätze, beispielsweise über bessere Prognosen der Lieferkette, generieren letztlich einen höheren Kundennutzen. Mit dieser Initiative macht *BASF* einen Schritt hin zu den Nutzern.

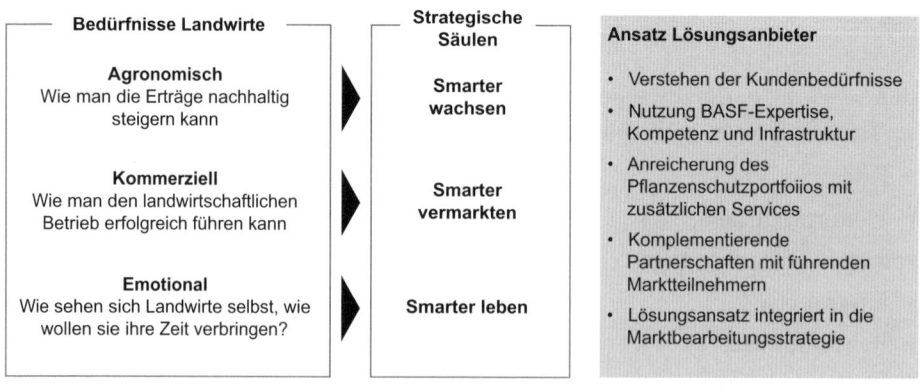

Bild 20.2 Entscheidungshilfen für die Präzisionslandwirtschaft (Precision Farming)

BASF baut die neuen IT-Lösungen für Landwirte und landwirtschaftliche Betriebe auf den folgenden drei Säulen auf:

- Steigerung der Erträge ➔ nachhaltiges Wachstum
- Verbesserung der Betriebsführung ➔ kommerzielle Vermarktung
- Rolle in der Gesellschaft ➔ effizientere Kommunikation

Die Landwirte und landwirtschaftlichen Manager als Kunden der *BASF* bekommen Unterstützung auf allen drei Ebenen der landwirtschaftlichen Tätigkeit, der agronomischen, der kommerziellen und der emotionalen (Bild 20.2).

Mit einer Investition im zweistelligen Millionenbereich wird *BASF* rund um das agIT-Projekt diese Entwicklung Big-Data-basierter mobiler Entscheidungshilfen vorantreiben. Maximale Erträge bei optimiertem Ressourceneinsatz: Sortenauswahl, Pflanzenschutz, Düngung und Bewässerung lassen sich mithilfe moderner Technik präzise aufeinander abstimmen. Zum Produktionsfaktor Boden kommt nun neu der Produktionsfaktor Daten hinzu. „Wir brauchen dringend neue Managementsysteme, mit denen sich die neue Komplexität bewältigen lässt ... Je mehr und bessere Echtzeitinformationen Landwirte zur Verfügung haben, umso bessere Entscheidungen können sie treffen", konstatiert Prof. Simon Blackmore, *Harper Adams University*, England.

Wenn Landwirte MaglisTM nutzen und ihre Daten eingeben, können sie zunächst von drei Anwendungen profitieren: Der Maglis Customer Navigator basiert auf der Analyse der individuellen Anbaudaten des Landwirts und hilft den Verkaufsberatern, zusammen mit den Landwirten maßgeschneiderte Anbaupläne zu entwickeln. Diese sind auf die Ertragsoptimierung sowie die Risikominimierung oder Effizienzsteigerung des individuellen Betriebs ausgerichtet. Mit dem Maglis Crop Plan kann der Landwirt seine Feldarbeiten planen, organisieren und nachverfolgen. In einem Anbauplan werden relevante Informationen wie lokales Wetter, Bodenbedingungen und Schädlingsdruck aufbereitet. Dies ermöglicht eine proaktive Bewirtschaftung.

Das Maglis Sustainability Assessment schließlich hilft den Landwirten bei der effizienten Ressourcennutzung. Im Rahmen einer umfassenden Analyse wird der Zusammenhang zwischen verschiedenen landwirtschaftlichen Anbaumethoden und ausgewählten Nachhaltigkeitsfaktoren aufgezeigt und mit anderen Benchmarks verglichen. Parameter sind unter anderem Rentabilität, Bodenqualität und Biodiversität.

■ 20.3 Erfolgsfaktoren für *BASF*

Das Projekt führt eine komplett neue Denklogik ein. In Ergänzung der traditionellen Geschäftsmodelle entsteht ein völlig neuer Kundennutzen, der auf einer bisher noch nicht weit ausgeprägten Kompetenz basiert. Das Gelingen eines solchen Projekts war alles andere als garantiert. Die folgenden Erfahrungen wurden im Rahmen des agIT-Projekts gemacht:

- *Strategisch verankern*: Eine Unterstützung aus dem Topmanagement ist zentral. Nur dann können die notwendigen Entscheidungen, die oft mit hohen Risiken verbunden sind, getroffen werden. Widerstände müssen überwunden, bestehende Silos bezwungen und völlig neue Wege begangen werden.

- *Aktivitäten bündeln*: Die Verantwortung muss eindeutig geregelt sein. Neben einem engagierten Treiber, der für das Thema „brennt", bedarf es eines kleinen, schlagkräftigen Kernteams als Keimzelle des Wandels. Die Bündelung führt dazu, dass das Momentum im Team bestehen bleibt und die vielfältigen Schnittstellen, auch organisatorischer Natur, gut geführt werden.

- *Umsetzungszeit einplanen*: In einem Traditionsunternehmen mit konservativer, traditioneller Kultur werden neue Geschäftsmodelle nicht „über Nacht" eingeführt. Geduld ist notwendig – zu kurze Projektplanlaufzeiten führen zu falschen Erwartungen, welche das gesamte Projekt gefährden können.

- *Kommunizieren*: Da es sich um Veränderungsprozesse handelt, müssen die damit verbundenen Herausforderungen (Change Management, Veränderung der Kultur) proaktiv angegangen werden. Zielgerichtete Kommunikation sowohl nach innen als auch nach außen ist von großer Bedeutung. Es empfiehlt sich, eine übergeordnete Markenstrategie aufzubauen und alle Stakeholder regelmäßig konsistent zu informieren.

- *Mitarbeitende in Geschäftsmodellen ausbilden*: Es bedarf einer breiten Sensibilisierung für das Thema Geschäftsmodellinnovation. Die Mitarbeiter müssen sensibilisiert werden, dass neue Produkte und Technologien nicht ausreichen. Je fruchtbarer der Boden für solche Geschäftsmodell- und Digitalisierungsinitiativen ist, desto leichter werden die Hürden überwunden. Für konkret involvierte Personen sollten maßgeschneiderte Schulungen entwickelt und angeboten werden.

Es kann sinnvoll sein, zuerst Märkte mit einer hohen Offenheit und geringerem regulatorischem Umfeld anzugehen. Dazu kommen noch zwei weitere spezifische Erfolgsfaktoren:

- *Standardisierung und Engagement in Standardisierungsorganisationen* (wie zum Beispiel *AgGateway* oder *Crystal*): Standards spielen bereits in der physischen Welt eine wesentliche Rolle (zum Beispiel Spurbreite der Traktoren), in der digitalen Welt wird ihre Bedeutung noch weiter zunehmen. Das Internet der Dinge

(IoT) wird nur dann eine erfolgreiche Basis neuer Geschäftsmodelle werden, wenn die Skalierungsmöglichkeiten, die Flexibilität und die Sicherheit, die mit Standards einhergehen, sichergestellt sind. Gerade die Nutzung der offen verfügbaren Informationen benötigt solche einheitlichen Formate und Schnittstellen.

- *Datensicherheit*: Sicherheit und Schutz der Daten haben oberste Priorität. Die Rechte der Dateninhaber (Erzeuger oder Sammler) werden respektiert. Länderspezifische Regeln und Gesetze müssen berücksichtigt werden. Neueste Technologien zur Sicherstellung der IT-Sicherheit werden eingesetzt. Transparenz ist dabei der Schlüssel.

Fazit: Die Agricultural Information Technology Initiative mit der IT-Plattform mit MaglisTM als ihrer ersten großen konkreten Ausprägung ermöglicht den Landwirten, faktenbasierte und dadurch bessere Entscheidungen zu treffen. Sie basiert auf integrierten Datenlösungen und mobilem Zugang. Eine wesentliche Rolle spielt die Analyse der Daten, die über mobile Endgeräte und Sensoren gesammelt werden. Neben diesen Partnerdaten werden zusätzlich frei verfügbare Daten (Open Data), Wissen und Expertise der *BASF* integriert. Die lokale Kundenerfahrung fließt so in Projekte für Precision Farming ein. Smart Farming ist damit nicht mehr auf die Hightech-Nische beschränkt.

In einer Analyse wurden weltweit bereits mehr als 1600 solcher IT-unterstützter Agrar-Tools identifiziert. Dies ist eine typische Lektion für alle traditionellen Branchen: Die Lösungen für Digitalisierung und neue Geschäftsmodelle sind bereits vorhanden, wenn man hinreichend genau analysiert. Es gilt hier, die Digitalisierung als Chance und nicht als Bedrohung zu verstehen. Dann lassen sich auch in klassischen Branchen langfristige Erfolgspotenziale sichern.

 Erfolgsfaktoren

- Strategische Verankerung sicherstellen.
- Aktivitäten bündeln.
- Umsetzungszeit einplanen.
- Aktive Kommunikation einsetzen.
- Spezifisches Wissensniveau erhöhen.

21 *My Zurich:* Daten und Know-how nutzen

André Guyer, Markus Reding

Kaum eine Branche arbeitet so stark mit Zahlen, Daten und Berechnungsmodellen wie die Versicherungsindustrie. Big Data ist quasi schon immer Teil der DNA jeder Versicherungsgesellschaft. Trotzdem: Von einer systematischen Nutzung großer Datenmengen im heutigen Sinn und damit auch von der digitalen Transformation sind Versicherungen noch weit entfernt. Denn die Daten liegen meist in unterschiedlichen Systemen, können nur von Spezialisten ausgewertet und genutzt werden. Sie dienen dem internen Risk Management und dem Pricing – sprich: Von einem direkten Kundennutzen der Daten fehlt meist noch jede Spur.

■ 21.1 *My Zurich*–Kunden forderten Innovation

Die Ausgangslage wäre ideal: Daten sind in rauen Mengen vorhanden, und doch hinkt die Branche in der Digitalisierung noch hinterher. Warum? Das Versicherungsgeschäft ist äußerst komplex und historisch gewachsen. Ein Zugriff auf alle Daten ist auch innerhalb des Unternehmens kaum möglich oder dann mit sehr viel Aufwand verbunden. Es kommt hinzu, dass der Druck auf die Branche lange nicht so hoch war, als dass sich die Marktteilnehmer grundlegende Gedanken zu ihren Geschäftsmodellen und -prozessen hätten machen müssen.

Doch mittlerweile stehen auch die Versicherer vor der Frage: Wer ist der *Uber* der Versicherungsbranche? Kommen da neue, bewegliche Marktteilnehmer, die auf der grünen Wiese beginnen und das Geschäft komplett auf den Kopf stellen? Das hört sich für die etablierten Player bedrohlich an. Doch Angst ist in diesem Fall ein schlechter Begleiter. Denn die Hürden für branchenfremde Anbieter sind immer noch relativ groß; die Erfahrung der etablierten Versicherer ist in diesem komplexen Geschäft nicht zu unterschätzen. Trotzdem oder umso mehr müssen die Versicherer die digitale Transformation als Chance sehen. Wie können sie die neuen technologischen Möglichkeiten für ihre Kunden erfolgreich nutzen? Wie können sie daraus zusätzliche Dienstleistungen entwickeln?

Der Versicherer *Zurich* hat aufgrund dieser Überlegungen einen Teil des eigenen Know-hows und der eigenen Daten über die Plattform *My Zurich* seinen global tätigen Unternehmenskunden zur Verfügung gestellt. Ziel war nicht ein klassisches Selfservice-Portal, das mehr oder weniger die Verträge des Kunden online anzeigt, sondern eine Lösung, bei der die Kunden dank zusätzlicher Dienstleistungen vom Fachwissen des Versicherers profitieren.

Das Versicherungsgeschäft im Sinne des finanziellen Risikotransfers ist heute größtenteils Commodity-Geschäft, eine Differenzierung wird immer schwieriger. Die entscheidende Frage ist daher: Mit welchen zusätzlichen Dienstleistungen lassen sich die Kunden stärker binden? Im Fall von *My Zurich* handelt es sich bei den Kunden um große, international tätige Unternehmen, die ihre global verteilten Standorte vor Risiken wie Umweltkatastrophen, Bränden oder Betriebsunterbrüchen absichern wollen. Diese Kunden verfügen in ihrer Organisation über eine professionelle Risk-Management-Funktion. Von dort erhielt der Versicherer immer wieder das Signal, dass man an den Daten und dem Know-how der *Zurich* sehr interessiert sei. Die Kunden wollten also zusätzlich zur reinen Absicherung des finanziellen Risikos auch von den Kompetenzen des Versicherers profitieren und so das eigene Risikomanagement verbessern.

Dieser Kundenwunsch war die Ausganglage, das Problem – die digitale Transformation – der Lösungsweg. Die Versicherung verfolgte die Vision, den international tätigen Geschäftskunden mit der Risikomanagementplattform *My Zurich* einen exklusiven Service zu bieten und dadurch die Kundenbindung zu stärken. Das Portal sollte die Daten, die bei Zurich durch die Bearbeitung von Schäden und durch Risikoanalysen ohnehin anfallen, den Kunden zur Verfügung stellen und damit deren strategisches Risikomanagement vereinfachen. Das Ziel des Projekts: Die Kunden nutzen *My Zurich* aktiv als Teil ihres eigenen Risikomanagements und möchten auf diesen Service künftig nicht mehr verzichten.

Die Vorteile für den Kunden

- *My Zurich* als Risikomanagementportal jederzeit verfügbar,
- Realtime-Zugang zu den Daten und dem Know-how von *Zurich*,
- intuitive Darstellung und Simulation von Risiken,
- bisher genutzte interne Tools zum Risikomanagement können teilweise oder ganz abgelöst werden,
- vereinfachte Administration und Reduktion der Fehlerquellen.

Die Vorteile für den Anbieter

- Differenzierung am Markt durch neuen, einzigartigen Service,
- höhere Kundenbindung, da das Portal ganze Teile des Risikomanagements beim Kunden übernehmen kann,
- weniger administrativer Aufwand und Reduktion von Fehlerquellen,
- Möglichkeit von zusätzlichen Dienstleistungen über das Portal.

Was sich als Zielkatalog einfach anhört, war ein komplexes Vorhaben und erforderte ein hohes Maß an globaler Koordination über viele unternehmensübergreifende Schnittstellen. Die Daten waren zwar vorhanden, doch im Unternehmen verteilt und nicht aggregiert. Zudem mussten sie so aufbereitet werden, dass sie einfach abrufbar sind und für die Bedürfnisse der Kunden sinnvoll dargestellt werden können. Eine große Herausforderung war auch das Abholen und Überzeugen der Stakeholder aus unterschiedlichsten Bereichen, von Finance über IT bis zu den Business-Verantwortlichen. Das schlagende Argument waren dabei stets der Kundennutzen und der daraus resultierende Business Case. Das Projekt dauerte bis zur Liveschaltung des Portals knapp zwei Jahre und wurde in enger Zusammenarbeit mit dem Innovationsdienstleister *Zühlke* realisiert. Seither entwickeln *Zurich* und *Zühlke* das Portal kontinuierlich weiter und bauen zusätzliche Dienstleistungen ein.

■ 21.2 Erfolgsfaktoren

My Zurich ist ein anschauliches Beispiel für digitale Transformation in der Versicherung: Bisher mehr oder weniger offline verfügbare Daten werden dem Kunden online und mit intuitiver Aufmachung zur Verfügung gestellt. Eine solche Initiative ist jedoch komplex in technischer und vor allem organisatorischer Hinsicht. Für die erfolgreiche Umsetzung dieses Digitalisierungsschrittes waren folgende Faktoren ausschlaggebend:

Die Umwelt beobachten

Die großen Entwicklungen geschehen meistens nicht in der eigenen Branche. *My Zurich* ist zwar ein Novum in der Versicherungsindustrie. In anderen Branchen sind ähnliche Kundenportale jedoch bereits seit Längerem gang und gäbe. Der Blick über den eigenen Tellerrand in ganz andere Welten ist bei der Digitalisierung entscheidend. Umso wichtiger ist auch die Wahl der richtigen Partner. Einen Dienstleister hinzuzuziehen, der Erfahrungen und Erkenntnisse solcher Projekte aus anderen Branchen mit sich bringt, hat sich im Fall von *My Zurich* als der richtige Ansatz erwiesen.

Data is King

Die Daten eines Unternehmens machen einen Großteil von dessen USP aus. Entscheidend ist, dass durch die richtige Nutzung dieser Informationen ein Mehrwert für die Endkunden entsteht. Daher muss man sich von Beginn an mit Daten auseinandersetzen. Welche sind vorhanden? Welche könnte man noch generieren? Und wie lassen sich daraus neue Dienstleistungen entwickeln? Dabei gilt: Das beste Framework nützt nichts, wenn sich daraus kein Kundennutzen ergibt.

Eine klare Vision

Um ein Digitalisierungsvorhaben dieser Größenordnung ins Ziel zu bringen, braucht es früh im Prozess eine klare Vision. Welchen Nutzen will man dem Kunden bringen und was bringt dies auch für den eigenen Unternehmenserfolg? Eine solche Vision hilft, den Fokus beizubehalten. Digitale Transformationen haben typischerweise viele Facetten, sodass man sich schnell nicht auf den Scope konzentriert und sich in technischen Details verliert.

Ein starkes Zugpferd

Die Vision der Digitalisierungsinitiative muss im Unternehmen durch eine starke und intern angesehene Persönlichkeit getragen und vorangetrieben werden. Dieser Sponsor muss die Idee bei den unterschiedlichsten Stakeholdern intern verkaufen und gegen starke Widerstände verteidigen. Jedes Transformationsprojekt hat Gegner, dies liegt in der Natur der Projekte. Antworten wie „Das ist nicht möglich" muss diese Person immer wieder einordnen und oft auch ignorieren können.

Den Business Case vor Augen

Die internen Stakeholder lassen sich nur für die Vision gewinnen, wenn sie für ihr Geschäft einen Nutzen sehen. Es darf nicht um die Digitalisierung per se gehen, sondern der Kundennutzen muss immer im Zentrum stehen. Es geht auch nicht darum, die eigene Infrastruktur zu verbessern, sondern darum, den Geschäftswert zu erhöhen. Im Fall von *My Zurich* war der Business Case klar: Die Kunden äußerten ein relevantes Bedürfnis; mit dem Portal sollte dieses befriedigt werden. Über den besseren Service wird eine höhere Kundenbindung erwartet.

Quick Wins generieren

Digitalisierungsprojekte brauchen viel Vertrauen von allen internen Stakeholdern. Es geht um Unbekanntes und um große Veränderungen. Da ist die Skepsis groß. Dieses Vertrauen baut man auf, indem man schnell konkrete Ergebnisse zeigt. Hier hilft ein agiles Vorgehen mit regelmäßigen Zwischenresultaten; das Vertrauen ins Projekt steigt, wenn immer wieder „am lebenden Objekt" gezeigt wird, was kommt und woran man arbeitet. Auch wenn das Big-Bang- und Wasserfalldenken bei Softwareprojekten in den Großunternehmen immer noch weitverbreitet ist, erweist sich dies als wenig kompatibel mit solchen Digitalisierungsprojekten.

Laufende Weiterentwicklung und stetes Lernen

Eine Digitalisierungsinitiative muss von Beginn an so angelegt sein, dass die erarbeitete Lösung laufend erweitert werden kann. Die Herangehensweise und auch die technische Architektur müssen maximale Flexibilität zulassen. Im Umkehrschluss heißt dies aber auch, dass solche Projekte nie wirklich abgeschlossen sind. Das war auch bei *My Zurich* der Fall: Mit der Lancierung begannen sofort die Weiterentwicklung des Portals und die Erarbeitung von neuen Dienstleistungen.

Das richtige Team

Digitalisierung braucht eine Vielzahl von Experten, von Technikern, Business-Analysten und Fachspezialisten bis zu Designern. Doch es reicht bei Weitem nicht, nur die besten Experten zu haben. Entscheidend sind die Zusammenarbeit und somit die Berührungspunkte zwischen den Disziplinen. Denn Neues entsteht an Schnittstellen. Und hier kommt wieder das starke Zugpferd ins Spiel: Verantwortliche für Digitalisierungsprojekte müssen dieses Zusammenspiel der Experten richtig orchestrieren.

Business mit IT – und nicht umgekehrt

Digitalisierung ist keine technische Initiative, sondern muss vom Business getrieben werden. Die technischen Hürden sind oft die geringsten. Damit Digitalisierung funktioniert, sind der konkrete Geschäftsnutzen und ein gutes Change Management essenziell. In der Umsetzung ist die Informatik dann ein entscheidender Faktor. Aber auch hier gilt: Je enger das Zusammenspiel mit anderen Bereichen, desto höher die Erfolgschancen.

Kultur und Rhythmus

Großunternehmen haben einen eigenen Rhythmus und eine über die Jahre entstandene Kultur. Beides lässt sich nicht über Nacht verändern und beides passt nicht zur agilen Vorgehensweise von Digitalisierungsprojekten. Die Aufgabe der Verantwortlichen ist es, hier die notwendige Übersetzung zwischen der Digitalisierungsinitiative und dem klassischen Geschäft zu leisten sowie die fehlenden Kompetenzen von extern zu beziehen.

Digitalisierung als Chance, nicht als Bedrohung

Im Fall des Portals *My Zurich* haben Kunden den Anstoß gegeben. Die Digitalisierung hat die Chance geboten, diesem Wunsch nachzukommen. Vor einigen Jahren wäre dies noch nicht denkbar gewesen. Die Digitalisierung bietet unzählige weitere solcher Möglichkeiten. Diese müssen identifiziert und konsequent genutzt werden, um nachhaltige Wettbewerbsvorteile in dieser dynamischer werdenden Industrie aufzubauen. Wer nur reagiert und die Digitalisierung als Bedrohung sieht, wird früher oder später den entscheidenden großen Schritt verpassen.

 Erfolgsfaktoren des Digitalisierungsprojekts

- Kundennutzen steht im Zentrum.
- Business wird nicht von der IT geführt.
- Den richtigen Partner für die Realisierung auswählen.
- Ein starkes Team aufbauen.
- Out-of-the-Box-Denken fördern.
- Agile Kultur entwickeln.
- Starker Sponsor innerhalb der eigenen Firma.
- Quick Wins realisieren.
- Flexible Strukturen etablieren, kontinuierlich lernen und laufend adaptieren.
- Mut zum Start.

22 Zühlke:
Digitalisierungsprojekte erfolgreich machen

Robert Knop, Cédric Riester

Die digitale Transformation ist omnipräsent. Sie beeinflusst Unternehmen sämtlicher Branchen und bietet eine Vielzahl an Opportunitäten und Herausforderungen. Anfänglich haben insbesondere junge, innovative Unternehmen die sich bietenden Chancen der digitalen Transformation wahrgenommen. So ist es nicht verwunderlich, dass die bekanntesten Beispiele der digitalen Transformation nicht von etablierten Unternehmen, sondern von branchenfremden Start-ups entwickelt wurden: *Airbnb* wurde nicht von einem Hotel gegründet, *WhatsApp* stammt nicht von einem Telekomanbieter, *Instagram* ist kein Produkt eines Fotounternehmens und keine Taxifirma hat *Uber* entwickelt. Währenddessen haben sich etablierte Unternehmen eher abwartend gezeigt. Es galt, die Möglichkeiten und Gefahren der digitalen Transformation erst abzuschätzen und zu verstehen.

Viele Unternehmen fühlten sich durch ihre Marktpositionierung und durch den Glauben an ihre Produkte und Dienstleistungen noch immer stark genug und sahen sich von den neuen Marktteilnehmern, die dank ihrer Beweglichkeit mit unkonventionellen Ansätzen die Branchen neu gestalteten, noch zu wenig bedroht. Auch waren ihre Fähigkeit und ihr Wille zum Wandel vielfach unterentwickelt. Erschwerend kam hinzu, dass das Phänomen digitale Transformation nur schwierig zu greifen und sehr umfassend ist. Schließlich will der gesamte Weg von der Entwicklung zur Beschaffung über die Produktion bis zur Kundenerlebniskette digital vernetzt sein und unterliegt auch noch einer äußerst dynamischen Weiterentwicklung.

In guten Zeiten ist es daher besonders mühselig, die für den digitalen Wandel notwendigen Ressourcen und das konsequente Infragestellen des Bestehenden einzufordern. Einer unserer Kunden hatte dieses Dilemma folgendermaßen ausgedrückt: „Wir wissen ja, dass wir viel mehr machen müssen, aber wir sind zu viel mit uns selbst beschäftigt."

Mittlerweilen haben viele Organisationen jedoch erkannt, welche Opportunitäten die digitale Transformation spezifisch für sie bereithält und wie sie mit den beschriebenen Hürden und Herausforderungen umzugehen haben. Sie haben Know-how und Fähigkeiten aufgebaut, die Organisation agiler gestaltet und verfügen heute entsprechend über eine „digital fluency", mit der sie in der Lage sind, Chancen zu erkennen und diese zu realisieren. Dies erlaubt ihnen, die Vorteile von größeren Organisationen – wie etwa der umfangreiche Kundenstamm, ausgebaute Skaleneffekte, gesunde Cash-Reserven oder die langjährige Erfahrung der Mitarbeiter – gewinnbringend einzusetzen.

Trotz dieser neuen Ausgangslage und der erworbenen Fähigkeiten tut sich die Mehrheit der Unternehmen noch immer schwer, die Potenziale der digitalen Transformation optimal auszuschöpfen. Vier der wesentlichsten Hürden sind im Folgenden erklärt:

1. Innovationen werden nicht auf den Boden gebracht

Oft kann beobachtet werden, dass Unternehmen zwar neue, innovative Ideen mittels Prototypen erfolgreich erproben (etwa neue Produkte, Dienstleistungen oder Geschäftsmodelle), anschließend aber an der Skalierung und Integration dieser Ideen in die Organisation scheitern – der Erfolg bleibt entsprechend oft aus. Dies ist häufig auf mangelnde Erfahrung mit der nötigen Transformation, den entsprechenden Prozessen und fehlenden Best Practices zurückzuführen. Die Organisation wird meist nicht genügend darauf vorbereitet, vielversprechende, aber fragile neue Ideen im Markt oder im Unternehmen zu etablieren.

2. Der organisatorische Wandel greift zu kurz

Während viele Unternehmen erste Schritte in Richtung einer agilen, innovativen Organisation unternommen haben, ist der Weg dahin häufig noch weit. Oft werden Prozesse und Rollen lediglich mit neuen Bezeichnungen versehen, während die Kultur und die Abläufe und Denkweisen tatsächlich unverändert bleiben. Vielen Organisationen mangelt es noch am Willen zur Veränderung, welche für eine erfolgreiche digitale Transformation unabdinglich ist. *Kodak* hat zwar die Digitalkamera erfunden – aufgrund der Angst vor den Auswirkungen dieser neuen Technologie auf das angestammte Geschäft hat man sich jedoch gegen Innovation und Veränderung entschieden. Aus denselben zugrunde liegenden Mechanismen bleiben auch heutige Unternehmen allzu oft enttäuschend träge und reagieren auf die sich immer schneller verändernden Marktbedingungen nicht genügend agil und konsequent – geschweige denn, die Veränderung aktiv anzuführen.

3. Geschäftsmodelle werden nicht hinterfragt

Unternehmen sind nach wie vor sehr zurückhaltend, was die Neugestaltung des Geschäftsmodells anbelangt. In vielen Fällen werden lediglich die bestehenden alten Produkte und Services über neue digitale Kanäle vertrieben. Viele Potenziale der digitalen Transformation bleiben dadurch ungenützt. Zudem passen diese alten Modelle oft nicht mehr zu den veränderten Bedürfnissen der Kunden, welche immer häufiger mieten statt kaufen, teilen statt besitzen und gewohnt sind, für ehemals kostenpflichtige Services nichts mehr zu bezahlen (News, Datenspeicher, SMS etc.). Unternehmen müssen heute entsprechend bereit sein, Geschäftsmodelle radikal neu zu denken. Hierzu sind Mut und Experimentierfreudigkeit nötig – und die Bereitschaft, rasch zu lernen und Ideen iterativ zu verbessern.

4. Kundenbedürfnisse werden zu wenig berücksichtigt

Die digitale Transformation ist geprägt durch begeisternde Technologien und Konzepte, die in aller Munde sind: Blockchain, Chatbots, Artificial Intelligence, Augmented Reality und so weiter. Unternehmen investieren entsprechend häufig große Summen in diese Technologien, ohne sich zuerst die wichtigste aller Fragen zu stellen: Was sind die Bedürfnisse unserer Kunden – intern wie extern? Erst wenn ein Unternehmen ein klares Verständnis davon hat, was sich die Kunden wünschen und welche relevanten Probleme vorhanden sind, kann nach Lösungen gesucht werden. Erst dann ist es sinnvoll, zu prüfen, ob nun die Verwendung einer Blockchain oder einer Augmented-Reality-App ein identifiziertes Bedürfnis der Kunden gewinnbringend befriedigen kann.

Wie können Unternehmen diese Hürden nun überwinden und sich zum erfolgreich digital transformierten Unternehmen wandeln? Während es hierzu verschiedene Erfolg versprechende Wege gibt und sich jede Firma in einer einmaligen Situation befindet, hat sich das im Folgenden beschriebene Vorgehen in zahlreichen Projekten von *Zühlke* zusammen mit Kunden bewährt (Bild 22.1).

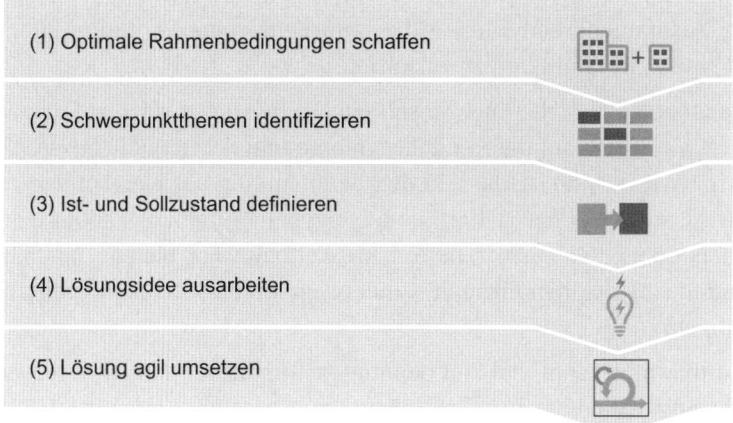

Bild 22.1 Vorgehensweise bei Digitalisierungsinitiativen

■ 22.1 Schritt 1: Optimale Rahmenbedingungen schaffen

Bei der Digitalisierung sollte der Kunde im Zentrum stehen – denn bei bestehenden Organisationen mit verschiedenen Geschäftseinheiten und Abteilungen schafft nur der Kunde mit seinen Erwartungen, Bedürfnissen, Erlebnissen und seinem Verhalten Klarheit und Prioritäten für die Organisation. Der Antrieb für erfolgreiche Veränderung muss für Organisationen meistens von außen kommen. In diesem Zusammenhang ist es sinnvoll, sich folgende Definition in Erinnerung zu rufen: „Die Wirkung einer Firma liegt immer außerhalb der Firma." Deshalb muss Digitalisierung Chefsache sein. Ohne einen prominenten Sponsor beziehungsweise eine starke Führung, die den digitalen Wandel in der Unternehmung vorantreibt, die zahlreichen Aktivitäten bereichsübergreifend koordiniert, eine neue Kultur fördert und die stetig auftretenden Hindernisse allen Widerständen zum Trotz überwindet, ist an Erfolg kaum zu denken. Während die Schaffung von Stellen, die sich auf die digitale Transformation des Unternehmens fokussieren, sehr sinnvoll ist, liegt es in der Verantwortung des Managements, Entscheidungen zu treffen, Ressourcen zu schaffen und die Weichen für die organisatorischen Veränderungen zu stellen. Auch ist die Koordinationsfunktion wichtig, wenn vermieden werden soll, dass redundante oder voneinander losgelöste Digitalisierungsvorhaben gestartet werden, die später nicht zu einem Gesamtbild zusammenpassen.

Im Kern des Digitalisierungsteams sollten diejenigen Mitarbeiter vereint werden, die digital affin sind und unternehmerisch und lösungsorientiert denken. Besonders vorteilhaft ist es, anerkannte Mitarbeiter aus verschiedenen Bereichen der Organisation für diese Tätigkeit zu gewinnen. Für die notwendige bereichsübergreifende Zusammenarbeit können die Mitarbeiter eine Vorbildfunktion einnehmen und helfen, in Konflikten zu vermitteln.

Die vorhandene gebündelte Energie sollte dann möglichst stark auf den Markt gelenkt werden – sprich auf die Kundensegmente und deren Bedürfnisse. Mit dieser Denkweise wird verhindert, dass an den Bedürfnissen der Zielgruppen vorbeientwickelt wird. Auch bei der Definition des eigenen Feindbildes sollte man sich in die Kundenperspektive versetzen: Welche Wettbewerber bieten, unabhängig von Größe und Erfahrung, den eigenen Kundensegmenten potenziell ebenfalls attraktive Lösungen?

Da ein Kulturwandel sehr viel Zeit benötigt, sollte für die schnelle Umsetzung von Digitalisierungsvorhaben auch der Aufbau einer parallelen Organisation, zum Beispiel in Form einer Ausgründung, in Betracht gezogen werden. Ebenfalls möglich wäre die Schaffung einer (temporären) Einheit, die sich losgelöst von organisatorischen Hürden ganz auf ihr Projekt konzentriert. Vorhaben können dann unabhängig vom Tagesgeschäft und der bestehenden Unternehmenskultur separat voran-getrieben und bei Erfolg in die Muttergesellschaft zurückintegriert werden.

Weiter sollte sich das Unternehmen ein Verständnis über die Bedürfnisse und Probleme seiner Kunden aneignen und verstehen, wo in der Organisation die größten Potenziale vorhanden sind. Dabei ist es zu diesem Zeitpunkt bei der Schaffung von optimalen Rahmenbedingungen noch nicht erforderlich, hierzu umfangreiche Analysen und Studien durchzuführen. Das Unternehmen sollte lediglich in der Lage sein, im nächsten Schritt die wesentlichen Schwerpunktthemen der Digitalisierungsinitiative bestimmen zu können.

22.2 Schritt 2: Schwerpunktthemen identifizieren

Eine zentrale Herausforderung der Digitalisierung ist, dass sie das ganze Unternehmen umfasst. Von der Strategie und Organisation („Direction") über deren Umsetzung („Action") bis hin zur technologischen Basis („Foundation"). Entsprechend breit ist das Handlungsspektrum (Bild 22.2).

Bild 22.2 Handlungsfelder der digitalen Transformation nach *Zühlke*

Die Frage ist, wo die Ressourcen und die organisationale Energie am besten eingesetzt werden sollten. In eine besser abgestimmte digitale Strategie, in das digitale Marketing oder doch besser in eine flexible Architektur?

Es ist ein Trugschluss, zu glauben, dass man für herausragende Leistungen hervorragend in allen Disziplinen sein muss. Anstatt alles ein wenig zu optimieren, sollte der Fokus auf die Bereiche mit dem größten Potenzial gelegt werden. Hat die Fertigung aufgrund vieler manueller Prozesse hohes Sparpotenzial, könnte der Fokus auf die Automatisierung der entsprechenden Prozesse gelegt werden. Oder wird erkannt, dass sich die Erwartungen der Kunden markant verändern, könnte die Innovation des Produktportfolios und des Geschäftsmodells im Zentrum stehen. Falls das Unternehmen über umfassende Daten zu Kundenverhalten und -wünschen verfügt, könnte sich womöglich eine Initiative im Bereich Data Analytics oder Machine Learning lohnen.

Idealerweise achtet ein Unternehmen darauf, dass durch die Digitalisierungsinitiativen marktrelevante Stärken systematisch gefördert werden. Ist ein Unternehmen beispielsweise besonders innovativ, sollte geprüft werden, diese Fähigkeit im Rahmen der Digitalisierung besonders zu fördern. Ein Unternehmen, dessen Kunden an einer Hand abgezählt werden können, sollte statt in das digitale Marketing vielleicht eher in die Kundenerlebniskette investieren. Was die Schwächen betrifft, so sind diese hauptsächlich dann relevant, wenn sie wirklich einen Engpass für den Erfolg der Organisation bilden.

Bei der Verteilung der Ressourcen ist schlussendlich stets das aktuelle, situationsspezifische Kosten-Nutzen-Verhältnis mit Blick auf das langfristige Gesamtbild maßgeblich. Wenn viele Digitalisierungsvorhaben geplant sind, ist zur optimalen Steuerung der Ressourcen deshalb ein Projektportfoliomanagement eine lohnende Investition.

■ 22.3 Schritt 3: Ist- und Sollzustand definieren

Bei der Analyse des Istzustands steht die Schaffung eines gemeinsamen Verständnisses der aktuellen Situation in den ausgewählten Schwerpunktthemen im Vordergrund. Soll beispielsweise das Kundenerlebnis mittels innovativer Produkte optimiert werden, gilt es, die versteckten Bedürfnisse, Erwartungen und tiefen Frustrationen der Kunden wirklich zu verstehen. Dies kann beispielsweise über Interviews, Beobachtung des Kundenverhaltens, Auswertung von Studien oder Datenanalysen erfolgen. Wichtig ist, dass Unternehmen den direkten Kontakt zu ihren Kunden suchen und sich nicht ausschließlich auf das (vermeintlich) bereits vorhandene Wissen zum Kundenbedarf stützen.

Bezieht sich das Schwerpunktthema auf organisationsinterne Felder – etwa der Automatisierung von Prozessen oder Neugestaltung der Organisation –, muss gemeinsam mit internen Stakeholdern analysiert werden, wo die größten Potenziale liegen. Auch hier eignen sich Befragungen und Beobachtungen, um wertvolle Informationen zu erhalten. Weiter bietet sich die Erstellung sogenannter „Heat Maps" an, welche eine Übersicht der Prozesse oder der Organisation aufzeigen und es dem Projektteam erlauben, optimierungsbedürftige Prozessschritte oder Organisationsbereiche rasch zu identifizieren, zu priorisieren und übersichtlich darzustellen.

Es ist darauf zu achten, dass die Istanalyse nicht unnötig in die Länge gezogen wird. Gerade in Digitalisierungsvorhaben bleibt aufgrund ihres innovativen Charakters stets eine gewisse Ungewissheit vorhanden. Hat man die Kundenbedürfnisse tatsächlich verstanden? Wurden wirklich die Prozesse mit dem größten Potenzial ausgewählt? Unternehmen müssen bereit sein, vermehrt mit Hypothesen zu arbeiten und darauf zu fokussieren, diese im Laufe des Projekts mit kontrollierten Experimenten und Tests zeitnah zu prüfen, neue Einsichten zu erlangen und ein Vorhaben entsprechend anzupassen. Wichtige Einsichten zu erhalten und ein tiefes Problemverständnis zu entwickeln, sollte Teil der Istanalyse sein, weil dies den Weg zum Sollzustand aufzeigt. Die Entwicklung von möglichen Lösungen gehört dann allerdings bereits zum Umsetzungsportfolio, um den definierten Sollzustand zu erreichen (siehe Kapitel 22.4).

Mithilfe der gesammelten Informationen wird das Projektteam nun befähigt, die zentralen Erkenntnisse zur Istsituation und den Potenzialen der ausgewählten Schwerpunktthemen abzuleiten.

Auf Basis dieser Erkenntnisse kann nun der Sollzustand definiert werden: Welches Erlebnis sollen unsere Kunden mit unseren Produkten haben? Welche Charakteristiken soll unsere Organisation in Zukunft aufweisen? Welchen Geschäftsnutzen wollen wir mit der Nutzung unserer Daten erzeugen? Der Sollzustand sollte zwar ambitioniert formuliert, aber mit realistischen Etappierungen ergänzt werden, um vor allem in der Anfangszeit schnell Erfolge feiern und Skeptiker überzeugen zu können. Weiter ist der gewünschte Sollzustand strikt lösungsneutral zu formulieren, um den nachfolgenden Ideenfindungsprozess nicht unnötig einzuengen.

Die Erfolg versprechenden Ausprägungen des Sollzustands sind stets unternehmens-, situations- und projektspezifisch zu definieren. Für die zwölf Handlungsfelder auf dem Weg zum digital transformierten Unternehmen sollen an dieser Stelle nur einige Empfehlungen für die minimalen Ausprägungen („Must-have") aufgezeigt werden.

Was die Strategie und Organisation betrifft („Direction"), ist es wichtig, dass zumindest ein Erfolg versprechendes Zielbild („digitale Vision") und strategische Leitplanken („What is in, what is out?") definiert sind. Nur so können alle Vorhaben, persönliche Zielsetzungen, Budgets etc. richtig abgeleitet, definiert und sachlich diskutiert werden. Bei der Entwicklung neuer Geschäftsmodelle sollte immer erst der Kundennutzen maximiert und erst im Anschluss das Ertragsmodell optimiert werden. Für den organisatorischen Wandel ist es zwingend erforderlich, dass das Management nicht nur unterstützend wirkt, sondern als Fahnenträger vorausgeht und den Wandel aktiv fördert. Für die Schaffung eines schlagkräftigen Kollaborationsnetzwerks ist es schließlich Voraussetzung, dass das Unternehmen selbst als Partner attraktiv ist und weiß, welchen Teil der Wertschöpfung es besser anderen überlässt.

In Bezug auf die Umsetzung der digitalen Strategie („Action") sollte zumindest die Bedeutung von ständiger Innovation als Differenzierungsmerkmal erkannt sowie ein Prozess zur systematischen Ideengenerierung etabliert sein. Bei der Gestaltung einer überzeugenden Kundenerlebniskette ist darauf zu achten, dass die unterschiedlichen Bedürfnisse und „Touchpoints" der Kundensegmente genügend betrachtet werden und Online- und Offline-Welt wie aus einem Guss erscheinen. Um dem steigenden Bedürfnis nach Sicherheit und Vertrauen Rechnung zu tragen, ist im Marketing besonders darauf zu achten, dass das Unternehmen als digitaler Player auch glaubwürdig am Markt positioniert wird. Was die Leistungserbringung betrifft, sollten ineffiziente Prozesse nicht einfach digitalisiert, sondern kunden- und wertschöpfungsorientiert neu gestaltet werden.

Um digitale Vorhaben erfolgreich umzusetzen, braucht es eine solide Grundlage („Foundation"). Diese Grundlage schafft die Voraussetzungen für das Business, wertschöpfende Digitalisierungsinitiativen kosteneffizient und zeitnah zu realisieren. Sowohl bei der Anpassung der „Enterprise Architecture" sowie zur Identifikation und Realisierung vielversprechender Innovationen für „Smart Connected Solutions" und „Data Analytics" ist eine enge Verzahnung mit der Unternehmensstrategie und den Geschäftszielen erforderlich. Dies stellt sicher, dass die technische Basis die für den Unternehmenserfolg relevanten Anwendungsfälle ideal unterstützt. Gerade im Bereich „Data Analytics" sind Unternehmen angesichts der Menge an interessanten aktuellen Machine-Learning- beziehungsweise AI-Möglichkeiten und der vorhandenen Datenfülle häufig versucht, ungeachtet des tatsächlichen Geschäftsnutzens Daten anzuhäufen und technische Grundlagen zu schaffen.

Die initiale Klärung der Frage, welche konkreten Unternehmensziele durch die Innovation verfolgt werden sollen, reduziert Projektrisiken und hilft dabei, von Anfang an auf die richtigen Technologien zu setzen.

Das Thema „Security" ist heute angesichts der zunehmenden Attacken, der Sensibilisierung der Kunden hinsichtlich Datenverwendung und der immer strengeren Bestimmungen zum Datenschutz ein absoluter Pflichtbereich geworden, dem jedoch häufig noch zu wenig Aufmerksamkeit geschenkt wird. Unternehmen tun gut daran, hier frühzeitig zu investieren und den Aspekt Sicherheit in sämtlichen Digitalisierungsvorhaben zu berücksichtigen – ohne die Innovationskraft der Organisation abzuklemmen. Hierfür braucht es oft ein Neudenken von Security als Ermöglicher statt Verhinderer.

■ 22.4 Schritt 4: Lösungsidee ausarbeiten

Zühlke hat zusammen mit Kunden sehr gute Erfahrungen gemacht, wenn als Dreh- und Angelpunkt der digitalen Strategie und Transformation ein innovations- geprägter Ansatz gewählt wird, um die Chancen der Digitalisierung zu nutzen.

Nach der Definition der strategischen Ziele, des Sollzustands und der Analyse des Istzustands wird hierbei aus Ideen und Potenzial (aus Sicht Customer Experience, Technologie- und Business-Innovation) ein schlagkräftiges Portfolio aus strategi- schen Initiativen/Projekten für gewinnbringende Investitionen entwickelt. Bei die- sem Ansatz ist das Umsetzungsportfolio die Triebkraft für eine kohärente digitale Strategie.

Um bei der Ausarbeitung von Lösungsideen zu vermeiden, dass unkonventionelle Ansätze nicht gleich totgeredet werden, sollten drei Dinge beachtet werden. Ers- tens ist die Anwendung bewährter Kreativtechniken sehr zu empfehlen. *Zühlke* benutzt beispielsweise sehr häufig das eigens entwickelte Stars-to-Road-Frame- work. Dabei handelt es sich um einen Methodenbaukasten für Innovationen, der Unternehmen dabei unterstützt, die richtigen Ideen zu finden und in kurzer Zeit umzusetzen. Zweitens sollte das Lösungsteam auch aus branchenfremden Mitglie- dern bestehen, die die historisch bedingten Komplexitäten des Geschäfts nicht kennen. Drittens sollte das Team unter Zeitdruck, aber ungestört und ohne Limita- tionen arbeiten können. Ein Kunde hat dies wie folgt ausgedrückt: „Es ist unglaub- lich, welch kreative Lösungen entstehen können, wenn ich das Team mit dem Fo- kus auf die Lösung eines spezifischen Kundenproblems für 24 Stunden in einen Raum sperre." Meistens entstehen durch diese Isolation vom Tagesgeschäft sehr viele Lösungsideen, die im Anschluss in Hinblick auf die Umsetzung bewertet und priorisiert werden müssen. Es sollten dabei diejenigen Ideen hoch priorisiert wer- den, die ein attraktives Verhältnis von Marktattraktivität („Lohnt sich das?") und Aufwand („Wie aufwendig wird das?") bieten.

Eine weitere Empfehlung lautet, die Lösungsansätze der Wettbewerber und die Unternehmen fremder Branchen zu studieren und daraus zu lernen. Nachfolgend sind exemplarisch fünf innovative Lösungsansätze von *Zühlke*-Kunden angeführt:

■ Der Hörgerätehersteller *Phonak* stand vor dem Problem, dass Kunden immer weniger bereit sind, hohe Kosten für Hörtests zu tragen und Wartezeiten beim Audiologen zu erdulden. Ein Lösungsansatz war die Entwicklung einer innovati- ven App, mit der die Kunden auch ohne IT-Verständnis die Hörtests selbständig vornehmen können.

■ Die globalen Unternehmenskunden der *Zurich*-Versicherung wollen keine Ord- ner wälzen, sondern eine einfache Sicht auf ihren Versicherungsschutz und ei- nen Zugang zum Risikomanagement-Know-how des Versicherers haben. Als

Lösung wurde das Online-Portal *My Zurich* entwickelt, das Kunden ein völlig neues Produkterlebnis mit Mehrwertdiensten bietet und damit die Kundenbindung erhöht.

- Die Servicepartner von *dormakaba*, einer führenden Anbieterin von Sicherheits- und Zutrittslösungen, wollen Zutrittssysteme online planen, verkaufen, installieren und warten. Deren Kunden wiederum möchten das System selbständig betreiben und überwachen, indem sie beispielsweise Zutrittsrechte dynamisch vergeben können. Zu diesem Zweck entwickelte das Unternehmen eine „Internet of Things"-Anwendung, welche die physischen Produkte über einen Cloud-Service für Hersteller, Servicepartner und Endkunden verbindet. Das Resultat ist eine neue Business-Plattform, mit der sich *dormakaba* vom Produkthersteller weiter zum digitalen Service-Provider entwickelt.

- Das Service- und Wartungsunternehmen *Rema Tip Top* muss sicherstellen, dass die komplexen industriellen Anlagen der Kunden stets zuverlässig laufen. Auf Basis optimierter Prozesse wurde hierzu eine Tablet-Lösung mit Cloud-basierter Vernetzung für die Servicetechniker eingeführt. Im Ergebnis konnte eine signifikante Reduktion von Stillständen erreicht und die Serviceeffizienz sowie die Datenqualität erhöht werden.

- Die Kunden des Pumpenanlagenherstellers *KSB* erwarten, dass die Anlagen stets energie- und kosteneffizient laufen. Als Lösung wurde mit dem *KSB* Sonolyzer® eine App für Smartphones entwickelt, mit der die Betriebsgeräusche der Anlagen aufgenommen und datentechnisch analysiert werden können. Die Kunden können die Betriebseffizienz ihrer Anlagen somit ohne teure Zusatzhardware eigenständig prüfen.

Identifizierte Ideen werden im weiteren Prozess konkretisiert und verfeinert. Hierzu kann etwa ein Business Model Canvas ausgefüllt werden, mit welchem die wichtigsten Fragen einer Idee initial beantwortet werden („Was ist unser Nutzenversprechen?", „Wie interagieren wir mit unseren Kunden?", „Welche Ressourcen brauchen wir?" etc.). Weiter kann ein Business Case gerechnet werden, der die Nutzeneffekte den Kosteneffekten gegenüberstellt und einen Hinweis liefert, ob sich die Idee tatsächlich lohnt. Zudem bietet sich die Erarbeitung von einfachen Prototypen an, mit welchen bereits erste Kundenfeedbacks eingeholt werden können (etwa klickbare „Mock-ups" von Apps, welche die Funktionen des Endprodukts bereits erlebbar machen).

Sind die Ideen genügend konkretisiert, werden die vielversprechendsten in eine Umsetzungsroadmap eingearbeitet. Diese Roadmap sorgt dafür, dass die Erreichung des Sollzustands konsequent verfolgt werden kann. Sie berücksichtigt dabei Abhängigkeiten zwischen den einzelnen Ideen und bietet genügend Flexibilität, um auf zukünftige Erkenntnisse reagieren zu können.

Die Roadmap bildet zusammen mit den konkretisierten Ideen, den entsprechenden Business Cases, Prototypen und Kundenfeedbacks sowie einer Empfehlung zum weiteren Vorgehen eine Entscheidungsbasis für das Führungsteam des Unternehmens. Das Umsetzungsportfolio stellt die Investitionen in die digitale Transformation und Zukunft der Firma dar. Die Organisation wird dadurch befähigt, die digitale Strategie und Transformation mittels einer transparenten Grundlage zu bestimmen und zu steuern.

Neben der Ausgestaltung und Konkretisierung einzelner Ideen ist zudem zu prüfen, welche strategischen Maßnahmen erforderlich sind, um die Ausarbeitung und Realisierung des Innovationsportfolios erfolgreich und nachhaltig zu gestalten. So ist etwa zu prüfen, ob gewisse Innovationen oder erforderliche Fähigkeiten mittels Zukaufs geeigneter Unternehmen beschafft werden können, anstatt sie selbst zu realisieren beziehungsweise aufzubauen. Unternehmen müssen zudem klären, ob die angestammten Geschäftsfelder auch zukünftig Erfolg versprechend beziehungsweise ausreichend sind oder ob sich unter Berücksichtigung der Marktrealitäten, Kundenerwartungen, technologischen Möglichkeiten sowie der eigenen Kernkompetenzen nicht vielversprechende neue Geschäftsfelder anbieten. Gleiches gilt auch für die regionale Ausrichtung der Unternehmenstätigkeit sowie die Frage, ob allenthalben eine Ausdehnung beziehungsweise Konzentration innerhalb der Wertschöpfungskette strategischen Wert bietet.

Die Prüfung dieser Maßnahmen unterstützt ein ganzheitliches, strategisch relevantes Portfoliomanagement. Es hilft Unternehmen dabei, das „Big Picture" der Innovationstätigkeit nicht aus den Augen zu verlieren, und stellt das Alignment der Einzelinitiativen sicher.

■ 22.5 Schritt 5: Lösung agil umsetzen

Es ist wichtig zu verstehen, dass auch die vielversprechendste Idee bis zum Zeitpunkt der Umsetzung lediglich auf einer Ansammlung von Hypothesen beruht: Wir nehmen an, dass wir die wesentlichen Kundenbedürfnisse kennen. Wir nehmen an, dass unsere Lösung diese Bedürfnisse tatsächlich befriedigt. Und wir nehmen an, dass sich das ganze Vorhaben auch finanziell lohnt. Diese Unsicherheiten können hohe Kosten verursachen, wenn sie nicht frühzeitig geklärt werden – ein Unternehmen kann dabei Millionen in eine Produktidee investieren, nur um dann nach monatelanger Entwicklung schlussendlich am mangelnden Marktinteresse zu scheitern. Entsprechend ist es notwendig, diese Hypothesen so rasch und so effizient wie möglich zu klären.

Zühlke verwendet in den Innovationsprojekten daher häufig Vorgehensweisen, die auf dem „Lean Start-up"-Konzept aufbauen, um rasch Resultate zu erzielen und die Validierung der Ideen agil und kosteneffizient voranzutreiben. Bei diesem Vorgehen wird ein iterativer, dreistufiger Prozess verwendet:

1. Was soll gelernt werden?

Zuerst wird definiert, welche Hypothesen initial geprüft werden sollen. Zentral ist, jeweils die wichtigste und kritischste Annahme auszuwählen. Bei neuen, innovativen Produkten bezieht sich diese oft auf die Frage, ob das angenommene Kundenbedürfnis tatsächlich existiert und relevant ist – oder ob das Produkt überhaupt in der Lage ist, das Kundenbedürfnis zu befriedigen. Mit dem Fokus auf die heikelsten Annahmen wird verhindert, dass unnötig Ressourcen in eine chancenlose Idee gesteckt werden.

2. Was muss für die Hypothesenprüfung gemessen werden?

Anschließend wird bestimmt, wie die Hypothese überprüft werden kann, beziehungsweise was genau gemessen und analysiert werden muss, um die Richtigkeit der Hypothese mit guter Zuverlässigkeit einschätzen zu können. Beispielsweise können dies die Anzahl Webseitenaufrufe, Anzahl Registrierungen oder Käufe, Weiterempfehlungswerte oder qualitative Aussagen zum Kundenerlebnis sein, welche mittels Beobachtungen, Befragungen oder der Analyse von Daten erhoben werden.

3. Was muss für die Messung gebaut werden?

Nun kann bestimmt werden, welche Elemente des Produkts gebaut werden müssen, um die Hypothese zu prüfen. Zentral dabei ist, dass nicht mehr gebaut wird, als tatsächlich für die Validierung nötig ist. Es handelt sich bei dieser ersten Produktversion um ein MRP, ein „Minimum Remarkable Product", welches zwar bereits Nutzen stiftet und das Produkt für den Kunden erlebbar macht, aber noch nicht fertig ist.

Dieses MRP wird nun den Kunden zur Verfügung gestellt. Dabei wird beobachtet und erfragt, wie sie auf das Angebot reagieren, was gut ist, was Verbesserungspotenzial aufweist – alles, was zur Validierung der ausgewählten Hypothese erforderlich ist. Sind genügend Informationen vorhanden, können daraus Erkenntnisse hinsichtlich der getroffenen Annahmen abgeleitet und kann anschließend bestimmt werden, wie mit dem Produkt weiter zu verfahren ist. Haben wir die Kundenbedürfnisse tatsächlich richtig eingeschätzt? Was müssen wir gemäß den Erkenntnissen anpassen, um das Produkt noch besser zu machen? Oder zeigt sich, dass die Idee keinen Erfolg bringt? Auf Basis dieser Überlegungen kann nun entschieden werden, wie das Produkt weiterentwickelt werden kann – oder ob ein Abbruch der Initiative angezeigt ist. Anschließend wird die nächste Iteration mit einer weiterentwickelten Version des MRP gestartet, in welcher die nächste Hypothese geprüft wird.

Als Beispiel sei hier der amerikanische Online-Schuhverkäufer *Zappos* erwähnt. Dessen Gründer, Nick Swinmurn, war überzeugt davon, dass Menschen Schuhe präferiert online beziehen wollen. Im Bewusstsein, dass dies lediglich eine unbestätigte Hypothese ist, hat sich Swinmurn dazu entschieden, diese Annahme erst mit einem MRP zu validieren. Anstatt also gleich von Beginn an in eine umfassende Logistik, ein großes Warenlager, Mitarbeiter und einen professionellen Online-Shop zu investieren, hat er eine simple Website erstellt, im nächsten Schuhladen einige Fotos von Schuhen aufgenommen und diese dann online platziert und angeboten. Wenn Schuhe dann bestellt wurden, ging er wieder ins Geschäft, kaufte die Schuhe und schickte sie dem Kunden. Dieses Vorgehen war vollkommen ineffizient und konnte niemals ein skaliertes, erfolgreiches Geschäftsmodell werden. Darum ging es aber nicht. Ziel war vielmehr, herauszufinden, ob Kunden Schuhe in relevantem Umfang online kaufen wollen – was tatsächlich der Fall war. Und mit dieser bestätigten Annahme konnte Swinmurn das Geschäft weiter ausbauen und iterativ weitere Hypothesentests durchführen. Das Unternehmen wurde 2009, zehn Jahre nach seiner Gründung, für 1,2 Milliarden US-Dollar an *Amazon* verkauft.

Durch den iterativen Prozess des Bauens, Lernens und Messens wird der Ressourceneinsatz optimiert und die Wahrscheinlichkeit massiv erhöht, dass das Produkt echten Wert für Kunden und das Unternehmen stiftet. Und sollte die Idee chancenlos sein, wird dies mit dem gewählten Prozess frühzeitig in Erfahrung gebracht – bevor über die Farben der Bedienknöpfe gestritten wird. Das Vorgehen erlaubt Unternehmen auch, radikale neue Geschäftsmodelle effizient und leichtgewichtig zu erproben, ohne dass bestehende Absatzquellen in bedeutender Weise vernachlässigt oder kannibalisiert werden könnten.

Anzumerken ist, dass der iterative Prozess der Hypothesenprüfung nicht nur für neue Produkte, sondern auch für interne Innovationen funktioniert, wie etwa für neue Prozesse und organisatorischen Wandel.

Hat sich eine Idee über mehrere Iterationen erfolgreich entwickelt, muss zu einem geeigneten Zeitpunkt die Skalierung erfolgen – etwa indem ein Produkt großflächig auf dem Markt angeboten wird oder ein neuer Prozess über die ganze Unternehmung ausgerollt wird. Dies stellt oft eine große Herausforderung dar – der Ressourcenbedarf steigt deutlich an, Prozesse müssen angepasst werden, und bisher nicht involvierte Organisationsbereiche und Personen sind neu tangiert und müssen entscheidende Rollen übernehmen. Die Gefahr, dass eine Innovation dabei an internen Widerständen oder mangelnder Erfahrung scheitert, ist nicht zu unterschätzen. Um dies zu verhindern, muss die Skalierung frühzeitig geplant, vorbereitet und eingeleitet werden.

Bereits während sich die Idee in den anfänglichen Iterationen befindet, müssen die internen Stakeholder regelmäßig integriert und abgeholt werden. Wird etwa ein innovativer Prozess der Schadenabwicklung einer Versicherung durch ein organisationsexternes Team entwickelt und erprobt, ist es zentral, die „Owner" der bestehenden Abläufe zu involvieren. Indem sie angehört werden und die Möglichkeit haben, ihre Erfahrungen einzubringen, werden sie Teil und Fürsprecher der Innovation. Damit kann verhindert werden, dass sich Widerstände gegen den neuen Prozess entwickeln, welche eine zukünftige Skalierung gefährden können.

Gerade bei internen Innovationen, die Prozesse modernisieren oder organisatorische Veränderungen bewirken, eignen sich „Leuchtturmprojekte", um eine erfolgreiche Skalierung vorzubereiten. In diesen Projekten werden die Neuerungen im kleinen Rahmen iterativ getestet und optimiert. Dabei wird darauf geachtet, dass die geplanten Veränderungen für die zukünftig betroffenen Bereiche und Mitarbeiter frühzeitig erlebbar werden – etwa durch regelmäßige Kommunikation der Veränderungen und Projekterfolge oder indem ausgewählte Mitarbeiter an Meetings des Projektteams teilnehmen und neue Prozesse „hands-on" erleben können. Idealerweise können sich diese Mitarbeiter auch einbringen, um den Wandel zu beeinflussen. Durch das frühzeitige Erleben und die Möglichkeit der Einflussnahme entsteht im Unternehmen statt potenzieller Ablehnung im Idealfall ein Bedürfnis nach dieser Veränderung, was die Skalierung deutlich vereinfacht.

Auch bei Innovationen mit externem Fokus, etwa neuartigen Produkten und Dienstleistungen, sind Unternehmen teilweise nicht ideal darauf vorbereitet, diese erfolgreich zu skalieren. Die größte Herausforderung für Innovationen liegt in der Marktakzeptanz – also bei den Kunden. Verstehen diese den Nutzen der Innovation, ist das Angebot genügend attraktiv für sie und lohnt sich die Anpassung des eigenen Verhaltens, um die Innovation wirklich gewinnbringend einzusetzen? Auch interne Widerstände und mangelnde organisatorische Fähigkeiten können die Ursache für ungenügende Skalierung sein – zum Beispiel Prozesse und Organisationsbereiche, die nicht auf die Innovationen ausgerichtet sind. Auch hier gilt, die relevanten Stakeholder früh genug mit einzubeziehen und zu Befürwortern der Idee zu machen. Einkauf, Produktion, Vertrieb und Marketing müssen die neue Idee verstehen und sich mit ihrem Wissen einbringen können. Zudem muss das Projektteam gemeinsam mit den Stakeholdern und ihren Abteilungen erörtern, ob die Organisation und die Prozesse in der Lage sind, die Skalierung der Innovation ideal zu unterstützen. Wo nötig, müssen entsprechende Anpassungen vorgenommen werden.

Auch die Skalierung selbst ist ein iterativer Prozess, bei welchem schrittweise analysiert werden muss, ob die getroffenen Maßnahmen funktionieren oder ob Anpassungen in den Abläufen, Verantwortlichkeiten und Rollen vorgenommen werden müssen oder interne Vorbehalte abzubauen sind.

Im Hinblick auf die erfolgreiche Skalierung soll auch die Bedeutung des Wertschöpfungsnetzwerks hervorgehoben werden. Für die Kunden ist die überzeugende Lösung des Problems entscheidend – und nicht die Art, wie diese Lösung erbracht wird. Für bestehende Bereiche, Prozesse oder Systeme, welche hinderlich für die geplanten Digitalisierungsvorhaben sind oder bei welchen zu wenig Know-how besteht, gilt es zu prüfen, diese an Partner zu übertragen. Die Zusammenarbeit mit Partnern kann sehr unterschiedlich gestaltet werden. Beispiele sind das Outsourcing der Legacy-Systeme an einen IT-Dienstleister, eine Partnerschaft mit namhaften Technologieunternehmen oder die Beteiligung an einem Start-up. Das Ziel der Verlagerung ist unter anderem, die „Beschäftigung mit sich selbst" zu reduzieren und Freiraum für die „Arbeit am System" zu gewinnen. Ebenso sollte eine enge Zusammenarbeit mit den branchaninternen Konkurrenten geprüft werden. Im Kollektiv kann eine deutlich höhere Skalierung bewirkt werden, die gegen die neue, branchenfremde und global agierende Konkurrenz eventuell entscheidend ist.

 Erfolgsfaktoren

Die vorgestellten fünf Schritte haben sich bei der Konzeption und Umsetzung von Digitalisierungsprojekten bewährt. Etablierte Unternehmen können ihr Potenzial der digitalen Transformation maximal ausschöpfen, wenn sie vor allem verstehen, dass

- die wesentlichen Hürden hausgemacht sind und von den Unternehmen selbst überwunden werden können,

- einzelne Innovationsinitiativen stets aus der Unternehmensstrategie abgeleitet und durch strategische Maßnahmen flankiert werden sollten,

- es entscheidend ist, schnell in den Umsetzungsmodus zu wechseln und Ideen iterativ am Markt und im Unternehmen zu erproben,

- die Skalierung innovativer Ideen frühzeitig vorzubereiten ist und die Stakeholder und betroffenen Bereiche mit einbezogen werden müssen.

23 *Swisscom* Enterprise: Agiles Business Development

Alexandra Collm

Die Digitalisierung stellt viele Geschäftsmodelle und etablierte Informations- und Kommunikationstechnologielösungen infrage, ohne eine konkrete, sondern viele unpräzise Antworten anzubieten. Die Zukunft liegt in offenen Technologieplattformen und Ökosystemen. Nur so gelingt es, mit Partnern gegensätzliche Kundenerwartungen nach hoher Qualität und niedrigem Preis zu adressieren und neuen Mitbewerbern die Stirn zu bieten. Für das Business Development sind diese Entwicklungen besonders herausfordernd. Nicht länger führen starre, lineare Prozesse zum Ziel, sondern die Bereitschaft, immer wieder Neues auszuprobieren, Bestehendes neu zu verknüpfen und es mit dem Kunden laufend kritisch zu hinterfragen. Das Silicon Valley praktiziert es schon lange: Trial and Error. Ein Vorgehen, mit dem sich die deutschsprachigen Kulturen besonders schwertun.

■ 23.1 Telcos: Treiber und Getriebene der Digitalisierung

Telekommunikationsunternehmen sind bei der Digitalisierung des Großkundengeschäfts in zweierlei Hinsicht gefordert: Sie sind Treiber und Getriebene zugleich. Nach außen sind sie mit ihrer modernen Netzinfrastruktur als Asset der Treiber der Digitalisierung der Wirtschaft. Das bedeutet für sie zusätzliche Chancen und Umsatzmöglichkeiten durch neue digitale Lösungen und Geschäftsmodelle.

Gleichzeitig war die Branche früh selbst mit der Digitalisierung konfrontiert. Ehemalige margenträchtige Kernprodukte und Alleinstellungsmerkmale wie etwa die Sprachtelefonie sind zu beliebig austauschbaren Commodity-Produkten geworden. Die Telekommunikationsunternehmen müssen es schaffen, mit neuen, höherwertigen Services austauschbare Basisdienstleistungen zu kompensieren.

Neben den Veränderungen im Kerngeschäft verwischen die Marktgrenzen zwischen IT-, Medien- und Telekommunikationsunternehmen. Nie war es für internationale Anbieter einfacher, in bestehende Märkte einzudringen. Nie war der Zugang ins Netz und Rechenleistung günstiger. Durch ganzheitliche Services versuchen neue Anbieter über Applikationen hinaus, passende Systeme und Schnittstellen anzubieten (Lock-in-Effekt). Es droht der Verlust des direkten Kundenkontakts durch gebündelte Angebote und Zusatzservices.

Schließlich ist die Dynamik der Digitalisierung in politischen und gesellschaftlichen Rahmenbedingungen nicht zu vernachlässigen. Die aktuellen Gesetze bilden die herrschende technologische Realität meist nur unscharf ab. Business-relevante Fragen für die Digitalwirtschaft bleiben in vielen Fällen im Gesetz oft diffus: Wie ist der zeitgemäße Umgang mit Daten? Wer darf welche Daten wie nutzen? Die Vernetzung und das Internet of Things sind Tatsachen, und jedes weitere Gerät im Netz erzeugt wiederum Daten.

Die Telekommunikationsunternehmen als Besitzer der letzten Meile zum Kunden können sich selbst als „Spinne im Netz" neben zentralen Plattformen eigene Ökosysteme aufbauen. Oder sie landen als „Fliege im Netz" von *Google* und Co. und werden zum untergeordneten Dienstleister. Mit der Veränderung des geschäftlichen Umfelds müssen sich Telekommunikationsunternehmen besonders nach innen neu aufstellen. Mit dem Wegbrechen bestehender Produktumsätze kommt dem Business Development eine tragende Rolle zu. Es muss neue Geschäftsfelder und Lösungen identifizieren, um die wegfallenden Umsätze zu kompensieren – und das schnell.

 Agilität verdrängt die langfristige Planung!

Die klassische Masterplanung hat ausgedient. Bis zu Beginn der Jahrtausendwende erschlossen Unternehmen neue Geschäftsfelder und Lösungen mittels zeitintensiver Prozesse, von der Initiierung über das Wachstum bis hin zur Stabilisierung. Interne Entwicklungsbereiche mit linearen Stage-Gate-Innovationsprozessen stellten dafür einen Pool neuer Ideen sicher. Auf der Basis starrer Kriterien wurden sie, wenn sie die Entscheidungstore erfolgreich passierten, in möglichst umsatz- und gewinnträchtige Geschäftsfelder weiterentwickelt (Cooper 2002).

Mit dem Rückgang des Kerngeschäfts, dem Markteintritt neuer Wettbewerber sowie veränderten Rahmenbedingungen ist diese Ausgestaltung des Business Development überholt. Zeitgemäß ist es, den zu erbringenden Kundennutzen, die sogenannte Value Proposition, stärker in den Mittelpunkt zu rücken. Dafür bedarf es gleichzeitig einer erhöhten Kundeninteraktion, rascherer Entscheidungen und schnellerer Time-to-Market bei geringstmöglichen Investitionskosten (Halecker, Hölzle, Sittner 2014; Büst, Hille, Schestakow 2015). Das Business Development muss diese Strukturen schaffen.

Folgende Handlungsfelder stehen dabei im Vordergrund:

- Agilität und Geschwindigkeit: neue Wege zur Ideenfindung, für schnelles Prototyping und Realisierung, innerhalb und außerhalb des Unternehmens.
- Fähigkeiten und Ressourcen (Capabilities): systematisches Katalogisieren existierender Technologien, Plattformen, Wissen, Erfahrungen und Partnerschaften sowie neuer notwendiger Fähigkeiten, um Synergien zu nutzen.
- Ökosysteme: Aufbau und Pflege von dynamischen Wertschöpfungsnetzwerken mit der Förderung von Intrapreneuren, der Etablierung von Allianzen und der Kooperation mit Start-ups.
- Entscheidungsprozesse: Lösungen, die durch Kundeninteraktion entstehen, am Markt rasch testen, weiterentwickeln oder ungenügende Lösungen früh genug stoppen.

■ 23.2 Agiles Business Development

Die Antwort auf die beschriebenen Herausforderungen ist ein agiler Business-Development-Ansatz. In Projekten werden Modelle aus der Geschäftsfeldentwicklung und agile Prinzipien aus der Softwareentwicklung kombiniert. Dabei geht es um einen evolutionären, schnellen und interaktiven Prozess, der Produkte und Lösungen von hoher Qualität zu geringen Kosten ermöglicht. Der Ansatz stellt die Kundenbedürfnisse in drei Phasen (Erkunden und Definieren, Pilotieren und Ausweiten) ins Zentrum (Bild 23.1).

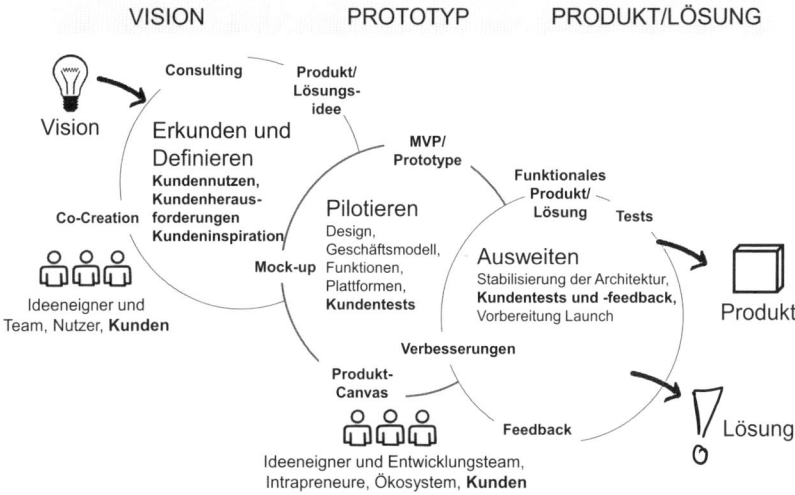

Bild 23.1 Agiler Business-Development-Ansatz bei *Swisscom*

Das Business Development als Ideeneigner identifiziert in der ersten Phase potenzielle Kunden, die vor einer bestimmten Herausforderung stehen. Ausgehend von einer groben Vision für das Kundenbedürfnis wird gemeinsam mit dem Kunden der angestrebte Kundennutzen im gemeinsamen Austausch und in Co-Creation-Workshops identifiziert. Als Ausgangspunkt dienen die Unternehmensbereiche, die durch die Digitalisierung am meisten beeinflusst und gefordert sind: Geschäftsmodell, Geschäftsprozesse, bestehende Arbeitswelten sowie das Kundenerlebnis (Bild 23.2).

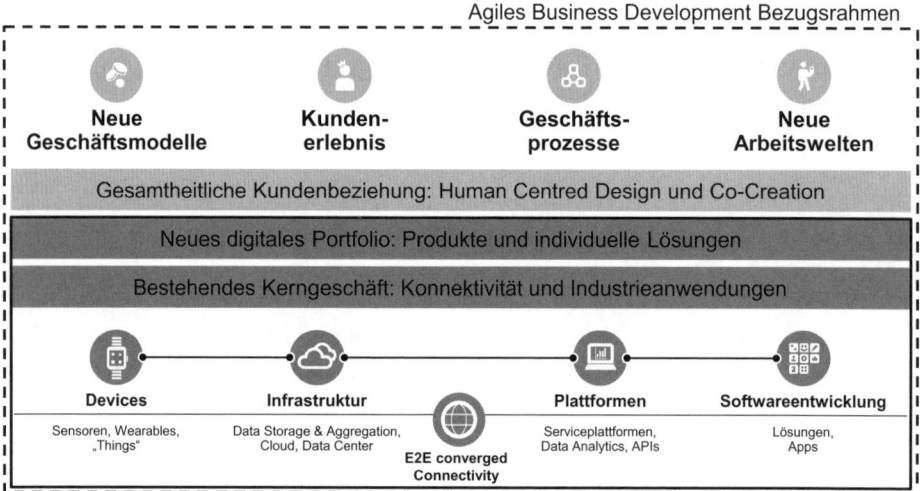

Bild 23.2 Bezugsrahmen des agilen Business Development

Die gemeinsame Ideenentwicklung ist ein offener Innovationsprozess, der Ideen für Lösungsentwicklungen aus verschiedensten Quellen integriert. Aus dem Abgleich der Herausforderungen und Ideen resultieren erste Lösungen für den angestrebten Kundennutzen. *Swisscom* entwickelt dann für die ersten Lösungen einfache Prototypen und testet sie mit dem Kunden respektive mit dessen Endkunden.

Auch in der zweiten Phase steht der Kundennutzen im Zentrum, um Lösungen weiterzuentwickeln und ein Angebot für den Proof of Concept (PoC) zu erstellen. In der PoC-Phase werden mehrere gleiche Pilotvorhaben umgesetzt. Als Erstes gilt es, Capability-Lücken zu schließen und die notwendigen Ressourcen insbesondere für das Projektmanagement bereitzustellen (Bild 23.3).

Erkunden und Definieren	Pilotieren	Ausweiten
> Pre-Sales, Gespräche mit potenziellen Kunden > Bedürfnisse mit Kunden in Co-Creation-Workshop erheben > Voraussetzungen bestimmen/technische Anforderungen konkretisieren > Pilotkunden gewinnen > Unverbindliches Angebot stellen > Managementunterstützung > Freigabe Umsetzung Proof of Concept	> Umsetzung von bis zu vier Pilotvorhaben mit Kunden planen und durchführen > Umsetzungsprozess abbilden > Geschäftsmodell und Nutzen aufzeigen > Capability-Lücken hinsichtlich vorhandener Plattformen schließen > Notwendige Ressourcen bereitstellen (u. a. Projekt-management) > Go-to-Market planen > Roadmap konkretisieren und validieren	> Plattformen projektfähig/massentauglich ausbauen > Kundentests/-feedback > Kommunikations- und Verkaufskanäle etablieren > Marketing und Kommunikation > Sales ausbilden und Project Funnel verankern > Weitere strukturgleiche Piloten identifizieren und umsetzen > Skalierung genutzter Plattformen und Technologien

Bild 23.3 Aktivitäten des agilen Business Development

Falls bestimmte Fähigkeiten (Capabilities) nicht kurzfristig oder kosteneffizient verfügbar sind, bezieht *Swisscom* Partner aus dem Ökosystem ein. Dabei greift sie auch auf eine Plattform von Intrapreneuren aus der eigenen Organisation zurück. Wenn die Planung für das Go-to-Market und die Produkt-Roadmap beginnt, haben die Prototypen und PoCs bereits mehrere Entwicklungs- und Entscheidungsiterationen hinter sich. Im Gegensatz zu den klassischen Methoden wird erst jetzt der Umsetzungsprozess für eine spätere Ausweitung und Qualitätssicherung begonnen. Man entwickelt ein minimal lebensfähiges Produkt, bevor man sich mit den übergeordneten Prozessen auseinandersetzt.

In der dritten Phase entwickelt *Swisscom* die eingebundenen Plattformen so weit, dass sie projektfähig oder sogar massentauglich ausgebaut sind. Sowohl Marketing, Kommunikation als auch Sales-Bereiche sind dann professionell einzubinden, um die weitere Skalierung und den Auftragseingang zu stabilisieren und weiter auszubauen. Damit Swisscom weitere Synergien und Skaleneffekte nutzen kann, versucht sie, strukturgleiche Piloten aufzubauen, die auf denselben Plattformen und Technologien aufsetzen.

Erfolgsfaktoren

Erfolgreiche Telekommunikationsanbieter sind längst zu integrierten ICT-An-bietern geworden. Ihr größtes Asset sind ihre Netze, die Nervenadern der digitalisierten Wirtschaft. Sie sind die Basis für höherwertige Services, neue Geschäftsfelder und einen größeren Kundenmehrwert. Hier liegt die Auf-gabe des Business Development: Im Spannungsfeld zwischen Preiserosion, konträren Kundenerwartungen, Ansprüchen an die Qualität und Schnellig-keit identifiziert es neue Chancen und bringt sie auf den Boden.

▪ Fokus setzen

Trotz vielfältiger Kundenbedürfnisse sind zu viele Projekte zu vermeiden, um mit der Komplexität, der Akteursvielfalt und begrenzten Ressourcen umzugehen.

▪ Entscheidungen treffen

Eine zu langsame Entscheidung für beziehungsweise gegen die Auswei-tung eines PoCs kostet im besten Fall Ressourcen, im schlimmsten Fall den Unternehmenserfolg.

▪ Externe Ideen integrieren

Verschiedene Methoden zur Ideenfindung ideal ergänzen; Kooperationen, Beteiligungen und Förderungen von Start-up-Firmen sind wichtiger Teil des Wertschöpfungsnetzwerks.

▪ Eigene Kompetenzen von Intrapreneuren nutzen

Intrapreneure verstehen „digital" als Basis. Sie entwickeln neue Angebote, testen diese am Markt und lassen sie sterben, wenn sie nicht erfolgreich sind (Veuve 2015).

24 *Illwerke:* E-Mobilitäts-geschäftsmodelle umsetzen

Michael Hirschbichler

Wenige Themen der letzten Jahre haben so emotionale Diskussionen hervorgerufen wie die Zukunft der individuellen Mobilität. Seien es der anstehende Klimawandel, die (Pariser) Klimaziele, der Dieselskandal oder die neuesten Tweets von Elon Musk als *Teslas* CEO. Zur Erfüllung der Klimaziele ist die Reduktion der CO_2-Emissionen speziell im Verkehr ein absolutes Muss. Neben der Reduktion des Individualverkehrs ist der Wandel der Antriebsform vom Verbrennungsmotor hin zum deutlich effizienteren Elektromotor ein wesentlicher Faktor. Die Frage ist nun: Wie kann man auch bei einer derzeit geringen Neuanmeldungsquote von Elektroautos Ladeinfrastruktur wirtschaftlich und mit Zukunftspotenzial betreiben?

Als starker, regional verankerter Energieversorger spielt die *Vorarlberger Kraftwerke AG (VKW)* in der Lösung dieses Henne-Ei-Problems der Mobilitätswende eine sehr aktive und international angesehene Rolle. Schon frühzeitig hat die *VKW* die Elektromobilität als eines ihrer zukünftigen Kerngeschäfte definiert und die Marktpositionierung mit Nachdruck verfolgt. Der Schwerpunkt sind die Errichtung und der Betrieb von Ladeinfrastruktur in zwei Sektoren: zum einen als Betreiber von Schnellladeinfrastruktur an Verkehrsknotenpunkten und im hochrangigen Verkehrsnetz und zum anderen durch Contracting halböffentlicher Ladestationen an lokale Standortpartner. Das Contracting von halböffentlichen Ladestationen unter dem Brand *VKW VLOTTE* Meet&Charge ist nicht mehr nur auf das ursprüngliche Versorgungsgebiet der *VKW* (Vorarlberg und Teile des Allgäus) limitiert, sondern erstreckt sich durch einen Strategiewechsel seit Mitte 2017 auf ganz Österreich und den süddeutschen Raum. Die Lösung von *VLOTTE* zeichnet sich im Vergleich zu Mitbewerbern durch die Übernahme der laufenden Kosten (Energiekosten und Betriebskosten) aus. Die Verrechnung des Contractings an den Standortpartner erfolgt über einen monatlichen, im Vorfeld festgelegten Fixbetrag. Die Verrechnung der eigentlichen Nutzung der Ladestation wird entweder direkt mit dem Ladekunden oder mit dessen Ladedienstleister (E-Mobility Provider, EMP) durchgeführt. Durch diese kalkulierbaren Fixkosten kann ein auch dem Thema gegenüber konservativer Partner angesprochen werden.

Die hohe Entwicklungsgeschwindigkeit der Ladestationen befeuert die Geschäftsmodellentwicklung: Wurden vor zwei Jahren noch Wallboxen als reine Steckdosen für Elektroautos vertrieben, wird nun ein hoher Anteil an integrierbaren Stationen angefragt. Die einfache Verkaufsbox bietet 2018 bereits eine LAN-Schnittstelle zur Integration in ein lokales Energiemanagement, und mit der kommenden Gerätegeneration werden Ladestationen mit eingebauten SIM-Karten betrieben und an ein Cloud-basiertes Managementsystem angebunden. Dies eröffnet eine Fülle von Mehrwertdiensten. Beispielsweise können Product-as-a-Service-Lösungen, Overthe-air-Updates, Predictive Maintenance und servergesteuertes Lastmanagement ermöglicht werden. Speziell dem zentralen Lastmanagement wird eine wesentliche Rolle zugedacht: Einerseits können Energieversorgungsunternehmen (EVU) die Ladeleistung abhängig vom Energiegroßhandelspreis regeln (und zukünftig auch einspeisen) und somit eine dezentrale Virtual Power Plant errichten, und andererseits ermöglicht die Anbindung dem Netzbetreiber, bei Höchstlastsituationen im Ortsnetz regelnd einzugreifen und die Netzausbaukosten gering zu halten. Die Rolle des OEMs in diesem neuen Spielfeld ist noch unklar – der Wegfall des etablierten Aftermarkets und die Möglichkeit, über die Telemetrie auf das Fahrzeug-Ladeverhalten zuzugreifen, eröffnet auch dem OEM, im lukrativen Regelenergiemarkt teilzunehmen.

■ 24.1 Digitalisierung als Grundlage der Geschäftsentwicklung

Die Umsetzung dieser neuen, digitalisierten Geschäftsmodelle setzt offene und belastbare Standards voraus. So kämpfte die *VKW* als Early Adopter in den Anfangsjahren mit fehlenden Standards bei den Steckern, bei den Authentifizierungsmechanismen und den Datenprotokollen. Dies führte zu potenziellen „stranded costs" in der Ladeinfrastruktur, die in den Folgejahren nur mit Mühe und Geschick zu modernen Standorten umgerüstet werden konnte.

Mittlerweile hat eine Marktkonsolidierung stattgefunden, und Normen beziehungsweise De-facto-Normen wurden am Markt etabliert.

Einheitlicher Stecker

Die Errichtung von Wechselstrom(AC)-Ladestationen mit einer Vielfalt an Steckertypen wurde mit der Etablierung des Steckersystems nach ISO 62196 (Mennekes Typ 2) als europäischer Standard bereinigt. Bei Gleichstrom(DC)-Stationen sind derzeit noch zwei Standards üblich: der ursprünglich in Japan etablierte CHAdeMO- und der neuere CCS-Standard mit stark europäischem Hintergrund. In der

Praxis werden derzeit Standorte immer mit CHAdeMO und CCS gleichzeitig ausgestattet.

Mit der EU-Norm EU/2014/94 und den jeweiligen nationalen Umsetzungen sind die Betreiber nun auch gesetzlich dazu verpflichtet, an neu gebauten öffentlichen Stationen zumindest Typ 2 (bei AC-) oder CCS (bei DC-Standorten) zu errichten.

Echtzeitkommunikation

Die beschriebenen Stecker bieten neben der eigentlichen Energieübertragung auch zwei zusätzliche Pins zur Datenübertragung. In der derzeitigen Ausprägung kommunizieren diese Pins mittels eines einfachen PWM-Signals die (derzeit) maximal mögliche Ladeleistung am Standort. Der sich etablierende Standard ISO 15118 erweitert diese Kommunikation um Powerline Communication und bietet somit eine vollständige IP-basierte Datenschnittstelle, welche zukünftige Applikationen und Vehicle-to-Grid-Möglichkeiten erst machbar macht. Zutrittsmedien wie RFID-Cards oder Mobile-Apps, und zukünftig Plug and Charge mittels ISO 15118 entfernten den Innovationshemmschuh der bisherigen *VKW*-Schlüssellösung.

Diese Authentifizierungsarten ermöglichen neue Tarifmöglichkeiten von Flatrate bis hin zu Pay-per-Use. Die vielfach gewünschte vertragsfreie Direktbezahlung kann bei diesen Stationen kostengünstig mittels Mobiltelefon und Bezahldienstleistern wie PayPal oder Kreditkarte umgesetzt werden.

Eine unbedingte Voraussetzung für eine erfolgreiche Ladefreischaltung mittels App und digitaler Direktbezahlung ist eine zuverlässige, unterbrechungsfreie Datenanbindung der Ladesäule. Diese Anbindung wird bei den *VKW*-Ladestationen mittels 2G/3G-Modems und speziellen M2M-SIM-Karten aus einem privaten APN durchgeführt. Die *VKW* vermeidet bewusst die Nutzung bestehender Datenanbindungen des Standortpartners als nicht abschätzbare potenzielle Fehlerquelle. Die Anbindung per Mobilfunkmodem ist ebenfalls für Störungen anfällig, und deshalb bedarf eine Ladestation eines genauen Monitorings und einer teilweisen Optimierung hinsichtlich Antennenleistung und Standortwahl.

Die Kommunikation zwischen Ladeinfrastruktur und Backend findet über das Open Charge Point Protocol (OCPP) statt. Dieser De-facto-Standard (und zukünftige ISO-63110-Norm) verhindert einen Lock-in auf spezifische Hersteller und ermöglicht eine flexible, dem jeweiligen Geschäftsmodell entsprechende Auswahl der Ladestation.

Interoperabilität für Langstreckenfahrten

Seit die *VKW* 2013 dem Roamingverbund *Hubject* (ein Joint Venture aus *BMW Group, Daimler, Volkswagen, EnBW, RWE, Bosch* und *Siemens*) beigetreten ist, hat sich die über diese Plattform nutzbare Anzahl von Ladestationen auf 80 000 vervielfacht. So sind Anfang 2017 die im *Bundesverband Elektromobilität Österreich* organisierten regionalen Energieversorger geschlossen diesem Verbund beigetreten.

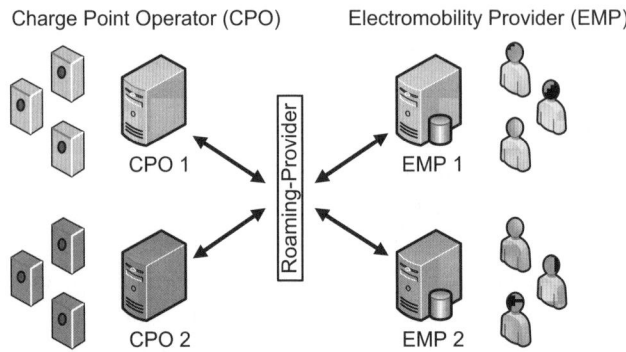

Bild 24.1 Rollen der vernetzten Elektromobilität

Betrachtet man die Rollenverteilung in der Elektromobilität (Bild 24.1), so teilen sich die Akteure in zwei Gruppen auf: der Charge Point Operator (CPO) und der Electromobility Provider (EMP). Der CPO fokussiert sich auf die Errichtung und den Betrieb der Ladeinfrastruktur und bietet diese auf einem vom Roaming Provider betriebenen Marktplatz an. Der EMP bucht in der komplementären Rolle vom CPO die Nutzungsrechte der Ladestationen, pflegt den Endkundenkontakt und bietet diesem Servicedienstleistungen, Portale und Abrechnungsmöglichkeiten an. Die meisten EVUs bedienen sowohl die Rolle als CPO als auch als EMP. Neben der Authentifizierung und Abrechnung dient die Roaming-Plattform auch zum Austausch von statischen Standort- und dynamischen Statusinformationen. Webseiten wie *http://map.vlotte.at* präsentieren die Ladedaten und geben bereits Prognosen über die zukünftige Auslastung der jeweiligen Ladestation an. Diese Mehrwerte können für optimiertes Routing oder für den zukünftigen Ausbau der Ladeinfrastruktur verwendet werden.

■ 24.2 Aktuelle Situation in Vorarlberg

Die *VKW*-betriebene Ladeinfrastruktur teilt sich in derzeit drei Felder auf:

- Über 20 50-kW-Schnellladestationen mit durchgehend CHAdeMO- und CCS-Stecker sowie zwei 150-kW-Schnellladestationen der neuesten Generation sind das erste Feld und decken die regionalen und überregionalen Hauptverkehrsadern ab.

- Das zweite Feld sind die derzeit mehr als 100 öffentlichen Typ-2-Ladestationen. Diese Stationen sind im Allgemeinen in Ortszentren und lokalen Hotspots errichtet. Durch die vandalismussichere Konstruktion sind diese Stationen auch in exponierten öffentlichen Bereichen betreibbar.

- Das dritte Feld ist die rasant wachsende Zahl halböffentlicher und mit Standortpartnern gemeinschaftlich errichteter Ladestationen. Die Errichtungs- und Materialkosten sind deutlich geringer als vergleichbare öffentliche Stationen. Dieses Feld wird mit dem Produkt *VKW VLOTTE* Meet&Charge bedient und ist mit mehr als 200 Standorten in Deutschland und Österreich der größte Umsatzbringer.

VKW VLOTTE Meet&Charge

VKW VLOTTE Meet&Charge entspringt einem bis Ende 2015 durch den österreichischen Klima- und Energiefonds geförderten Forschungsprojekt zur Verdichtung der Ladeinfrastruktur an „Points of Interest" (POI).

VLOTTE Meet&Charge ist ein Produkt zum Contracting intelligenter und vernetzter Wallboxen an einen Standortpartner. Neben der Bereitstellung des Materials übernimmt die *VKW* die Integration der Wallbox in ein CPO-Backend und in weiterer Folge die Kommunikation der Lademöglichkeit via Roaming-Partner in die POI-Datenbanken. Zudem wird die Störungs- und Wartungsabwicklung für den Partner transparent über die *VKW* beziehungsweise einen beauftragten Elektropartner durchgeführt.

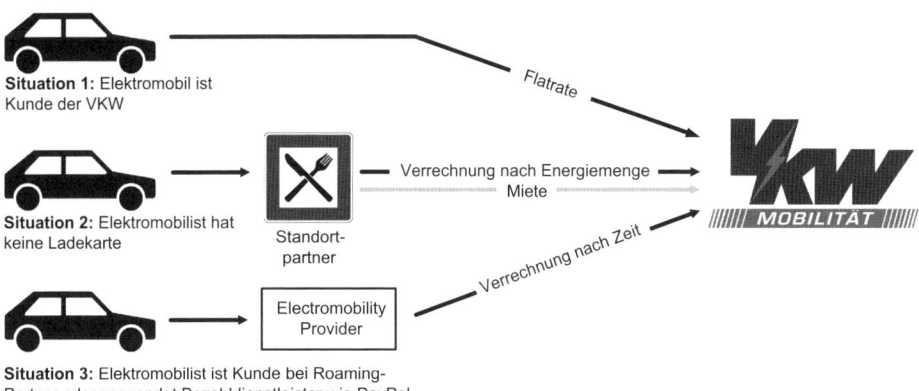

Bild 24.2 Geldfluss *VKW VLOTTE* Meet&Charge

Der von der *VKW* gestellte Stromzähler erfasst die abgegebene Energiemenge parallel zum bestehenden Hauszähler. Der Zählpunkt des Standortpartners ist dadurch von teuren Lastspitzen durch ladende Elektroautos entlastet, und die resultierenden Energiekosten werden durch einen Zeittarif dem ladenden Elektroautofahrer weiterverrechnet (Bild 24.2, Situation 1). Die „Partnerkarte", welche Kunden ohne Karte leihweise vom Standortpartner zur Verfügung gestellt werden kann, wird als Teil der Contracting-Rate nach Aufwand dem Standortpartner verrechnet (Bild 24.2, Situation 2).

Die Roaming-Fähigkeit der Ladestationen stellt zudem sicher, dass auch externe, durchreisende Kunden die Station nutzen können. Die direkte Verrechnung der Ladedienstleistung durch die *VKW* mit dem EMP oder mit Bezahldienstleistern (Bild 24.2, Situation 3) ermöglicht dem Standortpartner, die Ladestation ohne Mehrkosten auch außerhalb der eigenen Betriebszeiten der Öffentlichkeit zur Verfügung zu stellen. Das *VKW*-eigene Kundenportal macht es dem Standortpartner möglich, jederzeit die Auslastung und Nutzung der Ladestation im Auge zu behalten.

Diese Konstellation ergibt folgende Vorteile für die beteiligten Parteien:

- *Aus Sicht des Standortpartners*

  Der Partner mietet mit der Ladestation ein Alleinstellungsmerkmal gegenüber dem Mitbewerber und akquiriert neue, liquide Kundenschichten. Die Konfiguration und Bereitstellung der Wallbox erfolgt durch die *VKW* und setzt seitens des Partners keine weiteren Fachkenntnisse voraus. Der Standortpartner trägt nur die einmaligen Kosten der Elektroinstallation und die laufende Contracting-Rate. Die *VKW* integriert die Ladestation in die Wartungs- und Monitoring-Prozesse und veranlasst im Defektfall zeitnah weitere Reparatur- oder Tauschmaßnahmen.

- *Aus Sicht der VKW*

  Die *VKW* verdichtet durch diese halböffentlichen, vor Ort betreuten attraktiven Ladepunkte das Ladenetzwerk. Die Standortpartner kümmern sich aus Eigeninteresse um die Zugänglichkeit, das Freihalten und Räumen der Ladestation und sind in der Lage, bei leichten Störungen selber Hand anzulegen, was die Wartungskosten im Vergleich zu den anderen Ladestandorten maßgeblich reduziert. Die Contracting-Einnahmen decken bereits nach rund fünf Jahren die Investitionskosten.

- Aus Sicht des Elektromobilisten

  Von der rasant steigenden Anzahl 24/7-verfügbarer Ladepunkte profitieren gleichermaßen regionale und externe, durchreisende Elektroautofahrer. Diese attraktiven Ladestandorte ziehen neue touristische Zielgruppen nach Vorarlberg und konkret zu den Standortpartnern an.

■ 24.3 Zusammenfassung

Die contracteten Ladepunkte verdichten die Ladeinfrastruktur an sehr attraktiven Locations. Die Partnerschaft aus Standortpartner und EVU als Betreiber sowie die kostengünstigen Wallboxen ermöglichen bereits jetzt eine hohe Wirtschaftlichkeit und eine kurze Amortisationszeit. Die neuen Möglichkeiten durch die vernetzten Ladestationen eröffnen ein weites Feld neuer Dienstleistungen und innovativer Ideen. Sowohl der Standortpartner als auch die *VKW* reduzieren durch fixe Kosten beziehungsweise Einnahmen das finanzielle Risiko, und es entwickelt sich ein skalierbares Geschäftsmodell.

Das Beispiel *VKW VLOTTE* Meet&Charge zeigt anschaulich, dass auch bei geringem Marktanteil an Elektroautos ein wirtschaftlicher Betrieb einer für alle Beteiligten attraktiven Ladeinfrastruktur realisierbar ist.

 Erkenntnisse aus dem Projekt

- Elektromobilität ist im Kommen.
- Standards sind eine notwendige Bedingung.
- Neue Geschäftsmodelle lassen sich im Energiedienstleistungssektor realisieren.
- Nachfrage nach Ladelösungen nicht nur seitens der Mobilisten, sondern auch seitens des Dienstleistungsunternehmens.
- Herausforderungen sind die Infrastruktur und die hohen Vorabinvestitionen.

25 Let's Encrypt: Cybersecurity disruptieren

Raphael Reischuk

Die Sicherheit des Internets ist seit Jahren gefährdet. Auch Jahrzehnte nach Einführung von flächendeckender Verschlüsselung krankt das unterliegende Ecosystem an einem fundamentalen Problem. Ein disruptives Unternehmen räumt nun mit geltenden Business-Modellen auf und geht neue Wege. Mit bahnbrechendem Erfolg.

Wir schreiben das Jahr 1994. Erste Browser-Hersteller (manche von Ihnen mögen sich an *Netscape* erinnern) und Webseitenbetreiber erkennen, dass die Kommunikation zwischen Browser und Server nicht länger unverschlüsselt erfolgen sollte. Geheimdienste, Spione und Hacker im Cyberspace sollen ausgesperrt werden, sodass auch sensitive Transaktionen im Browser ermöglicht werden. Dazu zählen Bereiche wie Online-Banking, Gesundheitsdienste und der Datenaustausch im privaten Umfeld. Abhilfe sollte das „Secure Socket Layer (SSL)"-Protokoll bieten, welches die Kommunikation zwischen Browser und Server verschlüsselt. 2006 wurde SSL durch Transport Layer Security (TLS) abgelöst. 2018 wurde schließlich TLS Version 1.3 vorgestellt. Die Grundidee ist simpel: Jeder Server hat einen öffentlichen Schlüssel (den sogenannten Public Key), den die Browser verwenden, um ihre Nachrichten an den Server zu verschlüsseln und somit eine sichere Verbindung zum Server aufrechtzuerhalten.

Doch so gut die Idee der Verschlüsselung auch ist, sie hat ein fundamentales Problem, das bis heute nicht abschließend gelöst ist: Der Einsatz von Verschlüsselung ist nur dann zielführend und sicher, wenn mit den richtigen Schlüsseln verschlüsselt wird. Werden unbemerkt die Schlüssel eines Angreifers verwendet, so kann der legitime Empfänger die Nachricht nicht entschlüsseln, dafür aber der Angreifer. Diese vielleicht triviale Erkenntnis führt in der Praxis zu handfesten Problemen, da die große Zahl benötigter kryptografischer Schlüssel für Menschen nur schwer unterscheidbar ist. Folglich wird die Verwendung der richtigen Schlüssel einem ausgefeilten Ecosystem überlassen, was je nach Situation den Einsatz korrekter Schlüssel gewährleisten soll.

Doch in genau diesem Ecosystem brodeln eine Reihe falscher kommerzieller Anreize, die dazu führen, dass das eigentliche Ziel der korrekten Schlüsselzuweisung häufig nicht erreicht wird. Immer wieder kommen falsche Schlüssel zum Einsatz, die die Verschlüsselung wertlos machen. Erschwerend kommt hinzu, dass es einzelnen Benutzern und Webseitenbetreibern nicht möglich ist, für die eigene Sicherheit zu sorgen. Jeder Teilnehmer ist auf ein korrekt funktionierendes Ecosystem angewiesen.

Im Zentrum stehen mächtige Zertifizierungsstellen

Moderne Web-Browser vertrauen sogenannten Zertifizierungsstellen (englisch Certification Authorities, oder kurz CAs). Dieses Vertrauen ist durch kryptografische Prozesse mathematisch definiert. CAs haben im Web-Ecosystem die primäre Aufgabe, die Identitäten von Webseitenanbietern – oder auch Domains – zu überprüfen und zu beglaubigen. Nach erfolgreicher Überprüfung stellt die überprüfende CA der antragstellenden Domain ein Zertifikat aus, das die Domain später verwendet, um ihre Identität gegenüber den Browsern auszuweisen. Die Browser akzeptieren diesen Identitätsnachweis, da sie der prüfenden CA vertrauen.

Ein Beispiel: Das Unternehmen *Zühlke* möchten den Besuchern der Domain www.zuehlke.com eine verschlüsselte Verbindung ermöglichen. Zu diesem Zweck stellt *Zühlke* eine Zertifizierungsanfrage an eine CA, zum Beispiel an die *COMODO*-CA. Diese muss nun überprüfen, ob die Anfrage von den tatsächlichen Betreibern von www.zuehlke.com stammt und ob der in der Anfrage enthaltene kryptografische Schlüssel tatsächlich auf www.zuehlke.com zum Einsatz kommt. Wurden die Identität und der Schlüssel erfolgreich bestätigt, so stellt *COMODO* ein Zertifikat für www.zuehlke.com und den dazugehörigen öffentlichen Schlüssel aus. In diesem Zertifikat steht im Wesentlichen geschrieben:

> *COMODO* bestätigt, dass die Domain www.zuehlke.com zur Firma *Zühlke* in Schlieren im Kanton Zürich gehört und dass der kryptografische Schlüssel von www.zuehlke.com a43 ...7fb lautet.

Das Zertifikat verwendet *Zühlke* fortan, um die eigene Identität gegenüber den Besuchern und ihren Browsern auszuweisen und um die Echtheit des zu verwendenden Schlüssels zu belegen. Die Browser akzeptieren diesen Nachweis, da sie der *COMODO*-CA vertrauen.

Auf den ersten Blick scheint dies ein sinnvolles Modell zu sein: Eine großflächige Skalierung ist gegeben, da nur verhältnismäßig wenig CAs benötigt werden, um eine deutlich größere Zahl an Domains zu zertifizieren. Browser-Hersteller müssen nur einer verhältnismäßig kleinen Zahl an CAs vertrauen, um über diese CAs die Identitäten einer Vielzahl von Domains zu überprüfen.

Wo also liegt das Problem? Es ist in diesem Zusammenhang irreführend, von „dem einen" Problem zu reden. Es gibt in der Praxis eine ganze Reihe von Problemen.

1. Fehlende Eingrenzung des Wirkungsrahmens

Jeder CA weltweit ist es grundsätzlich gestattet, für jede Domain weltweit Zertifikate auszustellen. Die Browser überprüfen lediglich, ob ein Zertifikat für eine Domain existiert; nicht aber, von welcher CA das Zertifikat ausgestellt wurde. Der Wirkungsrahmen der CAs ist also nicht durch das Ecosystem begrenzt, eine böswillige CA könnte folglich ein gültiges Zertifikat (mit falschen Schlüsseln) für jede denkbare Domain ausstellen, so also auch für Schweizer Banken, für Versicherungen, Gesundheitsdienste, Krankenhäuser, *Microsoft*, *Apple* und so weiter. Jeder Browser, der (vielleicht unwissentlich) einer böswilligen CA vertraut, würde solch ein ungültiges Zertifikat prompt als gültig akzeptieren, obwohl ein Webseitenbesucher nicht mit seiner Bank, sondern direkt mit einem Angreifer kommunizieren würde. Es fragt sich also, woher der Browser wissen kann, dass eine CA sehr wahrscheinlich nicht böswillig handelt.

Selbst wenn wir für einen Moment lang annehmen, dass CAs grundsätzlich nicht böswillig handeln, so können wir sicher nicht annehmen, dass CAs keine Fehler im operativen Geschäft machen. In den letzten Jahren wurden zahlreiche derartige Fälle bekannt, in denen CAs gravierende Fehler gemacht und somit viele Milliarden Bürger im Netz erheblichen Risiken ausgesetzt haben. Hier ist zum Beispiel der Fall von *DigiNotar*, einer niederländischen CA, zu nennen. Im Jahr 2011 wurden mindestens 531 ungültige Zertifikate unter anderem für google.com, cia.gov, facebook.com und weitere Domains erstellt. Der Fehler ist auf mangelnde Sicherheit bei *DigiNotar* zurückzuführen. Im September 2011 wurde *DigiNotar* schließlich für bankrott erklärt.

Fehler dieser und anderer Art führten im Laufe der letzten Jahre dazu, dass einige Browser gewissen CAs heute nicht länger vertrauen. *Googles* Mutterkonzern *Alphabet* hat im März 2017 angekündigt, der Chrome-Browser werde der CA *Symantec* nicht länger vertrauen, das Vertrauen sei durch wiederholte Fehler schlicht verspielt. Millionen Domains, die bis jetzt auf *Symantec* gesetzt haben, müssen sich nun anderweitig zertifizieren lassen. Andernfalls erhalten ihre Besucher Fehlermeldungen und können sich nicht mehr verbinden. Dies bedeutet faktisch das Ende für *Symantec*. Bereits im August 2017 hatte *Symantec* verlauten lassen, die Zertifizierungssparte zu verkaufen.

Aufgrund der fehlenden Limitierung des Wirkungsrahmens durch das Ecosystem ist es für Domains folglich unmöglich, sich selbst wirksam vor Impersonierungsangriffen zu schützen. Selbst wenn eine Domain sich für eine hochsichere CA mit gründlicher Überprüfung entscheidet, kann die Domain nicht ausschließen, dass irgendwo im Ecosystem Zertifikate von anderen CAs in ihrem Namen ausgestellt werden. Dieser Umstand führt schließlich zu Problem Nummer zwei.

2. Fehlende Anreize für korrektes Verhalten und Sorgfaltspflicht

Teil des Geschäftsmodells einer CA ist die Überprüfung der Identität der Antragsteller. Dafür verlangen die CAs teils sehr hohe Preise, die nicht immer nachvollziehbar sind. Aufgrund des Konkurrenzdrucks bieten einige CAs vermehrt schnelle und entsprechend wenig gründliche Identitätsprüfungen an. Ein Zertifikat wird immer häufiger möglichst schnell an den Antragsteller ausgestellt. Dies mag auf den ersten Blick im Interesse der Kunden sein, führt aber bereits mittelfristig zu gravierenden Schwachstellen im Ecosystem.

CAs haben keinerlei Anreize, eine besonders gründliche Überprüfung vorzunehmen, da diese Überprüfung die Sicherheit der Kunden faktisch nicht erhöht (aufgrund des oben beschriebenen Problems Nummer eins). Erschwerend kommt hinzu, dass CAs nur in seltenen Fällen eine Bestrafung befürchten müssen, sollten sie Fehler bei der Überprüfung gemacht haben. Nur in Ausnahmefällen kommt es – wie im Falle von *Symantec* und *Google* – zu weitreichenden Konsequenzen.

3. Lange Laufzeiten für Wurzelzertifikate

Das erwähnte Vertrauen der Browser in die etablierten CAs wird technisch durch sogenannte Wurzelzertifikate (englisch root certificates) realisiert. Ein Wurzelzertifikat einer CA ist eine digitale Signatur, die es erlaubt, von der CA ausgestellte Domain-Zertifikate zu validieren. Über derartige Ketten von Zertifikaten (englisch certificate chains) sind Validierungen über mehrere Knoten möglich; das Ecosystem skaliert effizient.

Der große Nachteil bei dieser Vorgehensweise ist, dass manche Wurzelzertifikate weit über 20 Jahre gültig sind. Die auf den ersten Blick verlockende Eigenschaft einer langen Lebensdauer hat zum Nachteil, dass der Diebstahl eines kryptografischen Zertifizierungsschlüssels einer CA zu einer Sicherheitslücke führt, da nun jeder Angreifer im Besitz dieses Schlüssels unbemerkt Zertifikate im Namen der CA ausstellen kann. Diese Sicherheitslücke bleibt so lange bestehen, bis jeder Teilnehmer im Ecosystem das dazugehörige kompromittierte Wurzelzertifikat durch ein aktualisiertes Zertifikat ersetzt hat. Durch mangelnde Konnektivität und fehlende Bereitschaft vieler Teilnehmer, regelmäßig Updates und Patches einzuspielen, wird die lange Lebensdauer zu einem ernsthaften Problem.

Abhilfe

Verschiedene Ansätze wurden in den letzten Jahren präsentiert, welche die Missstände in diesem Ecosystem beheben sollen. So kann beispielsweise eine Domain verlangen, dass alle auf ihren Namen ausgestellten Zertifikate in einem öffentlich einsehbaren Logbuch (*Google* Certificate Transparency) registriert werden. Die Browser sind angehalten, ein Zertifikat für die Domain nur zu akzeptieren, wenn das Zertifikat im öffentlich einsehbaren Logbuch verzeichnet ist. Wurde ein ungül-

tiges Zertifikat im Namen der Domain erstellt, so wäre dies öffentlich nachvollziehbar. Verhindern würde dies die fälschliche Ausstellung von Zertifikaten allerdings
nicht. Darüber hinaus ist das Logbuch in der zentralen Hand von *Google*; zwar
dürfen externe Anbieter partizipieren, doch sind die von *Google* gestellten strengen Anforderungen an die Verfügbarkeit in der Praxis kaum zu erfüllen.

Ein weiterer Lösungsansatz besteht darin, Zertifikate als Versicherung zu verstehen. Eine CA verpflichtet sich mit dem Ausstellen des Zertifikats dazu, operative
Fehler bestmöglich zu reduzieren. Sollte doch ein Fehler (oder ein Angriff) erfolgen, so leistet die CA Schadensersatzzahlungen. Dieses innovative System (Certifi-
cate-as-an-Insurance) benutzt die Blockchain und darauf aufbauende Kryptowährungen, um ehrliche CAs zu belohnen und angegriffene Domains zu entschädigen.
Die unterliegenden Kryptowährungen stellen sicher, dass alle Teilnehmer gerecht
entlohnt werden.

Let's Encrypt wirbelt den Markt neu auf

Vor allem das fragliche Geschäftsmodell, in dem zu hohen Preisen Identitäten von Domains attestiert werden sollen, die oftmals einer gründlichen
Überprüfung nicht standhalten, hat dazu geführt, dass eine anfangs unbe-
deutende CA den Markt der Zertifikate gehörig aufgewirbelt hat. Im Jahr
2014 wurde *Let's Encrypt* gegründet. Im Juni 2017 wurde bereits das
100-millionste Zertifikat ausgestellt. Im September 2018 wurde die Marke
von 380 Millionen ausgestellten Zertifikaten durchbrochen.

Die Mission von *Let's Encrypt* ist simpel: kostenlose Zertifikate für jede Domain, die nach einer vollautomatisierten Überprüfung ausgestellt werden,
die möglichst wenig Raum für menschliche Fehler zulässt.

Dieser kostenfreie Ansatz wird heute mehr denn je geschätzt. Browser-Hersteller wie *Google* fordern heute eine vollständige Verschlüsselung zwischen
Browser und Server. Ist dies für eine Domain nicht gewährleistet, so lässt sich
die zur Domain gehörige Seite nicht im Browser aufrufen. *Google* Chrome ver-
weigert den Dienst. Hinzu kommt, dass entsprechend unverschlüsselte Seiten
in der *Google*-Suche in der Bewertung herabgestuft werden.

Let's Encrypt zeigt eindrücklich, dass Security in Form von Verschlüsselung
nicht mit hohen Kosten und langwierigen Prozessen einhergehen muss.
Selbst namhafte Unternehmen und Organisationen wie die *NASA* mit über
3000 öffentlichen Seiten in zwölf geografisch verteilten Rechenzentren setzen heute auf den freien Dienst. Da CAs noch immer als „too big to fail" gelten, werden sie auch weiterhin ein fester Bestandteil im Web-Ecosystem
bleiben. Daher liegt eine spannende Transition hin zu einem offenen Ecosystem von CAs – wie am Beispiel von *Let's Encrypt* gezeigt – erst noch vor
uns, mit oder ohne Blockchain.

26 Literatur

Abera, A. A.; Mengesha, G. H.; Musa, P. F. (2014): „Assessment of Ethiopian health facilities readiness for implementation of telemedicine", in: Communications of the Association for Information Systems 34(1).

Accenture (2015): Digital Business Era: Stretch Your Boundaries, Acenture Techonology Vision 2015, Accenture, Dublin.

Accenture (2017): Boost Your AIQ: Transforming Into an AI Business, Accenture, Dublin.

Adner, R. (2017): „Ecosystem as structure: An actionable construct for strategy", in: Journal of Management 43(1), S. 39–58.

Agrawal, A.; Gans, J.; Goldfarb, A. (2018): Prediction Machines: The Simple Economics of Artificial Intelligence, Harvard Business Review Press, Boston.

Alter, S. (2008): „Defining information systems as work systems: implications for the IS field", in: European Journal of Information Systems 17(5), S. 448–469.

Amazon (2015): „Amazon Dash Button".

Andreessen, M. (2011): „Why Software Is Eating The World", in: The Wall Street Journal.

Ball, P. (2014): „Crowd-sourcing: Strength in numbers", in: Nature 506(7489), S. 422–423.

Bartling, S.; Friesike, S. (2014): „Towards Another Scientific Revolution". In: Bartling, S.; Friesike, S. (Editors): Opening Science: The Evolving Guide on How the Internet is Changing Research, Collaboration and Scholarly Publishing, Springer, Cham et al.

Barua, A.; Whinston, A. B.; Fang Yin (2000): „Value and productivity in the Internet economy", in: IEEE 33(5).

Barwitz, N. et al. (2016): Die Customer Journey in einer multioptionalen Welt. Institut für Versicherungswirtschaft & Synpulse Schweiz AG, St. Gallen.

Barwitz, N; Maas, P. (2018): „Understanding the Omnichannel Customer Journey: Determinants of Interaction Choice", in: Journal of Interactive Marketing 43, S. 116–133.

BCC Research (2011): Telemedicine: Opportunities for Medical and Electronic Providers, Wellesley.

BCC Research (2014): Global Markets for Telemedicine Technologies, Wellesley.

Berners-Lee, T. (1989): Information management: A proposal, Georgetown University, Washington.

Berruti, F. et al. (2017): Intelligent process automation: The engine at the core of the next-generation operating model, McKinsey, New York.

Berry, L. L.; Bendapudi, N. (2007): „Health Care: A Fertile Field for Service Research", in: Journal of Service Research 10(2).

Bikard, M.; Murray, F.; Gans, J. S. (2015): „Exploring Trade-offs in the Organization of Scientific Work: Collaboration and Scientific Reward", in: Management Science, S. 1–23.

Bilgeri, D. et al. (2015): The IoT Business Model Builder, Whitepaper of the Bosch IoT Lab.

Bischoff, J. et al. (2015): Erschließen der Potenziale der Anwendung von ‚Industrie 4.0' im Mittelstand, agiplan, Mülheim an der Ruhr.

Bitzer, J.; Schrettl, W.; Schröder, P. J. (2007): „Intrinsic motivation in open source software development", in: Journal of Comparative Economics 35(1), S. 160–169.

BMW Group Press Release (2011): „BMW Group and Sixt AG establish DriveNow joint venture for premium car sharing Innovative mobility concept for inner cities".

BMWi (2014): Smart Service Welt – Internetbasierte Dienste für die Wirtschaft, Bundesministerium für Wirtschaft und Energie, Berlin.

Boekel, W.; Wagenmakers, E. J.; Belay, L.; Verhagen, J.; Brown, S.; Forstmann, B. U. (2015): „A purely confirmatory replication study of structural brain-behaviour correlations", in: Cortex, 66, 115–33.

Böhmann, T.; Leimeister, J. M.; Möslein, K. (2014): „Service-Systems-Engineering", in: Wirtschaftsinformatik 56 (2), S. 83–90.

Bower, J. L.; Christensen, C. M. (1995): „Disruptive Technologies: Catching the Wave", in: Harvard Business Review, January/February 1995, S. 43–53.

Bowne-Anderson, H. (2018): „What data scientists really do, according to 35 data scientists", in: Harvard Business Review vom 15.08.2018, https://hbr.org/2018/08/what-data-scientists-really-do-according-to-35-data-scientists.

Bozeman, B.; Corley, E. (2004): „Scientists' collaboration strategies: implications for scientific and technical human capital", in: Research Policy 33(4), S. 599–616.

Bräutigam, P.; Klindt, T. (2015): „Industrie 4.0, das Internet der Dinge und das Recht", in: Neue Juristische Wochenschrift, S. 1137–1142.

Bright, P. (2011): „Microsoft Buys Skype for $ 8.5 Billion. Why, Exactly?", in: Wired.

Bughin, J. et al. (2018): Skill shift: Automation and the future of the workforce. McKinsey Global Institute, New York, https://www.mckinsey.com/featured-insights/future-of-work/skill-shift-automation-and-the-future-of-the-workforce.

Bühler P. et al. (2016): „The consumer's view of consumer protection: an empirical study of the Swiss insurance market", in: HSG Publications Vol. 57.

Bühler P.; Maas P. (2015): „I-Society: How multi-optionality is pushing individualisation in the digital age", in: St.Gallen Business Review, Winter 2015, S. 6–11.

Büst, R; Hille, M.; Schestakow, J. (2015): Digital Business Readiness: Wie deutsche Unternehmen die Digitale Transformation angehen, Crisp Research, Kassel.

Capgemini (2012): „The Digital Advantage: How digital leaders outperform their peers in every industry", in: MIT Sloan Management, https://www.capgemini.com/wp-content/uploads/2017/07/The_Digital_Advantage__How_Digital_Leaders_Outperform_their_Peers_in_Every_Industry.pdf.

Castells, M. (2000): The Rise of the Network Society (2nd ed.), Blackwell Publishers, Oxford.

Castro, D.; McQuinn, A. (2015): „Beyond the USA Freedom Act: How U.S. Surveillance Still Subverts U.S. Competitiveness", in: Information Technology & Innovation Foundation.

CDU; CSU; SPD (2013): Deutschlands Zukunft gestalten. Koalitionsvertrag zwischen CDU, CSU und SPD.

Cho, S.; Mathiassen, L.; Gallivan, M. (2008): „Crossing the chasm: From adoption to diffusion of a telehealth innovation", in: IFIP International Federation for Information Processing, Vol. 287.

Christensen, C. (1997): The Innovator's Dilemma, HarperBusiness, New York.

Christensen, C. (2011): The Innovator's Dilemma. The Revolutionary Book That Will Change the Way You Do Business, HarperBusiness, New York.

Cigaina, M.; Riss, U. (2016): Digital Business Modeling: A Structural Approach Toward Digital Transformation, White Paper, SAP, Walldorf.

Collins, F.S.; Morgan, M.; Patrinos, A. (2003): „The Human Genome Project: lessons from large-scale biology", in: Science 300(5617), S. 286–290.

Conerly, B. (2013): „Uncertainty and risk management: What to do about black swans?", in: Forbes vom 20.02.2013, https://www.forbes.com/sites/billconerly/2013/02/20/uncertainty-and-risk-management-what-to-do-about-black-swans/#554515845768.

Cooper, R.G. (2002): Top oder Flop in der Produktentwicklung. Erfolgsstrategien: von der Idee zum Launch, Wiley-VCH, Weinheim.

Cornelissen, J. (2018): „The Democratization of Data science", in: Harvard Business Review vom 27.07.2018, https://hbr.org/2018/07/the-democratization-of-data-science.

Cranshaw, J.; Kittur, A. (2011): „The polymath project: lessons from a successful online collaboration in mathematics", in: Proceedings of the SIGCHI Conference on Human Factors in Computing Systems, ACM, New York, S. 1865–1874.

Daugherty, P.R.; Wilson, J. (2018): Human + Machine: Reimagining Work in the Age of AI, Harvard Business Review Press, Boston.

Deloitte (2013): Digitalisierung im Mittelstand, Studienserie „Erfolgsfaktoren im Mittelstand".

Devictor, V. et al. (2012): „Differences in the climatic debts of birds and butterflies at a continental scale", in: Nature Climate Change 2(2), S. 121–124.

Dewald, W.G.; Thursby, J.G.; & Anderson, R.G. (1986): „Replication in Empirical Economics: The Journal of Money, Credit, and Banking Project", in: American Economic Review, 76(4), 587.

DGTelemed (2011): Telemedizin, German Society for Telemedicine.

Doll, J.; Eisert, U. (2014): „Business model development & innovation, a strategic approach to business transformation", in: 360° – Business Transformation Journal 11, S. 7–15.

Downes, L.; Nunes, P.F. (2013): „Big-bang disruption", in: Harvard Business Review 91(3), S. 44–56.

EFQM (2013): On the way to Enterprise 2.0 with Bosch Connect, Robert Bosch.

Eisenmann, T.; Parker, G.; Van Alstyne, M. (2006): „Strategies for two-sided markets", in: Harvard Business Review 84(10), S. 91–101.

European Commission (2014): Telemedicine – Digital Single Market, European Commission, Brüssel.

Facebook (2012): „Building and testing at Facebook".

Fecher, B. et al. (2015): „A Reputation Economy: Results from an Empirical Survey on Academic Data Sharing", in: DIW Berlin Discussion Paper Nr. 1454.

Fisher, B.S. et al. (1998): How many authors does it take to publish an article? Trends and patterns in political science, in: PS: Political Science & Politics 31(04), S. 847–856.

Fleisch et al. (2014): „Business Models and the Internet of Things", Whitepaper of the Bosch IoT Lab; abgerufen am 28.09.15 unter: http://www.iot-lab.ch/?page_id=10543.

Fleisch, E.; Weinberger, M.; Wortmann, F. (2015): „Geschäftsmodelle im Internet der Dinge", in: Schmalenbachs Zeitschrift für betriebswirtschaftliche Forschung 67(4), S. 444–465.

Fleisch, E.; Weinberger, M.; Wortmann, F. (2014): „Geschäftsmodelle im Internet der Dinge", in: HMD Praxis der Wirtschaftsinformatik 51(6), S. 812–826.

Franzoni, C.; Sauermann, H. (2014): „Crowd science: The organization of scientific research in open collaborative projects", in: Research Policy 43(1), S. 1–20.

Friesike, S. et al. (2015): „Reputation instead of obligation: forging new policies to motivate academic data sharing", in: LSE – The London School of Economics and Political Science – Impact Blog.

Fujitsu (2014): „Fujitsu Introduces Solution For The New World Of Omni-Channel Retailing, Innovative Retail Technologies".

Gartner (2012): Hype Cycle for Telemedicine, Gartner Industry Research, Stanford.

Gassmann et al. (2014): The business model navigator: 55 models that will revolutionize your business, Financial Times Press.

Gassmann, O.; Frankenberger, K.; Csik, M. (2015): The Business Model Navigator: 55 Models That Will Revolutionise Your Business, Financial Times Press.

Gassmann, O.; Frankenberger, K.; Csik, M. (2017): Geschäftsmodelle entwickeln: 55 innovative Konzepte mit dem St. Galler Business Model Navigator, 2. Auflage, Hanser, München.

Gawer, A.; Cusumano, M. A. (2014): „Industry Platforms and Ecosystem Innovation", in: Journal of Product Innovation Management 31(3), S. 417–433.

Geisberger, E.; Broy, M. (Hg.) (2012): AgendaCPS. Integrierte Forschungsagenda Cyber-Physical-Systems. acatech – Deutsche Akademie der Technikwissenschaften, München.

Gilmour, R.; Cobus-Kuo, L. (2011): „Reference Management Software: A Comparative Analysis of Four Products", in: Issues in Science and Technology Librarianship.

Google (2009): „Personalized Search for everyone".

Google (2014): „Export Digital – Die Bedeutung des Internets für das deutsche Auslandsgeschäft".

Gowers, T.; Nielsen, M. (2009): „Massively collaborative mathematics", in: Nature 461(7266), S. 879–881.

Grant, R. M. (2013): „Contemporary Strategy Analysis", in: R&D Management 36(5), S. 548–551.

Gross, P. (1999): Ich-Jagd, Suhrkamp, Frankfurt am Main.

Halecker, B.; Hölzle, K.; Sittner, M. (2014): Business Development und Geschäfts-modellinnovation – Status quo und zukünftige Entwicklungen, Universität Potsdam, Potsdam.

Hanifan, G.; Timmermans, K. (2018): „New supply chain jobs are emerging as AI takes hold", in: Harvard Business Review vom 10.08.2018, https://hbr.org/2018/08/new-supply-chain-jobs-are-emerging-as-ai-takes-hold.

Herndon, T.; Ash, M.; Pollin, R. (2013): „Does High Public Dept Consistently Stifle Economic Growth? A Critique on Reinhart and Rogoff", in: PERI Working Paper Series 5, Political Economy Research Institute.

Hertel, G.; Niedner, S.; Herrmann, S. (2003): „Motivation of software developers in Open Source projects: an Internet-based survey of contributors to the Linux kernel", in: Research Policy 32(7), S. 1159–1177.

Hunter, L.; Leahey, E. (2008): „Collaborative research in sociology: Trends and contributing factors", in: The American Sociologist 39(4), S. 290–306.

Hwang et al. (2007): „Customer self-service systems: The effects of perceived Web quality with service contents on enjoyment, anxiety, and e-trust, Decision support systems", in: Science Direct 43(3), S. 743–760.

IBM (2014): „Automotive manufacturer increases productivity for cylinder-head production by 25 percent".

Ioannidis, J. P. (2014): „How to make more published research true", in: PLoS medicine 11(10), e1001747.

ITU (2005): "The Internet of Things", ITU Report, Genf.

Jacobides, M. G.; Cennamo, C.; Gawer, A. (2018): „Towards a theory of ecosystems", in: Strategic Management Journal 39(8), S. 2255–2276.

Kehl, D. et al. (2014): Surveillance Costs: The NSA's Impact on the Economy, Internet Freedom & Cybersecurity, New America, Washington.

Kemp, Z. (2018): „Learn with Google AI: Making ML education available to everyone", The Keyword Blog vom 28.02.2018, https://www.blog.google/technology/ai/learn-google-ai-making-ml-education-available-everyone/.

Kozyrkov, C. (2018): „Why businesses fail at machine learning", in: Hacker Noon vom 28.06.2018, https://hackernoon.com/why-businesses-fail-at-machine-learning-fbff41c4d5db.

Kreutzer, R.; Land, K. H. (2013): Digitaler Darwinismus. Der stille Angriff auf Ihr Geschäftsmodell und Ihre Marke, Springer Fachmedien, Wiesbaden.

LEGO Group (n. d.): LEGO Ideas Website.

Leimeister, J. M. (2012): Dienstleistungsengineering und -management, Springer, Berlin, Heidelberg.

Leimeister, J. M. (2015): Einführung in die Wirtschaftsinformatik, Springer, Berlin, Heidelberg.

Leimeister, J. M.; Glauner, C. (2008): „Hybride Produkte – Einordnung und Herausforderungen für die", in: Wirtschaftsinformatik 50(3).

Lessig, L. (1999): Code and other laws of cyberspace, Basic Books, New York.

Maas, P.; Barwitz, N. (2016): Customer Journey im MfZ-Bereich: Status Quo und Zukunftsszenarien (noch unveröffentlicht).

Maas, P.; Bühler, P. (2015): Industrialisierung der Assekuranz in einer digitalen Welt. Institut für Versicherungswirtschaft, Universität St. Gallen, St. Gallen.

Maas, P.; Cachelin, J.L.; Bühler, P. (2015): Megatrends 2050, Alltagswelten, Zukunftsmärkte, Institut für Versicherungswirtschaft, Universität St. Gallen, St. Gallen.

Markus, L. M. (2004): „Technochange management: using IT to drive organizational change", in: Organization Science 19(1).

Maske, K. L.; Durden, G. C.; Gaynor, P. E. (2003): „Determinants of scholarly productivity among male and female economists", in: Economic Inquiry 41(4), S. 555–564.

McAfee (2009): Enterprise 2.0: How to Manage Social Technologies to Transform Your Organization, Harvard Business Review Press.

McColl-Kennedy, J. et al. (2012): „Health Care Customer Value Cocreation Practice Styles", in: Journal of Service Research 15(4), S. 370–389.

MCCullough BD (2008): „Open Access Economics Journals and the Market for Reproducible Economic Research", in: Econ Anal Policy 39: 118–126. Doi:10.1016/s0313-5926)09)50047-1.

McKinsey (2017): „Competing in a world of sectors without borders", https://www.mckinsey.com/business-functions/mckinsey-analytics/our-insights/competing-in-a-world-of-sectors-without-borders.

McLoughlin, I. et al. (2013): „Inside a digital experiment: Co-producing telecare services for older people", in: Scandinavian Journal of Information Systems 24(2).

Meck, G. (2015): „Bosch-Chef: ‚Geld kann demotivierend wirken'", in: Frankfurter Allgemeine Zeitung vom 19.09.2015.

Miscione, G. (2007): „Telemedicine in the Upper Amazon: Interplay with local health care practices", in: MIS Quarterly 31(2).

Mohr, N.; Hürtgen, H. (2018): Achieving Business Impact With Data: A Comprehensive Perspective on the Insights Value Chain, McKinsey, New York.

Moore, J. F. (1993): „Predators and prey: A new ecology of competition", in: Harvard Business Review 71(3), S. 75–86.

Ng, A. (2017): „Artificial Intelligence is the New Electricity", Stanford MSx Future Forum, Stanford, https://youtu.be/21EiKfQYZXc.

Nielsen, M. (2012): Reinventing discovery: the new era of networked science, Princeton University Press, Princeton.

Novartis (2014): „Novartis to license Google ‚smart lens' technology".

Osterwalder, A.; Pigneur, Y. (2010): Business Model Generation: A Handbook for Visionaries, Game Changers, and Challengers, John Wiley & Sons, New Jersey.

Osterwalder, A.; Pigneur, Y. (2013): Business Model Generation: A Handbook for Visionaries, Game Changers, and Challengers, John Wiley & Sons, New Jersey.

Overby, S. (2014): „Mercedes-AMG: A Showcase for Real-Time Business Decisions", in: Forbes Insights.

Peffers, K. et al. (2007): „A design science research methodology for information systems research", in: Journal of management information systems 24(3), S. 45–77.

Peters, C. (2016): Modularization of Services – A Modularization Method for the Field of Telemedicine, Kassel University Press, Kassel.

Peters, C.; Blohm, I.; Leimeister, J. M. (2015): „Anatomy of Successful Business Models for Complex Services: Insights from the Telemedicine Field", in: Journal of Management Information Systems 32(3), S. 75–104.

Porter, M., E. (1980): Competitive Strategy: Techniques for analyzing industries and competitors: with a new introduction, The Free Press, New York et al.

Prahalad, C.K. (2010): The Fortune at the Bottom of the Pyramid: Eradicating Poverty through Profits, Wharton School Publishing, New Jersey.

Provost, F.; Fawcett, T. (2013): Data Science for Business: What You Need to Know about Data Mining and Data-Analytic Thinking. O'Reilly Media, Sebastopol.

Regalado, A. (2014): „How the Internet of Things Will Change Business", in: MIT Technology Review.

Reichman, O.J.; Jones, M.B.; Schildhauer, M.P. (2011): „Challenges and opportunities of open data in ecology", in: Science 331(6018).

Reinhart, C. M; Rogoff, K. S. (2010): „Growth in a Time of Debt (Digest Summary)", in: American Economic Review 100(2), S. 573–578.

Richardson, A. (2010): „Using Customer Journey Maps to Improve Customer Experience", in: HBR Blog Network 8(05).

Rifkin, J. (2014): The Zero Marginal Cost Society: The Internet of Things, the Collaborative Commons, and the Eclipse of Capitalism, Palgrave Macmillan, New York.

Rinn, T. (2015): COO Insights – Service Excellence, Roland Berger, München.

Robert Bosch (2016): Telematiklösungen von Bosch (Schweiz), https://issuu.com/bosch-e-paper/docs/bosch_telematik_bcs-ch-de. Aufgerufen am 21.08.2018.

Roland Berger Strategy Consultants (2013): Frugal Products. Study Results Presentation, Roland Berger, München.

Roland Berger Strategy Consultants (2014): Frugal Innovation: Simple, simpler, best, Roland Berger, München.

Roland Berger; BDI (2015): Die digitale Transformation der Industrie, Roland Berger, München.

Sanderson, S.; Uzumeri, M. (1995): „Managing product families: The case of the Sony Walkman", in: Research Policy 24(1995), S. 761–782.

SAP (2015): „Value Creation in a Digital Economy", Whitepaper.

SAS (2015): „Intelligent marketing for today's customers".

Scheliga, K. (2015): „Communication Forms and Digital Technologies in the Process of Collaborative Writing. Second International Conference", INSCI 2015 Brussels, S. 113–122.

Schuh, G. et al. (2016): „Der Digitale Schatten in der Auftragsabwicklung", in: ZWF Zeitschrift für wirtschaftlichen Fabrikbetrieb 1.

Shah, S. K. (2006): „Motivation, governance, and the viability of hybrid forms in open source software development", in: Management Science 52(7), S. 1000–1014.

SRF (2018): „Datenschützer zerrt Helsana vor Gericht", https://www.srf.ch/news/schweiz/wegen-umstrittener-app-datenschuetzer-zerrt-helsana-vor-gericht.

Starbucks (2015): „Adam Brotman on Mobile Order & Pay and Starbucks Digital".

Statista (2016): „Downloads von kostenlosen vs. kostenpflichtigen mobilen Apps weltweit in den Jahren 2011 bis 2017".

Steven A. (2008): „Defining information systems as work systems: implications for the IS field", in: European Journal of Information Systems 17(5), S. 448–469.

Tajani, A.; Hahn, J. (2012): The Smart Guide to Service Innovation, Europäische Union, Brüssel.

Teece, D. J. (2010): „Business models, business strategy and innovation", in: Long Range Planning 43(2–3), S. 172–194, hier S. 186.

Teece, D. J. (2018): „Profiting from innovation in the digital economy: Enabling technologies, standards, and licensing models in the wireless world", in: Research Policy 47(8), S. 1367–1387.

Teece, D. J.; Pisano, G.; Shuen, A. (1997): „Dynamic capabilities and strategic management", in: Strategic Management Journal 18, S. 509–533.

Tenopir, C. et al. (2011): „Data sharing by scientists: practices and perceptions", in: PloS one 6(6).

Thomas, L.; Autio, E.; Gann, D. (2015): „Architectural leverage: putting platforms in context", in: The Academy of Management Perspectives 3015(1), S. 47–67.

Tiefenbeck et al. (2013): „For better or for worse? Empirical evidence of moral licensing in a behavioral energy conservation campaign", in: Energy Policy 57, S. 160–171.

Tse, E.; Russo, B.; Chan, A. (2017): „China's Digital Landscape and Rising Disruptors – Module 2.6 Artificial Intelligence", Future Watch Finland, Helsinki, https://www.marketopportunities.fi/china-and-the-next-ai-revolution-chinas-digital-landscape-and-rising-disruptors.

Tukker, A. (2004): „Eight types of product–service system: eight ways to sustainability? Experiences from SusProNet", in: Business Strategy and the Environment 13(4).

Tukker, A.; Tischner, U. (2006): „Product-services as a research field: past, present and future. Reflections from a decade of research", in: Journal of Cleaner Production 14(17).

Uebernickel, F. et al. (2015): Design Thinking. Das Handbuch, Frankfurter Allgemeine Buch, Frankfurt am Main.

Vargo, S. L.; Lusch, R. F. (2004): „Evolving to a New Dominant Logic for Marketing", in: Journal of Marketing, 68, S. 1–17.

Vargo, S. L.; Lusch, R. F. (2008): „Service-dominant logic: Continuing the evolution", in: Journal of the Academy of marketing Science 36(1), S. 1–10.

Veuve, A. (2015): „Digitale Transformation – Quo Vadis?", in: One.

Vodafone (2015): Vodafone Community Website, Vodafone.

Voelpel, S. et al. (2005): „Escaping the red queen effect in competitive strategy: Sense-testing business model", in: European Management Journal 23(1), S. 37–49.

Westerman, G.; Bonnet, D.; McAfee, A. (2014): Leading Digital: Turning Technology into Business Transformation, Harvard Business Review Press, Boston.

Wheelwright, S.; Clark, K. (1992): „Creating project plans to focus product development", in: Harvard Business Review 70(2), S. 67–83.

Willinsky, J. (2005): „The unacknowledged convergence of open source, open access, and open science", in: First Monday 10(8).

Willis Towers Watson (2018): „Quarterly Insurtech Briefing Q2 2018", https://www.willistowerswatson.com/-/media/WTW/PDF/Insights/2018/09/insurtech-quarterly-report-q2-2018.pdf

Wimmelbücker, S. (2015): „Flottenmanagement: VW verkauft Beteiligung an LeasePlan", in: Automobilwoche vom 23.07.2015.

Wintergreen Research (2013): „Telemedicine and M-Health Convergence: Market Shares, Strategies, and Forecasts, Worldwide, 2013 to 2019", Lexington.

Woelfle, M.; Olliaro, P.; Todd, M. H. (2011): „Open science is a research accelerator", in: Nature Chemistry 3(10), S. 745–748.

Wortmann, F. et al. (2017): „Ertragsmodelle im Internet der Dinge", in: Schmalenbachs Zeitschrift für betriebswirtschaftliche Forschung, Sonderheft 71(17), S. 1–28.

Wuchty, S.; Jones, B. F.; Uzzi, B. (2007): „The increasing dominance of teams in production of knowledge", in: Science 316(5827), S. 1036–1039.

Y&R Group Switzerland (2016): „Media Use Index 2015, MUI".

Y&R Group Switzerland (2018): „Media Use Index 2018". http://www.media-use-index.ch/assets/files/MUI2018.pdf.

York, D. G. et al. (2000): „The Sloan digital sky survey: Technical summary", in: The Astronomical Journal 120(3), S. 1579.

Youyou, W.; Kosinski, M.; Stillwell, D. (2015): „Computer-based personality judgments are more accurate than those made by humans", in: Proceedings of the National Academy of Sciences 112(4).

Zeschky, M.; Widenmayer, B.; Gassmann, O. (2011): „Frugal Innovation in Emerging Markets", in: Research-Technology Management 54(4), S. 38–45.

Zhu, F.; Iansiti, M. (2012): „Entry into platform-based markets", in: Strategic Management Journal 106, May, S. 88–106.

27 Firmenverzeichnis

28 Index

29 Autoren

Herausgeber

Prof. Dr. Oliver Gassmann

ist seit 2002 Professor für Technologie- und Innovationsmanagement an der *Universität St. Gallen* und Direktionsvorsitzender des dortigen Instituts für Technologiemanagement. Seine Forschung erfolgt in enger Kooperation mit der Industrie zu Themen rund um Muster und Erfolgsfaktoren von Innovation und Geschäftsmodellen. Er ist Mitglied in mehreren Verwaltungsräten und forschte an renommierten Institutionen wie *Berkeley* (2007), *Stanford* (2012) und *Harvard* (2016). Zuvor war er für die Leitung der Forschung im *Schindler*-Konzern verantwortlich. Gassmann ist Autor von über 400 Publikationen und wurde 2014 mit dem Scholary Impact Award des „Journal of Management" ausgezeichnet. Er begleitet zahlreiche Fortune-500-Unternehmen und ist ein international gefragter Keynote Speaker.

Philipp Sutter

ist Präsident des Verwaltungsrates und Partner der *Zühlke* Gruppe. Er studierte Informatik (*ETH Zürich* und *WPI*, Worcester, USA) und absolvierte das Executive-Programm Master Technology Enterprise am *IMD* in Lausanne. In verschiedenen Technologieunternehmen war er an komplexen Entwicklungsprojekten beteiligt, seit über zwanzig Jahren befasst er sich bei Zühlke mit Innovationsprojekten. 2003 bis 2018 war er CEO der Zühlke in der Schweiz und Mitglied der Gruppenleitung.

Autoren

Martin Bieler

ist Projektleiter und Doktorand am Institut für Versicherungswirtschaft der *Universität St. Gallen* (I.VW-HSG). Nach seinem Studium in Wirtschaftsingenieurwesen und Management zog es ihn in die Praxis, wo er zuletzt bei *Siemens* verantwortlich für strategische Projekte und Digitalisierung im Supply Chain Management war. Seit Anfang 2018 promoviert er in Management, hierbei liegen seine Forschungsschwerpunkte im Bereich Business Innovation, kundenzentrische Geschäftsmodelle und der Neugestaltung von Versicherungsökosystemen.

Dominik Bilgeri

absolvierte zwei Bachelor of Arts in Internationale Beziehungen und Betriebswirtschaftslehre an der *Universität St. Gallen* und erwarb einen Master of Science in International Management an der *Rotterdam School of Management*. Seit Juli 2015 ist er wissenschaftlicher Mitarbeiter und Doktorand am Institut für Informationsmanagement von Prof. Dr. Elgar Fleisch an der *ETH Zürich*. Im Rahmen seiner Dissertation befasst er sich mit der Entwicklung neuer digitaler Geschäftsmodelle im Internet der Dinge und den Möglichkeiten, die sich dabei zum Beispiel für die Ertragsmechanik ergeben.

Raphael Bömelburg

studierte Psychologie an der *Ruhr-Universität Bochum*. Basierend auf Forschungsaufenthalten an der *University of Miami* und der *Stanford University* Kalifornien fokussiert sich sein Interesse auf die Potenziale digitaler Technologien in Verbindung mit psychologischen Insights. Nach einer Phase im Start-up-Bereich zu dem Thema automatisierte Emotionserfassung verfolgt er beide Standbeine aktuell mit einer Doppelposition als Doktorand am Institut für Technologiemanagement der *Universität St. Gallen* und als Associate im Bereich New Ventures and Technologies der *SAP*.

Prof. Dr. Walter Brenner

ist seit 1. April 2001 Professor für Wirtschaftsinformatik an der *Universität St. Gallen* und geschäftsführender Direktor des Instituts für Wirtschaftsinformatik. Davor hatte er Professuren an der *Universität Essen* und der *TU Bergakademie Freiberg* inne. Seine Forschungsschwerpunkte sind Industrialisierung des Informationsmanagements, Management von IT-Service-Providern, Customer Relationship Management, Einsatz neuer Technologien und Design Thinking; daneben ist er freiberuflich als Berater in Fragen des Informationsmanagements und der Vorbereitung von Unternehmen auf die digitale, vernetzte Welt tätig.

Pascal Bühler

ist Projektleiter und Doktorand I.VW-HSG Masterstudienabschluss in Accounting and Finance an der *Universität St. Gallen*. Mehrjährige Tätigkeit als Financial Analyst und Senior Consultant in der Finanzbranche. In der heutigen Position Forschung und Beratung zu den Themen Digital Transformation, Megatrends, Business Forecasting und Customer Service Excellence. Neben seiner Promotion leitet er seit 2017 das Group CEO Office der *Helvetia*.

Julia Burkhardt

ist seit 2015 wissenschaftliche Mitarbeiterin am Institut für Supply Chain Management an der *Universität St. Gallen*. Zuvor absolvierte Frau Burkhardt ihr Betriebswirtschaftsstudium an der *Universität Augsburg*, den Masterabschluss an der *EBS Universität für Wirtschaft und Recht* sowie an der *Deusto Universität* in Spanien. Ihre Forschungsschwerpunkte sind Supply Chain Management, insbesondere die Entwicklung der Upstream Supply Chain mit Fokus auf spezifische Investitionen.

Dr. Alexandra Collm

ist Leiterin der Hauptabteilung Kunden bei der Stadt Zürich (Organisation und Informatik) sowie Mitglied der Geschäftsleitung. Zuvor arbeitete sie bei der *Swisscom AG* (Schweiz), seit 2013 als Senior Strategiemanagerin auf Konzernebene und von 2015 bis 2017 als Senior Business Developer im Großkundensegment vor dem Hintergrund der zunehmenden Digitalisierung der Schweizer Wirtschaft und öffentlichen Verwaltung. Zuvor leitete sie seit 2011 das Programm Innovative Public Managing am Institut für Systemisches Management und Public Governance der *Universität St. Gallen* mit Forschungs- und Beratungsprojekten zu den Themen Geschäftsmodellinnovation, IT-Strategien sowie Innovationsmanagement und -prozesse. Zeitgleich war sie im Jahr 2012 bei der *Schweizer Paraplegiker-Forschung AG* mit der Leitung eines Teilprojekts zum Thema Open Innovation und der Umsetzung einer Innovationsplattform betraut. Sie promovierte Anfang 2011 am IMP-HSG im Bereich Strategisches IT-Management mit einem anderthalbjährigen Forschungsaufenthalt an der renommierten *Maxwell School of Citizenship and Public Affairs* der *Syracuse University*, NY, ermöglicht durch ein Stipendium des Schweizerischen Nationalfonds.

Dr. Martina Dopfer

hat ihren B. A. in Kultur- und Kommunikationswissenschaften an der *Zeppelin Universität* und ihren M. A. in Management and Consulting an der *Lancaster University* abgeschlossen. Berufliche Erfahrungen sammelte sie bei der *Deutschen Telekom* im Corporate Office, Inhouse Consulting und Early Stage Investment sowie bei der *deltamethod GmbH* als Head of Biz Dev & Sales. Bis 2017 verfasste sie ihre Promotion über die Entwicklung von Start-up-Geschäftsmodellen am *Alexander von Humboldt Institut für Internet und Gesellschaft (HIIG)*, Berlin und dem Institute for Technology and Innovation Management der *Universität St. Gallen*. Zudem hat sie ein Forschungssemester an der *University of Berkeley* absolviert. Nach Abschluss ihrer Promotion leitete Frau Dr. Dopfer ein Forschungsprojekt über digitale Geschäftsmodelle für Open Source Hardware mit einem Fokus auf die Automobilindustrie am *HIIG* in Berlin. 2018 gründete sie mit ihrem Co-Founder das Unternehmen *Friends4Leaders*, das auf der Plattform *Six4Growth.com* digitale

Lernformate für die Führung der Zukunft anbietet. Die Lernreisen kombinieren Achtsamkeit, Führung, Digitalisierung und New Work in kollaborativen Community-Formaten.

Dr. Benedikt Fecher

ist Programmdirektor am *Alexander von Humboldt Institut für Internet und Gesellschaft* (Berlin). Zuvor war er DARIAH-Fellow am *Max Planck Institut für Wissenschaftsgeschichte* (Berlin). In seiner Forschung beschäftigt sich Benedikt Fecher mit der Frage, wie (akademisches) Wissen entsteht und vermittelt wird. Im Jahr 2017 wurde Benedikt an der UdK Berlin promoviert.

Prof. Dr. Elgar Fleisch

ist Professor für Informations- und Technologiemanagement an der *Universität St. Gallen* und Direktor am dortigen Institut für Technologiemanagement sowie Professor für Informationsmanagement an der *ETH Zürich*. Er erforscht betriebswirtschaftliche Auswirkungen und Infrastrukturen des ubiquitären Computings und betreut zahlreiche Forschungsprojekte in enger Zusammenarbeit mit der Industrie: zum Beispiel Entwicklung einer Infrastruktur für das „Internet der Dinge" (Auto-ID Lab), Gestaltung von Technologien und Lösungen zum ressourcenschonenden Umgang mit Strom und Wasser (Bits to Energy Lab), Umsetzung von skalierbaren digitalen Therapien (Health IS/CSS Lab), technologieinduzierte Innovation in der Versicherungswirtschaft (Mobiliar Lab for Analytics) und das Design von neuen Formen von Dienstleistungen und Wechselwirkungen zwischen intelligenten Dingen und Anwendern (*Bosch IoT Lab*). Elgar Fleisch ist Mitgründer mehrerer Spin-off-Unternehmen und Mitglied in diversen Verwaltungsräten sowie akademischen Steuerungsausschüssen.

Prof. Dr. Karolin Frankenberger

ist Ordinaria für Executive Education mit Schwerpunkt Strategisches Management. Sie ist außerdem akademische Direktorin des Executive MBAs an der Executive School of Management, Technology and Law an der *Universität St. Gallen* (ES-HSG). Zuvor war sie sechseinhalb Jahre als Beraterin in der Unternehmensberatung *McKinsey & Company* tätig. Sie promovierte im Jahr 2004 am Institut für Betriebswirtschaft der *Universität St. Gallen* mit einem einjährigen Forschungsaufenthalt an der *Harvard Business School* und an der *School of Business* der *University of Connecticut* in den USA.

Prof. Dr. Sascha Friesike

ist Assistant Professor für digitale Innovation an der *VU Universität* in Amsterdam. Zuvor leitete er den Forschungsbereich für internetbasierte Innovation am *Alexander von Humboldt Institut für Internet und Gesellschaft* in Berlin und forschte an der *Universität St. Gallen* und in *Stanford*. Er ist Wirtschaftsingenieur der *TU Berlin*. Er interessiert sich dafür, wie Technologien zur Öffnung der Wissenschaft beitragen können und welche Rolle die Digitalisierung in kreativen Prozessen spielen kann.

Elmar Groiss

hat einen Abschluss in Ingenieurinformatik. Seine Erfahrungen in Business Development, IT-Strategien, der Umsetzung von Anwendungen und der Inbetriebnahme von Infrastruktur bringt er als Leiter der Information-Business-Architektur des Pflanzenschutzbereichs der *BASF* ein.

André Guyer

ist CEO bei der *Argo & Partner AG*. Zuvor war er Head Global Transformation bei der *Zurich Insurance Company Ltd.* Ursprünglich studierte André Guyer an der *Universität Zürich* Mathematik, Informatik und Astrophysik und absolvierte später ein Executive-MBA-Programm. Seine berufliche Laufbahn lancierte er bei *IBM*. Danach wechselte er als Chief Information Officer Private Banks zur *Credit Suisse*. Später leitete er dort als COO International Operations mehrere gruppenweite Change-Initiativen. Bevor André Guyer im Jahr 2002 zur *Zurich Insurance Company Ltd.* stieß, war er bei der *Arthur D. Little AG* (Schweiz) als Leiter Information Management Practice und später bei der *Unisys AG* (Schweiz) als Mitglied der Geschäftsleitung tätig.

Dr. Naomi Häfner

ist seit 2017 Postdoc am Lehrstuhl für Innovationsmanagement des Instituts für Technologiemanagement der *Universität St. Gallen* und leitet das Emerging Technologies Lab der *Universität St. Gallen*, das sich mit der Analyse und Bewertung neuer Technologien und den damit verbundenen Geschäftsmodellen und Geschäftsopportunitäten beschäftigt. 2017 promovierte sie im Bereich Strategy and Management am Institut für Technologiemanagement der *Universität St. Gallen*. Davor studierte sie BWL, Kulturwissenschaften und Französisch an der *Universität St. Gallen*, der *Sorbonne* in Paris, am *Middlebury College* in den USA und an der *Arcadia University* in Athen.

Dr. Michael Hirschbichler

ist seit 2013 Projektleiter im Bereich Vertrieb und Energiedienstleistungen der *Vorarlberger Kraftwerke AG*. Der Schwerpunkt seiner Tätigkeit sind die Digitalisierung der privaten und halböffentlichen E-Mobility-Ladeinfrastruktur sowie das Weiterentwickeln des Lade-Roamings. Michael Hirschbichler ist zudem seit 2014 im Vorstand des *Bundesverbandes Elektromobilität Österreich*, einer von elf regionalen Energieversorgungsunternehmen getragenen Interessenvertretung. Davor war er Forschungsmitarbeiter der *A1 Telekom Austria* und Universitätsassistent am Institute of Telecommunications der *TU Wien* mit den Forschungsschwerpunkten Security und Quality-of-Service in Next Generation Networks.

Stefan Hirzel

ist Business Solution Manager bei *Zühlke*. Zuvor war er Leiter des Bereichs Projects bei der *Young Solutions AG*. Er studierte Enterprise Computing an der *Zürcher Hochschule für Angewandte Wissenschaften*.

Florian Huber

studierte Betriebswirtschaftslehre sowie Accounting and Finance an der *Universität St. Gallen* (M. A. HSG), ergänzt durch Aufenthalte in Singapur und den USA. Seit 2018 ist er wissenschaftlicher Mitarbeiter und Doktorand am Institut für Technologiemanagement der *Universität St. Gallen*. Dabei befasst sich der gebürtige Bayer als Mitglied des *Helvetia* Innovation Labs unter anderem mit der praktischen Implementierung eines Ecosystems im Bereich Home. In seiner Forschung widmet er sich insbesondere der Organisation von Ecosystems.

Felix Jordan

ist Business Development Manager bei *Elisa*, einem Telekommunikationskonzern aus Finnland. Er studierte an der *RWTH Aachen* Wirtschaftsingenieurwesen mit der Fachrichtung Maschinenbau und dem Studienschwerpunkt Produktionstechnik. Im Rahmen von nationalen und internationalen Praktika sammelte er in der Zeit erste Projektmanagement- und IT-Konzeptionierungserfahrung. Seit 2014 war Felix Jordan als wissenschaftlicher Mitarbeiter am *FIR* an der *RWTH Aachen* im Bereich des Informationsmanagements tätig und leitete dort sowohl Forschungs- als auch Beratungsprojekte, deren Zielsetzung die konzeptionelle und anforderungsgerechte Entwicklung von IT-Systemen im Kontext von Industrie 4.0 darstellte. Im Jahr 2016 übernahm Herr Jordan die fachliche Leitung der Fachgruppe Informationstechnologiemanagement am *FIR*, die praxisnahe Verfahren für die Auswahl, Kombination und Bewertung informationstechnologischer Lösungen im industriellen Kontext von der Konzeption bis zum Rollout gestaltete und begleitete.

Dr. Robert Knop

ist Geschäftsführer der *Anrok GmbH*, welche sich auf Beratungsdienstleistungen rund um die Digitale Transformation von Unternehmen fokussiert. Zudem ist er als EFQM-Assessor tätig. Zuvor war Robert Knop Consulting Director beim Innovationsdienstleister *Zühlke*, sammelte Erfahrungen in Führungspositionen der Private Equity Branche und war Manager im Bereich Strategy and Business Architecture bei *Accenture*. Robert Knop studierte BWL an der *Universität Passau*, verfügt über einen MBA der *California State University Fresno* und schrieb eine Doktorarbeit über erfolgreiche Kooperationen von Unternehmen.

Alexander Kudlich

ist Group Managing Director im Vorstand der *Rocket Internet SE*. Der gebürtige Bonner absolvierte an der *Universität St. Gallen* den Diplomstudiengang Business Administration mit Schwerpunkt Finance and Accounting und erwarb anschließend einen Master in Philosophie am *University College London (UCL)* sowie einen Executive Master of Business Administration an der *European School of Management and Technology (ESMT)* in Berlin. Vor seinem Einstieg 2011 bei *Rocket Internet* fungierte Kudlich unter anderem als Regional Managing Director bei der *zanox. de AG* und als persönlicher Assistent des Vorstandsvorsitzenden (Dr. Mathias Döpfner) bei *Axel Springer*.

Prof. Dr. Jan Marco Leimeister

ist Ordinarius für Wirtschaftsinformatik und Direktor am Institut für Wirtschaftsinformatik (IWI-HSG) der *Universität St. Gallen*. Er ist zudem Leiter des Fachgebietes Wirtschaftsinformatik und Direktor am Wissenschaftlichen Zentrum für Informationstechnik-Gestaltung (ITeG) der *Universität Kassel*. Seine Forschungsschwerpunkte liegen im Bereich Digital Business, Digital Transformation, Dienstleistungsforschung, Crowdsourcing, Digitale Arbeit, Collaboration Engineering und IT-Innovationsmanagement. Er unterrichtet in diversen Executive-Education-Programmen zu diesen Themen. Professor Leimeister studierte (Dipl. oec.) und promovierte (Dr. oec.) an der *Universität Hohenheim* (Stuttgart) und habilitierte sich an der *Technischen Universität München*. Für seine Forschungs- und Lehrleistungen wurde er international mehrfach ausgezeichnet, unter anderem 2010 mit dem TUM Research Excellence Award und 2016 mit dem AIS Award for Innovation in Teaching. Das „Handelsblatt" stuft ihn seit Bestehen des Forschungsrankings für BWL 2009 regelmäßig unter den top ein Prozent der forschungsstärksten deutschsprachigen BWL-Professoren ein (von über 2500 Teilnehmern). Jan Marco Leimeister ist Mitglied der Gremien verschiedener hochrangiger Information-Systems-Journale, so beispielsweise Associate Editor des „European Journal of Information Systems" (EJIS), Senior Editor des „Journal of Information Technology" (JIT), Mitglied des Editorial Board des „Journal of Management Information Systems" (JMIS) und Mitglied des Department Editorial Boards und Section Editor des „Journal Business & Information Systems Engineering" (BISE).

Mahei Li

studierte Wirtschaftsinformatik an der *Universität Mannheim* mit der Spezialisierung und Vertiefung auf Enterprise Applications. Seit 2015 arbeitet und forscht er als Doktorand am Wissenschaftlichen Zentrum für Informationstechnik-Gestaltung (ITeG) an der *Universität Kassel* und als assoziierter Wissenschaftler am Institut für Wirtschaftsinformatik (IWI-HSG) an der *Universität St. Gallen*. Im Rahmen seiner Forschung befasst er sich mit technologiegetriebenen Transformationsprojekten und dem Service Systems Engineering. Im Speziellen beschäftigt er sich mit der Integrierung des Crowdsourcing-Konzepts und KI-basierter Dienstleistungen in digitalen Transformationsprojekten. Zusätzlich konzipiert Herr Li im Rahmen seiner Forschung ein auf Hypergraphen basierendes Modell für Servicesysteme mit dem Ziel, der zunehmenden Komplexität von digitalen Geschäftsmodellen systematisch zu begegnen und neue Innovationspotenziale auszuschöpfen.

Dr. Bernhard Lingens

studierte Maschinenbau und BWL an der *TU Ilmenau* und promovierte anschließend in Innovationsmanagement an der *Universität St. Gallen* und am *Imperial College London*. Berufliche Erfahrungen sammelte er unter anderem als Projektmanager am Institut für Technologiemanagement der *Universität St. Gallen*, als Visiting Researcher an der *Imperial College London Business School* und als Unternehmensberater bei *Roland Berger* in Zürich. Seit Mai 2017 leitet er das *Helvetia Innovation Lab* mit einem Fokus in Forschung und Praxis auf Business Ecosystems.

Prof. Dr. Peter Maas

ist Mitglied der Direktion I.VW-HSG und gelernter Banker. Studium der Ökonomie und Wirtschaftspsychologie sowie Promotion an der *Universität zu Köln*. Senior Consultant bei einer internationalen Unternehmensberatung. Professor für Dienstleistungs- und Versicherungsmanagement an der *Universität St. Gallen*. Forschungsschwerpunkte: Megatrends, Strategisches Management und Marketing, Branchenübergreifende Marktdynamik, (Dis)Intermediation, Customer Value Management. Peter Maas ist Verwaltungsratsmitglied der *FinanceApp AG* und *ONE Versicherung AG*.

Christian Maasem

ist Geschäftsführer der *EICe Aachen GmbH*. Er studierte Physik an der *RWTH Aachen* und der *Polytech d'Orléans* mit den Schwerpunkten der Informatik und Lasertechnik. Im Zweitstudium der Wirtschaftswissenschaften an der *RWTH Aachen* vertiefte er die Grundzüge des technologischen Innovationsmanagements. Ab 2011 war Herr Maasem als wissenschaftlicher Mitarbeiter des *FIR* im Bereich Informationsmanagement tätig und leitete diverse Beratungs- und Forschungsprojekte im Innovationsfeld intelligenter Systeme für die Domänen Industrie 4.0, Smart Grid und Elektromobilität. In seiner Tätigkeit begleitete Herr Maasem den Aufbau des *Smart-Systems-Innovation-Labs*, dessen Leitung er ab 2014 übernahm und unter anderem um agile Entwicklungsmethoden und -module für innovative IT-Lösungen erweiterte. Ab 2015 war Herr Maasem Leiter der Fachgruppe Informationstechnologiemanagement mit fachlicher Verantwortung für ein interdisziplinäres Team, das praxisnahe Verfahren für die Auswahl, Kombination und Bewertung informationstechnologischer Lösungen im industriellen Kontext von der Konzeption bis zum Rollout gestaltet und begleitet.

Dr. Christoph Meister

ist Geschäftsführer der *BGW AG* in St. Gallen. Er studierte Betriebswirtschaft und besitzt einen Master in Informations-, Medien- und Technologiemanagement der *Universität St. Gallen*. Anschließend an den Master doktorierte er im Bereich Innovationsmanagement am Institut für Technologiemanagement der *Universität St. Gallen* (ITEM-HSG). Seine Karriere begann Herr Meister in der *Holcim Technology Ltd.* (2011) wo er als Innovationsmanager und Assistent Head of Innovation maßgeblich an der Definition sowie dem Aufbau eines integrierten Innovationsmanagementsystems für den gesamten Konzern beteiligt war. 2014 übernahm er die Position des Head Innovation Management und war verantwortlich für die Bereiche Innovation Portfolio & Process, Customer Insights, Technology Foresight sowie Business Model Innovation.

Lucas Miehé

studierte Betriebswirtschaftslehre und Politikwissenschaften an der *Universität Bern* und *Paris II Panthéon-Assas*. Er absolvierte das Trainee-Programm der *Bâloise Group* und arbeitete für die Schweizerische Eidgenossenschaft zugunsten der Friedensförderung auf dem Balkan. Seit 2017 arbeitet er als wissenschaftlicher Assistent und Doktorand am Lehrstuhl für Innovationsmanagement (Prof. Dr. Gassmann) an der *Universität St. Gallen*. Dabei befasst sich er sich als Mitglied des *Helvetia* Innovation Labs unter anderem mit der praktischen Implementierung eines Ecosystems im Bereich Home. In seiner Dissertation beschäftigt er sich mit Strukturen und Design von Ecosystems.

Dr. Philipp Morf

leitet seit 2015 den Bereich Artificial Intelligence (AI) und Machine Learning (ML) bei *Zühlke* als Senior Business Solution Manager. Er studierte Umweltingenieurwissenschaften an der *ETH Zürich* und promovierte im Bereich der erneuerbaren Energien. Als Projektleiter entwickelte er in der Forschung und Entwicklung der *Von Roll Umwelttechnik AG* neue Verfahren zur thermischen Abfallentsorgung. In dieser Zeit beschäftigte er sich das erste Mal mit Methoden des maschinellen Lernens, um die Regelung von komplexen Verfahrensschritten zu optimieren. Nach einer Weiterbildung in den Bereichen Management, Technologie und Ökonomie (MAS MTEC) an der *ETH Zürich* begann er 2008 seine Tätigkeit als Berater für Innovationsmanagement bei *Zühlke*.

Dr. Daniel Moser

ist Consultant bei *Accenture*. 2018 promovierte er am Institut für Technologiemanagement der *Universität St. Gallen* in Business Innovation, wo er vorher auch Betriebswirtschaftslehre studierte. In seiner Forschung befasste er sich mit dem Management und der Innovation von Plattformen sowie deren Geschäftsmodelle und Ökosysteme.

Dr. Matthias Nachtmann

hat einen Abschluss in Agrarwissenschaften und einen Doktortitel in Wirtschaftswissenschaften. Seine Erfahrungen umfassen Unternehmensberatung sowie Geschäftsentwicklung in den Bereichen Landtechnik, Pflanzenzüchtung und Pflanzenschutz. Ihn motivieren nachhaltig bessere Erträge durch innovative Landwirtschaft. Er leitet die globalen agIT/Maglis-Aktivitäten im Pflanzenschutzbereich der *BASF*.

Lukas Neumann

studierte Psychologie (B.A.) an der *Jacobs University Bremen*. Anschließend erwarb er seinen Master (M.Sc.) in Ökonomie, Innovation und Management am *Imperial College London*. Er ist er wissenschaftlicher Mitarbeiter und Doktorand von Prof. Dr. Gassmann am Lehrstuhl Innovationsmanagement des Instituts für Technologiemanagement der *Universität St. Gallen* und bei Prof. Jaideep Prabhu an der *Judge Business School* der *Cambridge University*. Seine Forschung beschäftigt sich vor allem mit Innovationen für Schwellen- und Entwicklungsländer, speziell Frugal Innovation. In diesem Kontext leitete Lukas Neumann bereits zahlreiche Forschungsprojekte mit Praxispartnern und international tätigen Strategieberatungen.

Dr. Christoph Peters

ist als Projektleiter und Post-Doktorand am Institut für Wirtschaftsinformatik (IWI-HSG) an der *Universität St. Gallen* in der Schweiz und am Wissenschaftlichen Zentrum für Informationstechnik-Gestaltung (ITeG) an der *Universität Kassel* in Deutschland tätig. Er ist Mitgründer mehrerer Firmen und verfügt über langjährige berufspraktische Erfahrungen, unter anderem aus seiner Tätigkeit bei *SAP*.

Er studierte Wirtschaftsinformatik an der *Universität Mannheim* (Dipl.-Wirtsch.-Inf.) und der *Queensland University of Technology* in Australien und promovierte 2015 an der *Universität Kassel* (Dr. rer. pol.). Forschungsaufenthalte führten ihn an die *Tel Aviv University* (Israel), die *Karlstad University* (Schweden), die *University of Maryland* (USA) sowie die *University of Cambridge* (UK). Als Forschungsgruppenleiter koordiniert er mehrere Forschungsprojekte und fokussiert dabei seine Forschung auf 1) die systematische Gestaltung und das Management von Dienstleistungen und Dienstleistungssystemen, deren Digitalisierung und entsprechende Geschäftsmodelle sowie 2) digitale Arbeit, im besonderen Crowdwork und die Gestaltung tragfähiger Konzepte für agiles Arbeiten. Dr. Peters ist Mitglied des Editorial Boards der Communications of the AIS (CAIS), Associate Editor der International sowie European Conference on Information Systems (ICIS und ECIS) sowie Reviewer für renommierte Journale, beispielsweise ISR, JMIS, EJIS, JIT, BISE.

Markus Reding

verantwortet als Director Solution Center bei *Zühlke* die Angebote rund um das Thema „Collaboration & Portale". In dieser Funktion begleitet er Unternehmenskunden bei der Entwicklung von individuellen Portal- und Softwarelösungen. Markus Reding hat einen Bachelor of Science in Informatik und einen MAS in Business Administration. Der berufliche Werdegang führte ihn in den Anfängen vom Hardware Engineer über den Software Engineer bis zum IT-Projektmanager. Bevor er 2010 bei *Zühlke* begann, arbeitete er während sieben Jahren beim Krankenversicherer *CSS* und war dort unter anderem für den Softwareentwicklungsprozess und die Entwicklung der ECM-Basissysteme verantwortlich.

Raphael M. Reischuk

ist bei *Zühlke* Wissenschaftler und Consultant in Information-Security, IoT-Security, Cyber-Security, Web-Security und Network-Security. Er ist Autor zahlreicher wissenschaftlicher Publikationen im Bereich der IT-Security, wofür er mehrfach ausgezeichnet wurde. Er ist Mitglied mehrerer internationaler Gremien, sowie Programmkomitees und Keynote-Sprecher auf Konferenzen und Summits zu den verschiedensten Themen rund um die IT-Sicherheit. Vor seiner Zeit bei *Zühlke* hat Raphael Reischuk an der ETH Zürich an einer neuartigen Internet-Architektur und an Blockchain-Technologien geforscht und gelehrt.

Cédric Riester

ist Principal Business Consultant bei *Zühlke* und unterstützt Unternehmen auf dem Weg der Digitalisierung. Sein Fokus liegt dabei auf der Begleitung von Innovationsvorhaben von der Identifikation der ersten Idee bis zur Erprobung des Geschäftsmodells am Markt. Er verfügt über zehn Jahre Beratungserfahrung mit Schwerpunkten in den Bereichen Business-Innovation, Organisation und Prozesse. Als Gründer eines Tech-Startups kennt er sich zudem aus erster Hand mit den Herausforderungen der iterativen Ideen- und Business-Entwicklung aus. Er studierte Betriebswirtschaft an der *Universität Zürich*.

Dr. Roman Sauer

studierte Maschinenbau an der *Technischen Universität München* mit Fokus auf Fahrzeugtechnik und Produktentwicklung. Anschließend forschte er als wissenschaftlicher Mitarbeiter und Doktorand am Institut für Technologiemanagement der *Universität St. Gallen* über Geschäftsmodellinnovationen in Konzernen. Parallel sammelte er auf diesem Gebiet praktische Erfahrungen als Berater bei der *BMI Lab AG*, einem Spin-off des Instituts für Technologiemanagement. Bis zum Abschluss seiner Promotion 2018 war er SNF-Stipendiat und Visiting Scholar an der *Harvard Business School*. Seit 2018 ist er in der Strategischen Projektleitung für Elektrofahrzeuge der *Daimler AG* tätig.

Jessica Schmeiss

ist seit 2016 Doktorandin am *Alexander von Humboldt Institut für Internet und Gesellschaft* und fokussiert sich auf die Mittelstand-4.0-Initiative, die vom Bundesministerium für Wirtschaft und Energie ins Leben gerufen wurde. Im Rahmen der Initiative betrachtet ihre Forschung, wie deutsche KMU digitale Geschäftsmodelle entwickeln, implementieren und optimieren können. Dabei bewegt sich die Forschung zwischen Innovation, Strategie und Entrepreneurship. Zusätzlich fördert sie den praxisnahen Wissenstransfer zwischen Start-ups in Berlin und KMU in der Region Brandenburg durch Workshops und Events. Jessica Schmeiss studierte Corporate Management and Economics an der *Zeppelin University*, Friedrichshafen (BA) und International Management (MSc/CEMS MIM) an der *WU Wien* und *Copenhagen Business School*. Vor ihrer Position als Doktorandin sammelte Jessica umfassende Erfahrung in der digitalen Wirtschaft mit Fokus auf die digitale Transformation des deutschen Mittelstands bei *Rocket Internet* (2012) und *Google* (2012 bis 2016).

Kilian Schmück

ist Doktorand am Institut für Technologiemanagement der *Universität St. Gallen* und forscht zu den wirtschaftlichen Implikationen der Distributed-Ledger-Technologien (DLT) wie unter anderem der Blockchain-Technologie. Besonderer Fokus liegt hierbei bei Governance-Modellen dezentraler Plattformen (DLT-integrierende Plattformen). Zuvor studierte er an der *RWTH Aachen* Maschinenbau mit Vertiefung in Fahrzeugtechnik und Produktionstechnik. Den Bezug zu Geschäftsmodellinnovation mit besonderer Berücksichtigung der Plattformökonomie hat er während seiner Masteranden-Zeit in der Konzerndigitalisierung bei *Volkswagen* erhalten.

Prof. Dr. Günther Schuh

studierte Maschinenbau und Betriebswirtschaftslehre an der *RWTH Aachen*. Er promovierte 1988 nach einer Assistentenzeit am *WZL* bei Prof. Eversheim, wo er bis 1990 als Oberingenieur tätig war. Von 1990 an war er vollamtlicher Dozent für Fertigungswirtschaft und Industriebetriebslehre an der *Universität St. Gallen*. 1993 wurde er dort Professor für betriebswirtschaftliches Produktionsmanagement und zugleich Mitglied des Direktoriums am Institut für Technologiemanagement. Prof. Schuh folgte im September 2002 Prof. Eversheim auf den Lehrstuhl für Produktionssystematik der *RWTH Aachen* und ist Mitglied des Direktoriums des *Werkzeugmaschinenlabors (WZL)* und des *Fraunhofer IPT* in Aachen. Seit 1. Oktober 2004 ist er Direktor des *FIR e. V.* an der *RWTH Aachen*. Prof. Schuh wurde 1991 die Otto-Kienzle-Gedenkmünze der *Wissenschaftlichen Gesellschaft für Produktionstechnik* verliehen. Seine wissenschaftlichen Arbeiten wurden mehrfach im Rahmen des Technologiewettbewerbs Schweiz prämiert. Maßgebliche Methoden und Instrumente zum Komplexitätsmanagement, zur ressourcenorientierten Prozesskostenrechnung und zum partizipativen Change Management sowie das Konzept der Virtuellen Fabrik gehören zu seinen wichtigsten Forschungsergebnissen. Er ist Gründer und Hauptgesellschafter des Software- und Beratungsunternehmens *GPS Komplexitätsmanagement AG* in St. Gallen, Würselen und Atlanta. Prof. Schuh ist Verwaltungsrat, Aufsichtsrat oder Beirat in verschiedenen Maschinenbauunternehmen und Softwarehäusern.

Prof. Dr. Wolfgang Stölzle

leitet seit 2004 als Ordinarius an der *Universität St. Gallen* den Lehrstuhl für Logistikmanagement und seit 2018 als Geschäftsführender Direktor das Institut für Supply Chain Management. Zudem ist er Studiendirektor des berufsbegleitenden Diplomstudiums Supply Chain Management. Zu seinen Forschungsgebieten gehören die betriebswirtschaftliche Logistik, das Supply Chain Management sowie das Verkehrs- und Beschaffungsmanagement. Prof. Stölzle ist unter anderem Mitglied des Wissenschaftlichen Beirats beim Bundesministerium für Verkehr und digitale Infrastruktur (BMVI) der Bundesrepublik Deutschland, berufenes Mitglied des

Wissenschaftlichen Beirats der Bundesvereinigung Logistik (BVL) und des Wissenschaftlichen Beirats des Bundesverbands Materialwirtschaft, Einkauf und Logistik (BME). Er ist zudem Vorsitzender der Jury des Eco Performance Awards, des VDA Logistik Awards, des Swiss Working Capital Management Awards sowie Mitglied der Jury des Swiss Logistics Awards.

Prof. Dr. Christoph Wecht

ist seit September 2017 Studiengangsleiter des Bachelorstudiengangs Management by Design an der *New Design University* (NDU) in St. Pölten, wo er zum Professor für Management berufen wurde. Er ist als Berater, Coach und Vortragender tätig und publiziert wissenschaftliche und anwendungsbezogene Zeitschriftenartikel und Buchbeiträge. Er ist Mitgründer und Partner der *BGW Management Advisory Group* sowie Verwaltungsrat der *BMI Lab AG* in St. Gallen. Neben der Professur an der NDU hält er einen Lehrauftrag für Technologiemanagement an der *Universität St. Gallen* und lehrt als Referent an deren Executive School (ES-HSG). Außerdem ist er Lektor im Continuing Education Center der *TU Wien*. Aktuell ist er einer der Initiatoren der Plattforminitiative *GRANTIRO* (www.grantiro.de), wo Wirtschaft neu gedacht wird. Vor seinem Wechsel an die NDU leitete er das Kompetenzzentrum für Open Innovation am Institut für Technologiemanagement (ITEM-HSG) am Lehrstuhl für Innovationsmanagement (Prof. Dr. Gassmann) an der *Universität St. Gallen*.

Prof. Dr. Markus Weinberger

ist Professor Internet of Things an der *Hochschule Aalen*. Davor war Weinberger Direktor des *Bosch Internet of Things and Services Lab*, einer Kooperation der *Robert Bosch GmbH* mit der *Universität St. Gallen*, in der Anwendungen in den Bereichen „Smart Home" und „Connected Mobility" entwickelt und Geschäftsmodelle für das IoT erforscht werden. Bevor er die Leitung des *Bosch IoT Lab* übernahm, hat sich Weinberger bei *Bosch* unter anderem mit Fahrzeugelektronik, Ergonomie sowie Qualitäts- und Prozessmanagement beschäftigt. Er hat an der *TU München* und der *NTNU Trondheim* Maschinenbau studiert und an der *TU München* promoviert.

Victor Wildhaber

ist seit 2017 wissenschaftlicher Mitarbeiter am Institut für Supply Chain Management an der *Universität St. Gallen*. Zuvor absolvierte er sein Betriebswirtschaftsstudium an der *Universität St. Gallen* mit dem dortigen Masterabschluss.

Dr. Stephan Winterhalter

ist bei *Hilti* im Verkauf Schweiz tätig. Zuvor war er von 2012 bis 2014 wissenschaftlicher Mitarbeiter und Doktorand am Institut für Technologiemanagement der *Universität St. Gallen*. Im Anschluss war er als Visiting Scholar an der *IESE Business School* in Barcelona tätig. Er ist Autor von zahlreichen wissenschaftlichen Artikeln und Praxisbeiträgen in Büchern und Zeitschriften. Seine Dissertation verfasste er zum Thema Low-Cost-Innovationen und Geschäftsmodelle in Emerging Markets und untersuchte dabei, wie westliche Firmen neue Absatzmärkte in Schwellenländern erschließen können. Neben diesem Hauptforschungsschwerpunkt beschäftigte er sich unter anderem mit der Frage wie sich neue Technologien und Trends (zum Beispiel 3-D Printing, die Sharing Economy oder Industrie 4.0) auf Strategien und Geschäftsmodelle auswirken. Winterhalter hält einen Master in Betriebswirtschaft der *Universität St. Gallen*.

Prof. Dr. Felix Wortmann

ist Assistenzprofessor für Technologiemanagement an der *Universität St. Gallen* (HSG). Darüber hinaus hat er die wissenschaftliche Leitung des *Bosch IoT Lab* an der HSG inne. Seine Forschungsschwerpunkte liegen in den Bereichen Internet der Dinge, Blockchain und Big Data. In diesem Kontext ist Felix Wortmann regelmäßig als Gutachter und Experte zum Beispiel für das deutsche Bildungs- und Wirtschaftsministerium aktiv. Von 2006 bis 2009 war er als Assistent des Vorstands bei der *SAP AG* tätig. Nach dem Studium der Wirtschaftsinformatik hat Felix Wortmann 2006 an der HSG promoviert.

Dr. Jochen Wulf

ist Postdoctoral Fellow am Institut für Wirtschaftsinformatik an der *Universität St. Gallen*. Davor hat er an der *Technischen Universität Berlin* promoviert und in den Bereichen IT-Beratung, Softwareentwicklung und IT-Dienstleistungsmanagement Berufserfahrung gesammelt. Seine Forschungsschwerpunkte sind Digital Capabilities, IT-Dienstleistungsmanagement und Big Data Analytics.

Dr. Violett Zeller

studierte Informatik an der *RWTH Aachen* und belegte Schwerpunkte in den Themenbereichen Software Engineering sowie IT-Service-Management. Als Mitarbeiterin eines IT-Dienstleisters im öffentlichen Sektor beschäftigte sie sich mit der Entwicklung von IT-Services im Bereich Workplace Management und unterstützte die Einführung eines IT-Service-Management-Tools. Als wissenschaftliche Mitarbeiterin des *FIR* bearbeitet Frau Zeller seit 2011 im Informationsmanagement Beratungs- und Forschungsprojekte im Bereich IT-Strategie, IT-Organisation und IT-Auswahl. Seit 2013 leitet sie das Competence Center IT am *FIR* und fungiert als Ansprechpartnerin für die Themen IT-Auswahl und IT-Einführung. Frau Zeller etablierte die Fachgruppe IT-Komplexitätsmanagement am *FIR* mit der Zielsetzung, spezifische Methoden und Lösungsansätze für die effiziente und effektive Ausrichtung der Unternehmens-IT mit einem angemessenen IT-Komplexitätsmaß zu entwickeln und in der Industrie einsetzbar zu gestalten. Seit 2015 ist Frau Zeller Leiterin des Bereichs Informationsmanagement und hat somit die disziplinarische und fachliche Verantwortung für ein interdisziplinäres Team aus Elektrotechnikern, Informatikern, Maschinenbauern, Wirtschaftsingenieuren und Physikern.

Naim Zierau

Ist wissenschaftlicher Mitarbeiter und Doktorand am *Institut für Wirtschaftsinformatik (IWI)* der *Universität St.Gallen.* In seiner Forschung widmet er sich dem Bereich der Product Service Systems. Davor studierte er Industrial Engineering and Management am *Karlsruhe Institute of Technology (KIT).*

30 Zühlke: Empowering ideas

Innovation braucht unternehmerische Weitsicht und den Mut, Grenzen zu verschieben und Neuland zu betreten. Davon ist *Zühlke*, der Partner für Innovationsprojekte, überzeugt. Dies gilt allem voran für die digitale Transformation, da hier bewährte Geschäftsmodelle auf den Prüfstand gestellt werden. Für nachhaltige Wettbewerbsfähigkeit müssen Unternehmen den digitalen Wandel aktiv gestalten und die ergebenden Chancen nutzen. Digitale Transformation bedeutet, Bekanntes zu hinterfragen, von anderen Branchen sowie Marktteilnehmern zu lernen und agil voranzukommen. All dies fällt etablierten Unternehmen nicht immer leicht. Zu schwer lastet die eigene Geschichte und zu eng ist das Korsett der gewachsenen Organisationsstrukturen.

Doch es gibt zahlreiche Möglichkeiten, die Agilität im eigenen Unternehmen zu erhöhen. So bauen einige Firmen interne Innovation Labs auf oder gründen parallel Spin-offs. Dieser Schritt kann helfen, verhindert aber Branchen- und Betriebsblindheit nicht wirklich.

Mit *Zühlke* als externem Innovationspartner bindet man die DNA eines Jungunternehmens kombiniert mit 50 Jahre Innovationserfahrung ein. *Zühlke* hat dazu das Angebot „Rent a Start-p" lanciert: Losgelöst vom Tagesgeschäft und ausserhalb der eigenen Organisation können Unternehmen ein komplettes Start-up-Team mieten. Gemeinsam mit ausgewählten Expertinnen und Experten des Kunden arbeiten die Fachleute von *Zühlke* aus den unterschiedlichsten Disziplinen an künftigen Dienstleistungen und Produkten. Dabei stellt *Zühlke* auch die passende Infrastruktur und ein inspirierendes Umfeld zur Verfügung. Das Ziel eines jeden Projektes ist es, dem Benutzer schon nach kurzer Zeit den ersten Prototyp zum Test bereitzustellen. Und das beim Entwickeln von Dienstleistungen und Produkten sowohl mit bekannten Technologien wie Apps oder Kundenportalen, als auch mit neueren Möglichkeiten wie Mixed Reality, Blockchain oder Machine Learning. Übrigens: Es sind nicht mehr nur die Start-ups, die sich dieser fortgeschrittenen Technologien bedienen. Zu den Nutzern zählen unterdessen auch etablierte Unternehmen, die für ihre Kunden auch künftig Partner des Vertrauens sein wollen.

Inspiration für dieses Angebot holte sich *Zühlke* beim Team des hauseigenen Risikokapitalinvestors *Zühlke* Ventures und bei bestehenden Start-up-Kunden, die die entsprechende Denkweise im Unternehmen erfolgreich etabliert haben.

Zühlke begleitet Unternehmen bei der Umsetzung ihrer digitalen Vision – von der Idee über die Realisierung bis zum Markterfolg. Das Unternehmen deckt dabei alle Phasen des Business-Innovations-Prozesses ab. Die über 1000 Expertinnen und Experten von *Zühlke* helfen, neue Ideen zu finden, zu entwickeln und sie realistisch einzuschätzen. Sie unterstützen die Kunden, damit sie auch jenseits gewohnter Denk- und Vorgehensweisen sicher und zügig vorankommen. Dabei zählt *Zühlke* auf die branchenübergreifende Expertise aus über 50 Jahren Geschäftserfahrung und aus über 10 000 Projekten.

Zühlke vereint bewusst Business- und Technologie-Kompetenzen, denn isoliertes Technologiedenken reicht heute nicht mehr aus. Die Veränderungen in der digitalen Ökonomie sind zu umfassend und zu einschneidend. Kunden informieren sich zu jeder Tageszeit, tätigen Käufe über den Kanal ihrer Wahl und erwarten individualisierte Services. Für Unternehmen bedeutet dies, dass sie neue Produktions-, Distributions-, Kommunikations- und Servicekonzepte entwickeln müssen. Hierfür ist ganzheitliche und interdisziplinäre Expertise notwendig.

Die Ideengenerierung ist das eine, die Umsetzung das andere. *Zühlke* ist ein Partner, der beides macht, und Unternehmen dabei unterstützt, Visionen und Ideen auch wirklich in die Tat umzusetzen. Das Unternehmen zählt dabei auf die Fähigkeiten und das Fachwissen der eigenen Mitarbeiterinnen und Mitarbeiter. Darum investiert die Gruppe einen erheblichen Teil ihres Umsatzes in Aus- und Weiterbildung. Auf diese Weise stellt *Zühlke* sicher, dass die erfolgsrelevanten Fachkompetenzen in den interdisziplinären Teams gekonnt zusammenspielen. In einer zunehmend vernetzten Welt, in der Menschen, Maschinen und Internet immer näher zusammenrücken, wird dieses Zusammenspiel immer entscheidender.

Zühlke ist mit derzeit 14 Standorten und lokalen Teams in Bulgarien, Deutschland, Großbritannien, Hongkong, Österreich, Serbien, Singapur und der Schweiz präsent. Mit *Zühlke* Ventures engagiert sich das Unternehmen zudem im Bereich der Start-up-Finanzierung von Hightech-Unternehmen. Konsequente Kundenorientierung und unternehmerisches Denken liegt in der DNA des Unternehmens.

www.zuehlke.com